《高等数学（第六版）》教学资源

本书不断提高配套数字化教学资源建设水平，以服务于广大高等数学授课教师教学需求。作者精心设计和制作了如下教学资源：

1. 高等数学课程教学标准；

2. 高等数学课程教学日历（学时授课计划）；

3. 高等数学电子课件（PPT）；

4. 高等数学电子教案（以学时为单位，包括教学内容及其对应的教学过程、教学重点、教学难点、教学手段、思政要素、双语教学词汇、作业及思考题、教材及参考资料）；

5. 高等数学课程考核方式与标准；

6. 每节后思考题、练习题和章后复习题详细解答。

本资源面向授课教师免费提供，教师身份经核实后即可获取。使用本书进行授课的学校，可由数学课程负责人发送邮件至本书责任编辑邮箱 mayzh@hep.com.cn 索取。

第六版前言

本书自 2000 年第一版出版已有二十二载,期间收获了众多师生的厚爱和宝贵建议,在此对使用本书的师生深表感谢!

高等数学课程是高职院校各专业必修的一门重要的基础课程。它对培养、提高学生的思维素质、创新能力、科学精神、治学态度以及用数学解决实际问题的能力都有着不可替代的非常重要的作用。高等数学的主要内容是微积分。300 多年前,牛顿(Newton)和莱布尼茨(Leibniz)创立了微积分的诸多概念。自那时起,微积分无论是在自然科学还是在社会科学,甚至在数学科学自身都发挥了重要的作用,显示出了强大的威力和无穷的魅力。正因为如此,几个世纪以来,有关微积分的理论研究吸引了大批数学家为之奋斗,微积分的理论基础已非常坚固,理论体系也已非常完善。微积分的教学也朝着理论体系尽善尽美的方向努力,这就导致了这一课程的定义、规则、技巧越来越多,相比之下其思想、其应用在整个课程中所占的比重越来越少,致使许多学生认为这是一门枯燥无味的课程。可喜的是,现在已有遍布世界各地的高等数学教师在致力于改善这一现状。尤其是以培养高素质技术技能型人才为目标的职业院校,对培养学生用数学消化理解工程概念、工程原理,求解或建立有关数学模型更为关注。作者在多年的高等数学教学改革的基础上,确立了"学数学,用数学"的教学目标,并注重提升四种能力:结合具体教学内容训练思维能力,消化吸收工程概念和工程原理的能力,利用数学软件求解数学模型的能力以及把实际问题转化为数学模型的能力。

本书第一版于 2002 年获得了教育部全国普通高等学校优秀教材一等奖,第五版于 2021 年获得了首届全国教材建设奖全国优秀教材(职业教育与继续教育类)一等奖。作者负责的高等数学课程 2016 年被教育部授予国家级精品资源共享课,《以应用为导向的高职高专教育数学课程内容体系改革与建设》2009 年获教育部"第六届国家级优秀教学成果二等奖",引领了全国高职院校高等数学课程教学改革及教材建设,推动了高职院校高等数学课程建设不断优化。

本次修订继承了本书第五版的特色,主要做了如下改进:

1. 为方便读者阅读,改变了各级标题、例题及图形的编号。

2. 为激发学生学习数学的积极性,采用案例驱动,每章开始都设立一个学习任务,并在章末给出该学习任务的详细解答。

3. 为满足学生多样化学习需要,以二维码链接形式增加了第 13 章矩阵与行列式,第 14 章线性方程组两章电子内容,以及二维码链接的附录 D 预备知识(初等函数)、附录 E 不定积分表及其使用方法以及附录 F 专升本考试高等数学模拟题。

4. 为增加易学性,优化了个别知识点的描述,例如列表法求单调区间等。

5. 为方便读者借助于数学软件用数学解决实际问题,在每章学习任务解答中增加了通过二维码链接的分别用数学软件 Mathematica 和 MATLAB 求解的源程序代码。

6. 为增强可读性,按照循序渐进的原则加强了知识点例题、习题的对应。为方便落实因材施教的教学原则,对所有习题根据难易程度划分为"A级""B级"和"C级"三个层次,其中"C级"为开放式习题,为训练学生数学建模能力而设置。

7. 为落实立德树人的根本任务,便于教师挖掘数学课程中的思政元素,润物无声地结合教学内容将课程思政要素渗透到数学课程中,在正文中围绕党的惠民政策、国家建设成就,以及社会主义核心价值观优选了部分例题和习题,并通过二维码链接增加了狄利克雷、刘徽、庄子、拉格朗日、柯西、洛必达、牛顿、莱布尼茨、欧拉、格林、高斯、泰勒、麦克劳林、傅里叶14位相关数学家典型励志事件的介绍,便于读者通过数学家的奋斗事迹领会其工作作风与科学精神;还通过二维码链接增加了函数简史、极限简史、导数与微分简史、积分简史、常微分方程简史、解析几何简史、级数简史7个数学概念简史,便于读者以史为引体会数学思想,提高数学素养。此外,在电子教案中除了教学过程及重点难点分析等常规要素外,结合教学内容增加了与知识点对应的思政要素及操作建议,并在相应的教学课件(PPT)中予以体现。

8. 为进一步满足学生自主性学习和教师开展混合式教学需要,增加了函数与极限两章的知识点讲解微视频。

9. 将每章中的用数学软件 Mathematica 和 MATLAB 软件做数学的内容从纸质教材转为电子资源,通过二维码链接供学习者参考。

与本书配套的辅助教材有电子教材《高等数学辅导教程(第六版)》,以及纸质教材《高等数学(第六版)练习册》。

《高等数学辅导教程(第六版)》中包括本章的基本要求、本章的内容提要、每节的思考题详解、每节的练习题详解、本章的复习题详解、本章学法建议等项目。

《高等数学(第六版)练习册》采用一课一练的结构,活页装订,便于作业的收交与保存;与主教材《高等数学(第六版)》中的相关知识点对应,便于教师布置作业和学生完成作业;采用工单式排版,体例包括练习目标、练习任务、教师评语、学生反馈

等项目,既便于师生交流,又便于教师根据学生反馈及时优化教学方案。

本教材纸质和数字教学资源齐全。纸质教材配置了知识点微视频及学习任务解答源程序,实现了"手机扫码随时学",与教材配套的数字课程已在"智慧职教"及"爱课程"上线,实现了"一书、一课、一空间"的信息技术构建模式,极大地方便了用户以纸质教材为核心,MOOC及SPOC课程为辅助,网络学习空间为教学支撑开展线上线下混合式教学。配套数字资源有开放式高等数学电子教案、高等数学教学课件(PPT)、高等数学课程录像、习题详解、高等数学教学文件。

为了广大师生更方便地使用本书,特就有关问题谈如下几个观点。

致学生:

为什么要学习高等数学?高等数学是学习后继课程的基础,是打开科学大门的钥匙,是高科技的核心。数学主要是研究现实世界中数量关系与空间形式的科学。现实世界中,凡是涉及量的大小,量的变化,量与量之间的关系都要用到数学。客观世界中一切实在的物体都有形。因此,宇宙之大,粒子之微,火箭之速……无处不用到数学。要掌握专业知识,必先掌握相应的数学知识。在学习高等数学的过程中,必须特别注意如下5个问题。

1. 要认真听课。同一个问题听老师讲要比自己看懂容易得多。

2. 要善于记笔记。俗话说,好记性不如烂笔头。

3. 要善于利用手机扫一扫本书提供的"知识点微视频以及学习任务源程序"二维码,消化理解有关概念与方法,促进自主性学习能力的提高。

4. 要认真规范地做作业。这样不但有助于对所学知识的复习巩固,而且还有助于培养训练严谨认真的工作作风。

5. 要善于用数学软件 Mathematica 或 MATLAB 在计算机上求解数学问题,以训练用数学解决实际问题的能力。

致教师:

众所周知,高等数学中每一个重要概念都有其

实际背景。从实际问题出发引出概念可激发学生的求知欲，提高教学效果。教师的教学活动表面上以完成教学基本要求（或教学大纲）中所规定的知识点为教学目标，实质上，结合人才培养目标去思考确定课程的知识、能力、素质的具体培养目标才更有现实意义。高职院校以培养高素质技术技能型人才为教育目标。那么，作为支持这一目标的重要基础课——高等数学课程应该具体培养学生哪些方面的能力？学数学是为了用数学。这是大家容易接受的观点。那么，用到哪儿？怎么用？回答却大相径庭。而诸如高等数学要为学习后续课程服务、要为培养学生的思维能力服务、要为获得新知识服务、要为处理实际工程中的相关问题服务等，均在一定程度上引起了共识。但是，在一定程度上也存在着争议。对以培养高素质技术技能型人才为目标的高职院校的数学教育，通过多年的教学研究与实践我们认识到：训练数学思维能力必须结合具体教学内容进行，例如，可结合微积分基本公式（牛顿－莱布尼茨公式）的引入训练学生的联想思维能力。培养学生用数学思想、概念、方法消化吸收工程概念和工程原理的能力，必须强化数学概念的教学，例如，通过实际问题引出导数概念后，要多举几个实际问题中的导数模型，以强化学生对导数概念的理解。培养学生把实际问题转化为数学模型的能力，必须重视数学建模训练。培养学生求解数学模型的能力，必须结合数学软件包进行高等数学教学。数学是最好的思维体操，作为数学教师应有意识地去结合教学内容培养学生的逻辑思维、类比思维、发散思维及联想思维等各种思维能力，帮助他们欣赏数学之美，进而培养学生的创新能力。这些都需要我们在教学中努力尝试。在本书的编写、修订过程中，也试着将这些观点与有关内容适度结合，但做得还远远不够。愿我们在今后的教学实践中共勉。

教书的目的在于育人，为了便于教师润物无声地将思政要素渗透到数学课程中，落实立德树人的根本任务，在本书的电子教案中除了教学过程及重点难点分析等常规要素外，这次修订还提供了一些与知识点对应的思政要素及操作建议，并在相应的教学课件（PPT）中予以体现。

另外，为了培养学生经济意识及适应经济管理类专业对数学的需要，本书还包含了微积分在经济学中的应用。

本次修订，全书框架结构、统稿、定稿由河北石油职业技术大学侯风波教授完成。

本书由侯风波教授担任主编，由唐世星、蔡谋全、刘颖华任副主编。参加本书编写的还有河北石油职业技术大学何海阔。

本次修订出版得到了高等教育出版社高职事业部叶波主任、高建副主任及基础分社李聪聪分社长的高度重视，并给予了大力支持与帮助，责任编辑马玉珍为本书的编辑出版付出了辛勤的劳动，并提出了许多好的建议，本书的部分使用院校也在修订过程中提出了很多建设性意见，在此一并致以最诚挚的谢意。非常欢迎使用本书的师生继续给予批评指导，以便在下一次修订中进一步完善。

作者
2022 年春

第一版前言

本书是教育部高职高专规划教材,是根据教育部最新制定的《高职高专教育高等数学课程教学基本要求》,在认真总结全国高职高专数学教改经验的基础上,结合对国际国内同类教材发展趋势的分析而编写的。

通过多年的教学研究与实践,我们认识到:高职高专院校的数学教育必须培养如下三方面的能力:一是用数学思想、概念、方法消化吸收工程概念和工程原理的能力;二是把实际问题转化为数学模型的能力;三是求解数学模型的能力。因此,本书关注数学概念在实际生活中的应用,并结合具体问题进行数学建模训练,特别是将 Mathematica 软件包结合数学内容融于各章中讲授,不但极大地提高了学生利用计算机求解数学模型的能力,而且提高了学生学数学、用数学的积极性。

本书充分体现了上述教学思想,具有9大特点:(1)结合数学建模突出"以应用为目的,以必需、够用为度"的教学原则,加强对学生应用意识、兴趣、能力的培养,编入了数学建模和实例。(2)编入了数学软件包——Mathematica,提高学生结合计算机及数学软件包求解数学模型的能力。(3)突出强调数学概念与实际问题的联系。(4)结合具体内容进行数学建模训练,注重双向翻译能力的培养。(5)结合高职高专的特点,适度淡化了深奥的数学理论,强化了几何说明,如去掉了极限的 ε-δ 语言及微分中值定理的证明,代之以几何描述。(6)将分散于微积分各部分的数值计算集中在一起,并适当扩充后用数值分析的观点结合计算机进行处理。(7)不仅优选了微积分在几何、物理方面的应用,而且挖掘了微积分在经济领域中的应用,编入了经济应用实例。(8)增加了向量微积分的内容,扩展了向量的应用。(9)每章末都专设了例题与练习一节,以方便习题课的开设及学生的复习巩固,例题的选择既结合重点、难点,又突出数学的思维方法,并一题多解。

全书内容包括数学软件包、函数、极限与连续、导数与微分、导数的应用、不定积分、定积分、定积分的应用、常微分方程、向量与空间解析几何、多元函数微分学、多元函数积分学、级数、数值计算初步。书后附有初等数学常用公式、常用平面曲线及其方程、Mathematica 软件包的常用系统函数、空间曲面所围成的立体图形及习题答案与提示。

另外,考虑到读者阅读经济管理类书籍的需要,本书还包含了微积分在经济学中的应用。

本书可作为高等职业学校、高等专科学校、成人高等学校及本科院校举办的二级职业技术学院工科类各专业高等数学教材,也可供经济管理类专业选用,还可作为工程技术人员的高等数学知识更新教材。

本教材的基本教学时数不少于120学时,标有＊号的内容要另行安排学时。

参加本书编写的有侯风波(承德石油高等专科学校)、张学奇(承德石油高等专科学校)、孟庆才(河北工程技术高等专科学校)、汪永高(华北矿业高等专科学校),全书框架结构安排、统稿、定稿由侯风波承担。

教育部高等学校数学与力学教学指导委员会成员、北京航空航天大学教授李心灿和北方工业大学数学学科主任、副教授宋瑞霞承担了本教材的审稿工作,他们认真审阅了本书的全部原稿,并提出了许多有价值的意见。在此,编者对他们表示衷心的感谢。

由于水平所限,时间也比较仓促,本书难免有不足之处,敬请读者斧正。

编者
2000 年春

目　录

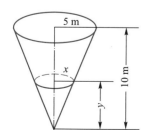

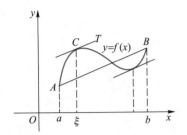

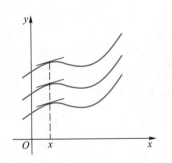

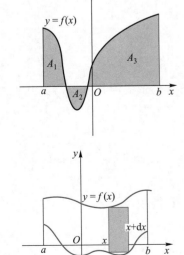

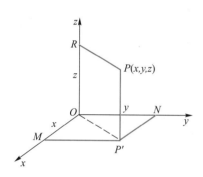

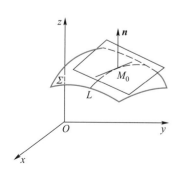

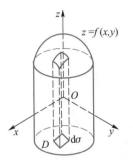

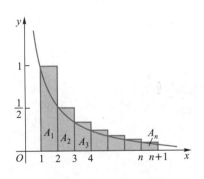

第0章 数学软件简介

0.0 学习任务 0 选择哪种还房贷方法更好

某城市贷款购房者可从等额本息和等额本金两种还款方法中任选一种方法按期(**贷款分几次还清就是几期**)进行还款.

等额本息还款法是每期偿还同等数额的贷款(包括本金和利息),直至最后 1 期,把所有贷款本金和利息全部还清.

等额本金还款法是把贷款总额按还款期数均分,每期偿还同等数额的本金和剩余贷款在该期所产生的利息.

若贷款总额为 b,银行月利率为 r(年利率的 $\frac{1}{12}$),每月一期,总还款期数为 n,则有

等额本息还款公式:按等额本息还款,每期还款额 $Y = \dfrac{br\,(1+r)^n}{(1+r)^n - 1}$;

等额本金还款公式:按等额本金还款,第 k 期还款额 $Y_k = \dfrac{b}{n} + \left[b - (k-1)\dfrac{b}{n} \right] r$.

某人购房贷款 186 万,年利率为 5.7%,还款年限 11 年,请根据等额本息和等额本金两种还款方法,完成下列任务:

(1) 按等额本息还款法,计算出每期(每月 1 期)的还款金额.

(2) 按等额本息还款法,计算出 11 年的还款总金额.

(3) 按等额本息还款法,计算出 11 年的还款总利息.

(4) 按等额本金还款法,计算出第 1 期的还款金额.

(5) 按等额本金还款法,计算出每月还款递减额.

(6) 按等额本金还款法,计算出 11 年的还款总金额.

(7) 按等额本金还款法,计算出 11 年的还款总利息.

(8) 如果该人每月最高只能还款 20 000 元,问应选择哪种还贷方法还贷?

(9) 如果该人每月最高能还款 23 000 元,选择哪种还贷方法还款总额较少?

对于如上计算任务,尽管有计算公式可循,但是由于计算量大,所以,只用传统的笔和纸完成有一定的困难.利用数学软件计算可以大大地提高计算效率.

数学软件就是在计算机上专门用来进行数值计算、符号计算、数学规划、统计运算、工程运算、绘制数学图形或制作数学动画的软件.

著名的数学软件有:Mathematica、MATLAB、Maple、SAS、SPSS、Lingo、Lindo、MathType 等.

为了帮助读者提高借助数学软件运用数学知识解决实际问题的能力,本书结合教学内容简单介绍了

Mathematica 和 MATLAB 的基本使用方法.

0.1　数学软件 Mathematica 的基本用法

数学软件 Mathematica 是由美国伊利诺伊大学复杂系统研究中心主任,物理学、数学和计算机科学教授斯蒂芬·沃尔夫勒姆(Stephen Wolfram)负责研制的,所以,也称该系统为 Wolfram 语言.该系统具有简单易学的交互式操作方式、强大的数值计算功能、符号计算功能、人工智能列表处理功能以及像 C 语言那样的结构化程序设计功能.

Mathematica 于 1988 年首次发布了 DOS 版本,随后不断发行新的版本,2022 年 3 月又发行了 Mathematica 13.01 中文版本.

在此仅介绍该软件的基本用法,在以后的章节中,将结合数学知识逐步介绍如何利用该软件进行函数、极限、导数、积分、常微分方程、向量与空间解析几何、多元函数微积分、级数等运算.

0.1.1　启动及笔记本文档

微视频
初识 Mathematica
符号计算系统

如果你已经安装了数学软件 Mathematica,双击 Mathematica 的图标 ⚙,即可启动 Mathematica 系统,计算机屏幕会出现 Mathematica 的工作界面,点击"新文档"即可打开工作窗口,称该窗口为 Wolfram 笔记本.

Wolfram 笔记本成功地把文字、图形、界面等与计算融合在一起:

笔记本是按单元组织的,并由右边的方括号指定.

双击单元方括号打开或关闭单元组.

在单元间点击,就可以获取水平插入条,以便创建一个新的单元.

在网络或桌面 Wolfram 笔记本中,只需输入内容,然后按下Shift+Enter 进行计算,例如,

In[1]:=3+2(∗输入 3+2 后,再按下 Shift+Enter 键∗)

Out[1]=5　　(∗这里的 5 是系统给出的运算结果∗)

In[2]:=3+6(∗输入 3+6 后,再按下 Shift+Enter 键∗)

Out[2]=9　　(∗这里的 9 是系统给出的运算结果∗)

注意　如上用(∗∗)括起来的内容为对其前面的输入语句 In[n]的注释.

上面的 In[1],In[2]是输入行的标号,Out[1],Out[2]是输出行的标号,In[n]标示的是第 n 个输入,Out[n]标示的是第 n 个输出.该系统用符号%指代最近的输出:

In[3]:=9+2(∗输入 9+2 后,再按下 Shift+Enter 键∗)

Out[3]=11　　(∗这里的 11 是系统给出的运算结果∗)

In[4]:=3+%(∗输入 3+%后,再按下 Shift+Enter 键∗)

Out[4]=14　　(∗这里的 14 是系统给出的运算结果∗)

例 0.1.1　求 $3+5^2×2+12÷6$ 的值.

解

In[1]:=3+5^2∗2+12/6(∗输入 $3+5^2×2+12÷6$ 后,再按下 Shift+Enter 键∗)

Out[1]=55　　(∗这里的 55 是系统给出的运算结果∗)

由上例不难看出 +、−、∗、／、^ 分别为 Mathematica 系统中的加、减、乘、除及乘方的运算符号，其运算规律与初等数学中的规定是一致的.

0.1.2　准确数和近似数

（1）输入的是准确数，输出的也是准确数

当键入的数为整数或分数时，Wolfram 语言认为它是准确的，Wolfram 语言给出准确的运算结果.

例 0.1.2　求 $\frac{1}{3}+2$ 的值.

解

$\text{In}[1]:=\frac{1}{3}+2$（∗先输入分子 1，按住 Ctrl 键，再按／键后，再输入分母 3，即完成了 $\frac{1}{3}$ 的输入，紧接着输入 +2，完成表达式 $\frac{1}{3}+2$ 的输入，再按下 Shift+Enter 键 ∗）

$\text{Out}[1]=\frac{7}{3}$ （∗这里的 $\frac{7}{3}$ 是系统给出的运算结果 ∗）

例 0.1.3　求 $\frac{1}{3}+\sqrt{2}$ 的值.

解

$\text{In}[1]:=\frac{1}{3}+\sqrt{2}$（∗可以通过导航栏中的"面板"及其下拉菜单中的"数学助手"完成对表达式 $\frac{1}{3}+\sqrt{2}$ 的输入，再按下 Shift+Enter 键 ∗）

$\text{Out}[1]=\frac{1}{3}+\sqrt{2}$ （∗这里的 $\frac{1}{3}+\sqrt{2}$ 是系统给出的运算结果 ∗）

在本例中，对应于输入语句 $\text{In}[1]$，输出语句 $\text{Out}[1]$ 并没有给出表达式 $\frac{1}{3}+\sqrt{2}$ 的"数值结果"，好像系统什么都没有做，事实上，系统判断出了参与运算的数全是准确数，所以，系统输出的也是准确数.这是由 Wolfram 语言"对于只含准确数的输入表达式也只进行完全准确的运算并输出相应的准确结果"之特性所决定的.

当表达式中参加运算的数中含有带小数点的数时，Wolfram 语言就产生近似数值结果.

例 0.1.4　求 $\frac{1}{3}+\sqrt{2.}$ 的值.

解

$\text{In}[2]:=\frac{1}{3}+\sqrt{2.}$（∗键入表达式 $\frac{1}{3}+\sqrt{2.}$，注意 2. 代表 2.0，是个近似数.再按下 Shift+Enter 键 ∗）

$\text{Out}[2]=1.74755$（∗这里的 1.747 55 是系统给出的运算结果 ∗）

（2）近似值

用 exp//N 得到表达式 exp 的运算结果的近似值.

> **例 0.1.5**　求 $\dfrac{1}{3}+\sqrt{2}$ 的近似值.
>
> **解**
>
> $\text{In}[3]\colon=\dfrac{1}{3}+\sqrt{2}\,//\,\text{N}$　$\left(*\text{用}//\text{N 表示对表达式}\dfrac{1}{3}+\sqrt{2}\text{求 6 位有效数字的近似值}*\right)$
>
> $\text{Out}[3]=1.74755\,(*\text{这里的 }1.747\,55\text{ 是系统给出的运算结果}*)$

更一般地,用 N[exp,n]得到表达式结果具有 n 位有效数字的近似值.

> **例 0.1.6**　求 $\dfrac{1}{3}+\sqrt{2}$ 的具有 10 位有效数字的近似值.
>
> **解**
>
> $\text{In}[4]\colon=\text{N}\left[\dfrac{1}{3}+\sqrt{2},10\right]$
>
> $\text{Out}[4]=1.747546895$　（$*$这里的 1.747 546 895 是系统给出的运算结果,它具有 10 位有效数字$*$）

（3）圆周率 π 和自然常数 e

圆周率 π 和自然常数 e 是两个重要的常数.在 Mathematica 中分别用 Pi,E 表示.

> **例 0.1.7**　求出具有 16 位有效数字的圆周率 π 的近似值.
>
> **解**
>
> $\text{In}[6]\colon=\text{N}[\text{Pi},16](*\text{用 Pi 表示圆周率 π}*)$
>
> $\text{Out}[6]=3.141592653589793(*\text{这里的 }3.141\,592\,653\,589\,793\text{ 是系统给出的运算结果,它具有 16 位有效数字}*)$

> **例 0.1.8**　求出具有 16 位有效数字的自然常数 e 的近似值.
>
> **解**
>
> $\text{In}[7]\colon=\text{N}[\text{E},16](*\text{用 E 表示自然常数 e}*)$
>
> $\text{Out}[7]=2.718281828459045$
>
> （$*$这是系统给出的运算结果,它具有 16 位有效数字$*$）

0.1.3　变量

（1）变量的名

在 Wolfram 系统中,为了方便计算或保存中间计算结果,常常需要引进变量.变量不仅可以代表一个

数值,而且可以作为一个纯粹的符号来使用.变量名通常以小写字母开头,后跟字母或数字,变量名字符的长度不限.例如,abcdefghijk,x3 都是合法的变量名;而 u v(u 与 v 之间有一个空格)不能作为变量名.英文字母的大小写意义是不同的,因此 A 与 a 表示两个不同的变量.

变量即取即用,不需要先说明变量的类型后再使用.在 Mathematica 中,变量不仅可存放一个整数或复数,还可存放一个多项式或复杂的算式.

数值有类型,变量也有类型.通常,在运算中不需要对变量进行类型说明,系统根据对变量所赋的值会作出正确的处理.在定义函数和进行程序设计时,也可以对变量进行类型说明.

（2）变量的全局赋值

在 Wolfram 系统中,运算符号"="或": ="起赋值作用,一般形式为

$$变量 = 表达式$$

或

$$变量 1 = 变量 2 = 表达式,$$

其执行步骤为先计算赋值号右边的表达式,再将计算结果送到变量中.

在 Wolfram 系统中,"="应理解为给变量一个值.在使用"="定义规则时,定义式右边的表达式立即被求值;而在使用": ="定义规则时,系统不作运算,也就没有相应的输出,定义式右边的表达式不被立即求值,直到被调用时才被求值.因此,": ="被称为延迟赋值号,"="被称为立即赋值号.一般的高级语言没有符号运算功能,因此,在 C 和 Pascal 等语言中,一个变量只能表示一个数值、字符串或逻辑值.而在 Wolfram 系统中,一个变量可以代表一个数值、一个表达式、一个数组或一个图形.例如:

In[1]: =u=v=1　　　（＊与 C 语言类似,可以对变量连续赋值＊）

Out[1]=1

In[2]: =r: =u+1　　　（＊定义 r 的一个延迟赋值＊）

In[3]: =r　　　（＊计算 r＊）

Out[3]=2

In[4]: =u=.　　　（＊清除变量 u 的值＊）

In[5]: =2＊u+v

Out[5]=1+2u　　　（＊u 以未赋值的形式出现＊）

In[6]: =? u　　　（＊查询变量 u 的值＊）

Out[6]=Global`u

在编程运算中,经常用? u 询问变量 u 的值,以确保运算结果的正确.这里对应于输入语句 In[6]: =? u 的输出语句 Out[6]=Global`u 说明了 u 是一个未被赋值的全局变量.事实上在语句 In[4]: =u=.中,已经清除了变量 u 的值.注意:给变量所赋的值在 Mathematica 的一个工作期(从进入 Mathematica 系统到退出 Mathematica 系统)内有效.因此,在 Mathematica 的同一工作期内计算不同问题时,要随时对新引用的变量的值清零.

例 0.1.9　设 $a=6,b=5$,求 $(a+b)^2+ab+7$.

解

In[1]: =Clear[a,b]　　　（＊Clear[a,b]表示使变量 a 和 b 保持未赋值状态,即清空变量 a 和 b 的赋值＊）

$a = 6;$（ ＊ 表示给变量 a 赋值 6，分号表示不显示该行的运算结果 ＊ ）

$b = 5$（ ＊ 表示给变量 b 赋值 5 ＊ ）

$(a+b)^2 + a * b + 7$（ ＊ 输入表达式 $(a+b)^2 + ab + 7$ ＊ ）

$Out[3] = 5$

$Out[4] = 158$

（3）变量的临时赋值

变量的临时赋值格式为：exp/.x->a，表示给表达式 exp 中的变量 x 临时赋以数值 a。注意：x->a 中的箭头 "->" 是由键盘上的减号及大于号组成的。用临时赋值语句给变量赋的值，只在该语句内有效。

例 0.1.10　用临时赋值的方法求多项式 $x^2 + 2x + 10$ 在 $x = 2$ 时的值。

解

```
In[1]:=Clear[x]
In[2]:=x^2+2*x+10/.x->2
Out[2]=18
```

0.1.4　表

（1）表的生成

系统将表定义为有关联的元素组成的一个整体。用表可以表示数学中的集合、向量、矩阵，也可以表示数据库中的一组记录。

一维表的表示形式是用花括号括起来的且中间用逗号分开的若干元素。如：

$$\{1,2,100,x,y\}$$

表示由 1，2，100，x，y 这 5 个元素组成的一维表。

二维表的表示形式是用花括号括起来的且中间用逗号分开的若干个一维表，如：

$$\{\{1,2,5\},\{2,4,4\},\{3,6,8\}\},\{\{a,b\},\{1,2\}\}$$

均是二维表，二维表就是"表中表"。

（2）表的元素

对于一维表 b 用 b[[i]] 或 Part[b,i] 表示它的第 i 个元素（分量）；对于二维表 b，b[[i]] 或 Part[b,i] 就表示它的第 i 个分表（分量），其第 i 个分表中的第 j 个元素用 b[[i,j]] 来描述。例如，

```
In[1]:=b={3,6,9,11}
In[2]:=b[[2]]
Out[2]=6
```

（3）表的运算

设表 b1，b2 是结构完全相同的两个表。表 b1 与 b2 的和与差都等于其对应元素间的相应运算。

例 0.1.11　设 $b1 = \{1,2,3,4\}$，$b2 = \{2,4,6,8\}$，求 $b1+b2$，$b1-b2$。

解

```
In[1]:=b1={1,2,3,4};
In[2]:=b2={2,4,6,8};
```

```
In[3]:=b1+b2
Out[3]={3,6,9,12}
In[4]:=b1-b2
Out[4]={-1,-2,-3,-4}
```

上面输入语句 In[1]和 In[2]均以分号(;)结尾,则不输出运算结果.此外,一个数或一个标量乘一个表等于这个数(或这个标量)分别乘表中每个元素.

0.1.5 解方程

微视频
Mathematica
解方程

Solve 是解方程或方程组的函数,其形式为 Solve[eqns,vars],其中 eqns 可以是单个方程,也可以是方程组,单个方程用 exp == 0(其中 exp 为关于未知元的表达式)的形式;方程组写成用大括号括起来的中间用逗号分隔的若干个单个方程的集合,如由两个方程组成的方程组应写成{exp1 == 0,exp2 == 0};vars 为未知元表,其形式为{x1,x2,…,xn}.

此外,还可以用 FindRoot[exp == 0,{x,x0}]求非线性方程 exp == 0 在 x = x0 附近的根.

例 0.1.12 解方程 $x^2 - 1 = 0$.

解

```
In[1]:=Solve[x^2-1==0,x]        (*解方程 x²-1=0*)
Out[1]={{x->-1},{x->1}}          (*方程 x²-1=0 的两个解*)
```

例 0.1.13 解方程组 $\begin{cases} 2x+y=4, \\ x+y=3. \end{cases}$

解

```
In[2]:=Solve[{2x+y==4,x+y==3},{x,y}]  (*解方程组 {2x+y=4, x+y=3}*)
Out[2]={{x->1,y->2}}  (*输出方程组 {2x+y=4, x+y=3} 的两个解*)
```

值得注意的是,Solve 语句把所求方程的根先赋给未知元后再连同未知元及赋值号 -> 用花括弧括起来作为表的一个元素放在表中,如 Out[1]={{x->-1},{x->1}}.若想在运算过程中直接引用 Solve 的输出结果,可按变量替换形式(f[x]/.x->a)把所需要的根赋给某一变元.

```
In[3]:=j=%
Out[3]={{x->1,y->2}}
In[4]:=x1=x/.j[[1,1]]        (j[[1,1]]等价于 x->1)
Out[4]=1                     (变量 x1 的值)
In[5]:=x2=y/.j[[1,2]]        (j[[1,2]]等价于 y->2)
Out[5]=2                     (变量 x2 的值)
```

例 0.1.14　求方程 $\sin x = 0$ 在 $x = 3$ 附近的一个根.

解

```
In[1]:=FindRoot[Sin[x]==0,{x,3}]
Out[1]={x->3.14159}
```

0.1.6　Print 语句

Print 为输出命令,其形式为

$$\text{Print[表达式 1,表达式 2,⋯]}$$

执行 Print 语句,依次输出表达式 1,表达式 2,⋯等表达式,两表达式之间不留空格,输出完成后换行.通常 Print 语句先计算出表达式的值,再将表达式的值输出.若想原样输出某个表达式或字符,需要对其加引号,参见下例中的 Print 语句.

例 0.1.15　输入 $a = 5, b = 6$,用 Print 语句输出"$a+b = 11$"的字样.

解

```
In[1]:=Clear[a,b]
a=5
b=6
Print["a+b=",a+b]
Out[2]=5
Out[3]=6
a+b=11
```

0.1.7　平面图形

微视频
Mathematica
绘图

在 Mathematica 系统中,用 Plot 绘制平面曲线图形,其格式为

$$\text{Plot[f(x),{x,xmin,xmax}]}$$

用 RegionPlot 绘制平面区域图形,其格式为

$$\text{RegionPlot[不等式组所决定的区域,自变量的变化范围]}$$

例 0.1.16　画出正弦曲线 $y = \sin x$ 在 $[0, 6\pi]$ 上的图形.

解

```
In[1]:=Clear[x]
In[2]:=Plot[Sin[x],{x,0,6*Pi}]
```

注意　图形略.请读者上机实验.

0.1.8　Which 语句

Which 语句的一般形式为

$$\text{Which[条件 1,表达式 1,条件 2,表达式 2,⋯,条件 n,表达式 n]}$$

Which 语句的执行过程:从计算条件 1 开始,依次计算条件i(i=1,…,n),直至计算出第一个条件为真时为止,并将该条件所对应的表达式的值作为 Which 语句的值.用 Which 语句可以方便地定义分段函数.

0.2 数学软件 MATLAB 的基本用法

数学软件 MATLAB(Matrix Laboratory)是总部位于美国马萨诸塞州内迪克的 MathWorks 公司研制的数学计算软件.MATLAB 是一种用于算法开发、数据可视化、数据分析以及数值计算的科学计算语言和编程环境.Simulink 是一种用于对多领域动态和嵌入式系统进行仿真和模型设计的图形化环境.该公司还针对数据分析和图形处理等特殊任务推出近 100 项其他产品. Mathworks 于 1984 年首次发布了 MATLAB DOS 1.0 版本,随后不断发行新的版本,于 2022 年 3 月 15 日发布了 MATLAB R2022a.

在此仅介绍该软件在数学上的基本用法,在以后的章节中,将结合数学知识逐步介绍如何利用该软件进行极限、导数、积分、常微分方程、向量与空间解析几何、多元函数微积分、级数等运算.

0.2.1 启动

在装好了数学软件 MATLAB 的电脑上,单击 MATLAB 的图标 ,即可启动 MATLAB,并在电脑上弹出如下 3 个窗口:

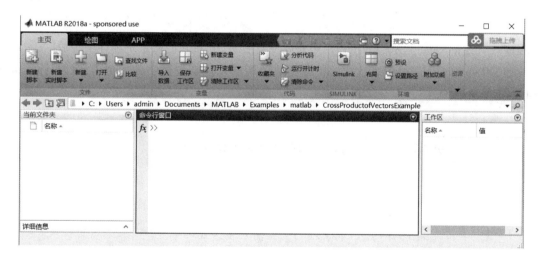

上述窗口的中间窗口称为命令窗口,在其左上角有一个提示符$fx\gg$,在该提示符下,你可以输入要计算的表达式,按 Enter 键即可得到该表达式的计算结果.

> **例 0.2.1** 用 MATLAB 软件计算 $3+12\div6+5^2\times2$.
>
> **解**
>
> $fx\gg 3+12/6+5\wedge2*2$　　% 在提示符 $f_x\gg$ 后面输入表达式$3+12\div6+5^2\times2$
>
> $\text{ans}=55$

在本例中,语句后面的%是注释符号,其后面的文本对该语句的性质进行注释说明,它不影响运算结果.

　　如果未指定输出参数,MATLAB 软件会自动创建名为 ans 的变量,寄存最近计算的结果.在本例中,3+12/6+5^2 * 2 为在提示符 *fx*≫后面输入的表达式 $3+12\div6+5^2\times2$,ans = 55 为上述表达式的计算结果(注意:在 MATLAB 命令窗口中,把 ans = 和所对应的计算结果 55 显示在两行中.为排版的紧凑,本书把和其对应的计算结果排在同一行中).

　　由上例不难看出+,-, * ,/,^分别为 MATLAB 系统中的加、减、乘、除及乘方的运算符号,其运算规律与初等数学中的规定是一致的.

0.2.2　准确数和近似数

　　(1) 近似值

　　在 MATLAB 命令窗口中,在运算表达式中参加运算的数,无论是整数还是分数,只要没有特别说明,MATLAB 语言都假定参加运算的数都是近似值,所以,其运算结果也用近似值表示.

例 0.2.2　求 $\frac{1}{3}+\sqrt{2}$ 的值.

解

```
>> clear
>> 1/3+sqrt(2)
ans =  1.7475
```

　　该段程序一开始的 clear 为从当前工作区中删除所有变量,并将它们从系统内存中释放.

　　更一般地,用 vpa(exp,n)得到表达式 exp 运算结果具有 n 位有效数字的近似值.例如,vpa(pi,3)给出 ans = 3.14 的运算结果.

例 0.2.3　求 $\frac{1}{3}+\sqrt{2}$ 的具有 10 位有效数字的近似值.

解

```
>> clear
vpa(1/3+sqrt(2),10)   % 输入表达式 1/3+√2
ans =1.747546896
```

　　(2) 输入的是准确数,输出的也是准确数

　　为了让运算保持精确,必须事先对参加运算的数用 sym 给予说明.在 MATLAB 中,sym 用于创建符号数、符号变量、符号对象.符号变量的优点是,使用符号变量运算得到的是解析解.例如,在符号变量运算过程中 pi 就用 pi 表示,而不是具体的近似数值 3.141 59.

　　使用符号变量进行运算能最大限度减少运算过程中因舍入造成的误差.符号变量也便于进行运算过程的演示.

例 0.2.4　求 $\frac{1}{3}+2$ 的值.

解

```
>>clear
P1 = sym('1/3');% 将 1/3 定义为符号数
P2 = sym('2');
>> P1+P2
ans = 7/3
```

注意　如果语句末尾用分号(;)结尾,则表示不输出该语句的运行结果.

(3) 圆周率 π 和自然常数 e

圆周率 π 和自然常数 e 是两个重要的常数.

例 0.2.5　求出具有 16 位有效数字的圆周率 π 的近似值.

解

```
vpa(pi,16)
ans = 3.141592653589793
```

例 0.2.6　求出具有 16 位有效数字的自然常数 e 的近似值.

解

```
>>vpa(exp(sym(1)),16)
ans = 2.718281828459045
```

注意　在 MATLAB 中,用 pi 表示圆周率,用 exp(1) 表示自然常数 e,exp(sym(1)) 中的 sym(1) 指定了 1 为符号数.

0.2.3　变量

在 MATLAB 系统中,变量无需提前定义.如需进行符号运算可以用 sym 或者 syms 定义变量.如果没有提前定义的话,可以在使用时直接赋值.MATLAB 中变量名以字母开头,后接字母、数字或下划线,最多 63 个字符;区分大小写;关键字和函数名不能作为变量名.

例 0.2.7　设 $a=6,b=5$,求 $(a+b)^2+ab+7$.

解

```
>> clear
syms a b
>> a = 6;b = 5;
>> (a+b)^2+a*b+7
ans = 158
```

MATLAB 7.0 后的版本提供了一种称作匿名函数的表达式定义方法.通过匿名函数对表达式求值,变量的赋值只对本次调用有效,所以,这种赋值为变量的临时赋值.

定义一个匿名函数很简单,语法是 fhandle = @ (vars) exp,其中 fhandle 就是调用该函数的函数句柄(function handle),exp 是表达式,vars 是表达式 exp 中所涉及的变量(或参数)列表,多个变量使用逗号分隔.

例 0.2.8 用临时赋值的方法求多项式 $x^2+2x+10$ 在 $x=2$ 时的值.

解

```
>> clear
syms x
f =@(x)x^2+2 * x+10;  % 定义匿名函数 f(x)= x^2+2 * x+10
>> f(2)   % 求表达式 f(x)在 x = 2 的值
ans =18
```

注意 在本例中的 f(2)通过给变量 x 赋值 2,来计算表达式 x^2+2 * x+10 在 x = 2 时的值,变量 x 所赋的值 2 只在本次调用中有效.

0.2.4 表

(1) 表的定义

MATLAB 是矩阵实验室(Matrix Laboratory)的简称,MATLAB 系统最强大的功能是矩阵(由 $m×n$ 个元素构成的具有 m 行 n 列的表)运算.这里我们只探讨 $1×n$ 矩阵(只有一行的向量),称为一维表.

在 MATLAB 系统中,一维表的表示形式是用方括号括起来的且中间用逗号分开的若干个相同类型的元素.如:

$$[1,2,100,6,15]$$

表示由 1,2,100,6,15 这 5 个元素组成的一维表.

(2) 表的元素

对于一维表 b 用 b(i)表示它的第 i 个元素(分量).例如,下面的程序给出了表 b =[3,6,9,11,15]的第 4 个元素 11.

```
clear
syms b
  b =[3,6,9,11,15];
>> b(4)
ans =    11
```

(3) 表的运算

设表 b1、b2 是结构完全相同的两个表.表 b1 与 b2 的和与差都等于其对应元素间的相应运算.

例 0.2.9 设 b1 ={1,2,3,4},b2 ={2,4,6,8},求 b1+b2,b1-b2.

解

```
>> clear
syms b1 b2
```

```
b1 =[1 2 3 4];b2 =[2 4 6 8];
b1+b2,b1-b2
ans =      3      6      9     12
ans =     -1     -2     -3     -4
```

0.2.5 解方程

solve 是解方程或方程组的函数,其形式为 solve(eqns,vars),其中 eqns 可以是单个方程,也可以是方程组,单个方程用 exp==0(其中 exp 为关于未知元的表达式)的形式;方程组写成用方括号括起来的中间用逗号分隔的若干个单个方程的集合,如由两个方程构成的方程组应写成[exp1==0,exp2==0];vars 为未知元表,其形式为[x1,x2,x3,…].

此外,还可以用 fzero(exp,x0)求非线性方程 exp==0 在 x=x0 附近的根.

例 0.2.10 解方程 $x^2-1=0$.

解

```
>> syms x
eqn = x^2-1==0;
solx = solve(eqn,x)
solx =
-1
 1
```

上面给出了方程 $x^2-1=0$ 的两个根:-1 和 1.

例 0.2.11 解方程组 $\begin{cases} 2x+y=4, \\ x+y=3. \end{cases}$

解

```
>> clear
>> syms x y
eqns = [2*x+y==4,x+y==3];
vars = [x y];
[solx,soly] = solve(eqns,vars)
solx =1
soly =2
```

例 0.2.12 求方程 $\sin x=0$ 在 $x=3$ 附近的一个根.

解

```
clear
>> syms x
```

```
f = @ (x) sin(x);  % 定义表达式 f=sinx
fzero(f,3)          % 求 sinx = 0 在 x = 3 附近的根


ans = 3 .1416
```

0.2.6　fprintf 语句

fprintf 为输出命令,其格式为

$$\text{fprintf('text\quad format',val)}$$

其中,text 为需要输出的文本内容,val 为需要输出的变量值,format 是对变量值 val 的显示格式说明.说明 val 的值为整数时用%d;说明 val 的值以科学记数法显示时用%e;说明 val 的值以浮点数显示时用%f;如果该语句的输出完成后需要换行的话用 \n 说明.

例 0.2.13　输入 $a=5,b=6$,用 fprintf 语句输出"$a+b=11$"的字样.

解

```
clear
syms a b
a = 5;b = 6;
fprintf('a+b=% d \n',a+b)
a+b=11
```

0.2.7　平面图形

在 MATLAB 系统中,用 plot(x,y)绘制平面曲线 y=f(x)的图形,其中 x 是自变量的取值范围,它是一维数据表,y 是对应于自变量 x 取值的函数值的数据表.

自变量 x 的取值常用如下两种形式给出:

(1) x=a:d:b,表示自变量 x 从 a 开始,以 d 为间距,在闭区间[a,b]上的 n 个点所构成的一维数表(包含点 a,不一定包含点 b).

(2) x=linspace(x1,x2,n),表示在闭区间[x1,x2]上的 n 个点所构成的一维数表(包含区间端点 x1,x2),这些点的间距为(x2-x1)/(n-1).

例 0.2.14　画出正弦曲线 $y=\sin x$ 在 $[0,6\pi]$ 上的图形.

解

```
clear
syms x y
x = 0:pi/100:6 * pi;  % 表示自变量 x 从 0 开始,以 π/100 为间隔,取闭区间[0,
6π]上的点
y = sin(x);
plot(x,y)
```

注意 图形略.请读者上机实验.

0.2.8 if 语句

和其他高级语言一样,MATLAB 语言中也有描述分支结构的条件语句,即 if 语句,其格式如下:

if 条件表达式

    程序模块

end

if 条件表达式

    程序模块 1

else

    程序模块 2

end

0.3 学习任务 0 解答 选择哪种还房贷方法更好

解

1. 因为贷款总额 $b=186$ 万,月利率 $r=5.7\%/12$,还款年限 11 年,每月 1 期,即还款总期数为 $n=12\times11=132$ 期,则

（1）按等额本息还款法,每月还贷款额（本息）

$$Y=\frac{1\,860\,000\times5.7\%/12\times(1+5.7\%/12)^{132}}{(1+5.7\%/12)^{132}-1}=18\,999.4(\text{元}).$$

（2）按等额本息还款法,11 年的还款总金额 $=18\,999.4\times132=2.507\,92\times10^6(\text{元})$.

（3）按等额本息还款法,11 年的还款总利息 $=2.507\,92\times10^6-1.86\times10^6=647\,922(\text{元})$.

（4）按等额本金还款法,由于第 k 期（月）还款额为

$$Y_k=\frac{1\,860\,000}{132}+\left[1\,860\,000-(k-1)\frac{1\,860\,000}{132}\right]\times5.7\%/12(\text{元})$$

$$(k=1,2,\cdots,132),$$

所以,第 1 期（首月末）还款额为

$$Y_1=\frac{1\,860\,000}{132}+\left[1\,860\,000-(1-1)\frac{1\,860\,000}{132}\right]\times5.7\%/12$$

$$=22\,925.9(\text{元}).$$

（5）按等额本金还款法,每月递减额为 $Y_k-Y_{k+1}=\frac{b}{n}r=66.931\,8(\text{元})$.

（6）按等额本金还款法,11 年的还款总金额为

$$\text{debjzhke}=\sum_{k=1}^{132}Y_k=2.447\,53\times10^6(\text{元}).$$

（7）按等额本金还款法,11 年的还款总利息为

$$debjzlx = debjzhke - b = 587\ 528（元）.$$

（8）由（1）的计算结果知,按等额本息还款法,每月还款额为 18 999.4 元;由（4）（5）的计算结果知,按等额本金还款法,首期还款 22 925.9 元,并且每月递减额为 66.931 8 元,每月还款额有若干期都高于该人每月最高只能还款 20 000 元的限额,所以,该人应选择等额本息还款法还贷.

扫一扫,看代码
Mathematica 程序

扫一扫,看代码
MATLAB 程序

（9）由（1）的计算结果知,按等额本息还款法,每月还贷款额为 18 999.4 元;由（4）的计算结果知,按等额本金还款法,月还款额最高为 22 925.9 元,两种还款方法都不超过其每月 23 000 元的还贷能力,但是,由（2）的计算结果知,按等额本息还款法 11 年还款总额为 $2.507\ 92 \times 10^{6}$ 元;由（6）的计算结果知,按等额本金还款法 11 年的还款总额为 $2.447\ 53 \times 10^{6}$ 元,所以,选择等额本金还款法还贷还款总额较少.

2. 扫描左侧二维码,查看学习任务 0 的 Mathematica 程序.

3. 扫描左侧二维码,查看学习任务 0 的 MATLAB 程序.

第1章 函数

1.0 学习任务1 保持安全车距驾驶

文档
函数简史

由于惯性作用,行驶中的汽车在刹车后还要继续向前滑行一段距离才能停下,所以,为了避免开车追尾,需要与前车保持一定的距离.当驾驶员发现危险情况而急刹车时,人的大脑和刹车系统都需要少许反应时间.一般把从发现危险情况到踩下制动踏板发生制动作用之前的这段时间称为**反应时间**,在反应时间内汽车行驶的距离称为**反应距离**;把从开始制动到汽车完全静止,汽车所走过的路程称为**制动距离**.为确保后车不会与前车追尾,后车就需要始终与前车保持一定的距离,称其为安全车距.一般地说,安全车距要大于反应距离与制动距离之和(图 1.0.1).测试人员对某型号的汽车进行了测试,测得车速与反应时间(表 1.0.1)及车速与制动距离(表 1.0.2)各 10 组数据.

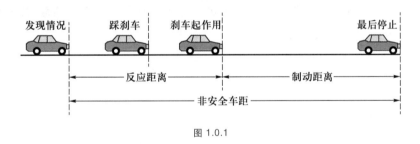

图 1.0.1

表 1.0.1

车速/(km·h^{-1})	10	20	30	40	50	60	70	80	90	100
反应时间/s	3.6	3.2	3.0	2.8	2.7	2.5	2.3	2.1	2.0	1.85

表 1.0.2

车速/(km·h^{-1})	10	20	30	40	50	60	70	80	90	100
制动距离/m	0.5	2.0	4.4	7.9	12.3	17.7	24.1	31.5	39.7	49.0

请完成如下任务:

(1)根据表 1.0.1 写出车速与反应距离间的表格形式的函数关系.

(2)以车速为横轴,以制动距离为纵轴建立直角坐标系.先在该坐标系下描出表 1.0.2 中的数据点,再用光滑曲线连接这些点,从而得到车速与制动距离的函数图像.

（3）根据车速与制动距离的函数图像估计函数类型,并利用表 1.0.2 中的数据求出车速与制动距离间的函数关系式.

（4）求出该型号的汽车车速为 100 km/h 时的安全车距.

上述问题不但涉及由已知信息求出表格形式的函数关系,而且涉及函数图像、函数解析表达式,因此,解决该问题需要熟悉函数及其有关知识.

> 引例　小明对函数概念有些疑惑,他问老师两个问题:
>
> （1）函数的定义域一定是非空数集吗?
>
> （2）对于给定的函数 $f(x)$,无论自变量 x 取定什么数值 x_0,函数 $f(x)$ 都有唯一确定的值 $f(x_0)$ 与之对应吗?
>
> 老师回答:(1) 函数的定义域必须是非空数集;
>
> （2）对给定的函数 $f(x)$,只有当 x 在定义域内取定一个值 x_0 后,函数才有唯一确定的值 $f(x_0)$ 与之对应.

千姿百态的物质世界无不处在运动、变化和发展之中.16 世纪,随着社会的发展,为适应社会生产力发展的需要,运动变化成为自然科学研究的主题,对各种变化过程和过程中的变量间的依赖关系的研究产生了函数概念.函数是刻画运动变化中变量相依关系的数学模型,其思想是通过某一事实的信息去推知另一事实.数学上最重要的函数是那些可根据某一数值而推知另一数值的函数,例如如果我们知道了圆的半径,那么它的面积也就确定了.

微积分是从研究函数开始的.本章将在中学数学已有函数知识的基础上进一步理解函数、反函数、复合函数及初等函数的概念,为微积分的学习打下基础.

1.1　函数及其性质

本节先复习函数的概念与性质,除函数的定义外,读者还应特别关注分段函数的求值及其作图细节.

1.1.1　函数的概念

文档
狄利克雷

函数的概念在 17 世纪之前一直与公式紧密关联,到了 1837 年,德国数学家狄利克雷(Dirichlet,1805—1859)抽象出了直至今日仍为人们易于接受,并且较为合理的函数概念.

1. 函数的定义

> 定义 1.1.1(函数)　设有两个变量 x 和 y,若当变量 x 在非空实数集 D 内,任意取定一个数值时,变量 y 按照一定的对应法则 f,有唯一确定的值与之对应,则称 y 是 x 的函数,记作
> $$y = f(x), \quad x \in D,$$
> 其中变量 x 称为自变量,变量 y 称为函数(或因变量).自变量的取值范围 D 称为函数的定义域.

微视频
函数的定义

若对于确定的 $x_0 \in D$,通过对应法则 f,函数 y 有唯一确定的值 y_0 相对应,则称 y_0 为函数 $y = f(x)$ 在 x_0 处的函数值,记作

$$y\big|_{x=x_0} \quad 或 \quad f(x_0),$$

函数值的集合称为函数的值域,记作 M,即 $M = \{y \mid y = f(x), x \in D\}$.

若函数在某个区间 I 上的每一点都有定义,则称这个函数在该区间上有定义,区间 I 称为该函数的定义区间.

例 1.1.1 设 $y = f(x) = \dfrac{1}{x} \sin \dfrac{1}{x}$,求 $f\left(\dfrac{2}{\pi}\right)$.

解
$$y\bigg|_{x=\frac{2}{\pi}} = f\left(\frac{2}{\pi}\right) = \frac{\pi}{2} \sin \frac{\pi}{2} = \frac{\pi}{2}.$$

例 1.1.2 设 $f(x+1) = x^2 - 3x$,求 $f(x)$.

解 令 $x+1 = t$,则 $x = t-1$,所以
$$f(t) = (t-1)^2 - 3(t-1) = t^2 - 5t + 4,$$
再令 $t = x$ 得
$$f(x) = x^2 - 5x + 4.$$

2. 函数的两个要素

微视频
函数的两要素

函数的对应法则和定义域称为函数的两个要素,而函数的值域一般称为派生要素.

(1)对应法则

由函数的定义知,对应法则规定了自变量与因变量取值的对应关系,也就是说,给定自变量的一个值后,通过对应法则就能得到唯一的函数值.所以,给定两个对应法则,如果对自变量的任意同一取值,其对应的函数值都相等,则称这两个对应法则相同,否则,说这两个对应法则不同.

例 1.1.3 下面各组对应法则是否相同?为什么?

(1) f:

x	1	2	3	4
y	6	7	8	9

, g:

x	1	2	3	4
y	6	7	8	9

;

(2) φ:

x	1	2	3
y	1	1	1

, ψ:

x	4	5	6
y	1	1	1

;

(3) $f_1(x) = \sqrt{x}, x \in [0, +\infty)$,$f_2(x) = \sqrt{-x}, x \in (-\infty, 0]$.

解 (1)因为对自变量 x 的任意同一取值,均有 $f(x) = g(x)$,所以 f 与 g 相同;

(2)因为自变量 x 的取值范围不同,所以,φ 与 ψ 不同;

(3)因为自变量 x 的取值范围不同,所以,f_1 与 f_2 不同.

（2）定义域

自变量的取值范围称为函数的定义域.

例 1.1.4 指出正弦函数 $y=\sin x$ 的定义域、值域,并说明其最大值、最小值.

解 $y=\sin x$ 的定义域为 $(-\infty,+\infty)$,值域为 $[-1,1]$.

由于 $y\in[-1,1]$,即 $-1\leq y\leq 1$,所以,$y=\sin x$ 的最大值为 1,最小值为 -1.

例 1.1.5 求函数 $y=\sqrt{4-x^2}+\ln(x-1)$ 的定义域.

解 这是两个函数之和的定义域,先分别求出每个函数的定义域,然后求其公共部分即可.

为使 $\sqrt{4-x^2}$ 有定义,必须使 $4-x^2\geq 0$,即
$$x^2\leq 4,$$
解得
$$|x|\leq 2,$$
即 $\sqrt{4-x^2}$ 的定义域为 $[-2,2]$.

为使 $\ln(x-1)$ 有定义,必须使 $x-1>0$,即
$$x>1,$$
即 $\ln(x-1)$ 的定义域为 $(1,+\infty)$.

由于
$$[-2,2]\cap(1,+\infty)=(1,2],$$
于是,所求函数的定义域是 $(1,2]$.

（3）相同函数

如果两个函数的定义域相同、对应法则也相同,那么,这两个函数就是相同的函数.

例 1.1.6 下列函数是否相同? 为什么?

（1） $y=\ln x^2$ 与 $y=2\ln x$;

（2） $w=\sqrt{u}$ 与 $y=\sqrt{x}$.

解 （1） $y=\ln x^2$ 与 $y=2\ln x$ 不是相同的函数,因为定义域不同.

（2） $w=\sqrt{u}$ 与 $y=\sqrt{x}$ 是相同的函数,因为对应法则与定义域均相同.

微视频
函数的记号

3. 函数的记号

y 是 x 的函数,可以记作 $y=f(x)$,也可以记作 $y=\varphi(x)$ 或 $y=F(x)$ 等,但同一函数在讨论同一问题中应取定一种记法,同一问题中涉及多个函数时,则应取不同的记号分别表示它们各自的对应法则,为方便起见,有时也用记号 $y=y(x),u=u(x),s=s(x)$ 等表示函数.

微视频
函数的表示法

4. 函数的表示法

函数可以用至少三种不同的方法来表示:表格法、图像法和公式法.

（1）表格法

表格法就是通过列出表格来表示变量之间的对应关系的方法.

例 1.1.7　中央电视台每天都播放天气预报,经统计,某地 2019 年 9 月 19 日—29 日每天的最高气温如表 1.1.1 所示.

表 1.1.1

日期(9 月)	19	20	21	22	23	24	25	26	27	28	29
最高气温/℃	28	28	27	25	24	26	27	25	23	22	21

这个表格确实表达了温度是日期的函数,这里不存在任何计算温度的公式,但是每一天都会产生出一个唯一的最高气温,对每个日期 t,都有一个与 t 相对应的唯一最高气温 N.

（2）图像法

图像法就是用图像表示变量之间的对应关系的方法.

例 1.1.8　据国家统计局发布的《2019 年国民经济和社会发展统计公报》和《2018 年国民经济和社会发展统计公报》可知,从 2014 年到 2019 年年末,全国贫困人口分别为 7 017 万人,5 575 万人,4 335 万人,3 046 万人,1 660 万人,551 万人,根据这些数据画出图 1.1.1,观察图 1.1.1,一方面可以看出,全国贫困人口数量直线下降,精准扶贫成效显著;另一方面,给定一个具体日期,

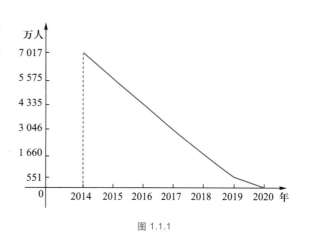

图 1.1.1

就得到一个具体的全国贫困人口数,可见图 1.1.1 反映了全国贫困人口数是年份的函数.

（3）公式法

公式法就是用数学表达式表示变量之间的对应关系的方法,公式法又称为解析法,用公式法表达函数的数学表达式也称为解析式.

例 1.1.9　王先生到郊外去观景,他以 3 km/h 匀速前进,离家 1 h 时,他发现一骑车人的自行车坏了,他用了 2 h 帮助这个人把自行车修好后,又继续以 3 km/h 的速度向前走了 2 h(图 1.1.2).则王先生离家的距离关于时间的函数用解析表达式表示为

$$f(x) = \begin{cases} 3x, & 0 \leqslant x \leqslant 1, \\ 3, & 1 < x \leqslant 3, \\ 3x-6, & 3 < x \leqslant 5. \end{cases}$$

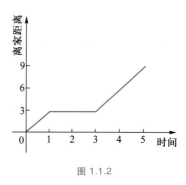

图 1.1.2

该函数 $f(x)$ 的定义域为 $D=[0,5]$，但它在定义域的不同范围内的函数值是分别表示的，这样的函数称为**分段函数**.

5. 分段函数

> 定义 1.1.2(分段函数)   如果一个函数的函数值在其定义域的不同范围内是分别表达的，则称该函数为分段函数.

微视频
分段函数

由此可见，分段函数就是在自变量的不同取值范围内有着不同对应法则的函数.

分段函数是定义域上的一个函数，不要理解为多个函数，分段函数需要分段求值，分段作图.

例 1.1.10   作出下面分段函数的图形：

$$f(x)=\begin{cases}0, & -1<x\leqslant 0,\\ x^2, & 0<x\leqslant 1,\\ 3-x, & 1<x\leqslant 2.\end{cases}$$

解   该分段函数的图形如图 1.1.3 所示.

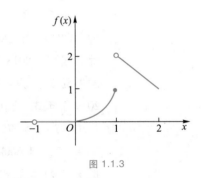

图 1.1.3

我们给出的函数定义是一种传统的函数模型，到了 19 世纪 70 年代，康托尔(Cantor,1845—1918)的集合论出现之后，函数可明确地定义为集合间的对应关系，更突出了对应规律，是近代函数的模型.

> 定义 1.1.3   设 D 与 M 分别是两个非空实数集，若存在对应法则 f，对 D 中的每一个数 x，通过对应法则 f，集合 M 中都有唯一确定的数 y 与之对应，则称 f 为从 D 到 M 的函数(也称为映射)，记作
> $$f:D\to M,$$
> 其中 D 称为函数 f 的定义域，D 中的每一个 x 根据对应法则 f 对应于一个 y，记作 $y=f(x)$，称为函数 f 在 x 处的函数值，全体函数值的集合
> $$W=\{y\mid y=f(x),x\in D\}\subset M$$
> 称为函数 f 的值域，x 称为 f 的自变量，y 称为因变量，如图 1.1.4 所示.

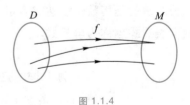

图 1.1.4

例 1.1.11   设自变量 x 的取值范围为数集 $A=\{4,6,3\}$，下列数学结构给出了变量 y 与 x 的对应关系如下：

x	4	6	3	4
y	1	2	5	7

问该数学结构是否确定了 y 是 x 的函数？

解 由于在题设所给数学结构中，$x=4$ 时变量 y 有 2 个不同的值 1 和 7 与之对应，所以，该数学结构不是函数.

1.1.2 函数的几种特性

微视频
函数的有界性

1. 有界性

设 $f(x)$ 在数集 D 上有定义，若存在正数 M，使得对任意 $x \in D$，都有 $|f(x)| \leqslant M$，则称 $f(x)$ 在区间 D 上有界（图 1.1.5 所示函数 $f(x)$ 在闭区间 $[a,b]$ 上有界）.若 $f(x)$ 在数集 D 上有界，也称 $f(x)$ 为 D 上的有界函数.

例 1.1.12 $f(x) = \sin x$ 在 $(-\infty, +\infty)$ 上有界，因为 $|\sin x| \leqslant 1$.而 $\varphi(x) = \dfrac{1}{x}$ 在开区间 $(0,1)$ 内无界.

2. 单调性

微视频
函数的单调性

对于区间 I 上任意两点 x_1, x_2，当 $x_1 < x_2$ 时，若有 $f(x_1) < f(x_2)$，则称 $f(x)$ 在 I 上单调增加（图 1.1.6）.若 $f(x_1) > f(x_2)$，则称 $f(x)$ 在 I 上单调减少（图 1.1.7）.如果函数 $f(x)$ 在区间 I 上单调增加，则把区间 I 称为该函数的单调增区间，把 $f(x)$ 称为区间 I 上的单增函数；如果函数 $f(x)$ 在区间 I 上单调减少，则把区间 I 称为该函数的单调减区间，把 $f(x)$ 称为区间 I 上的单减函数.单调增区间与单调减区间统称为单调区间.单调增加函数、单调减少函数统称为单调函数.

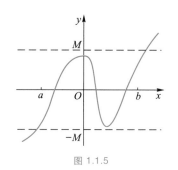

图 1.1.5

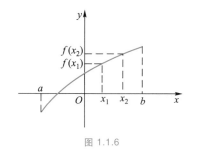

图 1.1.6

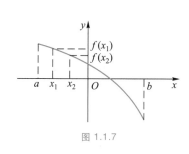

图 1.1.7

例 1.1.13 图 1.1.8，图 1.1.9 所给的函数 $f(x)$，$g(x)$ 在区间 $[a,b]$ 上都是单调增加的吗？

解 图 1.1.8 所示函数 $f(x)$ 在区间 $[a,b]$ 上是单调增加的；图 1.1.9 所给函数 $g(x)$ 在区间 $[a,b]$ 上不是单调增加的.

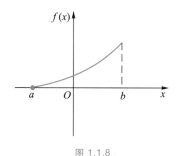

图 1.1.8

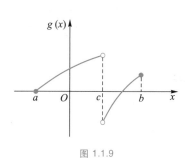

图 1.1.9

例 1.1.14　写出图 1.1.10 所示函数 $f(x)$ 的单调区间.

解　图 1.1.10 所示函数的单调区间如下:闭区间 $[a,e]$ 为函数 $f(x)$ 的单调减区间;闭区间 $[e,b]$ 为函数 $f(x)$ 的单调增区间.

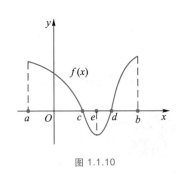

图 1.1.10

3. 奇偶性

微视频
函数的奇偶性

设 I 为关于原点对称的区间,若对于任意 $x \in I$,都有 $f(-x) = f(x)$,则称 $f(x)$ 为偶函数(图 1.1.11);若 $f(-x) = -f(x)$,则称 $f(x)$ 为奇函数(图 1.1.12).

例 1.1.15　判别函数 $f(x) = x^2$ 的奇偶性.

解　因为 $f(x) = x^2$ 的定义域是关于坐标原点对称的区间 $(-\infty, +\infty)$,又因为对任意的 $x \in (-\infty, +\infty)$,有 $f(-x) = (-x)^2 = x^2 = f(x)$,所以,$f(x) = x^2$ 为偶函数.

4. 周期性

微视频
函数的周期性

若存在不为零的数 T,使得对于任意 $x \in I$,有 $x+T \in I$,且 $f(x+T) = f(x)$,则称 $f(x)$ 为周期函数(图 1.1.13),通常所说的周期函数的周期是指它的最小正周期.

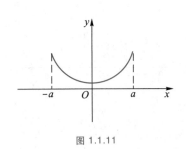

图 1.1.11

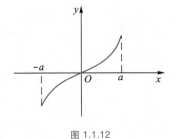

图 1.1.12

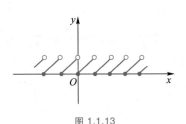

图 1.1.13

例 1.1.16　指出正弦函数、余弦函数、正切函数、余切函数的最小正周期.

解　正弦函数 $\sin x$ 的最小正周期为 2π,即 $\sin(x+2\pi) = \sin x$;

余弦函数 $\cos x$ 的最小正周期为 2π,即 $\cos(x+2\pi) = \cos x$;

正切函数 $\tan x$ 的最小正周期为 π,即 $\tan(x+\pi) = \tan x$;

余切函数 $\cot x$ 的最小正周期为 π,即 $\cot(x+\pi) = \cot x$.

1.1.3　反函数

在研究两个变量之间的函数关系时,可根据问题的实际需要选定一个作为自变量,另一个作为函数.例如,若已知某商品价格为 p,销售量为 x,则由函数 $y=px$ 可求出销售收入;若已知价格为 p,销售收入为 y,则

由函数 $x=\dfrac{y}{p}$ 可求出对应的销售量 x. 注意到, 由函数 $y=px$ 可以得到函数 $x=\dfrac{y}{p}$, 我们称 $x=\dfrac{y}{p}$ 为 $y=px$ 的反函数. 更一般地, 我们有

> **定义 1.1.4(反函数)** 设定义在非空数集 D 上的函数 $y=f(x)$ 的值域为 A, 若对任意的 $y\in A$, 由 $y=f(x)$ 可得唯一的 $x=\varphi(y)\in D$, 则称 $x=\varphi(y)$ 为函数 $y=f(x)$ 的反函数, 记为
> $$x=f^{-1}(y), y\in A.$$

由反函数的定义不难看出, 反函数 $x=f^{-1}(y)$ 的定义域 A 恰好是函数 $y=f(x)$ 的值域 $\{y\mid y=f(x), x\in D\}$, 反函数 $x=f^{-1}(y)$ 的值域 $\{x\mid x=f^{-1}(y), y\in A\}$ 恰好是函数 $y=f(x)$ 的定义域 D. 函数 $y=f(x)$ 与 $x=f^{-1}(y)$ 互为反函数, 因此有

$$f^{-1}(f(x))=x, x\in D,$$
$$f(f^{-1}(y))=y, y\in A.$$

例 1.1.17 函数 $y=\sqrt{3x-1}$ 的定义域是 $\left[\dfrac{1}{3}, +\infty\right)$, 值域是 $[0, +\infty)$, 按照 $y=\sqrt{3x-1}$, 对于 $[0, +\infty)$ 中的每一个 y 都有 $\left[\dfrac{1}{3}, +\infty\right)$ 中的唯一的 x 与之对应, 即 $x=\dfrac{1}{3}(y^2+1)$, 则函数 $y=\sqrt{3x-1}$ 的反函数是

$$x=\frac{1}{3}(y^2+1), y\in[0, +\infty).$$

例 1.1.18 指数函数 $y=\mathrm{e}^x$ 的定义域是区间 $(-\infty, +\infty)$, 值域是区间 $(0, +\infty)$, 按照 $y=\mathrm{e}^x$, 对于 $(0, +\infty)$ 中的每一个 y 都有 $(-\infty, +\infty)$ 中唯一的 x 与之对应, 则这个函数就是指数函数 $y=\mathrm{e}^x$ 的反函数, 即对数函数

$$x=\ln y, y\in(0, +\infty).$$

例 1.1.19 对于函数 $y=x^2$, 问

(1) 该函数在其定义域 $(-\infty, +\infty)$ 上存在反函数吗?

(2) 该函数在其定义域的子区间 $[0, +\infty)$ 上存在反函数吗?

(3) 该函数在其定义域的子区间 $(-\infty, 0]$ 上存在反函数吗?

解 (1) 因为对给定的 $y\in(0, +\infty)$, 由 $y=x^2$ 解得, x 在区间 $(-\infty, +\infty)$ 上有两个值 $x=\pm\sqrt{y}$ 与之对应, 所以, 函数 $y=x^2$ 在其定义域 $(-\infty, +\infty)$ 上不存在反函数;

(2) 由于对任意的 $y\in[0, +\infty)$, x 在区间 $[0, +\infty)$ 上有唯一的值 $x=\sqrt{y}$ 与其对应, 所以, 该函数在其定义域的子区间 $[0, +\infty)$ 上存在反函数, 即

$$x=\sqrt{y}, y\in[0, +\infty), x\in[0, +\infty);$$

(3) 由于对任意的 $y\in[0, +\infty)$, x 在区间 $(-\infty, 0]$ 上有唯一的值 $x=-\sqrt{y}$ 与其对应, 所以, 该函数在其定义域的子区间 $(-\infty, 0]$ 上存在反函数, 即

$$x=-\sqrt{y}, y\in[0, +\infty), x\in(-\infty, 0].$$

由此可见,并不是每个函数在其定义域上都有反函数.一般地,单调函数必有反函数.

> **例 1.1.20**（反三角函数）　大家知道正弦函数 $\sin x\,(-\infty<x<+\infty)$，余弦函数 $\cos x\,(-\infty<x<+\infty)$，正切函数 $\tan x\left(x\in(-\infty,+\infty)\backslash\left\{\dfrac{\pi}{2}+k\pi\,|\,k\text{ 为整数}\right\}\right)$，余切函数 $\cot x\,(x\in(-\infty,+\infty)\backslash\{k\pi\,|\,k\text{ 为整数}\})$ 等三角函数都是周期函数,它们在其定义域上都不是单调的.所以,$\sin x,\cos x,\tan x,\cot x$ 等三角函数在其各自的定义域上都不存在反函数.

由三角函数的图像不难发现,三角函数有许多单调子区间,因此,可以在这些单调子区间上讨论各自的反函数.

由于正弦函数在其定义域的每个子区间 $\left[-\dfrac{\pi}{2}+k\pi,\dfrac{\pi}{2}+k\pi\right]$（$k$ 为整数）上都是单调的,所以正弦函数在这些单调区间上都存在着反函数.通常,为了叙述上的方便,如无特别声明,对于三角函数,我们仅讨论其离坐标原点较近的单调区间上的反函数,具体定义如下:

（1）反正弦函数　当 $y\in\left[-\dfrac{\pi}{2},\dfrac{\pi}{2}\right]$ 时,称正弦函数 $x=\sin y$ 的反函数为反正弦函数,记为 $y=\arcsin x$.

由此可见,反正弦函数 $y=\arcsin x$ 的定义域为 $[-1,1]$,值域为 $\left[-\dfrac{\pi}{2},\dfrac{\pi}{2}\right]$.

（2）反余弦函数　当 $y\in[0,\pi]$ 时,称余弦函数 $x=\cos y$ 的反函数为反余弦函数,记为 $y=\arccos x$.

由此可见,反余弦函数 $y=\arccos x$ 的定义域为 $[-1,1]$,值域为 $[0,\pi]$.

（3）反正切函数　当 $y\in\left(-\dfrac{\pi}{2},\dfrac{\pi}{2}\right)$ 时,称正切函数 $x=\tan y$ 的反函数为反正切函数,记为 $y=\arctan x$.

由此可见,反正切函数 $y=\arctan x$ 的定义域为 $(-\infty,+\infty)$,值域为 $\left(-\dfrac{\pi}{2},\dfrac{\pi}{2}\right)$.

（4）反余切函数　当 $y\in(0,\pi)$ 时,称余切函数 $x=\cot y$ 的反函数为反余切函数,记为 $y=\operatorname{arccot} x$.

由此可见,反余切函数 $y=\operatorname{arccot} x$ 的定义域为 $(-\infty,+\infty)$,值域为 $(0,\pi)$.

反正弦函数、反余弦函数、反正切函数、反余切函数统称为反三角函数.

注意　在平面直角坐标系中,函数 $y=f(x)$ 和反函数 $x=f^{-1}(y)$ 的图像是相同的.

> **例 1.1.21**　求下列各式的值:
>
> （1）$\arcsin(-1),\arcsin 1,\arcsin 0,\arcsin\dfrac{\sqrt{2}}{2}$;
>
> （2）$\arccos(-1),\arccos 1,\arccos 0,\arccos\dfrac{\sqrt{3}}{2}$.
>
> **解**　（1）因为 $y=\arcsin x$ 是 $x=\sin y$ 的反函数,所以,
>
> 由 $\sin\left(-\dfrac{\pi}{2}\right)=-1$ 得 $\arcsin(-1)=-\dfrac{\pi}{2}$;
>
> 由 $\sin\dfrac{\pi}{2}=1$ 得 $\arcsin 1=\dfrac{\pi}{2}$;

由 $\sin 0 = 0$ 得 $\arcsin 0 = 0$;

由 $\sin \dfrac{\pi}{4} = \dfrac{\sqrt{2}}{2}$ 得 $\arcsin \dfrac{\sqrt{2}}{2} = \dfrac{\pi}{4}$.

（2）因为 $y = \arccos x$ 是 $x = \cos y$ 的反函数,所以,

由 $\cos \pi = -1$ 得 $\arccos(-1) = \pi$;

由 $\cos 0 = 1$ 得 $\arccos 1 = 0$;

由 $\cos \dfrac{\pi}{2} = 0$ 得 $\arccos 0 = \dfrac{\pi}{2}$;

由 $\cos \dfrac{\pi}{6} = \dfrac{\sqrt{3}}{2}$ 得 $\arccos \dfrac{\sqrt{3}}{2} = \dfrac{\pi}{6}$.

思考题 1.1

1. 确定一个函数需要哪几个基本要素?

2. 思考函数的几种特性的几何意义.

3. 求下列各式的值:

（1）$\arctan 1$;

（2）$\arctan(-1)$;

（3）$\operatorname{arccot} 1$;

（4）$\operatorname{arccot}(-1)$.

练习 1.1A

1. 已知 $f(x) = (x-1)^2$,分别求出 $f(1)$,$f(2)$,$f(-1)$.

2. 求函数 $y = 2\sin x$ 的最大值.

3. 判断函数 $y = x^3$ 的奇偶性.

练习 1.1B

1. 设数集 $D = \{1,2,3,4\}$,判断下列数学结构哪些是以 x 为自变量,以 D 为定义域的函数,哪些不是,为什么?

（1）

x	1	2	3	4
f:	↓	↓	↓	↓
y	0	2	1	-1

（2）

x	1	2	3	4
φ:	↓	↓	↓	↓
y	1	1	1	1

（3）

x	1	2	3	4	1
g:	↓	↓	↓	↓	↓
y	2	3	0	1	4

（4）

x	1	2	3
h:	↓	↓	↓
y	1	2	3

2. 一位旅客住在旅馆里,图 1.1.14 描述了他的一次行动. 请你根据图形给纵坐标赋予某一个物理量后,再叙述他的这次行动. 你能给图 1.1.14 标上具体的数值,精确描述这位旅客的这次行动并且用一个函数解析式表达出来吗?

3. 在下列各对函数中,是相同函数的是（　　）.

（1）$f(x) = \ln x^7$ 与 $g(x) = 7\ln x$;

（2）$f(x) = \ln \sqrt{x}$ 与 $g(x) = \dfrac{1}{2}\ln x$;

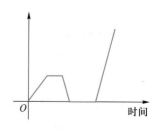

图 1.1.14

$(3)\ f(x)=\cos x$ 与 $g(x)=\sqrt{1-\sin^2 x}$;　　　　　$(4)\ f(x)=\dfrac{1}{x+1}$ 与 $g(x)=\dfrac{x-1}{x^2-1}$;

$(5)\ f(x)=\ln x^8$ 与 $g(x)=8\ln x$.

4. 求下列函数的定义域：

$(1)\ y=\sqrt{x+1}+\dfrac{1}{x-2}$;　　　　　　　　　$(2)\ y=\dfrac{1}{\sqrt{1-x^2}}$.

1.2　初等函数

微积分的研究对象主要为初等函数,而初等函数是由基本初等函数组成的.本节依次介绍基本初等函数和初等函数.

1.2.1　基本初等函数

微视频
基本初等函数

常数函数　　$y=C$　　$(C$ 为常数$)$,

幂函数　　　$y=x^\mu$　　$(\mu$ 为常数$)$,

指数函数　　$y=a^x$　　$(a>0,a\neq1,a$ 为常数$)$,

对数函数　　$y=\log_a x$　　$(a>0,a\neq1,a$ 为常数$)$,

三角函数　　$y=\sin x,y=\cos x,y=\tan x,y=\cot x,y=\sec x$,

　　　　　　$y=\csc x$,

反三角函数　　$y=\arcsin x,y=\arccos x,y=\arctan x,y=\text{arccot}\ x$.

这六种函数统称为基本初等函数,这些函数的性质、图形很多在中学已经学过,今后会经常用到它们.

例 1.2.1　下列哪个函数是基本初等函数？

$(1)\ y=x^2$；$(2)\ y=2x$；$(3)\ y=\log_2 x$；$(4)\ y=\ln(2x)$.

解　$(1)\ y=x^2$ 是基本初等函数,因为 $y=x^2$ 是幂函数 $y=x^\mu$ 的形式.

$(2)\ y=2x$ 不是基本初等函数,因为它不能化为幂函数 $y=x^\mu$ 的形式.它是基本初等函数 $y=x$ 与常数 2 的乘积.

$(3)\ y=\log_2 x$ 是基本初等函数,因为它是对数函数 $y=\log_a x$ 的形式.

$(4)\ y=\ln(2x)$ 不是基本初等函数,因为它不能化为对数函数 $y=\log_a x$ 的形式.事实上,它可以化为常数 $y=\ln 2$ 与基本初等函数 $y=\ln x$ 之和,即 $y=\ln(2x)=\ln 2+\ln x$.

1.2.2　复合函数

设 $y=f(u)$,其中 $u=\varphi(x)$,且 $\varphi(x)$ 的值全部或部分落在 $f(u)$ 的定义域内,则称 $y=f[\varphi(x)]$ 为 x 的复合函数,而 u 称为中间变量.

设 $f_u=f(u)$ 的定义域为 D_u,值域为 M_u,$\varphi_x=\varphi(x)$ 的定义域为 D_x,值域为 M_x,如图 1.2.1 所示.如果 $D_u\cap M_x\neq\varnothing$,则 $y=f(u)$ 与 $u=\varphi(x)$ 可复合成函数 $y=f[\varphi(x)]$.

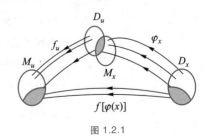
图 1.2.1

例 1.2.2 函数 $y=\sin^2 x$ 是由 $y=u^2$, $u=\sin x$ 复合而成的复合函数, 其定义域为 $(-\infty, +\infty)$, 它也是 $u=\sin x$ 的定义域; 函数 $y=\sqrt{1-x^2}$ 是由 $y=\sqrt{u}$, $u=1-x^2$ 复合而成的, 其定义域为 $[-1,1]$, 它是 $u=1-x^2$ 的定义域 $(-\infty, +\infty)$ 的一部分; $y=\arcsin u$, $u=2+x^2$ 是不能复合成一个函数的.

例 1.2.3 分析下列复合函数的结构:

(1) $y=\sqrt{\cot \dfrac{x}{2}}$;　　(2) $y=\mathrm{e}^{\sin \sqrt{x^2+1}}$.

解 (1) $y=\sqrt{u}$, $u=\cot v$, $v=\dfrac{x}{2}$;

(2) $y=\mathrm{e}^u$, $u=\sin v$, $v=\sqrt{t}$, $t=x^2+1$.

例 1.2.4 设 $f(x)=x^2$, $g(x)=2^x$, 求 $f[g(x)]$, $g[f(x)]$.

解 $f[g(x)]=[g(x)]^2=(2^x)^2=4^x$, $g[f(x)]=2^{f(x)}=2^{x^2}$.

例 1.2.5 函数 $y=(2x^2+x+2\mathrm{e}^x)^2$ 是由哪些函数复合而成的?

解 $y=(2x^2+x+2\mathrm{e}^x)^2$ 可以看成由 $y=u^2$ 及 $u=2x^2+x+2\mathrm{e}^x$ 两个函数复合而成.

我们注意到, 本例中的 $u=2x^2+x+2\mathrm{e}^x$ 不是基本初等函数, 它是由若干个基本初等函数经过有限次四则运算后得到的. 以后, 为叙述问题的方便, 我们把这样的函数称为简单函数.

例 1.2.6 设 $f(x)$ 的定义域为 $[1,2]$, 求 $f(x-1)$ 的定义域.

解 由于 $f(u)$ 的定义域为 $[1,2]$, 即 $1\le u\le 2$, 令 $u=x-1$, 则 $1\le x-1\le 2$, 即 $2\le x\le 3$. 因此, $f(x-1)$ 的定义域为 $[2,3]$.

1.2.3 初等函数

由基本初等函数经过有限次四则运算及有限次复合步骤所构成, 且可用一个解析式表示的函数, 叫做初等函数, 否则就是非初等函数.

例 1.2.7 下列函数统称为双曲函数:

双曲正弦函数 　　　　　　　$\mathrm{sh}\ x=\dfrac{\mathrm{e}^x-\mathrm{e}^{-x}}{2}$,

双曲余弦函数 　　　　　　　$\mathrm{ch}\ x=\dfrac{\mathrm{e}^x+\mathrm{e}^{-x}}{2}$,

双曲正切函数 　　　　　　　$\mathrm{th}\ x=\dfrac{\mathrm{sh}\ x}{\mathrm{ch}\ x}$.

它们都是初等函数,在工程上是常用的.

今后我们讨论的函数,绝大多数都是初等函数.

思考题 1.2

1. 任意两个函数是否都可以复合成一个复合函数? 你是否可以用例子说明?

2. 两个函数和的定义如下:设函数 $f(x)(x \in D_1)$, $g(x)(x \in D_2)$,若 $D_1 \cap D_2 \neq \varnothing$,则称 $f(x) + g(x)(x \in D_1 \cap D_2)$ 为函数 $f(x)$ 与 $g(x)$ 的和.试给出两个函数的差、积、商的定义.

练习 1.2A

1. 下列函数哪些是基本初等函数?

(1) $y = x^{100}$;　　　　(2) $y = 100x^2$;　　　　(3) $y = \sin x$;　　　　(4) $y = \sin 2x$.

2. 初等函数 $y = \sin^3 x$ 是由哪些基本初等函数复合而成的?

3. 求由函数 $y = u^4$ 及 $u = \sin x$ 复合而成的复合函数.

练习 1.2B

1. 设 $f(x)$ 的定义域为 $(0,1)$,求 $f(2x+1)$ 的定义域.

2. 设 $f(x) = \dfrac{1}{1-x}$,求 $f[f(x)]$,$f\{f[f(x)]\}$.

3. 分析下列函数的复合结构:

(1) $y = (2x+1)^{100}$;　　　　(2) $y = [\sin(2x+5)]^2$.

4. 设 $f(x) = \sqrt{1-x}$,$g(x) = \sqrt{x-1}$,求 $f(x) + g(x)$.

---

*1.3　数学模型方法简述

　　函数关系可以说是一种变量相依关系的数学模型.数学模型方法是处理科学理论问题的一种经典方法,也是处理各类实际问题的一般方法.掌握数学模型方法是非常必要的.在此,对数学模型方法作一简述.

　　数学模型方法(Mathematical Modeling),称为 MM 方法.它是针对所考察的问题构造出相应的数学模型,通过对数学模型的研究,使问题得以解决的一种数学方法.

1.3.1　数学模型的含义

微视频
数学模型的定义

　　数学模型是针对现实世界的某一特定对象,为了一个特定的目的,根据特有的内在规律,作出必要的简化和假设,运用适当的数学工具,采用形式化语言,概括或近似地表述出来的一种数学结构.它或者能解释特定对象的现实性态,或者能预测对象的未来状态,或者能提供处理对象的最优决策或控制.数学模型既源于现实又高于现实,不是实际原型,而是一种模拟,在数值上可以作为公式应用,可以推广到与原物相近的一类问题,可以作为某事物的数学语言,可译成算法语言,编写程序进入计算机.

例如,若变量 x 与变量 y 成正比,则刻画其对应关系的数学模型为 $y=kx$(k 为待定常数),若变量 x 与变量 y 成反比,则刻画其对应关系的数学模型为 $y=\dfrac{k}{x}$(k 为待定常数).

例 1.3.1 已知两个变量成正比,且其中 1 个变量取值为 1 时,另一个变量取值为 2,求刻画该问题的数学模型.

解 设两个变量分别为 x 和 y,由于 x 与 y 成正比,所以 $y=kx$(k 为常数),又因为 $x=1$ 时,$y=2$,所以,$1\cdot k=2$,从而 $k=2$,因此,$y=2x$ 为所求.

1.3.2 数学模型的建立过程

微视频
数学模型的建立过程

建立一个实际问题的数学模型,需要一定的洞察力和想象力,筛选、抛弃次要因素,突出主要因素,作出适当的抽象和简化.全过程一般分为表述、求解、解释、验证几个阶段,并且通过这些阶段完成从现实对象到数学模型,再从数学模型到现实对象的循环.可用流程图表示如下:

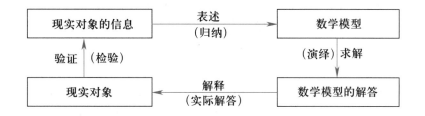

表述 根据建立数学模型的目的和掌握的信息,将实际问题翻译成数学问题,用数学语言确切地表述出来.

这是一个关键的过程,需要对实际问题进行分析,甚至要作调查研究,查找资料,对问题进行简化、假设、数学抽象,运用有关的数学概念、数学符号和数学表达式去表现客观对象及其关系.当现有的数学工具不够用时,可根据实际情况,大胆创造新的数学概念和方法去表现模型.

求解 选择适当的方法,求得数学模型的解答.

解释 将数学解答翻译回现实对象,给出实际问题的解答.

验证 检验解答的正确性.

例如,哥尼斯堡有一条普雷格尔河,这条河有两个支流,在城中心汇合成大河,河中间有一小岛,河上有七座桥,如图 1.3.1 所示.18 世纪哥尼斯堡有很多人总想一次不重复地走过这七座桥,再回到出发点.可是试来试去总是办不到,于是有人写信给当时著名的数学家欧拉(Euler,1707—1783).欧拉于 1736 年建立了一个数学模型解决了这个问题.他把 A,B,C,D 这四块陆地抽象为数学中的点,把七座桥抽象为七条线,如图 1.3.2 所示.

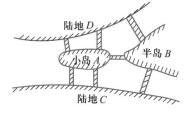
图 1.3.1

人们步行七桥问题,就相当于图 1.3.2 一笔画问题,即能否将图 1.3.2 所示的图形不重复地一笔画出来,这样抽象并不改变问题的实质.

哥尼斯堡七桥问题是一个具体的实际问题,属于数学模型的现实原型.经过抽象所得到的如图 1.3.2 所

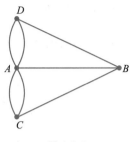

示的一笔画问题便是七桥问题的数学模型.在一笔画的模型里,只保留了桥与地点的连接方式,而其他一切属性则全部抛弃了.所以从总体上来说,数学模型只是近似地表现了现实原型中的某些属性,而就所要解决的实际问题而言,它更深刻、更正确、更全面地反映了现实,也正由此,对一笔画问题经过一定的分析和逻辑推理,得到此问题无解的结论之后,可以返回到七桥问题,得出七桥问题的解答,不重复走过七座桥回到出发点是不可能的.

图 1.3.2

　　从广义上讲,一切数学概念、数学理论体系、各种数学公式、各种方程式、各种函数关系以及由公式系列构成的算法系统等都可以叫做数学模型.从狭义上讲,只有那些反映特定问题或特定的具体事物系统的数学关系的结构,才叫做数学模型.在现代应用数学中,数学模型都作狭义解释.而建立数学模型的目的,主要是为了解决具体的实际问题.

1.3.3　函数模型的建立

　　研究数学模型,建立数学模型,进而借鉴数学模型,对提高解决实际问题的能力以及提高素养都是十分重要的.建立函数模型的步骤可分为

（1）分析问题中哪些是变量,哪些是常量,分别用字母表示.

（2）根据所给条件,运用数学、物理或其他知识,确定等量关系.

（3）具体写出解析式 $y=f(x)$,并指明定义域.

　　例 1.3.2　平面上一动点到一定点的距离等远,求刻画该动点轨迹的数学模型.

　　解　如图 1.3.3 所示建立坐标系,设 (x,y) 为动点的坐标,定点的坐标为 (x_0,y_0),因为动点 (x,y) 到定点 (x_0,y_0) 等远,所以,有 $\sqrt{(x-x_0)^2+(y-y_0)^2}=R$(其中 R 为一常数),于是有

$$(x-x_0)^2+(y-y_0)^2=R^2.$$

　　这就是刻画动点轨迹的数学模型.由该方程可知,该动点轨迹是以 (x_0,y_0) 为圆心,R 为半径的圆周,如图 1.3.4 所示.

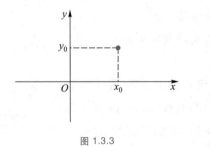

图 1.3.3　　　　　　　　　　　　　　图 1.3.4

　　例 1.3.3　重力为 P 的物体置于地平面上,设有一与水平方向成 α 角的拉力 F,使物体由静止开始移动,求物体开始移动时拉力 F 与角 α 之间的函数模型(图 1.3.5).

　　解　由物理知识可知,当水平拉力与摩擦力平衡时,物体开始移动,而摩擦力是与正压力 $P-F\sin\alpha$ 成正比的(设摩擦系数为 μ),故有

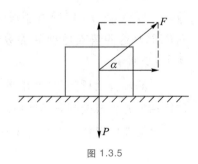

图 1.3.5

$$F\cos\alpha = \mu(P - F\sin\alpha),$$

即

$$F = \frac{\mu P}{\cos\alpha + \mu\sin\alpha} \quad \left(0 < \alpha < \frac{\pi}{2}\right).$$

建立函数模型是一个比较灵活的问题,无定法可循,只有多做些练习才能逐步掌握.

例 1.3.4 在金融业务中有一种利息叫做单利.设 p 是本金,r 是计息期的利率,c 是计息期满应付的利息,n 是计息期数,I 是 n 个计息期(即借期或存期)应付的单利,A 是本利和.求本利和 A 与计息期数 n 的函数模型.

解 计息期的利率 $= \dfrac{\text{计息期满的利息}}{\text{本金}}$,即 $r = \dfrac{c}{p}$.由此得

$$c = pr,$$

单利与计息期数成正比,即 n 个计息期应付的单利 I 为

$$I = cn.$$

因为 $c = pr,$

所以 $I = prn,$

本利和为 $A = p + I,$

即 $A = p + prn,$

可得本利和与计息期数的函数关系,即单利模型

$$A = p(1 + rn).$$

思考题 1.3

1. 结合本节关于数学模型的建立过程,试述建立函数模型的方法和步骤.

2. 试述函数模型的结构.

练习 1.3A

1. 设变量 x 与变量 y 成正比,且 $x = 2$ 时,$y = 6$,求变量 y 关于变量 x 的函数模型.

2. 设变量 x 与变量 y 成反比,且 $x = 1$ 时,$y = 1$,求变量 y 关于变量 x 的函数模型.

3. 平面上一动点的横坐标与纵坐标之和为常数,且该动点过坐标原点,求刻画该动点轨迹的数学模型.

练习 1.3B

1. 质量为 1 000 kg 的物体置于地平面上,设有一与水平方向成 $\dfrac{\pi}{6}$ 角的拉力 F,使该物体由静止开始移动,求力 F 的大小(提示:自己假定物体及地平面的材质,并查资料确定摩擦系数).

2. 了解你校奖学金发放办法,并用数学模型予以描述.

1.4　用数学软件进行函数运算

文档
用数学软件
进行函数运算

1.5　学习任务 1 解答　保持安全车距驾驶

解

1.（1）因为距离＝速度×时间,所以,如果时间以秒(s)为单位,距离以米(m)为单位,速度的单位就是 m/s.因此,在利用表 1.0.1 中的数据计算反应距离时,需要把以 km/h 为单位的车速转化成以 m/s 为单位.

将表 1.0.1 中的反应时间 t 及其对应的车速 v(单位:km/h)依次代入公式 $d_1 = v \cdot t \cdot 1\,000/3\,600$(m),即得到以表格形式表示的车速(车速仍用 km/h 表示)与反应距离 d_1 间的函数关系,如表 1.5.1 所示(已四舍五入保留两位有效数字).

表 1.5.1

车速/(km·h⁻¹)	10	20	30	40	50	60	70	80	90	100
反应距离/m	10	18	25	31	38	42	45	47	50	51

（2）以车速 v 为横轴,以制动距离 d 为纵轴,建立直角坐标系,将表 1.0.2 中的数据点在该坐标系下描出,并用光滑曲线连接这些点,从而得到车速与制动距离之间关系的图像(图 1.5.1).

（3）由车速与制动距离之间关系的图像(图 1.5.1)可以看出,车速 v 与制动距离 d 之间关系的图像近似于过原点的抛物线,为此设 $d = cv^2$(c 为待定常数),将表 1.0.2 中的车速 $v = \dfrac{40 \times 1\,000}{3\,600}$ m/s 及其对应的制动距离 $d = 7.9$ m 代入,解得 c 的值为 0.063 99,从而得 $d = 0.063\,99v^2$.

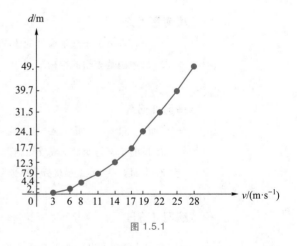

图 1.5.1

注意　在求该函数的过程中,毕竟只用了表 1.0.2 中一对数据,这就很难保证表 1.0.2 中所有数据点都离该函数所表示曲线最近,那么,是否有办法求一条曲线,使得表 1.0.2 中所有数据点离这条曲线的总距离最小呢? 回答是肯定的! 请参阅文献[3]中最小二乘法.

（4）因为车速为 100 km/h 时的安全车距应该不小于表 1.5.1 中对应的反应距离 $d_1(100)$ 与表 1.0.2 中的制动距离 $d(100)$ 之和,即安全车距 $D \geqslant d_1(100) + d(100) = 51 + 49 = 100$(m),因此车速为 100 km/h 时,安全车距应该不少于 100 m.

2. 扫描下方二维码,查看学习任务 1 的 Mathematica 程序.

3. 扫描下方二维码,查看学习任务 1 的 MATLAB 程序.

 扫一扫,看代码
Mathematica 程序

 扫一扫,看代码
MATLAB 程序

复习题 1

A 级

求 1—5 题的函数的定义域:

1. $y=\sqrt{x-2}+\sqrt{3-x}$.

2. $y=\dfrac{1}{\sqrt{x+2}}+\sqrt{1-x}$.

3. $y=\ln(x-10)+\sin x$.

4. $y=\arctan x+\sqrt{1-|x|}$.

5. $y=\dfrac{1}{x^2-1}+\arcsin x+\sqrt{x}$.

6. 设 $f(x)=\arccos(\lg x)$,求 $f(10^{-1})$,$f(1)$,$f(10)$.

7. 设 $\varphi(x)=\begin{cases}|\sin x|, & |x|<\dfrac{\pi}{3}, \\ 0, & |x|\geqslant\dfrac{\pi}{3},\end{cases}$ 求 $\varphi\left(\dfrac{\pi}{6}\right)$,$\varphi\left(-\dfrac{\pi}{4}\right)$,$\varphi(-2)$.

8. 设 $f(x)=\begin{cases}x, & x<0, \\ x+1, & x\geqslant0,\end{cases}$ 求 $f(x+1)$,$f(x-1)$.

9—14 题的函数是由哪些简单函数复合而成的? 通过对各题结果的分析,参考本章例 1.2.5,总结归纳出简单函数所具有的特征.

9. $y=\sqrt{2-x^2}$.

10. $y=\tan\sqrt{1+x}$.

11. $y=\sin^2(1+2x)$.

12. $y=[\arcsin(1-x^2)]^3$.

13. $y=\sin 2x$.

14. $y=\cos\dfrac{1}{x-1}$.

B 级

15. 火车站收取行李费的规定如下:当行李不超过 50 kg 时按基本运费计算,如从北京到某地每千克收费 0.30 元;当超过 50 kg 时,超重部分每千克收费 0.45 元.试求某地的行李费 y(单位:元)与质量 x(单位:kg)之间的函数关系,并画出该函数的图形.

16. 甲船以 20 n mile/h 的速度向东行驶,同一时间乙船在甲船正北 80 n mile 处以 15 n mile/h 的速度向南行驶,试将两船间的距离表示成时间的函数.

17. 设函数 $f(x)=\begin{cases}x^2+1, & x<0, \\ x, & x\geqslant0,\end{cases}$ 作出 $f(x)$ 的图形.

18. 若 $f(x)=(x-1)^2, g(x)=\dfrac{1}{x+1}$, 求:

(1) $f[g(x)]$;　　　　　(2) $g[f(x)]$;　　　　　(3) $f(x^2)$;　　　　　(4) $g(x-1)$.

19. 若 $f(x)=10^x, g(x)=\lg x$, 求:

(1) $f[g(100)]$;　　　　(2) $g[f(3)]$;　　　　　(3) $f[g(x)]$;　　　　　(4) $g[f(x)]$.

在 20—23 题中, 设 $m(x)=x^2$, 求出并化简它们:

20. $m(x+1)-m(x)$.

21. $m(x+h)-m(x)$.

22. $m(x)-m(x-h)$.

23. $m(x+h)-m(x-h)$.

24. 设 $f(x)=\dfrac{x}{\sqrt{1+x^2}}$, 求 $\overbrace{f\{f[\cdots f(x)]\}}^{n\uparrow f}$.

25. 将一个西红柿在时刻 $t=0$ 以 15 m/s 的初速度垂直抛向空中, 在时刻 t (单位:s)时, 它距地表面的距离 y 由方程

$$y=-5t^2+15t$$

给出. 画出位置关于时间的图像, 并在图像上标注出:

(1) 西红柿落地瞬时相应点的坐标;

(2) 西红柿达到最高点那一瞬时相应点的坐标.

C 级

26. 依法纳税是每个公民应尽的义务. 请根据当前我国个人所得税政策, 构建个人应缴纳所得税的分段函数模型.

第 2 章　极限与连续

2.0　学习任务 2　由圆内接正 n 边形的周长推导圆的周长

文档
刘徽

图 2.0.1、图 2.0.2 是半径为 R 的圆内接正 n 边形，请完成如下学习任务：

1. 求出半径为 R 的圆内接正 n 边形的周长 C_n；
2. 求出半径为 R 的圆内接正 6 边形的周长 C_6；
3. 求出半径为 R 的圆的周长；
4. 圆的周长是其半径的连续函数吗？

由图 2.0.2 中 3 个圆内接正多边形容易看出，圆内接正多边形的边数越多，即 n 越大，圆内接正多边形的周长越接近于圆的周长，进而，当圆内接正多边形的边数无限多时，即 n 趋于无穷时，圆内接正多边形的周长就无限接近于圆的周长．解决此问题需要极限的知识．

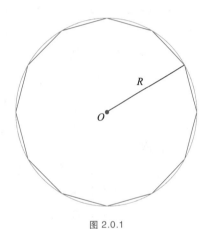

图 2.0.1

圆内接正6边形

圆内接正12边形

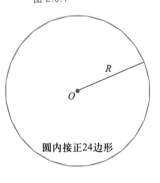
圆内接正24边形

图 2.0.2

通过对函数一章的学习，大家已经熟悉了函数值的计算问题．但是，在客观世界中，还有大量问题需要我们研究：当自变量无限接近于某个常数或某个"目标"时，函数无限接近于什么？是否无限接近于某一确定常数？这就需要极限的概念和方法．极限是高等数学中最重要的概念之一，是研究微积分学的重要工具．微积分学中的许多重要概念，如导数、定积分等，均通过极限来定义．因此，掌握极限的思想与方法是学好微积分学的前提条件．

引例　某日小明问数学老师:$\lim\limits_{x\to 2} x^2 = 4$ 等价于"当 x 越来越接近于 2 时, x^2 就越来越接近于 4 吗"?

老师回答:不能说 $\lim\limits_{x\to 2} x^2 = 4$ 等价于"当 x 越来越接近于 2 时, x^2 就越来越接近于 4".应该说, $\lim\limits_{x\to 2} x^2 = 4$ 等价于"当 x 无限接近于 2 时, x^2 就无限接近于 4".

2.1　极限的定义

文档
极限简史

本节研究函数的极限、数列的极限、极限的性质、无穷小的定义及其性质、无穷大的定义及其与无穷小的关系.

2.1.1　函数的极限

对于给定的函数 $y=f(x)$,因变量 y 随着自变量 x 的变化而变化.若当自变量 x 无限接近于某个"目标"(一个数 x_0,或 ∞)时,因变量 y 无限接近于一个确定的常数 A,则称函数 $f(x)$ 以 A 为极限.为了叙述问题的方便,我们规定:当 x 从点 x_0 的左右两侧无限接近于 x_0 时,用记号 $x\to x_0$(读作 x 趋于 x_0)表示;当 x 从点 x_0 的右侧无限接近于 x_0 时,用记号 $x\to x_0^+$ 表示;当 x 从点 x_0 的左侧无限接近于 x_0 时,用记号 $x\to x_0^-$ 表示;当 $|x|$ 无限增大时,用记号 $x\to\infty$(读作 x 趋于无穷)表示.下面,我们根据自变量 x 无限接近于"目标"的不同方式,分别介绍函数的极限.

1. $x\to x_0$ 时函数 $f(x)$ 的极限

微视频
区间与邻域

为了便于读者理解 $x\to x_0$ 时函数 $f(x)$ 极限的定义,我们先从图形上观察两个具体的函数.

不难看出,当 $x\to 1$ 时, $f(x)=x+1$ 无限接近于 2(图 2.1.1);当 $x\to 1$ 时, $g(x)=\dfrac{x^2-1}{x-1}$ 无限接近于 2(图 2.1.2).函数 $f(x)=x+1$ 与 $g(x)=\dfrac{x^2-1}{x-1}$ 是两个不同的函数,前者在 $x=1$ 处有定义,后者在 $x=1$ 处无定义.这就是说,当 $x\to 1$ 时, $f(x)$, $g(x)$ 的极限是否存在与其在 $x=1$ 处是否有定义无关.这里先介绍一下邻域的概念:开区间 $(x-\delta, x+\delta)$ 称为以 x 为中心,以 δ ($\delta>0$)为半径的邻域,简称为点 x 的邻域,记为 $N(x,\delta)$.一般地说,为了使 $x\to x_0$ 时函数极限的定义适用范围更广泛,我们不必要求 $f(x)$ 在点 x_0 有定义,只需要求 $f(x)$ 在点 x_0 的某一去心邻域 $(x_0-\delta, x_0)\cup(x_0, x_0+\delta)$ ($\delta>0$)内有定义即可,以后,用 $N(\hat{x}_0,\delta)$ 表示点 x_0 的去心邻域.

定义 2.1.1　设函数 $f(x)$ 在点 x_0 的某一去心邻域 $N(\hat{x}_0,\delta)$ 内有定义,如果当自变量 x 在 $N(\hat{x}_0,\delta)$ 内无限接近于 x_0 时,相应的函数值无限接近于唯一确定的常数 A,则称 A 为 $x\to x_0$ 时函数 $f(x)$ 的极限,记作

$$\lim_{x\to x_0} f(x)=A \quad 或 \quad f(x)\to A\ (x\to x_0).$$

由定义 2.1.1 可见,

$$\lim_{x\to 1}\frac{x^2-1}{x-1}=2,$$

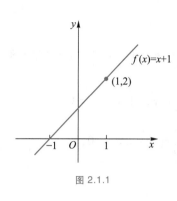

图 2.1.1

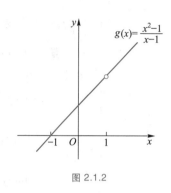

图 2.1.2

$$\lim_{x \to 1}(x+1) = 2.$$

2. $x \to x_0^+$ 时函数 $f(x)$ 的极限

定义 2.1.2　设函数 $f(x)$ 在点 x_0 的右半邻域 $(x_0, x_0+\delta)$ 内有定义,如果当自变量 x 在此半邻域内无限接近于 x_0 时,相应的函数值 $f(x)$ 无限接近于唯一确定的常数 A,则称 A 为函数 $f(x)$ 在点 x_0 处的右极限,记为

$$\lim_{x \to x_0^+} f(x) = A, \quad f(x_0^+) = A \quad \text{或} \quad f(x) \to A \ (x \to x_0^+).$$

由定义 2.1.2 可知,讨论函数 $f(x)$ 在点 x_0 处的右极限 $\lim\limits_{x \to x_0^+} f(x) = A$ 时,在自变量 x 无限接近于 x_0 的过程中,恒有 $x>x_0$.如果我们用"$\substack{x \to x_0 \\ x>x_0}$"代表"$x \to x_0$ 且 $x>x_0$",即 $x \to x_0^+$,则有 $\lim\limits_{x \to x_0^+} f(x) = \lim\limits_{\substack{x \to x_0 \\ x>x_0}} f(x) = A.$

3. $x \to x_0^-$ 时函数 $f(x)$ 的极限

定义 2.1.3　设函数 $f(x)$ 在点 x_0 的左半邻域 $(x_0-\delta, x_0)$ 内有定义,如果当自变量 x 在此半邻域内无限接近于 x_0 时,相应的函数值 $f(x)$ 无限接近于唯一确定的常数 A,则称 A 为函数 $f(x)$ 在点 x_0 处的左极限,记为

$$\lim_{x \to x_0^-} f(x) = A, \quad f(x_0^-) = A \quad \text{或} \quad f(x) \to A \ (x \to x_0^-).$$

由定义 2.1.3 知,讨论函数 $f(x)$ 在点 x_0 处的左极限 $\lim\limits_{x \to x_0^-} f(x) = A$ 时,在自变量 x 无限接近于 x_0 的过程中,恒有 $x<x_0$.如果我们用"$\substack{x \to x_0 \\ x<x_0}$"代表"$x \to x_0$ 且 $x<x_0$",即 $x \to x_0^-$,则有 $\lim\limits_{x \to x_0^-} f(x) = \lim\limits_{\substack{x \to x_0 \\ x<x_0}} f(x) = A.$

例 2.1.1　设 $f(x) = \begin{cases} -x, & x<0, \\ 1, & x=0, \\ x, & x>0, \end{cases}$ 画出该函数的图形,求 $\lim\limits_{x \to 0^-} f(x)$,$\lim\limits_{x \to 0^+} f(x)$,并讨论

$\lim\limits_{x\to 0} f(x)$ 是否存在.

解 $f(x)$ 的图形如图 2.1.3 所示,由该图不难看出:

$$\lim_{x\to 0^-} f(x) = \lim_{\substack{x\to 0\\x<0}} f(x) = \lim_{\substack{x\to 0\\x<0}}(-x) = 0,$$

$$\lim_{x\to 0^+} f(x) = \lim_{\substack{x\to 0\\x>0}} f(x) = \lim_{\substack{x\to 0\\x>0}} x = 0,$$

$$\lim_{x\to 0} f(x) = 0.$$

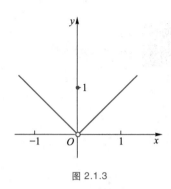

图 2.1.3

例 2.1.2 设 $\operatorname{sgn} x = \begin{cases} -1, & x<0, \\ 0, & x=0, \\ 1, & x>0 \end{cases}$ (通常称 $\operatorname{sgn} x$

为符号函数),画图讨论 $\lim\limits_{x\to 0^-}\operatorname{sgn} x, \lim\limits_{x\to 0^+}\operatorname{sgn} x, \lim\limits_{x\to 0}\operatorname{sgn} x$

是否存在.

解 函数 $\operatorname{sgn} x$ 的图形如图 2.1.4 所示,不难看出:

$$\lim_{x\to 0^-}\operatorname{sgn} x = \lim_{\substack{x\to 0\\x<0}}\operatorname{sgn} x = \lim_{\substack{x\to 0\\x<0}}(-1) = -1,$$

$$\lim_{x\to 0^+}\operatorname{sgn} x = \lim_{\substack{x\to 0\\x>0}}\operatorname{sgn} x = \lim_{\substack{x\to 0\\x>0}} 1 = 1,$$

$$\lim_{x\to 0}\operatorname{sgn} x \text{ 不存在}.$$

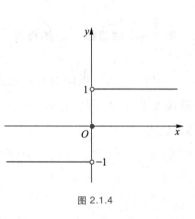

图 2.1.4

由左右极限的定义及上述的两个例子不难看出,极限存在与左右极限存在有如下关系:

定理 2.1.1 $\lim\limits_{x\to x_0} f(x) = A$ 的充要条件是 $\lim\limits_{x\to x_0^+} f(x) = \lim\limits_{x\to x_0^-} f(x) = A.$

4. $x\to\infty$ 时函数 $f(x)$ 的极限

微视频
$x\to\infty$ 时函数的极限

定义 2.1.4 设函数 $f(x)$ 在 $|x|>a$ 时有定义(a 为某个正实数),如果当自变量 x 的绝对值无限增大时,相应的函数值 $f(x)$ 无限接近于唯一确定的常数 A,则称 A 为 $x\to\infty$ 时函数 $f(x)$ 的极限,记为

$$\lim_{x\to\infty} f(x) = A \text{ 或 } f(x)\to A \ (x\to\infty).$$

由图 2.1.5 可知: $\lim\limits_{x\to\infty}\dfrac{1}{x} = 0.$

5. $x \to +\infty$ 时函数 $f(x)$ 的极限

定义 2.1.5 设函数 $f(x)$ 在 $(a, +\infty)$ 内有定义(a 为某个实数),如果当自变量 x 取正值,且绝对值无限增大(记作 $x \to +\infty$)时,相应的函数值 $f(x)$ 无限接近于唯一确定的常数 A,则称 A 为 $x \to +\infty$(读作"x 趋于正无穷")时函数 $f(x)$ 的极限,记为

$$\lim_{x \to +\infty} f(x) = A \quad 或 \quad f(x) \to A \quad (x \to +\infty).$$

由图 2.1.6 可知,$\lim\limits_{x \to +\infty} e^{-x} = 0.$

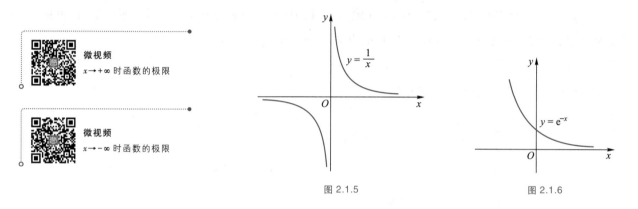

微视频
$x \to +\infty$ 时函数的极限

微视频
$x \to -\infty$ 时函数的极限

图 2.1.5   图 2.1.6

6. $x \to -\infty$ 时函数 $f(x)$ 的极限

定义 2.1.6 设函数 $f(x)$ 在 $(-\infty, a)$ 内有定义(a 为某个实数),如果当自变量 x 取负值,且绝对值无限增大(记作 $x \to -\infty$)时,相应的函数值 $f(x)$ 无限接近于唯一确定的常数 A,则称 A 为 $x \to -\infty$(读作"x 趋于负无穷")时函数 $f(x)$ 的极限,记为

$$\lim_{x \to -\infty} f(x) = A \quad 或 f(x) \to A \quad (x \to -\infty).$$

由图 2.1.5 可知:$\lim\limits_{x \to -\infty} \dfrac{1}{x} = 0.$

不难证明,函数 $f(x)$ 在 $x \to \infty$ 时的极限与在 $x \to +\infty, x \to -\infty$ 时的极限有如下关系:

定理 2.1.2 $\lim\limits_{x \to \infty} f(x) = A$ 的充要条件是 $\lim\limits_{x \to +\infty} f(x) = \lim\limits_{x \to -\infty} f(x) = A.$

2.1.2 数列的极限

1. 数列的概念

自变量为正整数的函数 $u_n = f(n)$ ($n = 1, 2, \cdots$),其函数值按自变量 n 由小到大排列成一列数

$$u_1, \quad u_2, \quad u_3, \quad \cdots, \quad u_n, \quad \cdots$$

称为数列,将其简记为 $\{u_n\}$,其中 u_n 为数列 $\{u_n\}$ 的通项或一般项.例如,$u_n = \dfrac{1}{2^n}$,相应的数列为

文档
庄子

微视频
数列的极限

$$\frac{1}{2}, \quad \frac{1}{2^2}, \quad \frac{1}{2^3}, \quad \cdots, \quad \frac{1}{2^n}, \quad \cdots,$$

由于一个数列 $\{u_n\}$ 完全由其一般项 u_n 所确定,故经常把数列 $\{u_n\}$ 简称为数列 u_n.

2. 数列的极限

数列 $\{f(n)\}$ 的一般项 $f(n)$ 随自变量 n 的变化而变化.由于 n 只能取正整数,所以研究数列的极限,只需要考虑自变量 $n\to+\infty$ 时函数 $f(n)$ 的极限.一般地,在研究数列极限时,把记号 $n\to+\infty$ 简记为 $n\to\infty$.

> *定义 2.1.7　对于数列 $\{u_n\}$,如果当 n 无限增大时,通项 u_n 无限接近于唯一确定的常数 A,则称 A 为数列 $\{u_n\}$ 的极限,或称数列 $\{u_n\}$ 收敛于 A,记为 $\lim\limits_{n\to\infty} u_n = A$ 或 $u_n \to A\ (n\to\infty)$.

若数列 $\{u_n\}$ 没有极限,则称该数列发散.

例 2.1.3　观察下列数列的极限:

(1) $u_n = \dfrac{n}{n+1}$;　　　(2) $u_n = \dfrac{1}{2^n}$;　　　(3) $u_n = 2n+1$;　　　(4) $u_n = (-1)^{n+1}$.

解　先列出所给的数列:

$u_n = \dfrac{n}{n+1}$,即　$\dfrac{1}{2}, \dfrac{2}{3}, \dfrac{3}{4}, \cdots, \dfrac{n}{n+1}, \cdots$;

$u_n = \dfrac{1}{2^n}$,即　$\dfrac{1}{2}, \dfrac{1}{2^2}, \dfrac{1}{2^3}, \cdots, \dfrac{1}{2^n}, \cdots$;

$u_n = 2n+1$,即　$3, 5, 7, \cdots, 2n+1, \cdots$;

$u_n = (-1)^{n+1}$,即　$1, -1, 1, \cdots, (-1)^{n+1}, \cdots$.

观察如上 4 个数列随 n 变大时的发展趋势,得

(1) $\lim\limits_{n\to\infty} \dfrac{n}{n+1} = 1$;　　　　　　　　(2) $\lim\limits_{n\to\infty} \dfrac{1}{2^n} = 0$;

(3) $\lim\limits_{n\to\infty} (2n+1)$ 不存在;　　　　　　(4) $\lim\limits_{n\to\infty} (-1)^{n+1}$ 不存在.

注意　例 2.1.3 中通过观察法求数列的极限只能得到大致趋势,不能确保所观察到的就是准确极限值.为了确保观察的极限值的正确性,还需用数列极限的 ε-N 定义[1]给出严格证明.

如果数列 $\{u_n\}$ 对于每一个正整数 n,都有 $u_n < u_{n+1}$,则称数列 $\{u_n\}$ 为单调递增数列;类似地,如果数列 $\{u_n\}$ 对于每一个正整数 n,都有 $u_n > u_{n+1}$,则称数列 $\{u_n\}$ 为单调递减数列.单调递增或单调递减数列简称为单调数列.如果对于数列 $\{u_n\}$,存在一个正常数 M,使得对于每一项 u_n,都有 $|u_n| \le M$,则称数列 $\{u_n\}$ 为有界数列.数列 $\{u_n\} = \left\{\dfrac{n}{n+1}\right\}$ 为单调递增数列,且有上界.数列 $\{u_n\} = \left\{\dfrac{1}{2^n}\right\}$ 为单调递减数列,且有下界.一般地,我们有

---

① 　见参考文献[3].

证明从略.从几何图形上看,它的正确性是显而易见的.由于数列是单调的,因此它的各项所表示的点(图 2.1.7)在数轴上朝着一个方向移动,这种移动只有两种可能,一种是沿数轴无限远移,另一种是无限接近于一个定点 A,而又不可超越 A,终于密集在 A 的附近.因为数列有界,前一种是不可能的,所以只能为后者.换句话说,A 就是数列的极限.

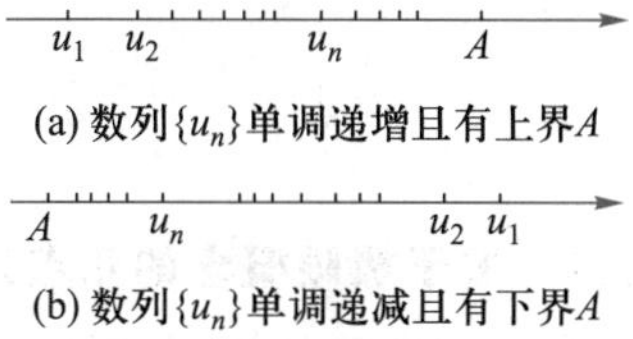

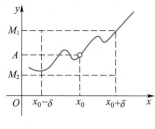

(a) 数列 $\{u_n\}$ 单调递增且有上界 A

(b) 数列 $\{u_n\}$ 单调递减且有下界 A

图 2.1.7

2.1.3　极限的性质

以上讨论了函数极限的各种情形,并把数列的极限作为函数极限的特殊情况给出.它们描述的问题都是:自变量在某一无限变化过程中,函数值无限逼近某个常数.因此,它们有一系列的共性,下面以 $x \to x_0$ 为例给出函数极限的性质.

性质 1(唯一性)　若 $\lim\limits_{x \to x_0} f(x) = A$,$\lim\limits_{x \to x_0} f(x) = B$,则 $A = B$.

性质 2(有界性)　若 $\lim\limits_{x \to x_0} f(x) = A$,则存在点 x_0 的某一去心邻域 $N(\hat{x}_0, \delta)$,在 $N(\hat{x}_0, \delta)$ 内函数 $f(x)$ 有界(图 2.1.8).

性质 3(保号性)　若 $\lim\limits_{x \to x_0} f(x) = A$ 且 $A > 0$(或 $A < 0$),则存在点 x_0 的某个去心邻域 $N(\hat{x}_0, \delta)$,在 $N(\hat{x}_0, \delta)$ 内 $f(x) > 0$(或 $f(x) < 0$)(图 2.1.9).

推论　若在点 x_0 的某个去心邻域 $N(\hat{x}_0, \delta)$ 内,$f(x) \geq 0$(或 $f(x) \leq 0$),且

$$\lim_{x \to x_0} f(x) = A,$$

则　　　　　　　　　　　　$A \geq 0$　(或 $A \leq 0$)(图 2.1.10).

性质 4(夹逼准则)　若 $x \in N(\hat{x}_0, \delta)$(其中 δ 为某个正常数)时,有

$$g(x) \leq f(x) \leq h(x), \qquad \lim_{x \to x_0} g(x) = \lim_{x \to x_0} h(x) = A,$$

则　　　　　　　　　　　　$\lim\limits_{x \to x_0} f(x) = A$(图 2.1.11).

从直观上看,该准则是显然的.当 $x \to x_0$ 时,若函数 $g(x)$,$h(x)$ 的值无限逼近常数 A,则夹在 $g(x)$ 与 $h(x)$ 之间的 $f(x)$ 的值也无限逼近于常数 A,即 $\lim\limits_{x \to x_0} f(x) = A$.对于极限的上述 4 个性质,若把 $x \to x_0$ 换成自变量 x 的其他变化过程,有类似的结论成立.

图 2.1.8

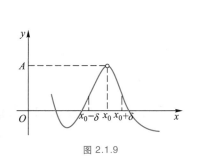

图 2.1.9

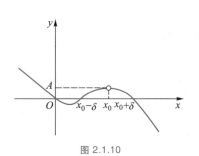

图 2.1.10

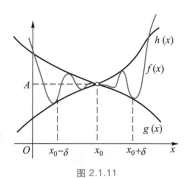

图 2.1.11

例 2.1.4   设 $g(x) \leqslant f(x) \leqslant h(x)$，$\lim\limits_{x \to 2} g(x) = \lim\limits_{x \to 2} h(x) = 5$，求 $\lim\limits_{x \to 2} f(x)$.

解   因为 $g(x) \leqslant f(x) \leqslant h(x)$，$\lim\limits_{x \to 2} g(x) = \lim\limits_{x \to 2} h(x) = 5$，故由夹逼准则得

$$\lim_{x \to 2} f(x) = 5.$$

2.1.4   关于极限概念的几点说明

为了正确理解极限的概念，再说明如下几点：

（1）在一个变量前加上记号"lim"，表示对这个变量进行取极限运算，若变量的极限存在，所指的不再是这个变量本身而是它的极限，即变量无限接近的那个值.

例如：设 A 表示圆面积，S_n 表示圆内接正 n 边形面积，则知当 n 较大以后，总有 $S_n \approx A$，但 $\lim\limits_{n \to \infty} S_n$ 就不再是 S_n 了，而是它的极限——圆面积 A，所以它的表达式 $A = \lim\limits_{n \to \infty} S_n$ 不含任何近似成分.

（2）在极限过程 $x \to x_0$ 中考察 $f(x)$ 时，我们只要求 x 充分接近 x_0 时 $f(x)$ 有定义，与 $x = x_0$ 时或远离 x_0 时 $f(x)$ 取值如何是毫无关系的.这一点在求分段函数的极限时尤其重要.

（3）如上所给出的各种情形下的极限定义，均属于极限的形象描述，不属于严格的极限定义.如所有极限定义中，皆要求自变量在某一变化过程中 $f(x)$ 无限接近于确定的常数 A，那么，何谓 $f(x)$ 与定常数 A 无限接近？如何在数学上予以精确的描述？事实上，$f(x)$ 与定常数 A 无限接近是指 $|f(x) - A|$ 可以任意小，即 $|f(x) - A|$ 可以无限接近于 0.换句话说，对任意给定的无论多么小的正数 ε，当 x 变化到一定程度以后，总有 $|f(x) - A| < \varepsilon$ 成立.由于自变量 x 的变化过程不尽相同，所以，其与"目标"无限接近的方式也就有不同的描述方法.下面仅就 $x \to x_0$ 时函数 $f(x)$ 的极限给出精确的定义（$\varepsilon\text{-}\delta$ 定义），供学有余力的同学参考.

> **定义 2.1.7′（极限的 $\varepsilon\text{-}\delta$ 定义）**   设 $f(x)$ 在点 x_0 的某个去心邻域 $N(\hat{x}_0, \delta_0)$ 内有定义，若对任意给定的正数 ε，存在 $\delta > 0 (\delta < \delta_0)$，使得当 $0 < |x - x_0| < \delta$ 时，总有 $|f(x) - A| < \varepsilon$ 成立，则称 $x \to x_0$ 时，$f(x)$ 以 A 为极限，记为 $\lim\limits_{x \to x_0} f(x) = A$.

例 2.1.5   证明 $\lim\limits_{x \to x_0} C = C$，其中 C 为一常数.

证 $\forall \varepsilon > 0$，由于 $|f(x) - A| = |C - C| = 0$，因此，对于任取 $\delta > 0$，当 $0 < |x - x_0| < \delta$ 时，总能使不等式

$$|f(x) - A| = 0 < \varepsilon$$

成立.所以 $\lim\limits_{x \to x_0} C = C$.

该例说明，常数的极限等于自身.

例 2.1.6   证明 $\lim\limits_{x \to x_0} x = x_0$.

证   因为 $\forall \varepsilon > 0$，为使 $|f(x) - A| = |x - x_0| < \varepsilon$，取 $\delta = \varepsilon$，则当 $0 < |x - x_0| < \delta = \varepsilon$ 时，就能保证不等式 $|f(x) - A| = |x - x_0| < \varepsilon$ 成立.所以 $\lim\limits_{x \to x_0} x = x_0$.

例 2.1.7 证明 $\lim\limits_{x \to 1}(3x-1) = 2$.

证 因为 $\forall \varepsilon > 0$,为使 $|f(x) - A| = |(3x-1) - 2| = 3|x-1| < \varepsilon$,可取 $\delta = \dfrac{\varepsilon}{3}$,则当 x 满足不等式

$$0 < |x-1| < \delta$$

时,对应的函数值 $f(x)$ 就满足不等式

$$|f(x) - A| = |(3x-1) - 2| < \varepsilon.$$

从而

$$\lim\limits_{x \to 1}(3x-1) = 2.$$

（4）常数函数的极限等于其本身,即 $\lim\limits_{x \to \square} C = C$（$C$ 为常数且 $x \to \square$ 表示 x 的任何一种变化过程）.

2.1.5 无穷小

1. 无穷小的定义

> 定义 2.1.8 极限为零的变量称为无穷小量,简称无穷小.

微视频
无穷小的定义

如果 $\lim\limits_{x \to x_0} \alpha(x) = 0$,则变量 $\alpha(x)$ 是 $x \to x_0$ 时的无穷小;如果 $\lim\limits_{x \to \infty} \beta(x) = 0$,则变量 $\beta(x)$ 是 $x \to \infty$ 时的无穷小.类似地还有 $x \to x_0^+$,$x \to x_0^-$,$x \to -\infty$ 等情形下的无穷小.

由定义 2.1.8 可见,数零是唯一可作为无穷小的常数,一般说来,无穷小表达的是量的变化状态,而不是量的大小.一个常数不管多么小,都不能是无穷小,零是唯一例外的.简言之,无穷小是绝对值无限变小且趋于零的变量.

无穷小是有极限变量中最简单而且最重要的一类,以至于到现在人们还常常把整个变量理论称为"无穷小分析".

例 2.1.8 自变量 x 在怎样的变化过程中,下列函数为无穷小?

（1）$y = \dfrac{1}{x-1}$; （2）$y = 2x-1$; （3）$y = 2^x$; （4）$y = \left(\dfrac{1}{4}\right)^x$.

解 （1）因为 $\lim\limits_{x \to \infty} \dfrac{1}{x-1} = 0$,所以当 $x \to \infty$ 时,$\dfrac{1}{x-1}$ 为无穷小.

（2）因为 $\lim\limits_{x \to \frac{1}{2}}(2x-1) = 0$,所以当 $x \to \dfrac{1}{2}$ 时,$2x-1$ 为无穷小.

（3）因为 $\lim\limits_{x \to -\infty} 2^x = 0$,所以当 $x \to -\infty$ 时,2^x 为无穷小.

（4）因为 $\lim\limits_{x \to +\infty} \left(\dfrac{1}{4}\right)^x = 0$,所以当 $x \to +\infty$ 时,$\left(\dfrac{1}{4}\right)^x$ 为无穷小.

2. 极限与无穷小之间的关系

微视频
极限与无穷小之间的
关系

设 $\lim_{x \to x_0} f(x) = A$，即 $x \to x_0$ 时，函数值 $f(x)$ 无限接近于常数 A，也就是 $f(x) - A$ 无限接近于常数零，即 $x \to x_0$ 时，$f(x) - A$ 以零为极限，这就是说 $x \to x_0$ 时，$f(x) - A$ 为无穷小，若记 $\alpha(x) = f(x) - A$，则有 $f(x) = A + \alpha(x)$，于是有

> **定理 2.1.4**（极限与无穷小之间的关系）　$\lim_{x \to x_0} f(x) = A$ 的充要条件是 $f(x) = A + \alpha(x)$，其中 $\alpha(x)$ 是 $x \to x_0$ 时的无穷小.

在定理 2.1.4 中将自变量 x 的变化过程换成其他任何一种情形（$x \to x_0^+, x \to x_0^-, x \to +\infty, x \to -\infty, x \to \infty$）后仍然成立.

例 2.1.9　当 $x \to \infty$ 时，将函数 $f(x) = \dfrac{x+1}{x}$ 写成常数与一个无穷小之和的形式.

解　因为 $\lim_{x \to \infty} f(x) = \lim_{x \to \infty} \dfrac{x+1}{x} = \lim_{x \to \infty} \left(1 + \dfrac{1}{x}\right) = 1$，而 $f(x) = \dfrac{x+1}{x} = 1 + \dfrac{1}{x}$ 中的 $\dfrac{1}{x}$ 为 $x \to \infty$ 时的无穷小，所以，$f(x) = 1 + \dfrac{1}{x}$ 为所求常数与一个无穷小之和的形式.

3. 无穷小的运算性质

> **定理 2.1.5**　有限个无穷小的代数和是无穷小.

微视频
无穷小的运算性质

必须注意，无穷多个无穷小的代数和未必是无穷小，如 $n \to \infty$ 时，$\dfrac{1}{n^2}$，$\dfrac{2}{n^2}, \cdots, \dfrac{n}{n^2}$ 均为无穷小，但

$$\lim_{n \to \infty} \left(\frac{1}{n^2} + \frac{2}{n^2} + \cdots + \frac{n}{n^2}\right) = \lim_{n \to \infty} \frac{n(n+1)}{2n^2} = \lim_{n \to \infty} \left(\frac{1}{2} + \frac{1}{2n}\right) = \frac{1}{2}.$$

> **定理 2.1.6**　无穷小与有界量的积是无穷小.

推论 1　常数与无穷小的积是无穷小.

推论 2　有限个无穷小的积仍是无穷小.

必须注意，两个无穷小之商未必是无穷小，例如：$x \to 0$ 时，x 与 $2x$ 皆为无穷小，但由 $\lim_{x \to 0} \dfrac{2x}{x} = 2$ 知 $\dfrac{2x}{x}$ 当 $x \to 0$ 时不是无穷小.

例 2.1.10　求 $\lim_{x \to 0} x^2 \sin \dfrac{1}{x}$.

解 因为 $\lim\limits_{x\to 0}x^2=0$,所以 x^2 为 $x\to 0$ 时的无穷小.又因为 $\left|\sin\dfrac{1}{x}\right|\leqslant 1$,即 $\sin\dfrac{1}{x}$ 为有界函数,因此 $x^2\sin\dfrac{1}{x}$ 仍为 $x\to 0$ 时的无穷小,即

$$\lim_{x\to 0}x^2\sin\frac{1}{x}=0.$$

2.1.6 无穷大

1. 无穷大的定义

定义 2.1.9 在自变量 x 的某个变化过程中,若总存在一个时刻,使得在这个时刻后,对任意给定的正数 M,总有 $|f(x)|>M$,则称 $f(x)$ 为该自变量变化过程中的无穷大量(简称为无穷大).如果相应的函数值 $f(x)$(或$-f(x)$)无限增大,则称 $f(x)$ 为该自变量变化过程中的正(或负)无穷大.如果函数 $f(x)$ 是 $x\to x_0$ 时的无穷大,记作 $\lim\limits_{x\to x_0}f(x)=\infty$;如果 $f(x)$ 是 $x\to x_0$ 时的正无穷大,记作 $\lim\limits_{x\to x_0}f(x)=+\infty$;如果 $f(x)$ 是 $x\to x_0$ 时的负无穷大,记作 $\lim\limits_{x\to x_0}f(x)=-\infty$.

微视频
无穷大的定义

微视频
无穷大与无穷小的关系

对于自变量 x 的其他变化过程中的无穷大、正无穷大、负无穷大可用类似的方法描述.值得注意的是,无穷大是极限不存在的一种情形,这里借用极限的记号,但并不表示极限存在.

根据无穷大的定义可知,$\dfrac{1}{x}$ 是 $x\to 0^-$ 时的负无穷大,x^2 是 $x\to\infty$ 时的正穷大,用记号表示为

$$\lim_{x\to 0^-}\frac{1}{x}=-\infty,\qquad \lim_{x\to\infty}x^2=+\infty.$$

2. 无穷大与无穷小的关系

由无穷小与无穷大的定义,不难知道:

定理 2.1.7(无穷大与无穷小的关系) 在自变量的变化过程中,无穷大的倒数是无穷小,恒不为零的无穷小的倒数为无穷大.

例 2.1.11 自变量在怎样的变化过程中,下列函数为无穷大:

(1) $y=\dfrac{1}{x-1}$; (2) $y=2x-1$; (3) $y=\ln x$; (4) $y=2^x$.

解 (1) 因为 $\lim\limits_{x\to 1}(x-1)=0$,即 $x\to 1$ 时 $x-1$ 为无穷小,所以 $\dfrac{1}{x-1}$ 为 $x\to 1$ 时的无穷大.

(2) 因为 $\lim\limits_{x\to\infty}\left(\dfrac{1}{2x-1}\right)=0$,所以 $x\to\infty$ 时 $\dfrac{1}{2x-1}$ 为无穷小,所以 $2x-1$ 为 $x\to\infty$ 时的无穷大.

（3）由图 2.1.12 知，$x \to 0^+$ 时，$\ln x \to -\infty$，即 $\lim\limits_{x\to 0^+} \ln x = -\infty$．$x \to +\infty$ 时，$\ln x \to +\infty$，即 $\lim\limits_{x\to +\infty} \ln x = +\infty$．所以，$x \to 0^+$ 及 $x \to +\infty$ 时，$\ln x$ 都是无穷大．

（4）因为 $\lim\limits_{x\to +\infty} 2^{-x} = 0$，所以 $x \to +\infty$ 时 2^{-x} 为无穷小，因此，$\dfrac{1}{2^{-x}} = 2^x$ 为 $x \to +\infty$ 时的无穷大．

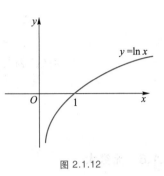

图 2.1.12

应该明确的是，定义 2.1.9 也不是严格的无穷大的定义，下面以 $x \to x_0$ 的情形为例给出无穷大的精确定义．

定义 2.1.9′　设 $f(x)$ 在点 x_0 的某个去心邻域 $N(\hat{x}_0, \delta_0)$ 内有定义，若对任意给定的正数 M，存在正数 $\delta > 0 (\delta < \delta_0)$，使得当 $0 < |x - x_0| < \delta$ 时，总有 $|f(x)| > M$ 成立，则称 $f(x)$ 为 $x \to x_0$ 时的无穷大量，简称无穷大，记为 $\lim\limits_{x\to x_0} f(x) = \infty$．

其他情形的无穷大的精确定义类似．

最后，再指出两点：

（1）无穷大是一个绝对值无限变大的变量，任何绝对值很大的常数都不是无穷大．

（2）无穷大必无界，但反之不真，例如，$f(x) = x\cos x$ 在 $(-\infty, +\infty)$ 上是无界的，但不是无穷大．

思考题 2.1

1. 在 $\lim\limits_{x\to x_0} f(x) = A$ 的定义中，为何只要求 $f(x)$ 在点 x_0 的某个去心邻域 $N(\hat{x}_0, \delta)$ 内有定义？

2. $\lim\limits_{x\to +\infty} \dfrac{\sin x}{x}$ 是否存在？为什么？

练习 2.1A

1. 下列说法是否正确？

（1）因为函数 $f(x)$ 在 x_0 处有定义，所以 $\lim\limits_{x\to x_0} f(x)$ 存在．

（2）因为函数 $f(x)$ 在 x_0 处没有定义，所以 $\lim\limits_{x\to x_0} f(x)$ 不存在．

2. 已知 $\lim\limits_{x\to x_0^-} f(x) = 3$，$\lim\limits_{x\to x_0^+} f(x) = 3$，问 $\lim\limits_{x\to x_0} f(x)$ 是否存在？

3. 求极限 $\lim\limits_{x\to 0} x^2 \cos \dfrac{1}{x}$ 的值．

练习 2.1B

1. 设 $f(x) = \begin{cases} x^2 + 1, & x < 0, \\ x, & x > 0, \end{cases}$ 画出 $f(x)$ 的图形，求 $\lim\limits_{x\to 0^-} f(x)$ 及 $\lim\limits_{x\to 0^+} f(x)$，并问 $\lim\limits_{x\to 0} f(x)$ 是否存在．

2. 函数 $f(x) = \dfrac{x+1}{x-1}$ 在什么条件下是无穷大？什么条件下是无穷小？为什么？

3. 举例说明 $\lim\limits_{x \to +\infty} f(x) = A$（常数）的几何意义（提示：考虑曲线 $y=f(x)$ 的水平渐近线）.

4. 举例说明 $\lim\limits_{x \to x_0} f(x) = \infty$ 的几何意义（提示：考虑曲线 $y=f(x)$ 的铅直渐近线）.

5. 求 $\lim\limits_{x \to 0} x\cos\dfrac{1}{x}$.

6. 求 $\lim\limits_{x \to \infty} \dfrac{1}{x}\sin x$.

2.2 极限的运算

极限的求法是本课程基本运算之一，这种运算包含的类型多、方法技巧性强，应适量地多做一些练习，切实掌握基本方法.

2.2.1 极限运算法则

> 定理 2.2.1（极限四则运算法则）　设 x 在同一变化过程中，$\lim f(x)$ 及 $\lim g(x)$ 都存在（此处省略了自变量 x 的变化趋势，下同），则有下列运算法则：
>
> 法则 1　$\lim[f(x) \pm g(x)] = \lim f(x) \pm \lim g(x)$.
>
> 法则 2　$\lim[f(x) \cdot g(x)] = \lim f(x) \cdot \lim g(x)$.
>
> 法则 3　$\lim \dfrac{f(x)}{g(x)} = \dfrac{\lim f(x)}{\lim g(x)}$　$(\lim g(x) \neq 0)$.

下面我们来证明法则 2，其他证法类同.

证　设 $\lim f(x) = A, \lim g(x) = B$，则知

$$f(x) = A + \alpha, \quad g(x) = B + \beta \quad (\alpha, \beta \text{ 都是无穷小}),$$

于是

$$f(x) \cdot g(x) = (A + \alpha)(B + \beta) = AB + (A\beta + B\alpha + \alpha\beta),$$

由无穷小的性质知 $A\beta + B\alpha + \alpha\beta$ 仍为无穷小，再由极限与无穷小的关系，得

$$\lim[f(x) \cdot g(x)] = AB = \lim f(x) \cdot \lim g(x).$$

例 2.2.1　求 $\lim\limits_{x \to 2} (3x^2 - 4x + 1)$.

解　$\lim\limits_{x \to 2} (3x^2 - 4x + 1) = \lim\limits_{x \to 2} 3x^2 - \lim\limits_{x \to 2} 4x + 1 = 5$.

例 2.2.2　求 $\lim\limits_{x \to -1} \dfrac{2x^2 + x - 4}{3x^2 + 2}$.

解　因为 $\lim\limits_{x \to -1} (3x^2 + 2) = 5 \neq 0$，

所以
$$\lim_{x \to -1} \frac{2x^2+x-4}{3x^2+2} = \frac{\lim\limits_{x \to -1}(2x^2+x-4)}{\lim\limits_{x \to -1}(3x^2+2)} = -\frac{3}{5}.$$

例 2.2.3　求 $\lim\limits_{x \to 4} \dfrac{x^2-7x+12}{x^2-5x+4}$.

解　当 $x=4$ 时, 分子分母都为 0, 由于 $x \to 4$ 的过程中, $x \neq 4$, 故可约去公因式 $(x-4)$.
$$\lim_{x \to 4} \frac{x^2-7x+12}{x^2-5x+4} = \lim_{x \to 4} \frac{(x-3)(x-4)}{(x-1)(x-4)} = \lim_{x \to 4} \frac{x-3}{x-1} = \frac{1}{3}.$$

对 $x \to \infty$ 时 "$\dfrac{\infty}{\infty}$" 型的极限, 可用分子、分母中 x 的最高次幂除之, 然后再求极限.

例 2.2.4　求 $\lim\limits_{x \to \infty} \dfrac{2x^2+x+3}{3x^2-x+2}$.

解　$\lim\limits_{x \to \infty} \dfrac{2x^2+x+3}{3x^2-x+2} = \lim\limits_{x \to \infty} \dfrac{2+\dfrac{1}{x}+\dfrac{3}{x^2}}{3-\dfrac{1}{x}+\dfrac{2}{x^2}} = \dfrac{2}{3}$.

用同样方法, 可得结果
$$\lim_{x \to \infty} \frac{a_0 x^n + a_1 x^{n-1} + \cdots + a_n}{b_0 x^m + b_1 x^{m-1} + \cdots + b_m} = \begin{cases} \infty, & \text{当 } m<n, \\ \dfrac{a_0}{b_0}, & \text{当 } m=n, \\ 0, & \text{当 } m>n. \end{cases}$$

综上讨论, 有理函数 (两个多项式之商) 在 $x \to x_0$ 时的极限是容易求得的.

例 2.2.5　求下列函数的极限:

(1) $\lim\limits_{x \to 1}\left(\dfrac{3}{1-x^3} - \dfrac{1}{1-x}\right)$;　　　(2) $\lim\limits_{x \to 0} \dfrac{\sqrt{1+x}-1}{x}$;

(3) $\lim\limits_{x \to +\infty} \dfrac{x\cos x}{\sqrt{1+x^3}}$.

解　(1) 当 $x \to 1$ 时, 上式两项极限均不存在 (呈现 "$\infty - \infty$" 形式), 我们可以先通分, 再求极限.
$$\lim_{x \to 1}\left(\frac{3}{1-x^3} - \frac{1}{1-x}\right) = \lim_{x \to 1} \frac{3-(1+x+x^2)}{(1-x)(1+x+x^2)}$$
$$= \lim_{x \to 1} \frac{(2+x)(1-x)}{(1-x)(1+x+x^2)} = \lim_{x \to 1} \frac{2+x}{1+x+x^2} = 1.$$

(2) 当 $x \to 0$ 时, 分子、分母的极限均为零 (呈现 "$\dfrac{0}{0}$" 形式), 不能直接用商的极限法则,这时,可先对分子有理化,然后再求极限.

$$\lim_{x \to 0} \frac{\sqrt{1+x}-1}{x} = \lim_{x \to 0} \frac{(\sqrt{1+x}-1)(\sqrt{1+x}+1)}{x(\sqrt{1+x}+1)}$$

$$= \lim_{x \to 0} \frac{x}{x(\sqrt{1+x}+1)} = \lim_{x \to 0} \frac{1}{\sqrt{1+x}+1} = \frac{1}{2}.$$

(3) 因为当 $x \to +\infty$ 时,$x\cos x$ 极限不存在,也不能直接用极限法则,注意到 $\cos x$ 有界(因为 $|\cos x| \leqslant 1$),又

$$\lim_{x \to +\infty} \frac{x}{\sqrt{1+x^3}} = \lim_{x \to +\infty} \frac{x}{x\sqrt{\frac{1}{x^2}+x}} = 0,$$

根据有界量乘无穷小仍是无穷小的性质,得

$$\lim_{x \to +\infty} \frac{x\cos x}{\sqrt{1+x^3}} = \lim_{x \to +\infty} \cos x \frac{x}{\sqrt{1+x^3}} = 0.$$

小结

(1) 运用极限法则时,必须注意只有各项极限存在(对商,还要分母极限不为零)才能适用.

(2) 如果所求极限呈现"$\frac{0}{0}$""$\frac{\infty}{\infty}$"等形式,不能直接用极限法则,必须先对原式进行恒等变形(约分、通分、有理化、变量代换等),然后再求极限.

(3) 利用无穷小的运算性质求极限.

2.2.2　两个重要极限

1. $\lim\limits_{x \to 0} \dfrac{\sin x}{x}$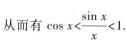

我们来讨论上述重要极限:

作单位圆如图 2.2.1 所示,取 $\angle AOB = x(\text{rad})$,于是有 $BC = \sin x$,$\overset{\frown}{AB} = x$,$AD = \tan x$.

由图得 $S_{\triangle OAB} < S_{\text{扇形}OAB} < S_{\triangle OAD}$,即

$$\frac{1}{2}\sin x < \frac{1}{2}x < \frac{1}{2}\tan x,$$

得 $\sin x < x < \tan x,$

从而有 $\cos x < \dfrac{\sin x}{x} < 1.$

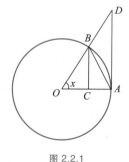

图 2.2.1

上述不等式是当 $0 < x < \dfrac{\pi}{2}$ 时得到的,但因当 x 用 $-x$ 代换时 $\cos x,\dfrac{\sin x}{x}$ 都不变号,所以 x 为负时,关系式也成立.

因为 $\lim\limits_{x \to 0} \cos x = 1$,又 $\lim\limits_{x \to 0} 1 = 1$,由极限的夹逼准则知介于它们之间的函数 $\dfrac{\sin x}{x}$ 当 $x \to 0$ 时,极限也是 1.

这样就证明了 $\boxed{\lim\limits_{x \to 0} \dfrac{\sin x}{x} = 1}$.

注意 这个重要极限是"$\dfrac{0}{0}$"型的,为了强调其形式,我们把它形象地写成

$$\lim_{\square \to 0} \frac{\sin \square}{\square} = 1 \quad (\square 代表同一变量).$$

例 2.2.6 求 $\lim\limits_{x \to 0} \dfrac{\sin 3x}{\sin 4x}$.

解 $\lim\limits_{x \to 0} \dfrac{\sin 3x}{\sin 4x} = \lim\limits_{x \to 0} \left(\dfrac{\sin 3x}{3x} \cdot \dfrac{4x}{\sin 4x} \cdot \dfrac{3x}{4x} \right)$

$$= \frac{3}{4} \lim_{x \to 0} \frac{\sin 3x}{3x} \cdot \lim_{x \to 0} \frac{4x}{\sin 4x} = \frac{3}{4}.$$

例 2.2.7 求 $\lim\limits_{x \to 0} \dfrac{1-\cos x}{x^2}$.

解 $\lim\limits_{x \to 0} \dfrac{1-\cos x}{x^2} = \lim\limits_{x \to 0} \dfrac{2\sin^2 \dfrac{x}{2}}{x^2} = \dfrac{1}{2} \left(\lim\limits_{x \to 0} \dfrac{\sin \dfrac{x}{2}}{\dfrac{x}{2}} \right)^2 = \dfrac{1}{2}.$

例 2.2.8 求 $\lim\limits_{x \to 0} \dfrac{\tan x - \sin x}{x^3}$.

解 $\lim\limits_{x \to 0} \dfrac{\tan x - \sin x}{x^3} = \lim\limits_{x \to 0} \dfrac{\tan x (1-\cos x)}{x^3}$

$$= \lim_{x \to 0} \left(\frac{1}{\cos x} \cdot \frac{\sin x}{x} \cdot \frac{1-\cos x}{x^2} \right).$$

由例 2.2.7 知 $\dfrac{1-\cos x}{x^2} \to \dfrac{1}{2} \ (x \to 0)$,故 $\lim\limits_{x \to 0} \dfrac{\tan x - \sin x}{x^3} = \dfrac{1}{2}.$

2. $\lim\limits_{x \to \infty} \left(1 + \dfrac{1}{x} \right)^x$

关于这个极限,我们不作理论讨论,可以列出 $\left(1 + \dfrac{1}{x} \right)^x$ 的数值表(表 2.2.1)来观察其变化趋势.

表 2.2.1

x	1	2	3	4	5	10	100	1 000	10 000	⋯
$\left(1 + \dfrac{1}{x} \right)^x$	2	2.250	2.370	2.441	2.488	2.594	2.705	2.717	2.718	⋯

从表 2.2.1 可看出,当 x 无限增大时,函数 $\left(1+\dfrac{1}{x}\right)^x$ 变化的大致趋势,我们可以证明① 当 $x\to\infty$ 时, $\left(1+\dfrac{1}{x}\right)^x$ 的极限确实存在,并且是一个无理数,其值为 e = 2.718 281 828⋯,即

$$\boxed{\lim_{x\to\infty}\left(1+\frac{1}{x}\right)^x = e}.$$

数 e 无论在数学理论或实际问题应用中都有重要作用.物体的冷却、放射元素的衰变都要用到这个极限.

为了准确地用好这个极限,我们指出,它也有两个特征,一是它属于"1^∞"型的极限,二是它可形象地表示为

$$\lim_{\square\to\infty}\left(1+\frac{1}{\square}\right)^{\square} = e \quad (\square\text{代表同一变量}).$$

例 2.2.9 求 $\lim\limits_{x\to\infty}\left(1+\dfrac{3}{x}\right)^x$.

解 所求极限类型是"1^∞"型,令 $\dfrac{x}{3}=u$,则 $x=3u$.

$$\lim_{x\to\infty}\left(1+\frac{3}{x}\right)^x = \lim_{u\to\infty}\left(1+\frac{1}{u}\right)^{3u} = \lim_{u\to\infty}\left[\left(1+\frac{1}{u}\right)^u\right]^3 = e^3.$$

例 2.2.10 求 $\lim\limits_{x\to\infty}\left(1-\dfrac{2}{x}\right)^x$.

解 所求极限类型是"1^∞"型.

$$\lim_{x\to\infty}\left(1-\frac{2}{x}\right)^x = \lim_{x\to\infty}\left[\left(1+\frac{1}{-\dfrac{x}{2}}\right)^{-\frac{x}{2}}\right]^{-2} = e^{-2}.$$

例 2.2.11 求 $\lim\limits_{x\to\infty}\left(\dfrac{2-x}{3-x}\right)^x$.

解 所求极限类型是"1^∞"型,令 $\dfrac{2-x}{3-x}=1+\dfrac{1}{u}$,解得 $x=u+3$.当 $x\to\infty$ 时,$u\to\infty$.于是

$$\lim_{x\to\infty}\left(\frac{2-x}{3-x}\right)^x = \lim_{u\to\infty}\left(1+\frac{1}{u}\right)^{u+3} = \lim_{u\to\infty}\left(1+\frac{1}{u}\right)^u \cdot \lim_{u\to\infty}\left(1+\frac{1}{u}\right)^3 = e.$$

2.2.3 无穷小的比较

前面讨论了两个无穷小的和、差、积仍然是无穷小,但两个无穷小之比,则不一定是无穷小,例如 $x\to0$

---

① 见参考文献[3].

时, $\alpha = 3x, \beta = x^2$ 和 $\gamma = \sin x$ 都是无穷小,但是 $\lim\limits_{x \to 0} \dfrac{x^2}{3x} = 0, \lim\limits_{x \to 0} \dfrac{3x}{x^2} = \infty, \lim\limits_{x \to 0} \dfrac{\sin x}{3x} = \dfrac{1}{3}$. 比的极限不同,反映了无穷

小趋于零的速度的差异. 为比较无穷小趋于零的快慢,我们引入无穷小阶的概念.

定义 2.2.1(无穷小的阶) 设某一极限过程中, α 与 β 都是无穷小,且

$$\lim \frac{\beta}{\alpha} = C \quad (C \text{ 为常数}),$$

(1) 若 $C = 0$,则称 β 是比 α 高阶的无穷小,记成 $\beta = o(\alpha)$ (此时,也称 α 是比 β 低阶的无穷小).

(2) 若 $C \neq 0$,则称 α 与 β 是同阶无穷小,特别地,若 $C = 1$,则称 α 与 β 是等价无穷小,记为 $\alpha \sim \beta$.

例如, $\lim\limits_{x \to 0} \dfrac{\sin x}{x} = 1$,即 $\sin x \sim x \ (x \to 0)$;

$\lim\limits_{x \to 0} \dfrac{1 - \cos x}{\dfrac{x^2}{2}} = 1$,即 $1 - \cos x \sim \dfrac{x^2}{2} \ (x \to 0)$.

例 2.2.12 证明当 $x \to 0$ 时, $\sin 5x \sim 5x, \tan 2x \sim 2x$.

证 因为 $\lim\limits_{x \to 0} \dfrac{\sin 5x}{5x} = 1$,所以 $\sin 5x \sim 5x \ (x \to 0)$. 又因为

$$\lim_{x \to 0} \frac{\tan 2x}{2x} = \lim_{x \to 0} \frac{\sin 2x}{\cos 2x} \cdot \frac{1}{2x} = \lim_{x \to 0} \frac{\sin 2x}{2x} \cdot \lim_{x \to 0} \frac{1}{\cos 2x} = 1 \times 1 = 1,$$

所以 $\tan 2x \sim 2x \ (x \to 0)$.

等价无穷小在求两个无穷小之比的极限时有重要作用. 对此,有如下定理:

定理 2.2.2(利用等价无穷小求两个无穷小之比的极限) 设 $\alpha \sim \alpha', \beta \sim \beta'$,

(1) 若 $\lim \dfrac{\beta'}{\alpha'}$ 存在,则 $\lim \dfrac{\beta}{\alpha} = \lim \dfrac{\beta'}{\alpha'}$;

(2) 若 $\lim \dfrac{\beta'}{\alpha'} = \infty$,则 $\lim \dfrac{\beta}{\alpha} = \infty$.

证 (1) $\lim \dfrac{\beta}{\alpha} = \lim \left(\dfrac{\beta}{\beta'} \cdot \dfrac{\beta'}{\alpha'} \cdot \dfrac{\alpha'}{\alpha} \right) = \lim \dfrac{\beta}{\beta'} \cdot \lim \dfrac{\beta'}{\alpha'} \cdot \lim \dfrac{\alpha'}{\alpha} = \lim \dfrac{\beta'}{\alpha'}$.

(2) 因为 $\lim \dfrac{\beta'}{\alpha'} = \infty$,所以 $\lim \dfrac{\alpha'}{\beta'} = 0$.

由(1)知, $\lim \dfrac{\alpha}{\beta} = \lim \dfrac{\alpha'}{\beta'} = 0$,从而 $\lim \dfrac{\beta}{\alpha} = \infty$.

例 2.2.13 求 $\lim\limits_{x \to 0} \dfrac{\tan 2x}{\sin 5x}$.

解 当 $x \to 0$ 时, $\tan 2x \sim 2x$, $\sin 5x \sim 5x$, 所以

$$\lim_{x \to 0} \frac{\tan 2x}{\sin 5x} = \lim_{x \to 0} \frac{2x}{5x} = \frac{2}{5}.$$

例 2.2.14 求 $\lim\limits_{x \to 0} \dfrac{\tan x - \sin x}{x^3}$.

解 因为当 $x \to 0$ 时, $\sin x \sim x$, $1 - \cos x \sim \dfrac{1}{2}x^2$, 所以

$$\lim_{x \to 0} \frac{\tan x - \sin x}{x^3} = \lim_{x \to 0} \frac{\sin x \left(\dfrac{1}{\cos x} - 1 \right)}{x^3} = \lim_{x \to 0} \frac{\sin x (1 - \cos x)}{x^3 \cos x}$$

$$= \lim_{x \to 0} \frac{x \cdot \dfrac{1}{2}x^2}{x^3 \cos x} = \frac{1}{2}.$$

这里需要注意的是, 等价代换是对分子或分母的整体替换(或对分子、分母的因式进行替换), 而对分子或分母中 "+" "−" 号连接的各部分不能随意分别作替换.

例如, 上例中 $\lim\limits_{x \to 0} \dfrac{\tan x - \sin x}{x^3}$, 若 $\tan x$ 与 $\sin x$ 分别用其等价无穷小 x 代换, 则有

$$\lim_{x \to 0} \frac{\tan x - \sin x}{x^3} = \lim_{x \to 0} \frac{x - x}{x^3} = 0,$$

这样就错了.

下面是常用的几个等价无穷小代换, 要记熟.

当 $x \to 0$ 时, 有

$$\sin x \sim x, \quad \tan x \sim x, \quad \arcsin x \sim x, \quad \arctan x \sim x,$$

$$1 - \cos x \sim \frac{x^2}{2}, \quad \ln(1 + x) \sim x, \quad e^x - 1 \sim x, \quad \sqrt{1 + x} - 1 \sim \frac{1}{2}x.$$

思考题 2.2

1. 下列运算错在何处?

(1) $\lim\limits_{x \to 0} \sin x \cos \dfrac{1}{x} = \lim\limits_{x \to 0} \sin x \cdot \lim\limits_{x \to 0} \cos \dfrac{1}{x} = 0 \cdot \lim\limits_{x \to 0} \cos \dfrac{1}{x} = 0$;

(2) $\lim\limits_{x \to 2} \dfrac{x^2}{2 - x} = \dfrac{\lim\limits_{x \to 2} x^2}{\lim\limits_{x \to 2}(2 - x)} = \infty$.

2. 两个无穷大的和仍为无穷大吗? 试举例说明.

练习 2.2A

1. 已知 $\lim\limits_{x \to x_0} C = C$ (C 为常数), $\lim\limits_{x \to x_0} x = x_0$, 求 (1) $\lim\limits_{x \to x_0} 100$; (2) $\lim\limits_{x \to 1}(2 + 3x + 4x^2)$.

2. 求极限 $\lim\limits_{x \to 0} \dfrac{\sin 10x}{x}$ 的值.

3. 求极限 $\lim\limits_{x\to\infty}\left(1+\dfrac{1}{x}\right)^{2x}$ 的值.

练习 2.2B

1. 求下列极限:

(1) $\lim\limits_{x\to1}\dfrac{x^2-3x+2}{x-1}$;　　(2) $\lim\limits_{x\to\infty}\dfrac{4x^4-3x^3+1}{2x^4+5x^2-6}$;　　(3) $\lim\limits_{x\to2}\dfrac{2-\sqrt{x+2}}{2-x}$;　　(4) $\lim\limits_{x\to0}\dfrac{\tan x^3}{\sin x^3}$;

(5) $\lim\limits_{x\to0}(1+x^2)^{x^{-2}}$;　　(6) $\lim\limits_{x\to\infty}\left(\dfrac{\sin x}{x}+100\right)$;　　(7) $\lim\limits_{x\to\infty}\left(1+\dfrac{4}{x}\right)^x$;　　(8) $\lim\limits_{x\to\infty}\left(x\sin\dfrac{1}{x}\right)$.

2. 试证 $x\to0$ 时, $\sin x^2$ 是比 $\tan x$ 高阶的无穷小.

3. 试证 $x\to0$ 时, e^x-1 与 x 是等价无穷小.

2.3　函数的连续性

为了以后深入地研究函数的微分和积分,我们需要引入性质更好的一类函数,即所谓的连续函数.本课程所研究的函数,基本上都是连续函数.

连续性是自然界中各种物态连续变化的数学体现,这方面实例可以举出很多,如水的流动、身高的增长等.

2.3.1　函数的连续性定义

首先我们引入增量概念,进而建立连续性定义.

设函数 $y=f(x)$ 在点 x_0 的某邻域上有定义,给自变量 x 一个增量 Δx,当自变量 x 由 x_0 变到 $x_0+\Delta x$ ($x_0+\Delta x$ 仍在该邻域内)时,函数 y 相应由 $f(x_0)$ 变到 $f(x_0+\Delta x)$,因此函数相应的增量为

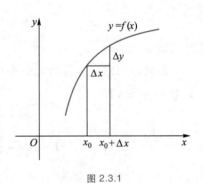

图 2.3.1

$$\Delta y=f(x_0+\Delta x)-f(x_0).$$

其几何意义如图 2.3.1 所示.

> **定义 2.3.1(在一点连续)**　设函数 $y=f(x)$ 在点 x_0 的某邻域内有定义,如果自变量的增量 $\Delta x=x-x_0$ 趋于零时,对应的函数增量也趋于零,即
> $$\lim\limits_{\Delta x\to0}\Delta y=\lim\limits_{\Delta x\to0}\left[f(x_0+\Delta x)-f(x_0)\right]=0,$$
> 则称函数 $f(x)$ 在点 x_0 是连续的.

微视频
函数在一点连续的定义

由于 Δy 也可写成 $\Delta y=f(x)-f(x_0)$,所以上述定义 2.3.1 中表达式也可写为

$$\lim\limits_{x\to x_0}\left[f(x)-f(x_0)\right]=0,$$

即 $\lim\limits_{x\to x_0}f(x)=f(x_0)$. 于是有

> 定义 2.3.2(在一点连续)　设函数 $y=f(x)$ 在点 x_0 的某邻域内有定义,若 $\lim\limits_{x\to x_0}f(x)=f(x_0)$,则称函数 $f(x)$ 在点 x_0 处连续.

由定义 2.3.2 可看出,函数 $f(x)$ 在点 x_0 处连续,必须同时满足以下三个条件:

(1) $f(x)$ 在点 x_0 的一个邻域内有定义.

微视频
间断点的定义

(2) $\lim\limits_{x\to x_0}f(x)$ 存在.

(3) 上述极限值等于函数值 $f(x_0)$.

如果上述条件中至少有一个不满足,则点 x_0 就是函数 $f(x)$ 的不连续点.

> 定义 2.3.3(间断点的定义)　设 $f(x)$ 在点 x_0 的某一去心邻域内有定义(在点 x_0 也可以有定义),若 $f(x)$ 在点 x_0 不连续,则称点 x_0 为 $f(x)$ 的间断点.

例 2.3.1　求 $f(x)=\dfrac{1}{x}$ 的间断点.

解　因为 $f(x)=\dfrac{1}{x}$ 在 $(-\infty,0)\cup(0,+\infty)$ 内有定义,在点 $x=0$ 处无定义,所以,$f(x)$ 在点 $x=0$ 处不连续,因此,点 $x=0$ 为其间断点.

> 定义 2.3.4(间断点的分类)　设 x_0 为 $f(x)$ 的一个间断点,如果当 $x\to x_0$ 时,$f(x)$ 的左、右极限都存在,则称 x_0 为 $f(x)$ 的第一类间断点;否则,称 x_0 为 $f(x)$ 的第二类间断点.对第一类间断点还有:
>
> (1) 若 $\lim\limits_{x\to x_0^-}f(x)$ 与 $\lim\limits_{x\to x_0^+}f(x)$ 均存在,但不相等,则称 x_0 为 $f(x)$ 的跳跃间断点.
>
> (2) 若 $\lim\limits_{x\to x_0}f(x)$ 存在,则称 x_0 为 $f(x)$ 的可去间断点.

例 2.3.2　设 $f(x)=\begin{cases}x^2, & 0\leq x\leq 1,\\ x+1, & x>1,\end{cases}$ 讨论 $f(x)$ 在 $x=1$ 处的连续性.

解　因为

$$\lim_{x\to 1^-}f(x)=\lim_{x\to 1^-}x^2=1,$$

$$\lim_{x\to 1^+}f(x)=\lim_{x\to 1^+}(x+1)=2,$$

即 $\lim\limits_{x\to 1^-}f(x)\neq\lim\limits_{x\to 1^+}f(x)$.所以 $x=1$ 是第一类间断点,且为跳跃间断点(图 2.3.2).

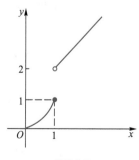

图 2.3.2

例 2.3.3 设 $f(x) = \begin{cases} \dfrac{x^4}{x}, & x \neq 0, \\ 1, & x = 0, \end{cases}$ 讨论 $f(x)$ 在 $x = 0$ 处的

连续性.

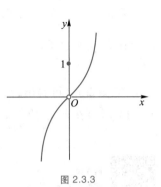

图 2.3.3

解 $f(0) = 1,$

$$\lim_{x \to 0} f(x) = \lim_{x \to 0} \frac{x^4}{x} = 0,$$

即 $\lim\limits_{x \to 0} f(x) \neq f(0)$. 所以 $x = 0$ 是 $f(x)$ 的第一类间断点,且

为可去间断点(图 2.3.3).

另外,若 $\lim\limits_{x \to x_0} f(x) = \infty$,则称 x_0 为 $f(x)$ 的无穷间断点,无穷间断点属第二类间断点.

例如, $f(x) = \dfrac{1}{(x-1)^2}$ 在 $x = 1$ 处没有定义,且 $\lim\limits_{x \to 1} \dfrac{1}{(x-1)^2} = \infty$,则称 $x = 1$ 为 $f(x)$ 的无穷间断点.

如果 $f(x)$ 在区间 (a,b) 内每一点都是连续的,就称 $f(x)$ 在区间 (a,b) 内连续.若 $f(x)$ 在 (a,b) 内连续,在 $x = a$ 处右连续(即 $\lim\limits_{x \to a^+} f(x) = f(a)$),在 $x = b$ 处左连续(即 $\lim\limits_{x \to b^-} f(x) = f(b)$),则称 $f(x)$ 在闭区间 $[a,b]$ 上连续.

如果函数 $f(x)$ 在区间 I 上连续,则称 $f(x)$ 为该区间上的连续函数. 连续函数的图形是一条连绵不断的曲线.

注 连续函数的定义域一定是区间!在定义域内每点都连续的函数不一定是该定义域内的连续函数.例如,幂函数 $y = x^{-1}$ 在其定义域 $(-\infty,0) \cup (0,+\infty)$ 内每点都连续,但 $y = x^{-1}$ 不是其定义域内的连续函数.

2.3.2 初等函数的连续性

1. 初等函数的连续性

我们不加证明地指出如下重要事实:基本初等函数在其有定义的区间内是连续的.一切初等函数在其有定义的区间内都是连续的.所谓定义区间,就是包含在定义域内的区间.

有些函数定义域内包含着区间,有些函数定义域内不包含区间只包含孤立的点,例如,初等函数 $f(x) = \sqrt{x} + \sqrt{-x}$ 的定义域为单点集 $\{0\}$,就不包含区间,由于自变量在其定义域内不能连续变化,所以函数的连续性也就无从谈起.因此,求初等函数的连续区间就是求其有定义的区间.关于分段函数的连续性,除按上述结论考虑每一段函数的连续性外,还必须讨论分段点处的连续性.

例 2.3.4 求函数 $f(x) = \dfrac{1}{\sqrt{x+1}}$ 的连续区间.

解 由于 $f(x) = \dfrac{1}{\sqrt{x+1}}$ 为初等函数,其定义域满足 $x+1 > 0$,即 $x > -1$.因此,函数的定义区间为 $(-1,+\infty)$,故 $(-1,+\infty)$ 为函数 $f(x) = \dfrac{1}{\sqrt{x+1}}$ 的连续区间.

2. 利用函数的连续性求极限

若函数 $f(x)$ 在 x_0 处连续,则知

$$\lim_{x \to x_0} f(x) = f(x_0),$$

即求连续函数的极限,可归结为计算函数值.

例 2.3.5 求 $\lim\limits_{x \to \frac{\pi}{2}} [\ln(\sin x)]$.

解 因为 $\ln(\sin x)$ 在 $x = \dfrac{\pi}{2}$ 处连续,故有

$$\lim_{x \to \frac{\pi}{2}} [\ln(\sin x)] = \ln\left(\sin \frac{\pi}{2}\right) = \ln 1 = 0.$$

3. 复合函数求极限的方法

定理 2.3.1(复合函数求极限的方法) 设有复合函数 $y = f[\varphi(x)]$,若 $\lim\limits_{x \to x_0} \varphi(x) = a$($a$ 为常数),而函数 $f(u)$ 在点 $u = a$ 处连续,则

$$\lim_{x \to x_0} f[\varphi(x)] = f\left[\lim_{x \to x_0} \varphi(x)\right] = f(a).$$

上式表明,在定理 2.3.1 的条件下,求复合函数 $f[\varphi(x)]$ 的极限 $\lim f[\varphi(x)]$ 时,函数符号 f 与极限符号 $\lim$ 可以交换次序.例如,在下面的例 2.3.6 中,$\lim\limits_{x \to 0} \ln(1+x)^{\frac{1}{x}} = \ln \lim\limits_{x \to 0} (1+x)^{\frac{1}{x}}$.

例 2.3.6 求 $\lim\limits_{x \to 0} \dfrac{\ln(1+x)}{x}$.

解 $\dfrac{\ln(1+x)}{x} = \ln(1+x)^{\frac{1}{x}}$ 是由 $y = \ln u$,$u = (1+x)^{\frac{1}{x}}$ 复合而成的,而 $\lim\limits_{x \to 0} (1+x)^{\frac{1}{x}} = e$,$\ln u$ 在点 $u = e$ 处连续,故

$$\lim_{x \to 0} \frac{\ln(1+x)}{x} = \lim_{x \to 0} \ln(1+x)^{\frac{1}{x}} = \ln\left[\lim_{x \to 0} (1+x)^{\frac{1}{x}}\right] = \ln e = 1.$$

例 2.3.7 求 $\lim\limits_{x \to +\infty} \arccos\left(\sqrt{x^2+x} - x\right)$.

解
$$\lim_{x \to +\infty} \arccos\left(\sqrt{x^2+x} - x\right)$$
$$= \arccos\left[\lim_{x \to +\infty} \left(\sqrt{x^2+x} - x\right)\right]$$
$$= \arccos\left[\lim_{x \to +\infty} \frac{\left(\sqrt{x^2+x} - x\right)\left(\sqrt{x^2+x} + x\right)}{\sqrt{x^2+x} + x}\right]$$
$$= \arccos\left(\lim_{x \to +\infty} \frac{x}{\sqrt{x^2+x} + x}\right)$$
$$= \arccos\left(\lim_{x \to +\infty} \frac{1}{\sqrt{1 + \dfrac{1}{x}} + 1}\right) = \arccos \frac{1}{2} = \frac{\pi}{3}.$$

2.3.3 闭区间上连续函数的性质

闭区间上连续函数的性质的证明涉及严密的实数理论,在此,我们只给出结论而不予证明.

> **定理 2.3.2**(连续函数最值定理) 闭区间上连续函数一定存在最大值和最小值.

应当注意定理中"闭区间"和"连续"这两个重要条件.比如函数 $y=$ $\dfrac{1}{|x|}$ 在闭区间 $[-1,1]$ 上不连续,它不存在最大值(图 2.3.4).函数 $y=\tan x$ 在开区间 $\left(-\dfrac{\pi}{2},\dfrac{\pi}{2}\right)$ 内连续,它既无最大值也无最小值(图 2.3.5).函数

$$y=\begin{cases} x, & 0<x<1, \\ x-1, & 1\leqslant x\leqslant 2 \end{cases}$$

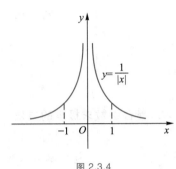

图 2.3.4

的定义域是 $(0,2]$,但是既有最大值也有最小值(图 2.3.6).我们要搞清充分条件与结论之间的逻辑关系.

对闭区间 $[a,b]$ 上的连续函数 $f(x)$,若在两个端点处的函数值 $f(a)$ 与 $f(b)$ 异号,则其在几何上表现为:连续曲线弧 $y=f(x)$ 的两个端点分别位于 x 轴的上下两侧,这时曲线弧必与 x 轴有交点(图 2.3.7).该几何事实可表述为如下定理:

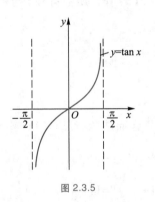

图 2.3.5

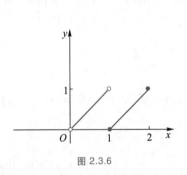

图 2.3.6

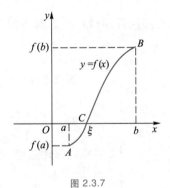

图 2.3.7

> **定理 2.3.3**(根的存在定理) 若函数 $f(x)$ 在闭区间 $[a,b]$ 上连续,且 $f(a)$ 与 $f(b)$ 异号,则至少存在一点 $\xi\in(a,b)$,使得 $f(\xi)=0$.

微视频
根的存在定理

该定理表明,若方程 $f(x)=0$ 左端的函数 $f(x)$ 在闭区间 $[a,b]$ 两个端点处的函数值异号,则该方程在开区间 (a,b) 内至少存在一个根.因此,定理 2.3.3 也称为根的存在定理,也称为零点定理.

例 2.3.8 证明方程 $\sin x-x+1=0$ 在 0 与 π 之间有实根.

证 设 $f(x)=\sin x-x+1$,因为 $f(x)$ 在 $(-\infty,+\infty)$ 内连续,所以,$f(x)$ 在 $[0,\pi]$ 上也连续,而

$$f(0)=1>0, \quad f(\pi)=-\pi+1<0,$$

所以,据定理 2.3.3(根的存在定理)知,至少有一点 $\xi\in(0,\pi)$,使得 $f(\xi)=0$,即方程 $\sin x-x+1=0$ 在 0 与 π 之间至少有一个实根.

定理 2.3.4 若函数 $f(x)$ 在闭区间 $[a,b]$ 上连续,且 $f(a) \neq f(b)$,μ 为介于 $f(a)$ 与 $f(b)$ 之间的任意一个数,则至少存在一点 $\xi \in (a,b)$,使得 $f(\xi) = \mu$.

定理 2.3.4 表明,如图 2.3.8 所示,闭区间 $[a,b]$ 上的连续函数 $y=f(x)$ 的图像从 A 连续画到 B 时,至少要与直线 $y=\mu$ 相交一次.

定理 2.3.5(介值定理) 设 $f(x)$ 在闭区间 $[a,b]$ 上连续,m,M 分别为 $f(x)$ 在 $[a,b]$ 上的最小值与最大值,则对任何数值 $\mu \in [m,M]$,必存在一点 $\xi \in [a,b]$,使得 $f(\xi) = \mu$.

事实上,因为 m,M 为连续函数 $f(x)$ 在闭区间 $[a,b]$ 上的最小值和最大值,所以,一定存在点 $x_1,x_2 \in [a,b]$,使得 $f(x_1)=m,f(x_2)=M$,且 $f(x)$ 在闭区间 $[x_1,x_2]$(不妨设 $x_1<x_2$)上连续.当 $m<\mu<M$ 时,则由定理 2.3.4 知,至少存在一点 $\xi \in (x_1,x_2) \subset [a,b]$,使得 $f(\xi)=\mu$;当 $\mu=m$ 或 $\mu=M$ 时,则由定理 2.3.2 知,至少存在一点 $\xi \in [a,b]$,使得 $f(\xi)=\mu$.总之,对于任何数值 $\mu \in [m,M]$,至少存在一点 $\xi \in [a,b]$,使得 $f(\xi)=\mu$(图 2.3.9).

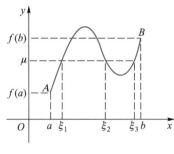

图 2.3.8

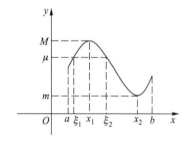

图 2.3.9

思考题 2.3

1. 如果 $f(x)$ 在点 x_0 处连续,问 $|f(x)|$ 在点 x_0 处是否连续?

2. 区间 $(a,b]$ 上的连续函数一定存在最大值与最小值吗?请举例说明.

3. 函数 $f(x)=\sqrt{x}$ 在点 $x=-6$ 处无定义,问 $x=-6$ 是其间断点吗?

练习 2.3A

1. 说明 $f(x)=2x^2+1$ 在 $x=1$ 处连续.

2. 求 $f(x)=\dfrac{1}{x-1}$ 的间断点.

3. 求下列极限:

(1) $\lim\limits_{x \to 3\pi} \sin 3x$;   (2) $\lim\limits_{x \to 3\pi} \cos 3x$;   (3) $\lim\limits_{x \to 2}(3x^3-2x^2+x-1)$;

(4) $\lim\limits_{x \to 0}(e^{2x}+2^x+1)$;   (5) $\lim\limits_{x \to e}\dfrac{\ln x}{x}$;   (6) $\lim\limits_{x \to 1} \arctan x$.

练习 2.3B

1. 求下列极限,并指出解题过程中每步的根据:

(1) $\lim\limits_{x \to 0} \ln \dfrac{\sqrt{x+1}-1}{x}$;   (2) $\lim\limits_{x \to \infty}\left(\dfrac{24x^2+1}{3x^2-2}\right)^{\frac{1}{3}}$;   (3) $\lim\limits_{x \to 0}(\ln|\sin x|-\ln|x|)$.

2. 设 $f(x) = \begin{cases} e^x, & x < 0, \\ a + x, & x \geqslant 0, \end{cases}$ 问 a 为何值时函数 $f(x)$ 在点 $x = 0$ 处连续？

3. 设 $f(x) = \begin{cases} \dfrac{\sin x}{x}, & x \neq 0, \\ \dfrac{1}{2}, & x = 0. \end{cases}$

（1）问 $f(x)$ 在 $x = 0$ 处是否连续？若不连续，指出间断点类型；

（2）令 $g(x) = \begin{cases} f(x), & x \neq 0, \\ 1, & x = 0, \end{cases}$ 则 $g(x)$ 的连续区间是 _____；

（3）试说明 $f(x)$ 与 $g(x)$ 的区别与联系.

4. 求函数 $f(x) = \dfrac{x^2 - 1}{(x - 1)x}$ 的间断点，并判断其类型.

2.4　用数学软件进行极限运算

文档
用数学软件
进行极限运算

2.5　学习任务 2 解答　由圆内接正 n 边形的周长推导圆的周长

解

1. 由图 2.5.1 知,（1）半径为 R 的圆内接正 n 边形的周长 $C_n = 2nR\sin\dfrac{\pi}{n}$；

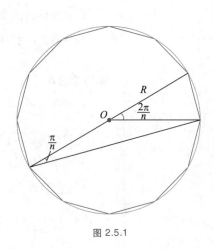

图 2.5.1

（2）圆内接正 6 边形的周长 $C_6 = 2 \times 6 \times R\sin\dfrac{\pi}{6} = 6R$；

（3）半径为 R 的圆的周长

$$C = \lim_{n \to \infty} C_n = \lim_{n \to \infty}\left(2nR\sin\dfrac{\pi}{n}\right) = 2R\pi \lim_{(\pi/n) \to 0} \dfrac{\sin(\pi/n)}{\pi/n} = 2\pi R,$$

即半径为 R 的圆的周长 $C = 2\pi R$.

（4）因为对任意的 $R_0 \in (0, +\infty)$ 都有 $\lim\limits_{R \to R_0} C = \lim\limits_{R \to R_0} 2\pi R = 2\pi R_0$，
即圆周长 $C = 2\pi R$ 在区间 $(0, +\infty)$ 内每一点都连续,因此,圆周长 $C = 2\pi R$ 在其定义区间 $(0, +\infty)$ 内是其半径 R 的连续函数.

2. 扫描下方二维码,查看学习任务 2 的 Mathematica 程序.

3. 扫描下方二维码,查看学习任务 2 的 MATLAB 程序.

 扫一扫,看代码
Mathematica 程序

 扫一扫,看代码
MATLAB 程序

复习题 2

A 级

1. 设函数 $f(x) = \begin{cases} x^2, & x < 0, \\ x, & x \geq 0, \end{cases}$

(1) 作出 $f(x)$ 的图形;

(2) 给出 $\lim\limits_{x \to 0^-} f(x)$ 及 $\lim\limits_{x \to 0^+} f(x)$;

(3) $x \to 0$ 时, $f(x)$ 的极限存在吗?

2. 设 $f(x) = \begin{cases} 3x, & -1 < x < 1, \\ 2, & x = 1, \\ 3x^2, & 1 < x < 2, \end{cases}$ 求 $\lim\limits_{x \to 0} f(x), \lim\limits_{x \to 1} f(x), \lim\limits_{x \to \frac{3}{2}} f(x)$.

3. 观察下列各题中,哪些是无穷小? 哪些是无穷大? 你能用你所掌握的有关数学知识确保所观察的结论正确无误吗?

(1) $\dfrac{1+2x}{x}$ $(x \to 0$ 时$)$;

(2) $\dfrac{1+2x}{x^2}$ $(x \to \infty$ 时$)$;

(3) $\tan x$ $(x \to 0$ 时$)$;

(4) e^{-x} $(x \to +\infty$ 时$)$;

(5) $2^{\frac{1}{x}}$ $(x \to 0^-$ 时$)$;

(6) $\dfrac{(-1)^n}{2^n}$ $(n \to +\infty$ 时$)$.

4. 求下列极限:

(1) $\lim\limits_{x \to 0} x^2 \sin \dfrac{1}{x^2}$;

(2) $\lim\limits_{x \to \infty} \dfrac{1}{x} \arctan x$;

(3) $\lim\limits_{x \to \infty} \dfrac{\sin x + \cos x}{x}$.

5. 求下列极限:

(1) $\lim\limits_{x \to \infty} \dfrac{x^3 + x}{x^3 - 3x^2 + 4}$;

(2) $\lim\limits_{n \to \infty} \dfrac{2^{n+1} + 3^{n+1}}{2^n + 3^n}$ (n 为正整数);

(3) $\lim\limits_{x \to 1} \dfrac{x^2 - 3x + 2}{x^2 - 4x + 3}$;

(4) $\lim\limits_{x \to 1} \left(\dfrac{2}{x^2 - 1} - \dfrac{1}{x - 1} \right)$;

(5) $\lim\limits_{x \to \infty} \dfrac{x - \cos x}{x}$;

(6) $\lim\limits_{n \to \infty} \left[1 + \dfrac{(-1)^n}{n} \right]$ (n 为正整数);

(7) $\lim\limits_{x \to +\infty} \left(\sqrt{x+5} - \sqrt{x} \right)$;

(8) $\lim\limits_{x \to 1} \dfrac{\sqrt{x+2} - \sqrt{3}}{x - 1}$.

6. 求 $\lim\limits_{n \to \infty} \left(1 + \dfrac{1}{n} \right)^{2n}$, 其中 n 为正整数.

7. 求下列极限:

(1) $\lim\limits_{x \to \infty} x \tan \dfrac{1}{x}$;

(2) $\lim\limits_{x \to +\infty} 2^x \sin \dfrac{1}{2^x}$;

(3) $\lim\limits_{x \to 1} \dfrac{\sin^2(x-1)}{x-1}$;

(4) $\lim\limits_{x \to 0} (1 - 2x)^{\frac{1}{x}}$;

(5) $\lim\limits_{x \to \infty} \left(1 + \dfrac{2}{x} \right)^{x+2}$;

(6) $\lim\limits_{x \to \infty} \left(\dfrac{2x-1}{2x+1} \right)^{x+1}$.

B 级

8. 试证：当 $x \to 1$ 时，$1 - \sqrt{x}$ 与 $1 - \sqrt[3]{x}$ 均为无穷小，并对这两个无穷小进行比较.

9. 用等价无穷小代换定理，求下列极限：

(1) $\lim\limits_{x \to 0} \dfrac{1 - \cos x}{x \sin x}$；   (2) $\lim\limits_{x \to 0^+} \dfrac{\sin ax}{\sqrt{1 - \cos x}}$ $(a \neq 0)$.

10. 讨论下列函数的连续性，如有间断点，指出其类型：

(1) $y = \dfrac{x^2 - 1}{x^2 - 3x + 2}$；   (2) $y = \dfrac{\tan 2x}{x}$；

(3) $y = \begin{cases} \mathrm{e}^{\frac{1}{x}}, & x < 0, \\ 1, & x = 0, \\ x, & x > 0; \end{cases}$ (4) $y = \dfrac{2^{\frac{1}{x}} - 1}{2^{\frac{1}{x}} + 1}$.

11. 求下列极限：

(1) $\lim\limits_{x \to +\infty} x[\ln(x + a) - \ln x]$；   (2) $\lim\limits_{x \to 0} \dfrac{\sqrt{1 + x + x^2} - 1}{\sin 2x}$.

12. 已知 a, b 为常数，$\lim\limits_{x \to \infty} \dfrac{ax^2 + bx + 5}{3x + 2} = 5$，求 a, b 的值.

13. 已知 a, b 为常数，$\lim\limits_{x \to 2} \dfrac{ax + b}{x - 2} = 2$，求 a, b 的值.

14. 已知 $\lim\limits_{x \to 0} \dfrac{x}{f(4x)} = 1$，求 $\lim\limits_{x \to 0} \dfrac{f(2x)}{x}$.

15. 求函数 $f(x) = \dfrac{1}{\sqrt{x^2 - 1}}$ 的连续区间.

16. 设 $f(x) = \dfrac{|x| - x}{x}$，求 $\lim\limits_{x \to 0^+} f(x)$ 及 $\lim\limits_{x \to 0^-} f(x)$，并问 $\lim\limits_{x \to 0} f(x)$ 是否存在？

17. 设圆的半径为 R，求证：

(1) 圆内接正 n 边形的面积 $A_n = \dfrac{R^2}{2} n \sin \dfrac{2\pi}{n}$；

(2) 圆面积为 πR^2.

18. 求 $\lim\limits_{x \to 0} \dfrac{\mathrm{e}^x - 1}{x}$（提示：作变量置换 $\tau = \mathrm{e}^x - 1$）.

19. 设 $f(x) = \begin{cases} 1 + \mathrm{e}^x, & x < 0, \\ x + 2a, & x \geq 0, \end{cases}$ 问常数 a 为何值时，函数 $f(x)$ 在 $(-\infty, +\infty)$ 内连续？

20. 证明方程 $x - 2\sin x = 1$ 至少有一个正根小于 3（提示：构造函数 $f(x) = x - 2\sin x - 1$，在区间 $[0, 3]$ 上应用根的存在定理）.

21. 设 A, B 为半径为 R 的圆周上的两点，O 为圆心，圆心角 $\angle AOB = \alpha$，它所对的圆弧为 $\overparen{AB}$，弦为 AB，试证当 $\alpha \to 0$ 时弦 AB 与 $\overparen{AB}$ 是等价无穷小（提示：先分别把弦 AB 和弧 $\overparen{AB}$ 用半径 R 和圆心角 α 表示出来，然后，再求二者之比的极限）.

C 级

22. 椅子能在凹凸不平的地面上平稳摆放吗？

第3章 导数与微分

文档
导数与微分简史

一半径为 r 的圆盘(不考虑厚度)受热后均匀膨胀,请完成下列任务:

1. 求圆盘面积关于半径的变化率.

2. 求半径为 5 cm 时,圆盘面积关于半径的变化率.

3. 当半径由 5 cm 增加到 5.021 cm 时,圆盘面积大约增加了多少?

该问题一方面要求计算出函数关于自变量的变化率,另一方面要求计算出当自变量有微小增量时函数值大约改变了多少.解决这类问题需要导数与微分的知识.

在本章,我们将在函数与极限这两个概念的基础上来研究微分学的两个基本概念——导数与微分.

在自然科学的许多领域中,当研究运动的各种形式时,都需要从数量上研究函数相对于自变量的变化快慢程度,如物体运动的速度、电流、线密度、化学反应速率以及生物繁殖率等,而当物体沿曲线运动时,还需要考虑速度的方向,即曲线的切线问题.所有这些在数量关系上都归结为函数的变化率,即导数.而微分则与导数密切相关,它指明当自变量有微小变化时,函数大体上变化多少.因此,在这一章中,除了阐明导数与微分的概念之外,我们还将建立起一整套的微分公式和法则,从而系统地解决初等函数求导问题.

引例 某日小明问老师:圆的切线是与该圆周有且只有一个交点的直线,匀速直线运动的物体的速度等于在某时间段内所走过的路程除以经过这段路程所用的时间.一般平面曲线有切线吗?是怎么定义的?如何求其斜率?作变速直线运动的物体在某时刻的瞬时速度是怎么定义的?该如何去求?

3.1 导数的概念

本节我们通过两个经典实例(变速直线运动的速度和平面曲线的切线斜率)引出导数定义,并介绍几个具体的变化率模型,进而研究可导与连续的关系.最后,结合具体例子介绍用定义求导数的方法.

3.1.1 两个实例

微分学的第一个最基本的概念——导数,来源于实际生活中两个最典型的朴素概念:速度与切线.

1. 作变速直线运动物体的瞬时速度

对于匀速运动来说,我们有速度公式

微视频
导数的概念实例 1:
作变速直线运动
物体的瞬时速度

$$速度 = \frac{距离}{时间}.$$

但是,在实际问题中,运动往往是非匀速的,因此,上述公式只是表示物体走完某一段路程的平均速度,而没有反映出在任何时刻物体运动的快慢.要想精确地刻画出物体运动中的这种变化,就需要进一步讨论物体在运动过程中任一时刻的速度,即所谓瞬时速度.

设一物体作变速直线运动,以它的起点为坐标原点,以其运动方向为数轴的正方向,建立数轴,则在物体运动的过程中,对于每一时刻 t,物体的相应位置可以用数轴上的一个坐标 s 表示,即 s 与 t 之间存在函数关系 $s = s(t)$,这个函数习惯上叫做位置函数.现在我们来考察该物体在时刻 t_0 的瞬时速度.

设在时刻 t_0 物体的位置为 $s(t_0)$.当自变量 t 获得增量 Δt 时,物体的位置函数 s 相应地有增量(图 3.1.1)

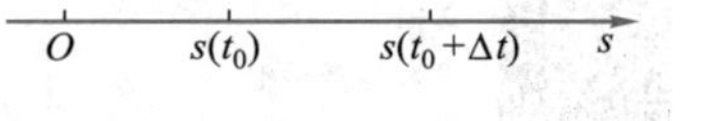

$$\Delta s = s(t_0 + \Delta t) - s(t_0),$$

于是比值

$$\frac{\Delta s}{\Delta t} = \frac{s(t_0 + \Delta t) - s(t_0)}{\Delta t}$$

就是物体在时刻 t_0 到 $t_0 + \Delta t$ 这段时间内的平均速度,记作 $\bar{v}$,即

$$\bar{v} = \frac{\Delta s}{\Delta t} = \frac{s(t_0 + \Delta t) - s(t_0)}{\Delta t}.$$

由于变速运动的速度通常是连续变化的,所以从整体来看,运动是变速的,但从局部来看,在一段很短的时间 Δt 内,速度变化不大,可以近似地看作是匀速的,因此当 $|\Delta t|$ 很小时,$\bar{v}$ 可作为物体在时刻 t_0 的瞬时速度的近似值.

很明显,$|\Delta t|$ 越小,$\bar{v}$ 就越接近物体在时刻 t_0 的瞬时速度,$|\Delta t|$ 无限小时,$\bar{v}$ 就无限接近于物体在时刻 t_0 的瞬时速度 $v(t_0)$,即

$$v(t_0) = \lim_{\Delta t \to 0} \bar{v} = \lim_{\Delta t \to 0} \frac{\Delta s}{\Delta t} = \lim_{\Delta t \to 0} \frac{s(t_0 + \Delta t) - s(t_0)}{\Delta t},$$

这就是说,物体运动的瞬时速度是位置函数的增量和时间的增量之比当时间增量趋于零时的极限.

微视频
导数的概念实例 2:
平面曲线的切线斜率

图 3.1.1

2. 平面曲线的切线斜率

在平面几何里,圆的切线被定义为"与圆只相交于一点的直线",对一般曲线来说,不能把与曲线只相交于一点的直线定义为曲线的切线.不然,像曲线 $y = x^2$ 上任一点处,都可有两条与该曲线只相交于这一点的直线,如图 3.1.2 所示.而图 3.1.3 中的直线由于跟曲线相交于两点,所以就认为不是曲线的切线了!这显然是不合理的.因此,需要给曲线在一点处的切线下一个普遍适用的定义.

下面给出一般曲线的切线定义.在曲线 L 上点 M 附近,再取一点 M_1,作割线 MM_1,当点 M_1 沿曲线 L 移动而趋向于点 M 时,割线 MM_1 的极限位置 MT 就定义为曲线 L 在点 M 处的切线.

设函数 $y = f(x)$ 的图像为曲线 L(图 3.1.4),$M(x, f(x))$ 和 $M_1(x_1, f(x_1))$ 为曲线 L 上的两点,它们到 x 轴的垂足分别为 A 和 B,作 MN 垂直 BM_1 并交 BM_1 于 N,则

$$MN = \Delta x = x_1 - x,$$
$$NM_1 = \Delta y = f(x_1) - f(x),$$

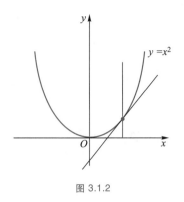
图 3.1.2

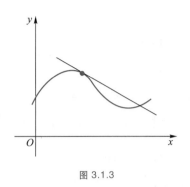
图 3.1.3

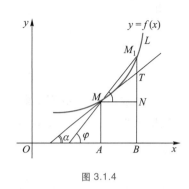
图 3.1.4

而比值

$$\frac{\Delta y}{\Delta x} = \frac{f(x_1) - f(x)}{x_1 - x} = \frac{f(x + \Delta x) - f(x)}{\Delta x}$$

便是割线 MM_1 的斜率 $\tan \varphi$（φ 为割线的倾角）. 可见，$|\Delta x|$ 越小，割线斜率越接近于切线斜率，当 $|\Delta x|$ 无限小时，割线斜率就无限接近于切线斜率 $\tan \alpha$（α 为切线的倾角）. 因此，当 $\Delta x \to 0$ 时（M_1 沿曲线 L 趋于 M），我们就得到切线的斜率

$$\tan \alpha = \lim_{\Delta x \to 0} \tan \varphi = \lim_{\Delta x \to 0} \frac{\Delta y}{\Delta x} = \lim_{\Delta x \to 0} \frac{f(\Delta x + x) - f(x)}{\Delta x},$$

由此可见，曲线 $y = f(x)$ 在点 M 处的纵坐标 y 的增量 Δy 与横坐标 x 的增量 Δx 之比，当 $\Delta x \to 0$ 时的极限即为曲线在点 M 处的切线斜率.

3.1.2　导数的概念

上面我们研究了变速直线运动的瞬时速度和平面曲线切线的斜率，虽然它们的具体意义各不相同，但从数学结构上看，却具有完全相同的形式. 在自然科学和工程技术领域内，还有许多其他的量，如电流、线密度等都具有这种形式，即函数的增量与自变量增量之比当自变量增量趋于零时的极限. 事实上，研究这种形式的极限不仅是由于解决科学技术中的各种实际问题的需要，而且对数学中的很多问题在作理论性的探讨时也是不可缺少的. 为此，我们把这种形式的极限定义为函数的导数.

微视频
导数的定义

1. 导数的定义

定义 3.1.1（导数）　设函数 $y = f(x)$ 在点 x_0 的某一邻域内有定义，当自变量 x 在点 x_0 处有增量 Δx（$\Delta x \neq 0$，$x_0 + \Delta x$ 仍在该邻域内）时，相应地函数有增量 $\Delta y = f(x_0 + \Delta x) - f(x_0)$，如果 Δy 与 Δx 之比 $\dfrac{\Delta y}{\Delta x}$ 当 $\Delta x \to 0$ 时，极限

$$\lim_{\Delta x \to 0} \frac{\Delta y}{\Delta x} = \lim_{\Delta x \to 0} \frac{f(x_0 + \Delta x) - f(x_0)}{\Delta x}$$

存在，则称函数 $y = f(x)$ 在点 x_0 处可导，并称这个极限值为函数 $y = f(x)$ 在点 x_0 处的导数，记作 $f'(x_0)$，也可记为

$$y'\big|_{x = x_0}, \quad \frac{\mathrm{d}f(x)}{\mathrm{d}x}\bigg|_{x = x_0} \quad \text{或} \quad \frac{\mathrm{d}y}{\mathrm{d}x}\bigg|_{x = x_0},$$

即

$$f'(x_0) = \lim_{\Delta x \to 0} \frac{\Delta y}{\Delta x} = \lim_{\Delta x \to 0} \frac{f(x_0 + \Delta x) - f(x_0)}{\Delta x}.$$

如果极限不存在,我们说函数 $y = f(x)$ 在点 x_0 处不可导.

如果固定 x_0,令 $x_0 + \Delta x = x$,则当 $\Delta x \to 0$ 时,有 $x \to x_0$,故函数在点 x_0 处的导数 $f'(x_0)$ 也可表示为

$$f'(x_0) = \lim_{x \to x_0} \frac{f(x) - f(x_0)}{x - x_0}.$$

有了导数这个概念,前面两个问题可以重述为

(1) 作变速直线运动的物体在时刻 t_0 的瞬时速度 $v(t_0)$,就是位置函数 $s = s(t)$ 在 t_0 处对时间 t 的导数,即

$$v(t_0) = \frac{\mathrm{d}s}{\mathrm{d}t}\bigg|_{t = t_0}.$$

(2) 平面曲线上点 (x_0, y_0) 处的切线斜率 k 是曲线纵坐标 y 在该点对横坐标 x 的导数,即

$$k = \frac{\mathrm{d}y}{\mathrm{d}x}\bigg|_{x = x_0}.$$

2. 左、右导数

既然导数是比值 $\dfrac{\Delta y}{\Delta x}$ 当 $\Delta x \to 0$ 时的极限,那么,类似于左、右极限的定义,我们可定义左、右导数.

定义 3.1.2(左、右导数)   如果下面两极限

$$\lim_{\Delta x \to 0^-} \frac{\Delta y}{\Delta x} = \lim_{\Delta x \to 0^-} \frac{f(x_0 + \Delta x) - f(x_0)}{\Delta x},$$

$$\lim_{\Delta x \to 0^+} \frac{\Delta y}{\Delta x} = \lim_{\Delta x \to 0^+} \frac{f(x_0 + \Delta x) - f(x_0)}{\Delta x}$$

存在,则分别称其为函数 $f(x)$ 在点 x_0 处的左导数和右导数,且分别记为 $f'_-(x_0)$ 和 $f'_+(x_0)$. 于是,有

$$f'_-(x_0) = \lim_{\Delta x \to 0^-} \frac{f(x_0 + \Delta x) - f(x_0)}{\Delta x},$$

$$f'_+(x_0) = \lim_{\Delta x \to 0^+} \frac{f(x_0 + \Delta x) - f(x_0)}{\Delta x}.$$

根据左、右极限的性质,我们有下面定理:

定理 3.1.1(可导的充要条件)   函数 $y = f(x)$ 在点 x_0 处的左、右导数存在且相等是 $f(x)$ 在点 x_0 处可导的充分必要条件.

如果函数 $y = f(x)$ 在开区间 (a, b) 内每一点都可导,称 $y = f(x)$ 在区间 (a, b) 内可导.

如果 $f(x)$ 在开区间 (a, b) 内可导,那么对于开区间 (a, b) 中的每一个确定的 x 值,都对应着一个确定

的导数值 $f'(x)$，这样就确定了一个新的函数，此函数称为函数 $y=f(x)$ 的导函数，记作 $f'(x)$，y'，$\dfrac{\mathrm{d}y}{\mathrm{d}x}$ 或 $\dfrac{\mathrm{d}f(x)}{\mathrm{d}x}$，在不致发生混淆的情况下，导函数也简称导数.

显然，函数 $y=f(x)$ 在点 x_0 处的导数 $f'(x_0)$ 就是导函数 $f'(x)$ 在点 $x=x_0$ 处的函数值，即

$$f'(x_0)=f'(x)\big|_{x=x_0}.$$

例 3.1.1 求函数 $y=x^2$ 在任意点 x 处的导数.

解 在 x 处给自变量一个增量 Δx，相应的函数增量为

$$\Delta y=f(x+\Delta x)-f(x)=(x+\Delta x)^2-x^2$$
$$=2x\Delta x+(\Delta x)^2,$$

于是

$$\frac{\Delta y}{\Delta x}=2x+\Delta x,$$

则

$$\lim_{\Delta x\to 0}\frac{\Delta y}{\Delta x}=\lim_{\Delta x\to 0}(2x+\Delta x)=2x,$$

即

$$(x^2)'=2x.$$

更一般地，对于幂函数 x^μ 的导数，有如下公式：

$$(x^\mu)'=\mu x^{\mu-1},$$

其中 μ 为任意实数.

例 3.1.2 求下列函数的导数.

(1) $y=x^5$；　　　　　　(2) $y=x^{\frac{2}{7}}$；

(3) $f(x)=\sqrt{x^{11}}$；　　　(4) $g(x)=x^{201}$.

解 (1) 因为 $y=x^5$，所以 $\dfrac{\mathrm{d}y}{\mathrm{d}x}=(x^5)'=5x^4$.

(2) 因为 $y=x^{\frac{2}{7}}$，所以 $\dfrac{\mathrm{d}y}{\mathrm{d}x}=(x^{\frac{2}{7}})'=\dfrac{2}{7}x^{\frac{2}{7}-1}=\dfrac{2}{7}x^{-\frac{5}{7}}$.

(3) 因为 $f(x)=\sqrt{x^{11}}=x^{\frac{11}{2}}$，所以 $f'(x)=(x^{\frac{11}{2}})'=\dfrac{11}{2}x^{\frac{11}{2}-1}=\dfrac{11}{2}x^{\frac{9}{2}}$.

(4) 因为 $g(x)=x^{201}$，所以 $g'(x)=(x^{201})'=201x^{201-1}=201x^{200}$.

微视频
导数的几何意义

3. 导数的几何意义

由前面的讨论可知，函数 $y=f(x)$ 在点 x_0 处的导数 $f'(x_0)$（也即 y 关于 x 的导数 $\dfrac{\mathrm{d}y}{\mathrm{d}x}$ 在 x_0 处的值 $\dfrac{\mathrm{d}y}{\mathrm{d}x}\bigg|_{x=x_0}$）等于该函数所表示的曲线 L 在相应点

(x_0, y_0) 处的切线斜率,这就是导数的几何意义.

有了曲线在点 (x_0, y_0) 处的切线斜率,就很容易写出曲线在该点处的切线方程,事实上,若 $f'(x_0)$ 存在,则曲线 L 上点 $M(x_0, y_0)$ 处的切线方程就是

$$y - y_0 = f'(x_0)(x - x_0).$$

若 $f'(x_0) = \infty$,则切线垂直于 x 轴,切线方程就是 x 轴的垂线 $x = x_0$.

若 $f'(x_0) \neq 0$,则过点 $M(x_0, y_0)$ 的法线方程是

$$y - y_0 = -\frac{1}{f'(x_0)}(x - x_0),$$

而当 $f'(x_0) = 0$ 时,法线为 x 轴的垂线 $x = x_0$.

例 3.1.3　求抛物线 $y = x^2$ 在点 $(1, 1)$ 处的切线方程和法线方程.

解　因为 $y' = (x^2)' = 2x$,由导数的几何意义可知,曲线 $y = x^2$ 在点 $(1, 1)$ 处的切线斜率为 $y'|_{x=1} = 2x|_{x=1} = 2$,所以,所求的切线方程为

$$y - 1 = 2(x - 1),$$

即

$$y = 2x - 1.$$

法线方程为

$$y - 1 = -\frac{1}{2}(x - 1),$$

即

$$y = -\frac{1}{2}x + \frac{3}{2}.$$

微视频
变化率模型

4. 变化率模型

前面我们从实际问题中抽象出了导数的概念,并能够利用导数定义求一些函数的导数,这当然是很重要的一方面,但另一方面,我们还应使抽象的概念回到具体的问题中去,在科学技术中常把导数称为变化率.因为,对于一个未赋予具体含义的一般函数 $y = f(x)$ 来说,

$$\frac{\Delta y}{\Delta x} = \frac{f(x_0 + \Delta x) - f(x_0)}{\Delta x}$$

是表示自变量 x 在以 x_0 与 $x_0 + \Delta x$ 为端点的区间中每改变一个单位时,函数 y 的平均变化量,所以把 $\frac{\Delta y}{\Delta x}$ 称为

函数 $y = f(x)$ 在该区间中的平均变化率,把平均变化率当 $\Delta x \to 0$ 时的极限 $f'(x_0)$ 或 $\left.\frac{dy}{dx}\right|_{x=x_0}$ 称为函数在 x_0 处的

变化率.变化率反映了函数 y 随着自变量 x 在 x_0 处的变化而变化的快慢程度.显然,当函数有不同实际含义时,变化率的含义也不同.为了使读者加深对变化率概念的理解,同时能看到它在科学技术中的广泛应用,我们举一些变化率的例子.

首先,我们可以说:切线的斜率是曲线的纵坐标 y 对横坐标 x 的变化率,作变速直线运动物体的瞬时速度是位置函数 $s = s(t)$ 对时间 t 的变化率.

例 3.1.4(电流模型)　设在 $[0, t]$ 这段时间内通过导线横截面的电荷量为 $Q = Q(t)$,

求时刻 t_0 的电流.

解 如果是恒定电流,在 Δt 这段时间内通过导线横截面的电荷量为 ΔQ,那么它的电流为

$$i = \frac{电荷量}{时间} = \frac{\Delta Q}{\Delta t}.$$

如果电流是非恒定电流,就不能直接用上面的公式求 t_0 时刻的电流,此时

$$\bar{i} = \frac{\Delta Q}{\Delta t} = \frac{Q(t_0+\Delta t) - Q(t_0)}{\Delta t}$$

称为在 Δt 这段时间内的平均电流.当 $|\Delta t|$ 很小时,平均电流 $\bar{i}$ 可以作为 t_0 时刻电流的近似值,$|\Delta t|$ 越小近似程度越好.我们令 $\Delta t \to 0$,平均电流 $\bar{i}$ 的极限(如果极限存在)就称为时刻 t_0 的电流 $i(t_0)$,即

$$i(t_0) = \lim_{\Delta t \to 0} \frac{\Delta Q}{\Delta t} = \lim_{\Delta t \to 0} \frac{Q(t_0+\Delta t) - Q(t_0)}{\Delta t} = \frac{\mathrm{d}Q}{\mathrm{d}t}\bigg|_{t=t_0}.$$

例 3.1.5(细杆的线密度模型) 设一根质量非均匀分布的细杆放在 x 轴上,在 $[0,x]$ 上的质量 m 是 x 的函数 $m = m(x)$,求杆上点 x_0 处的线密度.

解 如果细杆质量分布是均匀的,长度为 Δx 的一段的质量为 Δm,那么它的线密度为

$$\rho = \frac{质量}{长度} = \frac{\Delta m}{\Delta x}.$$

如果细杆(图 3.1.5)是非均匀的,就不能直接用上面的公式求点 x_0 处的线密度.

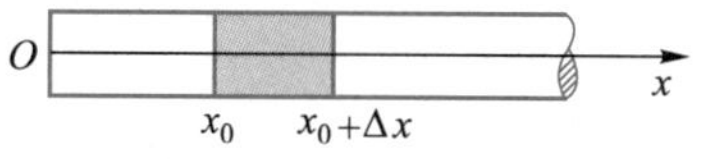

由题意知,区间 $[0,x_0]$ 对应的一段细杆的质量 $m = m(x_0)$,区间 $[0, x_0+\Delta x]$ 对应的一段细杆的质量 $m = m(x_0+\Delta x)$,于是在 Δx 这段长度内,细杆的质量为

$$\Delta m = m(x_0+\Delta x) - m(x_0),$$

平均线密度为

$$\bar{\rho} = \frac{\Delta m}{\Delta x} = \frac{m(x_0+\Delta x) - m(x_0)}{\Delta x}.$$

图 3.1.5

当 $|\Delta x|$ 很小时,平均线密度 $\bar{\rho}$ 可作为细杆在点 x_0 处的线密度的近似值,$|\Delta x|$ 越小近似的程度越好.我们令 $\Delta x \to 0$,细杆的平均线密度 $\bar{\rho}$ 的极限(如果极限存在)就称为细杆在点 x_0 处的线密度,即

$$\rho(x_0) = \lim_{\Delta x \to 0} \frac{m(x_0+\Delta x) - m(x_0)}{\Delta x} = \frac{\mathrm{d}m}{\mathrm{d}x}\bigg|_{x=x_0} = m'(x_0).$$

例 3.1.6(边际成本模型) 在经济学中,边际成本定义为产量增加一个单位时所增加的总成本.求产量为 x 时的边际成本.

解　设某产品产量为 x 单位时所需的总成本为 $C = C(x)$，称 $C(x)$ 为总成本函数，简称成本函数.当产量由 x 变为 $x + \Delta x$ 时，总成本函数的增量为

$$\Delta C = C(x + \Delta x) - C(x),$$

这时，总成本函数的平均变化率为

$$\frac{\Delta C}{\Delta x} = \frac{C(x + \Delta x) - C(x)}{\Delta x},$$

它表示产量由 x 变到 $x + \Delta x$ 时，在平均意义下的边际成本.

当总成本函数 $C(x)$ 可导时，其变化率

$$C'(x) = \lim_{\Delta x \to 0} \frac{\Delta C}{\Delta x} = \lim_{\Delta x \to 0} \frac{C(x + \Delta x) - C(x)}{\Delta x}$$

表示该产品产量为 x 时的边际成本，即边际成本是总成本函数关于产量的导数.

类似地，在经济学中，边际收入定义为多销售一个单位产品所增加的销售总收入，即 $R'(x)$. 这里 $R(x)$ 为销售量为 x 时的总收入.

例 3.1.7（化学反应速率模型）　在化学反应中某种物质的浓度 N 和时间 t 的关系为 $N = N(t)$，求在时刻 t 该物质的瞬时反应速率.

解　当时间从 t 变到 $t + \Delta t$ 时，浓度的增量为

$$\Delta N = N(t + \Delta t) - N(t),$$

此时，浓度函数的平均变化率为

$$\frac{\Delta N}{\Delta t} = \frac{N(t + \Delta t) - N(t)}{\Delta t},$$

令 $\Delta t \to 0$，则该物质在时刻 t 的瞬时反应速率为

$$N'(t) = \lim_{\Delta t \to 0} \frac{\Delta N}{\Delta t} = \lim_{\Delta t \to 0} \frac{N(t + \Delta t) - N(t)}{\Delta t}.$$

关于变化率模型的例子有很多，如比热容、角速度、生物繁殖率等，在这里就不再一一列举了.

5. 高阶导数的定义

微视频
高阶导数的定义

我们知道，变速直线运动的速度 $v(t)$ 是位置函数 $s(t)$ 对时间 t 的导数，即

$$v = \frac{\mathrm{d}s}{\mathrm{d}t} \quad 或 \quad v = s',$$

而加速度 a 是速度 v 对时间 t 的变化率.也就是说，加速度 a 等于速度 v 对时间 t 的导数，即

$$a = \frac{\mathrm{d}v}{\mathrm{d}t},$$

因为 $v = \dfrac{\mathrm{d}s}{\mathrm{d}t}$，所以

$$a = \frac{\mathrm{d}v}{\mathrm{d}t} = \frac{\mathrm{d}}{\mathrm{d}t}\left(\frac{\mathrm{d}s}{\mathrm{d}t}\right) \quad 或 \quad a = \left[s'(t)\right]'.$$

这种导数的导数 $\dfrac{\mathrm{d}}{\mathrm{d}t}\left(\dfrac{\mathrm{d}s}{\mathrm{d}t}\right)$ 或 $[s'(t)]'$ 叫做 s 对 t 的二阶导数,记作 $\dfrac{\mathrm{d}^2 s}{\mathrm{d}t^2}$ 或 $s''(t)$.

所以,变速直线运动的加速度就是位置函数 $s(t)$ 对时间 t 的二阶导数.

如果函数 $y=f(x)$ 的导数 $y'=f'(x)$ 仍是 x 的可导函数,就称 $y'=f'(x)$ 的导数为函数 $y=f(x)$ 的二阶导数,记作 y'',$f''(x)$ 或 $\dfrac{\mathrm{d}^2 y}{\mathrm{d}x^2}$,即

$$y''=(y')'=f''(x) \quad \text{或} \quad \frac{\mathrm{d}^2 y}{\mathrm{d}x^2}=\frac{\mathrm{d}}{\mathrm{d}x}\left(\frac{\mathrm{d}y}{\mathrm{d}x}\right).$$

相应地,把 $y=f(x)$ 的导数 $f'(x)$ 叫做函数 $y=f(x)$ 的一阶导数.

例 3.1.8 求下列函数的二阶导数.

(1) $y=x^{16}$; (2) $f(x)=x^{\frac{3}{4}}$; (3) $y=x^{21}$.

解 (1) 因为 $y=x^{16}$,所以

$$y'=(x^{16})'=16x^{15},$$

$$y''=(y')'=(16x^{15})'=16\times15x^{14}=240x^{14}.$$

(2) 因为 $f(x)=x^{\frac{3}{4}}$,所以

$$f'(x)=(x^{\frac{3}{4}})'=\frac{3}{4}x^{-\frac{1}{4}},$$

$$f''(x)=\left(\frac{3}{4}x^{-\frac{1}{4}}\right)'=\frac{3}{4}\times\left(-\frac{1}{4}\right)x^{-\frac{5}{4}}=-\frac{3}{16}x^{-\frac{5}{4}}.$$

(3) 因为 $y=x^{21}$,所以

$$\frac{\mathrm{d}y}{\mathrm{d}x}=(x^{21})'=21x^{20},$$

$$\frac{\mathrm{d}^2 y}{\mathrm{d}x^2}=\left(\frac{\mathrm{d}y}{\mathrm{d}x}\right)'=(21x^{20})'=21\times20x^{19}=420x^{19}.$$

类似地,二阶导数的导数叫做三阶导数,三阶导数的导数叫做四阶导数,……一般地,函数 $f(x)$ 的 $n-1$ 阶导数的导数叫做 n 阶导数,三阶以上的导数分别记作

$$y''',y^{(4)},\cdots,y^{(n)}; \quad f'''(x),f^{(4)}(x),\cdots,f^{(n)}(x)$$

或

$$\frac{\mathrm{d}^3 y}{\mathrm{d}x^3},\frac{\mathrm{d}^4 y}{\mathrm{d}x^4},\cdots,\frac{\mathrm{d}^n y}{\mathrm{d}x^n},$$

且有 $y^{(n)}=[y^{(n-1)}]'$ 或 $\dfrac{\mathrm{d}^n y}{\mathrm{d}x^n}=\dfrac{\mathrm{d}}{\mathrm{d}x}\left(\dfrac{\mathrm{d}^{n-1}y}{\mathrm{d}x^{n-1}}\right)$.

二阶及二阶以上的导数统称为高阶导数.

例 3.1.9 设 $f(x)=x^{13}$,求 $f^{(4)}(1)$.

解 因为 $f(x)=x^{13}$,所以 $f'(x)=13x^{12}$,$f''(x)=13\times12x^{11}$,

$$f'''(x)=13\times12\times11x^{10}, \quad f^{(4)}(x)=13\times12\times11\times10x^9,$$

因此,$f^{(4)}(1)=13\times12\times11\times10\times1^9=17\,160$.

3.1.3　可导与连续

微视频
可导与连续

直观上看,一个函数如果可导,它显然是连续的.现在我们从数学上严格证明:如果函数 $y=f(x)$ 在某点处导数存在,那么它一定在该点连续.

设函数 $y=f(x)$ 在点 x 处可导,有

$$\lim_{\Delta x \to 0} \frac{\Delta y}{\Delta x} = f'(x),$$

根据函数的极限与无穷小的关系,由上式可得

$$\frac{\Delta y}{\Delta x} = f'(x) + \alpha(\Delta x),$$

其中 $\alpha(\Delta x)$ 为当 $\Delta x \to 0$ 时的无穷小,两端各乘 Δx,即得

$$\Delta y = f'(x)\Delta x + \alpha(\Delta x)\Delta x,$$

由此可见

$$\lim_{\Delta x \to 0} \Delta y = 0.$$

这就是说 $y=f(x)$ 在点 x 处连续.也即,如果函数 $y=f(x)$ 在点 x 处可导,那么在点 x 处必连续.但反过来不一定成立,即在点 x 处连续的函数未必在点 x 处可导(如例 3.1.10).

例 3.1.10　试证函数 $y=f(x) = |x| = \begin{cases} -x, & x<0 \\ x, & x \geq 0, \end{cases}$ 在 $x=0$ 处连续,但是在该点不可导.

解　因为

$$\lim_{x \to 0^-} f(x) = \lim_{x \to 0^-}(-x) = 0,$$

$$\lim_{x \to 0^+} f(x) = \lim_{x \to 0^+} x = 0,$$

所以

$$\lim_{x \to 0^-} f(x) = \lim_{x \to 0^+} f(x) = 0 = f(0),$$

所以 $f(x) = |x|$ 在 $x=0$ 处连续.

又因为 $\Delta y = f(0+\Delta x) - f(0) = |\Delta x|,$

所以 $f(x)$ 在点 $x=0$ 处的右导数是

$$f'_+(0) = \lim_{\Delta x \to 0^+} \frac{\Delta y}{\Delta x} = \lim_{\Delta x \to 0^+} \frac{|\Delta x|}{\Delta x} = \lim_{\Delta x \to 0^+} \frac{\Delta x}{\Delta x} = 1,$$

而左导数是

$$f'_-(0) = \lim_{\Delta x \to 0^-} \frac{\Delta y}{\Delta x} = \lim_{\Delta x \to 0^-} \frac{|\Delta x|}{\Delta x} = \lim_{\Delta x \to 0^-} \frac{-\Delta x}{\Delta x} = -1,$$

左、右导数不相等,故函数在该点不可导(图 3.1.6).由此可见,函数连续是可导的必要条件而不是充分条件.

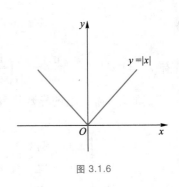

图 3.1.6

3.1.4　求导举例

由导数定义可知,求函数 $y=f(x)$ 的导数 y' 可以分为以下三个步骤:

微视频
利用定义求导数

（1）求增量

$$\Delta y = f(x+\Delta x) - f(x);$$

（2）算比值

$$\frac{\Delta y}{\Delta x} = \frac{f(x+\Delta x) - f(x)}{\Delta x};$$

（3）取极限

$$y' = \lim_{\Delta x \to 0} \frac{\Delta y}{\Delta x}.$$

下面，我们根据这三个步骤来求一些基本初等函数的导数.

例 3.1.11　求函数 $y = C$（C 为常数）的导数.

解　（1）求增量　因为 $y = C$，即不论 x 取什么值，y 的值总等于 C，所以 $\Delta y = 0$.

（2）算比值　$\dfrac{\Delta y}{\Delta x} = 0$.

（3）取极限　$y' = \lim\limits_{\Delta x \to 0} \dfrac{\Delta y}{\Delta x} = \lim\limits_{\Delta x \to 0} 0 = 0$.

即 $(C)' = 0$.这就是说，常数函数的导数等于零.

例 3.1.12　求函数 $y = \sin x$ 的导数.

解　（1）求增量　因为 $f(x) = \sin x$，

$$f(x+\Delta x) = \sin(x+\Delta x),$$

所以　　　　　　$\Delta y = f(x+\Delta x) - f(x) = \sin(x+\Delta x) - \sin x,$

应用三角学中的和差化积公式有

$$\Delta y = 2\cos\frac{(x+\Delta x)+x}{2} \sin\frac{(x+\Delta x)-x}{2} = 2\cos\left(x+\frac{\Delta x}{2}\right)\sin\frac{\Delta x}{2}.$$

（2）算比值

$$\frac{\Delta y}{\Delta x} = \frac{2\cos\left(x+\dfrac{\Delta x}{2}\right)\sin\dfrac{\Delta x}{2}}{\Delta x} = \cos\left(x+\frac{\Delta x}{2}\right)\frac{\sin\dfrac{\Delta x}{2}}{\dfrac{\Delta x}{2}}.$$

（3）取极限

$$\frac{dy}{dx} = \lim_{\Delta x \to 0} \frac{\Delta y}{\Delta x} = \lim_{\Delta x \to 0} \cos\left(x+\frac{\Delta x}{2}\right)\frac{\sin\dfrac{\Delta x}{2}}{\dfrac{\Delta x}{2}}$$

$$= \lim_{\Delta x \to 0} \cos\left(x+\frac{\Delta x}{2}\right) \lim_{\Delta x \to 0} \frac{\sin\dfrac{\Delta x}{2}}{\dfrac{\Delta x}{2}},$$

由 $\cos x$ 的连续性及重要极限 $\lim\limits_{x \to 0} \dfrac{\sin x}{x} = 1$，得

$$\frac{\mathrm{d}y}{\mathrm{d}x} = \cos x,$$

即
$$(\sin x)' = \cos x.$$

用类似的方法,可求得

$$(\cos x)' = -\sin x.$$

例 3.1.13   求对数函数 $y = \ln x$ 的导数.

解   (1) 求增量

$$\Delta y = \ln(x + \Delta x) - \ln x = \ln \frac{x + \Delta x}{x}$$

$$= \ln\left(1 + \frac{\Delta x}{x}\right).$$

(2) 算比值

$$\frac{\Delta y}{\Delta x} = \frac{\ln\left(1 + \dfrac{\Delta x}{x}\right)}{\Delta x} = \frac{1}{x}\ln\left(1 + \frac{\Delta x}{x}\right)^{\frac{x}{\Delta x}}.$$

(3) 取极限

$$\frac{\mathrm{d}y}{\mathrm{d}x} = \lim_{\Delta x \to 0} \frac{\Delta y}{\Delta x} = \lim_{\Delta x \to 0} \frac{1}{x}\ln\left(1 + \frac{\Delta x}{x}\right)^{\frac{x}{\Delta x}},$$

这里,由对数函数的连续性,根据定理 2.3.1 及重要极限 $\lim\limits_{x \to 0}(1+x)^{\frac{1}{x}} = e$,得

$$\frac{\mathrm{d}y}{\mathrm{d}x} = \frac{1}{x}\ln e = \frac{1}{x},$$

即
$$(\ln x)' = \frac{1}{x}.$$

例 3.1.14   求证 $(e^x)' = e^x$.

证   设 $f(x) = e^x$,则

$$(e^x)' = f'(x) = \lim_{\Delta x \to 0} \frac{f(x + \Delta x) - f(x)}{\Delta x}$$

$$= \lim_{\Delta x \to 0} \frac{e^{x + \Delta x} - e^x}{\Delta x} = e^x \lim_{\Delta x \to 0} \frac{e^{\Delta x} - 1}{\Delta x}.$$

令 $e^{\Delta x} - 1 = t$,则 $\Delta x = \ln(1 + t)$,且 $\Delta x \to 0$ 时,有 $t \to 0$. 于是

$$(e^x)' = e^x \lim_{t \to 0} \frac{t}{\ln(1 + t)} = e^x \lim_{t \to 0} \frac{1}{\ln(1 + t)^{\frac{1}{t}}}$$

$$= \frac{e^x}{\ln \lim\limits_{t \to 0}(1 + t)^{\frac{1}{t}}} = \frac{e^x}{\ln e} = e^x.$$

证毕.

3.1.5 光滑曲线

由导数的几何意义可知,若函数 $f(x)$ 在点 x_0 处有导数,则曲线 $y=f(x)$ 在点 $M_0(x_0,f(x_0))$ 处有不垂直于 x 轴的切线,因此,该曲线在该点必无"尖角".一般地,若函数 $f(x)$ 在区间 (a,b) 内具有一阶连续导数,则曲线 $y=f(x)$ 为一条处处有切线的曲线,且切线随切点的移动而连续转动.我们把这样的曲线称为光滑曲线.不难看出,一条光滑曲线必是一条处处无"断点"且处处无"尖角"的连续曲线.

例 3.1.15 对图 3.1.7 所给函数 $f(x)$,指出其导数不存在的点.

解 由图 3.1.7 可见,在点 A,B 处,曲线 $y=f(x)$ 均不存在切线,因此,函数 $f(x)$ 在点 x_1,x_2 处均不存在导数,或者说,x_1,x_2 为 $f(x)$ 的导数不存在的点.

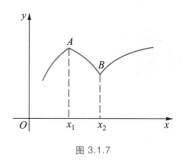

图 3.1.7

思考题 3.1

1. 思考下列命题是否正确,如不正确举出反例.

(1) 若函数 $y=f(x)$ 在点 x_0 处不可导,则 $f(x)$ 在点 x_0 一定不连续;

(2) 若曲线 $y=f(x)$ 处处有切线,则 $y=f(x)$ 必处处可导.

2. 若 $\lim\limits_{x\to a}\dfrac{f(x)-f(a)}{x-a}=A$($A$ 为常数),试判断下列命题是否正确:

(1) $f(x)$ 在点 $x=a$ 处可导;

(2) $f(x)$ 在点 $x=a$ 处连续;

(3) $f(x)-f(a)=A(x-a)+o(x-a)$.

3. 试举出至少五个能用导数描述变化率的有实际意义的变量(写成小短文).

练习 3.1A

1. 利用幂函数的求导公式 $(x^\mu)'=\mu x^{\mu-1}$ 分别求出下列函数的导数:

(1) $y=x^{100}$;　　(2) $y=x^{\frac{9}{8}}$;　　(3) $y=x^3\sqrt{x}$.

2. 若曲线 $y=x^3$ 上点 M 处切线的斜率等于 3,求点 M 的坐标.

练习 3.1B

1. 抛物线 $y=x^2$ 在何处切线与 Ox 轴正向夹角为 $\dfrac{\pi}{4}$? 求曲线在该处的切线方程.

2. 已知 $(\sin x)'=\cos x$,利用导数定义求极限

$$\lim_{x\to 0}\frac{\sin\left(\dfrac{\pi}{2}+x\right)-1}{x}.$$

3.2　求导法则

本节先依次介绍函数的和、差、积、商的求导法则,复合函数求导法则,反函数求导法则,随后介绍隐函数求导法、对数求导法及由参数方程所确定的函数之求导法.最后,举例说明高阶导数的求法.

3.2.1　函数的和、差、积、商的求导法则

微视频
函数的和、差、积、商的
求导法则

在上一节里,我们给出了根据定义求函数的导数的方法.但是,如果对每一个函数,都用定义去求导数,那将是很麻烦的,有时甚至是很困难的.本节中,我们将介绍一些求导数的基本法则.借助于这些法则,就能比较方便地求出常见的函数——初等函数的导数.

定理 3.2.1(导数的四则运算法则)　设函数 $u=u(x)$ 与 $v=v(x)$ 在点 x 处可导,则函数 $u(x)\pm v(x)$,$u(x)v(x)$,$\dfrac{u(x)}{v(x)}(v(x)\neq 0)$ 也在点 x 处可导,且有以下法则:

(1) $[u(x)\pm v(x)]'=u'(x)\pm v'(x)$.

(2) $[u(x)v(x)]'=u'(x)v(x)+u(x)v'(x)$,

特别地,$[Cu(x)]'=Cu'(x)$(C 为常数).

(3) $\left[\dfrac{u(x)}{v(x)}\right]'=\dfrac{u'(x)v(x)-u(x)v'(x)}{v^2(x)}$　$(v(x)\neq 0)$,

特别地,当 $u(x)=C$　(C 为常数)时,有

$$\left[\frac{C}{v(x)}\right]'=-\frac{Cv'(x)}{v^2(x)}.$$

下面我们给出法则(2)的证明,法则(1),(3)的证明从略.

证　令　　　　　　　　　　　　$y=u(x)v(x)$,

(1)求函数 y 的增量

给 x 以增量 Δx,相应地函数 $u(x)$ 与 $v(x)$ 各有增量 Δu 与 Δv,从而 y 有增量

$$\begin{aligned}
\Delta y &= u(x+\Delta x)v(x+\Delta x)-u(x)v(x)\\
&=[u(x+\Delta x)-u(x)]v(x+\Delta x)+u(x)[v(x+\Delta x)-v(x)]\\
&=v(x+\Delta x)\Delta u+u(x)\Delta v.
\end{aligned}$$

(2)算比值

$$\frac{\Delta y}{\Delta x}=\frac{\Delta u}{\Delta x}v(x+\Delta x)+u(x)\frac{\Delta v}{\Delta x}.$$

(3)取极限

由于 $u(x)$ 与 $v(x)$ 均在 x 处可导,所以

$$\lim_{\Delta x\to 0}\frac{\Delta u}{\Delta x}=u'(x),\quad \lim_{\Delta x\to 0}\frac{\Delta v}{\Delta x}=v'(x),$$

又,函数 $v(x)$ 在 x 处可导,就必在 x 处连续,因此

$$\lim_{\Delta x \to 0} v(x+\Delta x) = v(x),$$

从而根据和与乘积的极限运算法则有

$$\lim_{\Delta x \to 0} \frac{\Delta y}{\Delta x} = \lim_{\Delta x \to 0} \frac{\Delta u}{\Delta x} \lim_{\Delta x \to 0} v(x+\Delta x) + u(x) \lim_{\Delta x \to 0} \frac{\Delta v}{\Delta x}$$

$$= u'(x)v(x) + u(x)v'(x).$$

这就是说,$y = u(x)v(x)$ 也在 x 处可导且有

$$[u(x)v(x)]' = u'(x)v(x) + u(x)v'(x).$$

上述法则(1)可以推广到有限个可导函数的情形.例如,

$$[u(x)+v(x)-w(x)]' = u'(x)+v'(x)-w'(x).$$

对于有限个可导函数的乘积,其求导法则可以根据法则(2)推得,例如设 $u = u(x)$,$v = v(x)$ 和 $w = w(x)$ 为三个可导函数,则其乘积的导数为

$$(uvw)' = (uv)'w + (uv)w' = (u'v+uv')w + uvw'$$

$$= u'vw + uv'w + uvw'.$$

例 3.2.1 求函数 $y = 2x^3 + x^2 + 1$ 的导数.

解 $\dfrac{\mathrm{d}y}{\mathrm{d}x} = (2x^3+x^2+1)' = 2(x^3)' + (x^2)' + 0 = 6x^2 + 2x.$

例 3.2.2 求函数 $y = \mathrm{e}^x + 2x$ 的导数.

解 因为 $\qquad\qquad\qquad\qquad y = \mathrm{e}^x + 2x,$

所以 $\qquad\qquad\qquad\qquad y' = (\mathrm{e}^x + 2x)' = \mathrm{e}^x + 2.$

例 3.2.3 求下列函数的导数:

(1) $y = \log_a x$ $(a>0, a \neq 1, x>0)$;

(2) $y = \mathrm{e}^x \sin x.$

解 (1) $y' = (\log_a x)' = \left(\dfrac{\ln x}{\ln a}\right)' = \dfrac{1}{\ln a}(\ln x)' = \dfrac{1}{x \ln a}.$

(2) $y' = (\mathrm{e}^x \sin x)' = (\mathrm{e}^x)' \sin x + \mathrm{e}^x (\sin x)'$

$\qquad = \mathrm{e}^x \sin x + \mathrm{e}^x \cos x = \mathrm{e}^x (\sin x + \cos x).$

例 3.2.4 设 $y = \sqrt{x} \cos x + 4\ln x + \sin \dfrac{\pi}{7}$,求 y'.

解 $y' = (\sqrt{x} \cos x)' + (4\ln x)' + \left(\sin \dfrac{\pi}{7}\right)'$

$\qquad = (\sqrt{x})' \cos x + \sqrt{x}(\cos x)' + 4(\ln x)' + 0$

$\qquad = \dfrac{\cos x}{2\sqrt{x}} - \sqrt{x} \sin x + \dfrac{4}{x}.$

例 3.2.5　求 $y = \tan x$ 的导数.

解　$y' = (\tan x)' = \left(\dfrac{\sin x}{\cos x}\right)' = \dfrac{(\sin x)'\cos x - \sin x(\cos x)'}{\cos^2 x}$

$\qquad = \dfrac{\cos^2 x + \sin^2 x}{\cos^2 x} = \dfrac{1}{\cos^2 x} = \sec^2 x,$

即

$$(\tan x)' = \sec^2 x.$$

用类似的方法可得

$$(\cot x)' = -\csc^2 x.$$

例 3.2.6　设 $y = \sec x$,求 y'.

解　$y' = (\sec x)' = \left(\dfrac{1}{\cos x}\right)' = -\dfrac{(\cos x)'}{\cos^2 x} = \dfrac{\sin x}{\cos^2 x} = \sec x \tan x.$

用类似的方法可求得

$$(\csc x)' = -\csc x \cot x.$$

例 3.2.7　设 $f(x) = \dfrac{x\sin x}{1 + \cos x}$,求 $f'(x)$.

解　$f'(x) = \dfrac{(x\sin x)'(1+\cos x) - x\sin x(1+\cos x)'}{(1+\cos x)^2}$

$\qquad = \dfrac{(\sin x + x\cos x)(1+\cos x) - x\sin x(-\sin x)}{(1+\cos x)^2}$

$\qquad = \dfrac{\sin x(1+\cos x) + x\cos x + x\cos^2 x + x\sin^2 x}{(1+\cos x)^2}$

$\qquad = \dfrac{\sin x(1+\cos x) + x(1+\cos x)}{(1+\cos x)^2}$

$\qquad = \dfrac{\sin x + x}{1+\cos x}.$

3.2.2　复合函数的求导法则

微视频
复合函数的求导法则

　　在前面,我们应用导数的四则运算和一些基本初等函数的导数公式求出了一些比较复杂的初等函数的导数.但是,产生初等函数的方法,除了四则运算外,还有函数的复合,因而复合函数的求导法则是求初等函数的导数所不可缺少的工具.

　　关于复合函数的求导法则,我们有下面的定理.

> **定理 3.2.2** 如果函数 $u=\varphi(x)$ 在点 x 处可导,而函数 $y=f(u)$ 在对应的点 u 处可导,那么复合函数 $y=f[\varphi(x)]$ 也在点 x 处可导,且有
>
> $$\frac{\mathrm{d}y}{\mathrm{d}x}=\frac{\mathrm{d}y}{\mathrm{d}u}\frac{\mathrm{d}u}{\mathrm{d}x} \quad 或 \quad \{f[\varphi(x)]\}'=f'(u)\varphi'(x).$$

证 当自变量 x 的增量为 Δx 时,对应的函数 $u=\varphi(x)$ 与 $y=f(u)$ 的增量分别为 Δu 和 Δy.

由于函数 $y=f(u)$ 可导,即 $\lim\limits_{\Delta u\to 0}\dfrac{\Delta y}{\Delta u}=\dfrac{\mathrm{d}y}{\mathrm{d}u}$ 存在,于是由无穷小与函数极限的关系,有

$$\frac{\Delta y}{\Delta u}=\frac{\mathrm{d}y}{\mathrm{d}u}+\alpha(\Delta u),$$

其中 $\alpha(\Delta u)$ 是 $\Delta u\to 0$ 时的无穷小.当 $\Delta u\neq 0$ 时[①],以 Δu 乘上式两边得

$$\Delta y=\frac{\mathrm{d}y}{\mathrm{d}u}\Delta u+\alpha(\Delta u)\Delta u, \tag{3.2.1}$$

上式两边同除以 Δx 得

$$\frac{\Delta y}{\Delta x}=\frac{\mathrm{d}y}{\mathrm{d}u}\frac{\Delta u}{\Delta x}+\alpha(\Delta u)\frac{\Delta u}{\Delta x}, \tag{3.2.2}$$

因为 $u=\varphi(x)$ 在点 x 处可导,故有

$$\lim_{\Delta x\to 0}\frac{\Delta u}{\Delta x}=\frac{\mathrm{d}u}{\mathrm{d}x},$$

又根据函数在某点可导必在该点连续,可知 $u=\varphi(x)$ 在点 x 处也是连续的,从而当 $\Delta x\to 0$ 时,有 $\Delta u\to 0$,且 $\lim\limits_{\Delta x\to 0}\alpha(\Delta u)=\lim\limits_{\Delta u\to 0}\alpha(\Delta u)=0$.所以,对式(3.2.2)两边取极限得

$$\lim_{\Delta x\to 0}\frac{\Delta y}{\Delta x}=\lim_{\Delta x\to 0}\left[\frac{\mathrm{d}y}{\mathrm{d}u}\frac{\Delta u}{\Delta x}+\alpha(\Delta u)\frac{\Delta u}{\Delta x}\right]$$

$$=\frac{\mathrm{d}y}{\mathrm{d}u}\lim_{\Delta x\to 0}\frac{\Delta u}{\Delta x}+\lim_{\Delta x\to 0}\alpha(\Delta u)\lim_{\Delta x\to 0}\frac{\Delta u}{\Delta x}=\frac{\mathrm{d}y}{\mathrm{d}u}\frac{\mathrm{d}u}{\mathrm{d}x}.$$

即

$$\frac{\mathrm{d}y}{\mathrm{d}x}=\frac{\mathrm{d}y}{\mathrm{d}u}\frac{\mathrm{d}u}{\mathrm{d}x},$$

或记为

$$\{f[\varphi(x)]\}'=f'(u)\varphi'(x).$$

上式说明求复合函数 $y=f[\varphi(x)]$ 对 x 的导数时,可先求出 $y=f(u)$ 对 u 的导数和 $u=\varphi(x)$ 对 x 的导数,然后相乘即得.

显然,以上法则也可用于多次复合的情形.

例如,若 $y=f(u)$,$u=\varphi(v)$,$v=\psi(x)$ 都可导,且 $f\{\varphi[(\psi(x)]\}$ 有意义,则

$$\frac{\mathrm{d}y}{\mathrm{d}x}=\frac{\mathrm{d}y}{\mathrm{d}u}\frac{\mathrm{d}u}{\mathrm{d}v}\frac{\mathrm{d}v}{\mathrm{d}x},$$

或记为

$$\{f[\varphi(\psi(x))]\}'=f'(u)\varphi'(v)\psi'(x).$$

---

① 当 $\Delta u\neq 0$ 不恒成立时,式(3.2.1)仍正确,见参考文献[3].

例 3.2.8　求 $y = \sin x^2$ 的导数.

解　函数 $y = \sin x^2$ 可以看作由函数 $y = \sin u$ 与 $u = x^2$ 复合而成,由复合函数求导法则得

$$\frac{\mathrm{d}y}{\mathrm{d}x} = \frac{\mathrm{d}y}{\mathrm{d}u} \cdot \frac{\mathrm{d}u}{\mathrm{d}x} = (\sin u)' \cdot (x^2)' = \cos u \cdot 2x = 2x\cos x^2.$$

例 3.2.9　求函数 $y = \sqrt{a^2 - x^2}$ 的导数.

解　此函数可看作由函数 $y = \sqrt{u}$ 与 $u = a^2 - x^2$ 复合而成.因此

$$\frac{\mathrm{d}y}{\mathrm{d}x} = \frac{\mathrm{d}y}{\mathrm{d}u} \frac{\mathrm{d}u}{\mathrm{d}x} = (\sqrt{u})'(a^2 - x^2)'$$

$$= \frac{1}{2\sqrt{u}}(-2x) = -\frac{x}{\sqrt{a^2 - x^2}}.$$

例 3.2.10　设 $f(x) = \mathrm{e}^{x^2}$,求 $f'(x)$.

解　因为 $f(x) = \mathrm{e}^{x^2}$,所以

$$f'(x) = (\mathrm{e}^{x^2})'_{x^2} \cdot (x^2)' = \mathrm{e}^{x^2} \cdot 2x = 2x\mathrm{e}^{x^2}.$$

注意　上面 $(\mathrm{e}^{x^2})'_{x^2}$ 表示函数 e^{x^2} 对 x^2 的导数,而 $(\mathrm{e}^{x^2})'$ 表示函数 e^{x^2} 对 x 的导数.

一般地,我们用 $(f(\varphi(x)))'_{\varphi(x)}$ 表示函数 $f(\varphi(x))$ 对中间变量 $\varphi(x)$ 的导数;用 $(f(\varphi(x)))'$ 表示函数 $f(\varphi(x))$ 对自变量 x 的导数.

例 3.2.11　求下列导数:

(1) $((1+2x)^{100})'_{(1+2x)}$;   (2) $(\mathrm{e}^{2x+1})'_{(2x+1)}$;

(3) $((1+2x)^{100})'$;   (4) $(\mathrm{e}^{2x+1})'$.

解　(1) $((1+2x)^{100})'_{(1+2x)} = 100(1+2x)^{99}$.

(2) $(\mathrm{e}^{2x+1})'_{(2x+1)} = \mathrm{e}^{2x+1}$.

(3) $((1+2x)^{100})' = ((1+2x)^{100})'_{(1+2x)} \cdot (1+2x)'$

$$= 100(1+2x)^{99} \cdot 2 = 200(1+2x)^{99}.$$

(4) $(\mathrm{e}^{2x+1})' = (\mathrm{e}^{2x+1})'_{(2x+1)} \cdot (2x+1)' = \mathrm{e}^{2x+1} \cdot 2 = 2\mathrm{e}^{2x+1}.$

对于复合函数的分解比较熟练后,就不必再写出中间变量,而可以采用下列例题的方式来计算.

例 3.2.12　求函数 $y = (3x+8)^{100}$ 的导数.

解　因为 $y = (3x+8)^{100}$,

所以 $y' = ((3x+8)^{100})' = 100(3x+8)^{99}(3x+8)'$

$$= 100(3x+8)^{99} \cdot 3 = 300(3x+8)^{99}.$$

例 3.2.13 求函数 $y = \ln \tan \dfrac{x}{2}$ 的导数.

解 $y' = \left(\ln \tan \dfrac{x}{2} \right)' = \dfrac{1}{\tan \dfrac{x}{2}} \left(\tan \dfrac{x}{2} \right)'$

$\qquad = \dfrac{1}{\tan \dfrac{x}{2}} \sec^2 \dfrac{x}{2} \left(\dfrac{x}{2} \right)' = \dfrac{\cos \dfrac{x}{2}}{\sin \dfrac{x}{2}} \cdot \dfrac{1}{\cos^2 \dfrac{x}{2}} \cdot \dfrac{1}{2}$

$\qquad = \dfrac{1}{\sin x} = \csc x.$

例 3.2.14 设 $f'(x)$ 存在, 求 $y = \ln |f(x)|$ 的导数 $(f(x) \neq 0)$.

解 分两种情况来考虑:

当 $f(x) > 0$ 时, $y = \ln f(x)$, $y' = [\ln f(x)]' = \dfrac{1}{f(x)} f'(x) = \dfrac{f'(x)}{f(x)}$;

当 $f(x) < 0$ 时, $y = \ln(-f(x))$, $y' = \dfrac{1}{-f(x)} [-f(x)]' = \dfrac{f'(x)}{f(x)}$,

所以 $\qquad\qquad\qquad\qquad [\ln |f(x)|]' = \dfrac{f'(x)}{f(x)}.$

复合函数求导法则熟练后, 可以按照复合的前后次序, 层层求导直接得出最后结果.

例 3.2.15 求函数 $y = \sin \ln \sqrt{2x+1}$ 的导数.

解 $y' = \cos \ln \sqrt{2x+1} \cdot \dfrac{1}{\sqrt{2x+1}} \cdot \dfrac{1}{2\sqrt{2x+1}} \cdot 2$

$\qquad = \dfrac{\cos \ln \sqrt{2x+1}}{2x+1}.$

从以上各例可见, 复合函数求导法则在求导数时有重要作用, 其实它的作用并非仅此而已, 它对某些实际问题也有其直接应用, 现举例说明如下:

例 3.2.16 设气体以 $100 \text{ cm}^3/\text{s}$ 的常速注入球状的气球, 假定气体的压力不变, 那么当气球半径为 10 cm 时, 半径增加的速率是多少?

解 设在时刻 t 时, 气球的体积与半径分别为 V 和 r. 显然

$$V = \dfrac{4}{3} \pi r^3, \quad r = r(t),$$

所以 V 通过中间变量 r 与时间 t 发生联系, 是一个复合函数

$$V = \dfrac{4}{3} \pi [r(t)]^3.$$

按题意,已知 $\dfrac{\mathrm{d}V}{\mathrm{d}t}=100$ cm^3/s,要求当 $r=10$ cm 时 $\dfrac{\mathrm{d}r}{\mathrm{d}t}$ 的值.

根据复合函数求导法则,得

$$\frac{\mathrm{d}V}{\mathrm{d}t}=\frac{4}{3}\pi\times3\left[\,r(t)\,\right]^{2}\frac{\mathrm{d}r}{\mathrm{d}t},$$

将已知数据代入上式,得

$$100=4\pi\times10^{2}\times\frac{\mathrm{d}r}{\mathrm{d}t},$$

所以 $\dfrac{\mathrm{d}r}{\mathrm{d}t}=\dfrac{1}{4\pi}$ cm/s,即在 $r=10$ cm 这一瞬间,半径以 $\dfrac{1}{4\pi}$ cm/s 的速率增加.

例 3.2.17　若水以 2 m^3/min 的速度灌入高为 10 m,底面半径为 5 m 的圆锥形水槽中(图 3.2.1),问当水深为 6 m 时,水位的上升速度为多少?

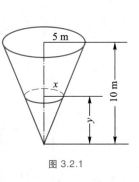

图 3.2.1

解　如图 3.2.1 所示,设在时间为 t 时,水槽中水的体积为 V,水面的半径为 x,水槽中水的深度为 y.

由题意有,$\dfrac{\mathrm{d}V}{\mathrm{d}t}=2$ m^3/min,$V=\dfrac{1}{3}\pi x^{2}y$,且有 $\dfrac{x}{y}=\dfrac{5}{10}$,即 $x=\dfrac{1}{2}y$,因此

$$V=\frac{1}{12}\pi y^{3}.$$

将上式求导得

$$\frac{\mathrm{d}V}{\mathrm{d}t}=\frac{1}{4}\pi y^{2}\,\frac{\mathrm{d}y}{\mathrm{d}t},$$

即 $\dfrac{\mathrm{d}y}{\mathrm{d}t}=\dfrac{4}{\pi y^{2}}\,\dfrac{\mathrm{d}V}{\mathrm{d}t}$.　将 $\dfrac{\mathrm{d}V}{\mathrm{d}t}=2$ m^3/min 及 $y=6$ m 代入上式得

$$\frac{\mathrm{d}y}{\mathrm{d}t}=\frac{4\times2}{\pi\times36}=\frac{2}{9\pi}\approx0.071(\mathrm{m/min}).$$

所以,当水深 6 m 时,水位上升速度约为 0.071 m/min.

3.2.3　反函数的求导法则

微视频
反函数的求导法则

前面已经求出一些最基本初等函数的导数公式.在此我们主要解决反函数的求导问题.为此,先利用复合函数的求导法则来推导一般的反函数的求导法则.

定理 3.2.3(反函数的求导法则)　如果单调连续函数 $x=\varphi(y)$ 在点 y 处可导,而且 $\varphi'(y)\neq0$,那么它的反函数 $y=f(x)$ 在对应的点 x 处可导,且有

$$f'(x) = \frac{1}{\varphi'(y)} \quad \text{或} \quad \frac{dy}{dx} = \frac{1}{\dfrac{dx}{dy}}.$$

证 由于 $x=\varphi(y)$ 单调连续,所以它的反函数 $y=f(x)$ 也单调连续,给 x 以增量 $\Delta x \neq 0$,从 $y=f(x)$ 的单调性可知

$$\Delta y = f(x+\Delta x) - f(x) \neq 0,$$

因而有

$$\frac{\Delta y}{\Delta x} = \frac{1}{\dfrac{\Delta x}{\Delta y}}.$$

根据 $y=f(x)$ 的连续性,当 $\Delta x \to 0$ 时,必有 $\Delta y \to 0$,而 $x=\varphi(y)$ 可导,于是

$$\lim_{\Delta y \to 0} \frac{\Delta x}{\Delta y} = \varphi'(y) \neq 0,$$

所以

$$\lim_{\Delta x \to 0} \frac{\Delta y}{\Delta x} = \lim_{\Delta x \to 0} \frac{1}{\dfrac{\Delta x}{\Delta y}} = \frac{1}{\lim\limits_{\Delta y \to 0}\dfrac{\Delta x}{\Delta y}} = \frac{1}{\varphi'(y)}.$$

这就是说,$y=f(x)$ 在点 x 处可导,且有

$$f'(x) = \frac{1}{\varphi'(y)}.$$

作为此定理的应用,下面来导出几个函数的导数公式.

例 3.2.18 求 $y=a^x(a>0, a\neq 1)$ 的导数.

解 因为 $y=a^x$ 是 $x=\log_a y$ 的反函数,且 $x=\log_a y$ 在 $(0,+\infty)$ 内单调、可导,又

$$\frac{dx}{dy} = \frac{1}{y\ln a} \neq 0,$$

所以

$$y' = \frac{1}{\dfrac{dx}{dy}} = y\ln a = a^x \ln a,$$

即

$$(a^x)' = a^x \ln a.$$

特别地,有 $(e^x)' = e^x$.

例 3.2.19 设 $y=x^\mu$（μ 为实数）,求 y'.

解 因为 $y=x^\mu = e^{\mu \ln x}$ 可以看作由指数函数 e^u 与函数 $u=\mu\ln x$ 复合而成,由复合函数求导法则有

$$y' = e^u(\mu\ln x)' = e^u \mu \frac{1}{x} = e^{\mu\ln x} \mu \frac{1}{x}$$

$$= x^\mu \mu \frac{1}{x} = \mu x^{\mu-1},$$

即

$$(x^\mu)' = \mu x^{\mu-1}.$$

例 3.2.20   求 $y = \arcsin x$ 的导数.

解   因为 $y = \arcsin x$ 是 $x = \sin y$ 的反函数,$x = \sin y$ 在区间 $\left(-\dfrac{\pi}{2}, \dfrac{\pi}{2}\right)$ 内单调、可导,且 $\dfrac{\mathrm{d}x}{\mathrm{d}y} = \cos y > 0$,所以

$$y' = \frac{1}{\dfrac{\mathrm{d}x}{\mathrm{d}y}} = \frac{1}{\cos y} = \frac{1}{\sqrt{1-\sin^2 y}} = \frac{1}{\sqrt{1-x^2}},$$

即

$$(\arcsin x)' = \frac{1}{\sqrt{1-x^2}}.$$

类似地,有

$$(\arccos x)' = -\frac{1}{\sqrt{1-x^2}}.$$

例 3.2.21   求 $y = \arctan x$ 的导数.

解   因为 $y = \arctan x$ 是 $x = \tan y$ 的反函数,$x = \tan y$ 在区间 $\left(-\dfrac{\pi}{2}, \dfrac{\pi}{2}\right)$ 内单调、可导,且 $\dfrac{\mathrm{d}x}{\mathrm{d}y} = \sec^2 y \neq 0$,所以

$$y' = \frac{1}{\dfrac{\mathrm{d}x}{\mathrm{d}y}} = \frac{1}{\sec^2 y} = \frac{1}{1+\tan^2 y} = \frac{1}{1+x^2},$$

即

$$(\arctan x)' = \frac{1}{1+x^2}.$$

类似地,有

$$(\operatorname{arccot} x)' = -\frac{1}{1+x^2}.$$

例 3.2.22   设 $y = \arcsin \sqrt{x}$,求 y'.

解 $y' = (\arcsin \sqrt{x})' = \dfrac{1}{\sqrt{1-(\sqrt{x})^2}} \cdot \dfrac{1}{2\sqrt{x}} = \dfrac{1}{2\sqrt{x-x^2}}.$

例 3.2.23   设 $y = \mathrm{e}^{\arctan \sqrt{x}}$,求 y'.

解 $y' = \mathrm{e}^{\arctan \sqrt{x}} \dfrac{1}{1+(\sqrt{x})^2} \cdot \dfrac{1}{2\sqrt{x}} = \dfrac{\mathrm{e}^{\arctan \sqrt{x}}}{2\sqrt{x}(1+x)}.$

3.2.4   初等函数的求导公式

微视频
初等函数的求导公式

    我们已经求出了所有基本初等函数的导数,建立了函数的和、差、积、商的求导法则,复合函数的求导法则,反函数的求导法则.这样,我们就解决了初等函数的求导问题.为了便于查阅,我们将上面已学过的导数公式和求

导法则列表如下：

1. 基本初等函数的导数公式

$C' = 0$ （C 为常数），　　　　　　　　$(x^{\mu})' = \mu x^{\mu-1}$（$\mu$ 为实数），

$(\log_a x)' = \dfrac{1}{x\ln a}$，　　　　　　　　$(\ln x)' = \dfrac{1}{x}$，

$(a^x)' = a^x \ln a$，　　　　　　　　　$(e^x)' = e^x$，

$(\sin x)' = \cos x$，　　　　　　　　$(\cos x)' = -\sin x$，

$(\tan x)' = \dfrac{1}{\cos^2 x} = \sec^2 x$，　　　$(\cot x)' = -\dfrac{1}{\sin^2 x} = -\csc^2 x$，

$(\sec x)' = \sec x\tan x$，　　　　　　$(\csc x)' = -\csc x\cot x$，

$(\arcsin x)' = \dfrac{1}{\sqrt{1-x^2}}$，　　　　$(\arccos x)' = -\dfrac{1}{\sqrt{1-x^2}}$，

$(\arctan x)' = \dfrac{1}{1+x^2}$，　　　　　$(\operatorname{arccot} x)' = -\dfrac{1}{1+x^2}$.

2. 函数的和、差、积、商的求导法则

$[u(x) \pm v(x)]' = u'(x) \pm v'(x)$，

$[u(x)v(x)]' = u'(x)v(x) + u(x)v'(x)$，

$[Cu(x)]' = Cu'(x)$ 　（C 是常数），

$\left[\dfrac{u(x)}{v(x)}\right]' = \dfrac{u'(x)v(x) - u(x)v'(x)}{[v(x)]^2}$ 　（$v(x) \neq 0$），

$\left[\dfrac{C}{v(x)}\right]' = -\dfrac{Cv'(x)}{v^2(x)}$ 　（$v(x) \neq 0, C$ 是常数）.

3. 复合函数的求导法则

设 $y = f(u), u = \varphi(x)$，则复合函数 $y = f[\varphi(x)]$ 的导数为

$$\frac{\mathrm{d}y}{\mathrm{d}x} = \frac{\mathrm{d}y}{\mathrm{d}u}\frac{\mathrm{d}u}{\mathrm{d}x} \quad 或 \quad \{f[\varphi(x)]\}' = f'(u)\varphi'(x).$$

4. 反函数的求导法则

设 $y = f(x)$ 是 $x = \varphi(y)$ 的反函数，则

$$f'(x) = \frac{1}{\varphi'(y)} \quad (\varphi'(y) \neq 0).$$

3.2.5　三个求导方法

1. 隐函数求导法

微视频
隐函数的导数与
对数求导法

　　前面我们所遇到的函数都是 $y = f(x)$ 的形式，就是因变量 y 可由含有自变量 x 的数学式子直接表示出来的函数，这样的函数叫做显函数.例如，$y = \cos x, y = \ln(1+\sqrt{1+x^2})$ 等.但是有些函数的表达方式却不是这样，例如，方程 $x + y^3 - 1 = 0$ 表示一个函数，因为当自变量 x 在 $(-\infty, +\infty)$ 内取值时，变量 y 有唯一确定的值与之对应，像这样由方程表示的函数称为隐函数.

　　一般地,如果变量 x,y 之间的函数关系是由某一个方程 $F(x,y)=0$ 所确定,那么这种函数就叫做由方程所确定的隐函数.

　　把一个隐函数化成显函数,叫做隐函数的显化.例如由方程 $x+y^3-1=0$ 解出 $y=\sqrt[3]{1-x}$,就把隐函数化成了显函数,但有的隐函数不易显化甚至不可能显化.例如,由方程 $e^y-xy=0$ 所确定的隐函数就不能用显式表示出来.

　　对于由方程 $F(x,y)=0$ 所确定的隐函数求 y 关于 x 的导数当然不能完全寄希望于把它显化,关键是要能从 $F(x,y)=0$ 直接把 $\dfrac{\mathrm{d}y}{\mathrm{d}x}$ 求出来.

　　我们知道,把方程 $F(x,y)=0$ 所确定的隐函数 $y=f(x)$ 代入原方程,结果是恒等式

$$F[x,f(x)]\equiv 0,$$

把这个恒等式的两端对 x 求导,所得的结果也必然相等,但应注意,左端 $F[x,f(x)]$ 是将 $y=f(x)$ 代入 $F(x,y)$ 后所得的结果,所以,当方程 $F(x,y)=0$ 的两端对 x 求导时,要记住 y 是 x 的函数,然后用复合函数求导法则去求导,这样,便可得到欲求的导数.下面举例说明这种方法.

　　例 3.2.24　求由方程 $xy-e^x+e^y=0$ 所确定的隐函数的导数 $\dfrac{\mathrm{d}y}{\mathrm{d}x}$.

　　解　把方程 $xy-e^x+e^y=0$ 的两端对 x 求导,记住 y 是 x 的函数,得

$$y+xy'-e^x+e^y y'=0,$$

由上式解出 y',便得隐函数的导数为

$$y'=\frac{e^x-y}{x+e^y}\quad(x+e^y\neq 0).$$

　　例 3.2.25　求曲线 $3y^2=x^2(x+1)$ 在点 $(2,2)$ 处的切线方程.

　　解　方程两边对 x 求导,可得

$$6yy'=3x^2+2x,$$

于是得

$$y'=\frac{3x^2+2x}{6y}\quad(y\neq 0),$$

所以

$$y'\big|_{(2,2)}=\frac{4}{3}.$$

因而所求切线方程为

$$y-2=\frac{4}{3}(x-2),$$

即

$$4x-3y-2=0.$$

2. 对数求导法

　　根据隐函数求导法,我们还可以得到一个简化求导运算的方法.它适合于由几个因子通过乘、除、乘方、开方所构成的比较复杂的函数(包括幂指函数)的求导.这个方法是先通过取对数,化乘、除为加、减,化乘方、开方为乘积,然后利用隐函数求导法求导,因此称为对数求导法.

例 3.2.26 设 $y=(x-1)\sqrt[3]{(3x+1)^2(x-2)}$，求 y'.

解 先在等式两边取绝对值，再取对数，得

$$\ln|y| = \ln|x-1| + \frac{2}{3}\ln|3x+1| + \frac{1}{3}\ln|x-2|,$$

两端对 x 求导，得

$$\frac{1}{y}y' = \frac{1}{x-1} + \frac{2}{3}\frac{3}{3x+1} + \frac{1}{3}\frac{1}{x-2},$$

所以 $y' = (x-1)\sqrt[3]{(3x+1)^2(x-2)}\left[\frac{1}{x-1} + \frac{2}{3x+1} + \frac{1}{3(x-2)}\right].$

以后解题时，为了方便起见，取绝对值可以略去.

例 3.2.27 求 $y=x^{\sin x}$（$x>0$）的导数.

解 对于 $y=x^{\sin x}$ 两边取对数，得

$$\ln y = \sin x\ln x,$$

两边求导，得

$$\frac{1}{y}y' = \frac{\sin x}{x} + \cos x\ln x,$$

所以

$$y' = y\left(\frac{\sin x}{x} + \cos x\ln x\right) = x^{\sin x}\left(\frac{\sin x}{x} + \cos x\ln x\right).$$

3. 由参数方程所确定的函数求导法

微视频
由参数方程所确定的
函数求导法

在前面，我们讨论了由 $y=f(x)$ 或 $F(x,y)=0$ 给出的函数关系的导数问题. 但在研究物体运动轨迹时，曲线常被看作质点运动的轨迹，动点 $M(x,y)$ 的位置随时间 t 变化，因此动点坐标 x,y 可分别由时间 t 的函数表示.

例如，研究抛射体运动（空气阻力不计）时，抛射体的运动轨迹可表示为

$$\begin{cases} x = v_1 t, \\ y = v_2 t - \dfrac{1}{2}gt^2, \end{cases} \tag{3.2.3}$$

其中 v_1,v_2 分别是抛射体的初速度的水平和垂直分量，g 是重力加速度，t 是时间，x,y 是抛射体在垂直面上的位置的横坐标和纵坐标（图 3.2.2）.

在式（3.2.3）中，x,y 都是 t 的函数，因此，x 与 y 之间通过 t 发生联系，这样 y 与 x 之间存在着确定的函数关系，消去式（3.2.2）中的 t，得

$$y = \frac{v_2}{v_1}x - \frac{g}{2v_1^2}x^2,$$

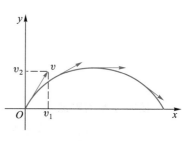

图 3.2.2

这就是参数方程(3.2.3)确定的函数的显式表示.

一般地,如果参数方程

$$\begin{cases} x = \varphi(t), \\ y = \psi(t) \end{cases}$$

确定 y 与 x 之间的函数关系,则称此函数关系所表示的函数为由参数方程所确定的函数.

对于参数方程所确定的函数的求导,通常并不需要由参数方程消去参数 t,化为 y 与 x 之间的直接函数关系后再求导.

如果函数 $x = \varphi(t), y = \psi(t)$ 都可导,且 $\varphi'(t) \neq 0$,又 $x = \varphi(t)$ 具有单调连续的反函数 $t = \varphi^{-1}(x)$,则参数方程确定的函数可以看成 $y = \psi(t)$ 与 $t = \varphi^{-1}(x)$ 复合而成的函数,根据复合函数与反函数的求导法则,有

$$\frac{dy}{dx} = \frac{dy}{dt} \frac{dt}{dx} = \frac{dy}{dt} \frac{1}{\dfrac{dx}{dt}}$$

$$= \psi'(t) \frac{1}{\varphi'(t)} = \frac{\psi'(t)}{\varphi'(t)}.$$

例 3.2.28　求摆线

$$\begin{cases} x = a(t - \sin t), \\ y = a(1 - \cos t) \end{cases} \quad (0 \leqslant t \leqslant 2\pi)$$

(1) 在任意点的切线斜率;

(2) 在 $t = \dfrac{\pi}{2}$ 处的切线方程.

解　(1) 摆线在任意点的切线斜率为

$$\frac{dy}{dx} = \frac{\dfrac{dy}{dt}}{\dfrac{dx}{dt}} = \frac{a \sin t}{a(1 - \cos t)} = \cot \frac{t}{2}.$$

(2) 当 $t = \dfrac{\pi}{2}$ 时,摆线上对应点为 $\left(a\left(\dfrac{\pi}{2} - 1 \right), a \right)$,在此点的切线斜率为

$$\frac{dy}{dx} \bigg|_{t = \frac{\pi}{2}} = \cot \frac{t}{2} \bigg|_{t = \frac{\pi}{2}} = 1,$$

于是,切线方程为

$$y - a = x - a\left(\frac{\pi}{2} - 1 \right),$$

即

$$y = x + a\left(2 - \frac{\pi}{2} \right).$$

3.2.6　高阶导数的求法

由于 n 阶导数是 $n-1$ 阶导数的导数,所以求高阶导数并不需要增加新的方法,只要逐阶求导,直到所要求的阶数即可,所以仍可用前面学过的求导方法来计算高阶导数.

例 3.2.29 分别求函数 $y = x^2 + 2x + 5$ 的一、二、三、四阶导数.

解 因为 $y = x^2 + 2x + 5$,所以

$$y' = 2x + 2,$$
$$y'' = (y')' = (2x + 2)' = 2,$$
$$y''' = (y'')' = (2)' = 0,$$
$$y^{(4)} = (y''')' = (0)' = 0.$$

例 3.2.30 求函数 $y = e^{-x} \cos x$ 的二阶及三阶导数.

解 $y' = -e^{-x} \cos x + e^{-x}(-\sin x) = -e^{-x}(\cos x + \sin x),$

$y'' = e^{-x}(\cos x + \sin x) - e^{-x}(-\sin x + \cos x) = 2e^{-x} \sin x,$

$y''' = -2e^{-x} \sin x + 2e^{-x} \cos x = 2e^{-x}(\cos x - \sin x).$

例 3.2.31 求 n 次多项式 $y = a_0 x^n + a_1 x^{n-1} + \cdots + a_n$ 的各阶导数.

解 $y' = na_0 x^{n-1} + (n-1)a_1 x^{n-2} + \cdots + a_{n-1},$

$y'' = n(n-1)a_0 x^{n-2} + (n-1)(n-2)a_1 x^{n-3} + \cdots + 2a_{n-2},$

可见每经过一次求导运算,多项式的次数就降低一次,继续求导得

$$y^{(n)} = n!a_0,$$

这是一个常数,因而 $y^{(n+1)} = y^{(n+2)} = \cdots = 0$.

这就是说,n 次多项式的一切高于 n 阶的导数都是零.

例 3.2.32 求指数函数 $y = e^{ax}$ 与 $y = a^x$ 的 n 阶导数.

解 对 $y = e^{ax}$,$y' = ae^{ax}$,$y'' = a^2 e^{ax}$,$y''' = a^3 e^{ax}$,依此类推,可得 $y^{(n)} = a^n e^{ax}$,即

$$(e^{ax})^{(n)} = a^n e^{ax}.$$

特别地 $$(e^x)^{(n)} = e^x.$$

对 $y = a^x$,$y' = a^x \ln a$,$y'' = a^x \ln^2 a$,$y''' = a^x \ln^3 a$,依此类推,$y^{(n)} = a^x \ln^n a$,即

$$(a^x)^{(n)} = a^x \ln^n a.$$

例 3.2.33 求方程 $\begin{cases} x = a\cos t, \\ y = b\sin t \end{cases}$ $(0 \leqslant t \leqslant 2\pi)$ 所确定的函数的一阶导数 $\dfrac{dy}{dx}$ 及二阶导数 $\dfrac{d^2 y}{dx^2}$.

解 $\dfrac{dy}{dx} = \dfrac{\dfrac{dy}{dt}}{\dfrac{dx}{dt}} = \dfrac{b\cos t}{-a\sin t} = -\dfrac{b}{a}\cot t,$

$\dfrac{d^2 y}{dx^2} = \dfrac{d(dy/dx)}{dx} = \dfrac{d}{dt}\left(\dfrac{dy}{dx}\right) \Big/ \dfrac{dx}{dt} = \dfrac{\dfrac{b}{a}\csc^2 t}{-a\sin t} = -\dfrac{b}{a^2 \sin^3 t}.$

思考题 3.2

1. 思考下列命题是否成立.

(1) 若 $f(x)$, $g(x)$ 在点 x_0 处都不可导,则 $f(x)+g(x)$ 在点 x_0 处也一定不可导;

(2) 若 $f(x)$ 在点 x_0 处可导, $g(x)$ 在点 x_0 处不可导,则 $f(x)+g(x)$ 在点 x_0 处一定不可导.

2. $f'(x_0)$ 与 $[f(x_0)]'$ 有无区别?为什么?

3. 给定一个初等函数,一定能求出其导函数吗?为什么?

练习 3.2A

1. 求下列函数的导数:

(1) $y=4x^2+3x+1$;　　(2) $y=4e^x+3e+1$;　　(3) $y=x+\ln x+1$;　　(4) $y=2\cos x+3x$;

(5) $y=2^x+3^x$;　　(6) $y=\log_2 x+x^2$.

2. 求下列函数的导数:

(1) $y=3xe^x$;　　(2) $y=2x\sin x$;　　(3) $y=\dfrac{1+x-x^2}{x+x^2}$;　　(4) $y=\dfrac{\ln x+1}{x}$.

3. 求下列函数的导数:

(1) $y=(9x+3)^5$;　　(2) $y=e^{2x+3}$;　　(3) $y=\sin(8x+1)$;　　(4) $y=\ln(6x+5)$;

(5) $y=4(x+1)^2+(3x+1)^2$;　　(6) $y=\arctan 2x$;　　(7) $y=\cos 8x$;　　(8) $y=e^x\sin 2x$.

练习 3.2B

1. 求 $y=\left[\dfrac{(x+1)(x+2)(x+3)}{x^3(x+4)}\right]^{\frac{2}{3}}$ 的导数.

2. 求曲线 $\begin{cases} x=t, \\ y=t^3 \end{cases}$ 在点 $(1,1)$ 处切线的斜率.

3. 求由方程 $x+y-e^{2x}+e^y=0$ 所确定的隐函数的导数 $\dfrac{dy}{dx}$.

4. 设 $y=f(u)(-1\leqslant u\leqslant 1)$ 可导, $u=\sin x^2$,求 $\dfrac{dy}{dx}$ 和 $\dfrac{d^2y}{dx^2}$.

5. 若 $y=x^x$,求 y'.

3.3　微分及其在近似计算中的应用

前面我们讨论了函数的导数,本节中我们要讨论微分学中的另一个基本概念——微分.

3.3.1　两个实例

微视频
微分的两个引例

在实际问题中,当我们分析运动过程时,常常要通过微小的局部运动来寻找运动的规律,因此需要考虑变量的微小增量.一般说来,计算函数 $y=f(x)$ 的增量 Δy 的精确值是较繁难的.所以,往往需要计算它的近似值,找出简便的计算方法.

下面我们先讨论两个具体例子：

例 3.3.1 一块正方形金属薄片受温度变化影响时，其边长由 x_0 变到 $x_0+\Delta x$（图 3.3.1），问此薄片的面积大约改变了多少？

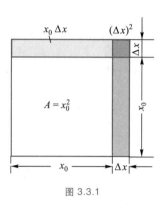

图 3.3.1

解 设此薄片的边长为 x，面积为 A，则 A 是 x 的函数
$$A = x^2,$$
薄片受温度变化影响时，面积的增量可以看成当自变量 x 自 x_0 取得增量 Δx 时，函数 A 相应的增量 ΔA，即
$$\Delta A = (x_0+\Delta x)^2 - x_0^2 = 2x_0\Delta x + (\Delta x)^2.$$

从上式可以看出，ΔA 可分成两部分：第一部分是 $2x_0\Delta x$，它是 Δx 的线性函数，即图中带有浅阴影的两个矩形面积之和；第二部分是 $(\Delta x)^2$，在图中是带有深阴影的小正方形的面积. 显然，如图所示，$2x_0\Delta x$ 是面积增量 ΔA 的主要部分，而 $(\Delta x)^2$ 是次要部分，当 $|\Delta x|$ 很小时 $(\Delta x)^2$ 比 $2x_0\Delta x$ 要小得多. 也就是说，当 $|\Delta x|$ 很小时，面积增量 ΔA 可以近似地用 $2x_0\Delta x$ 表示，即
$$\Delta A \approx 2x_0\Delta x,$$
由此式作为 ΔA 的近似值，略去的部分 $(\Delta x)^2$ 是比 Δx 高阶的无穷小，即
$$\lim_{\Delta x\to 0}\frac{(\Delta x)^2}{\Delta x} = \lim_{\Delta x\to 0}\Delta x = 0.$$
又因为 $A'(x_0) = (x^2)'\big|_{x=x_0} = 2x_0$，所以有
$$\Delta A \approx A'(x_0)\Delta x.$$

例 3.3.2 求作自由落体运动的物体由时刻 t 到 $t+\Delta t$ 所经过路程的近似值.

解 作自由落体运动的物体的路程 s 与时间 t 的关系是 $s = \frac{1}{2}gt^2$，当时间从 t 变到 $t+\Delta t$ 时，路程 s 有相应的增量
$$\Delta s = \frac{1}{2}g(t+\Delta t)^2 - \frac{1}{2}gt^2 = gt\Delta t + \frac{1}{2}g(\Delta t)^2.$$

上式右边第一部分是 Δt 的线性函数，第二部分当 $\Delta t\to 0$ 时是一个比 Δt 高阶的无穷小，因此，当 $|\Delta t|$ 很小时，我们可以把第二部分忽略，而得到路程增量的近似值
$$\Delta s \approx gt\Delta t.$$
又因为 $s' = \left(\frac{1}{2}gt^2\right)' = gt$，所以
$$\Delta s \approx s'(t)\Delta t.$$

事实上，上式表明当 $|\Delta t|$ 很小时，从 t 到 $t+\Delta t$ 这段时间内物体运动的速度的变化也很小. 因此，在这段时间内，物体的运动可以近似地看作速度为 $s'(t)$ 的匀速运动，于是路程增量的近似值为 $\Delta s \approx s'(t)\Delta t$.

以上两个问题的实际意义虽然不同,但在数量关系上却有共同点:函数的增量可以表示成两部分,第一部分为自变量增量的线性部分,第二部分是当自变量增量趋于零时,比自变量增量高阶的无穷小,且当自变量增量绝对值很小时,函数的增量可以由该点的导数与自变量的增量乘积来近似代替.

上述结论对于一般的函数是否成立呢? 我们下面说明对于可导函数都有此结论.

设函数 $y=f(x)$ 在点 x 处可导,对于 x 处的增量 Δx,相应地有增量 Δy.由 $\lim\limits_{\Delta x\to 0}\dfrac{\Delta y}{\Delta x}=f'(x)$,根据极限与无穷小的关系,我们有 $\dfrac{\Delta y}{\Delta x}=f'(x)+\alpha$(其中 α 为无穷小,即 $\lim\limits_{\Delta x\to 0}\alpha=0$),于是

$$\Delta y=f'(x)\Delta x+\alpha\Delta x.$$

而上式右端的第一部分 $f'(x)\Delta x$ 是 Δx 的线性函数;第二部分因为 $\lim\limits_{\Delta x\to 0}\dfrac{\alpha\Delta x}{\Delta x}=0$,所以是比 Δx 高阶的无穷小,因此当 $f'(x)\neq 0$,且 $|\Delta x|$ 很小时,第二部分可以忽略,于是第一部分就成了 Δy 的主要部分,从而有近似公式

$$\Delta y\approx f'(x)\Delta x.$$

通常称 $f'(x)\Delta x$ 为 Δy 的线性主部.

反之,如果函数的增量 Δy 可以表示成

$$\Delta y=A\Delta x+o(\Delta x)\quad\left(\text{其中}\lim\limits_{\Delta x\to 0}\frac{o(\Delta x)}{\Delta x}=0\right),$$

则有

$$\frac{\Delta y}{\Delta x}=A+\frac{o(\Delta x)}{\Delta x},$$

这样

$$\lim\limits_{\Delta x\to 0}\frac{\Delta y}{\Delta x}=\lim\limits_{\Delta x\to 0}\left(A+\frac{o(\Delta x)}{\Delta x}\right)=A,$$

即

$$f'(x)=A.$$

为此我们引入微分的概念.

3.3.2　微分的概念

> **定义 3.3.1**　若函数 $y=f(x)$ 在点 x 处的增量 $\Delta y=f(x+\Delta x)-f(x)$ 可以表示成
> $$\Delta y=A\Delta x+o(\Delta x),$$
> 其中 $o(\Delta x)$ 为比 $\Delta x(\Delta x\to 0)$ 高阶的无穷小,则称函数 $f(x)$ 在点 x 处可微,并称 $A\Delta x$ 为函数 $y=f(x)$ 在点 x 处的微分,记为 $\mathrm{d}y$ 或 $\mathrm{d}f(x)$,即 $\mathrm{d}y=A\Delta x$.

由上面的讨论和微分定义可得:

> **定理 3.3.1**　一元函数的可导与可微是等价的,且其关系为 $\mathrm{d}y=f'(x)\Delta x$.

当函数 $f(x)=x$ 时,函数的微分 $\mathrm{d}f(x)=\mathrm{d}x=x'\Delta x=\Delta x$,即 $\mathrm{d}x=\Delta x$.

因此我们规定自变量的微分等于自变量的增量,这样函数 $y=f(x)$ 的微分可以写成

$$dy = f'(x)\Delta x = f'(x)dx,$$

上式两边同除以 dx,有

$$\frac{dy}{dx} = f'(x).$$

由此可见,导数等于函数的微分与自变量的微分之商,即 $f'(x) = \dfrac{dy}{dx}$,正因为这样,导数也称为"微商",而微分的分式 $\dfrac{dy}{dx}$ 也常常被用作导数的符号.

应当注意,微分与导数虽然有着密切的联系,但它们是有区别的:导数是函数在一点处的变化率,而微分是函数在一点处由自变量增量所引起的函数变化量的一部分.导数的值只与 x 有关,而微分的值与 x 和 Δx 都有关.

例 3.3.3 求函数 $y = x^2$ 在 $x = 1, \Delta x = 0.1$ 时的增量及微分.

解 当 $x = 1, \Delta x = 0.1$ 时,有 $\Delta y = (x+\Delta x)^2 - x^2 = 1.1^2 - 1^2 = 0.21$.

因为在点 $x = 1$ 处,$y'|_{x=1} = 2x|_{x=1} = 2$,所以

$$dy = y'\Delta x = 2\times 0.1 = 0.2.$$

例 3.3.4 半径为 r 的球,其体积为 $V = \dfrac{4}{3}\pi r^3$,当半径增大 Δr 时,求体积的增量及微分.

解 体积的增量

$$\Delta V = \frac{4}{3}\pi(r+\Delta r)^3 - \frac{4}{3}\pi r^3 = 4\pi r^2\Delta r + 4\pi r(\Delta r)^2 + \frac{4}{3}\pi(\Delta r)^3,$$

显然有 $$\Delta V = 4\pi r^2\Delta r + o(\Delta r),$$

故体积微分为 $$dV = 4\pi r^2\Delta r.$$

3.3.3 微分的几何意义

微视频
微分的几何意义

为了对微分有比较直观的了解,我们来说明微分的几何意义.

设函数 $y = f(x)$ 的图形如图 3.3.2 所示,MP 是曲线上点 $M(x_0, y_0)$ 处的切线,设 MP 的倾角为 $\alpha(\alpha \neq 0)$,当自变量 x 有增量 Δx 时,得到曲线上另一点 $N(x_0+\Delta x, y_0+\Delta y)$,从图 3.3.2 可知,$MQ = \Delta x, QN = \Delta y$,则

$$QP = MQ \cdot \tan\alpha = f'(x_0)\Delta x,$$

即 $$dy = QP.$$

由此可知,当 $f'(x_0) \neq 0$ 时,微分 $dy = f'(x_0)\Delta x$ 是当 x 有增量 Δx 时,曲线 $y = f(x)$ 在点 (x_0, y_0) 处的切线的纵坐标的增量.用 dy 近似代替 Δy 就是用点 $M(x_0, y_0)$ 处的切线纵坐标的增量 QP 来近似代替曲线 $y = f(x)$ 的纵坐标的增量 QN,并且有 $|\Delta y - dy| = PN$.

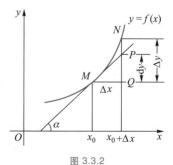

图 3.3.2

3.3.4　微分的运算法则

微视频
微分的运算法则

因为函数 $y=f(x)$ 的微分等于导数 $f'(x)$ 乘 $\mathrm{d}x$,所以根据导数公式和导数运算法则,就能得到相应的微分公式和微分运算法则.

1. 微分基本公式

$\mathrm{d}(C)=0(C$ 为常数$)$,

$\mathrm{d}(x)=\mathrm{d}x$,

$\mathrm{d}(x^{\mu})=\mu x^{\mu-1}\mathrm{d}x(\mu$ 为任意实数$)$,

$\mathrm{d}(\log_a x)=\dfrac{1}{x\ln a}\mathrm{d}x(a>0$ 且 $a\neq1)$,

$\mathrm{d}(\ln x)=\dfrac{1}{x}\mathrm{d}x$,　　　　　$\mathrm{d}(a^x)=a^x\ln a\mathrm{d}x(a>0$ 且 $a\neq1)$,

$\mathrm{d}(\mathrm{e}^x)=\mathrm{e}^x\mathrm{d}x$,　　　　　　$\mathrm{d}(\sin x)=\cos x\mathrm{d}x$,

$\mathrm{d}(\cos x)=-\sin x\mathrm{d}x$,　　　$\mathrm{d}(\tan x)=\sec^2 x\mathrm{d}x$,

$\mathrm{d}(\cot x)=-\csc^2 x\mathrm{d}x$,　　　$\mathrm{d}(\sec x)=\sec x\tan x\mathrm{d}x$,

$\mathrm{d}(\csc x)=-\csc x\cot x\mathrm{d}x$,　　$\mathrm{d}(\arcsin x)=\dfrac{1}{\sqrt{1-x^2}}\mathrm{d}x$,

$\mathrm{d}(\arccos x)=\dfrac{-1}{\sqrt{1-x^2}}\mathrm{d}x$,　　$\mathrm{d}(\arctan x)=\dfrac{1}{1+x^2}\mathrm{d}x$,

$\mathrm{d}(\operatorname{arccot} x)=\dfrac{-1}{1+x^2}\mathrm{d}x$.

例 3.3.5　设 $f(x)=3^x$,求函数 $f(x)$ 的微分.

解　因为 $\mathrm{d}a^x=a^x\ln a\mathrm{d}x$,所以,$\mathrm{d}f(x)=\mathrm{d}(3^x)=3^x\ln 3\mathrm{d}x$.

由于 $\mathrm{d}f(x)=f'(x)\mathrm{d}x$,所以,在求函数 $f(x)$ 的微分时,只需求出 $f'(x)$ 后,再乘以 $\mathrm{d}x$ 即可,无需再另外记忆上述微分公式.

2. 函数的和、差、积、商的微分运算法则

$\mathrm{d}(u(x)\pm v(x))=\mathrm{d}u(x)\pm\mathrm{d}v(x)$,

$\mathrm{d}(u(x)v(x))=v(x)\mathrm{d}u(x)+u(x)\mathrm{d}v(x)$,

$\mathrm{d}(Cu(x))=C\mathrm{d}u(x)$　$(C$ 为常数$)$,

$\mathrm{d}\left(\dfrac{u(x)}{v(x)}\right)=\dfrac{v(x)\mathrm{d}u(x)-u(x)\mathrm{d}v(x)}{v^2(x)}$　$(v(x)\neq0)$.

例 3.3.6　设 $y=x^8+6x^2+1$,求 $\mathrm{d}y$.

解　$\mathrm{d}y=\mathrm{d}(x^8+6x^2+1)=\mathrm{d}(x^8)+6\mathrm{d}(x^2)+0$

$=8x^7\mathrm{d}x+12x\mathrm{d}x=(8x^7+12x)\mathrm{d}x$.

例 3.3.7　设 $y=\mathrm{e}^x+2\sin x$,求 $\mathrm{d}y$.

解　$\mathrm{d}y=\mathrm{d}(\mathrm{e}^x+2\sin x)=(\mathrm{e}^x+2\sin x)'\mathrm{d}x$

$=(\mathrm{e}^x+2\cos x)\mathrm{d}x$.

3. 复合函数的微分法则

微视频
复合函数的微分法则

设函数 $y=f(u)$，根据微分的定义，当 u 是自变量时，函数 $y=f(u)$ 的微分是

$$dy=f'(u)du.$$

如果 u 不是自变量，而是 x 的可导函数 $u=\varphi(x)$，则复合函数 $y=f[\varphi(x)]$ 的导数为

$$y'=f'(u)\varphi'(x).$$

于是，复合函数 $y=f[\varphi(x)]$ 的微分为

$$dy=f'(u)\varphi'(x)dx,$$

由于

$$\varphi'(x)dx=du,$$

所以

$$dy=f'(u)du.$$

由此可见，不论 u 是自变量还是函数（中间变量），函数 $y=f(u)$ 的微分总保持同一形式 $dy=f'(u)du$，这一性质称为**一阶微分形式不变性**.有时，利用一阶微分形式不变性求复合函数的微分比较方便.

例 3.3.8 设 $y=e^{x^2}$，求 dy.

解法 1 用公式 $dy=y'dx$，得

$$dy=(e^{x^2})'dx=(e^{x^2})'_{x^2}(x^2)'dx$$

$$=e^{x^2}\cdot 2xdx=2xe^{x^2}dx.$$

解法 2 用一阶微分形式不变性，得

$$dy=de^{x^2}=(e^{x^2})'_{x^2}dx^2$$

$$=e^{x^2}(x^2)'dx=2xe^{x^2}dx.$$

例 3.3.9 设 $f(x)=\cos\sqrt{x}$，求 $df(x)$.

解法 1 用公式 $df(x)=f'(x)dx$，得

$$df(x)=(\cos\sqrt{x})'dx=-\frac{1}{2\sqrt{x}}\sin\sqrt{x}dx.$$

解法 2 用一阶微分形式不变性，得

$$dy=d(\cos\sqrt{x})=-\sin\sqrt{x}d(\sqrt{x})$$

$$=-\sin\sqrt{x}\frac{1}{2\sqrt{x}}dx=-\frac{1}{2\sqrt{x}}\sin\sqrt{x}dx.$$

例 3.3.10 设 $y=e^{\sin x}$，求 dy.

解法 1 用公式 $dy=f'(x)dx$，得

$$dy=(e^{\sin x})'dx=e^{\sin x}\cos xdx.$$

解法 2 用一阶微分形式不变性，得

$$dy=d(e^{\sin x})=e^{\sin x}d(\sin x)=e^{\sin x}\cos xdx.$$

例 3.3.11   求方程 $x^2+2xy-y^2=a^2$ 确定的隐函数 $y=f(x)$ 的微分 $\mathrm{d}y$ 及导数 $\dfrac{\mathrm{d}y}{\mathrm{d}x}$.

解   对方程两边求微分,得

$$2x\mathrm{d}x+2(y\mathrm{d}x+x\mathrm{d}y)-2y\mathrm{d}y=0,$$

即

$$(x+y)\,\mathrm{d}x=(y-x)\,\mathrm{d}y,$$

所以

$$\mathrm{d}y=\frac{y+x}{y-x}\mathrm{d}x,$$

$$\frac{\mathrm{d}y}{\mathrm{d}x}=\frac{y+x}{y-x}.$$

例 3.3.12   利用微分求方程 $\begin{cases} x=a\cos^3 t, \\ y=a\sin^3 t \end{cases}$ $(0 \leqslant t \leqslant 2\pi)$ 确定的函数的一阶导数 $\dfrac{\mathrm{d}y}{\mathrm{d}x}$ 及二阶导数 $\dfrac{\mathrm{d}^2 y}{\mathrm{d}x^2}$.

解   因为 $\mathrm{d}x=-3a\cos^2 t\sin t\mathrm{d}t$, $\mathrm{d}y=3a\sin^2 t\cos t\mathrm{d}t$, 所以利用导数为微分之商得

$$\frac{\mathrm{d}y}{\mathrm{d}x}=\frac{3a\sin^2 t\cos t\mathrm{d}t}{-3a\cos^2 t\sin t\mathrm{d}t}=-\tan t,$$

$$\frac{\mathrm{d}^2 y}{\mathrm{d}x^2}=\frac{\mathrm{d}}{\mathrm{d}x}\left(\frac{\mathrm{d}y}{\mathrm{d}x}\right)=\frac{\mathrm{d}(-\tan t)}{\mathrm{d}(a\cos^3 t)}$$

$$=\frac{-\sec^2 t\mathrm{d}t}{-3a\cos^2 t\sin t\mathrm{d}t}=\frac{1}{3a\sin t\cos^4 t}.$$

3.3.5   微分在近似计算中的应用

微视频
微分在近似计算中的应用

在实际问题中,经常利用微分作近似计算.

前面说过,当函数 $y=f(x)$ 在 x_0 处的导数 $f'(x_0)\neq 0$, 且 $|\Delta x|$ 很小时,我们有近似公式

$$\Delta y=f(x_0+\Delta x)-f(x_0)\approx f'(x_0)\Delta x \qquad (3.3.1)$$

或

$$f(x_0+\Delta x)\approx f(x_0)+f'(x_0)\Delta x. \qquad (3.3.2)$$

上式中令 $x_0+\Delta x=x$, 则

$$f(x)\approx f(x_0)+f'(x_0)(x-x_0), \qquad (3.3.3)$$

特别地,当 $x_0=0$, $|x|$ 很小时,有

$$f(x)\approx f(0)+f'(0)x. \qquad (3.3.4)$$

这里,式(3.3.1)可以用于求函数增量的近似值,而式(3.3.2),(3.3.3),(3.3.4)可用来求函数的近似值.

应用式(3.3.4)可以推得一些常用的近似公式.当 $|x|$ 很小时,有

(1) $\sqrt[n]{1+x}\approx 1+\dfrac{1}{n}x$.

(2) $\mathrm{e}^x\approx 1+x$.

(3) $\ln(1+x)\approx x$.

（4） $\sin x \approx x$ （x 用弧度作单位）.

（5） $\tan x \approx x$ （x 用弧度作单位）.

证 （1）取 $f(x) = \sqrt[n]{1+x}$，于是 $f(0) = 1$，

$$f'(0) = \frac{1}{n}(1+x)^{\frac{1}{n}-1}\Big|_{x=0} = \frac{1}{n},$$

代入（3.3.4）式得

$$\sqrt[n]{1+x} \approx 1 + \frac{1}{n}x.$$

（2）取 $f(x) = e^x$，于是 $f(0) = 1$，$f'(0) = (e^x)'|_{x=0} = 1$，代入（3.3.4）式得

$$e^x \approx 1 + x.$$

其他几个公式也可用类似的方法证明.

例 3.3.13 计算 $\arctan 1.05$ 的近似值.

解 设 $f(x) = \arctan x$，由式（3.3.2）有

$$\arctan(x_0 + \Delta x) \approx \arctan x_0 + \frac{1}{1+x_0^2}\Delta x,$$

取 $x_0 = 1$，$\Delta x = 0.05$ 有

$$\arctan 1.05 = \arctan(1+0.05) \approx \arctan 1 + \frac{1}{1+1^2} \times 0.05$$

$$= \frac{\pi}{4} + \frac{0.05}{2} \approx 0.81.$$

例 3.3.14 某球体的体积从 972π cm^3 增加到 973π cm^3，试求其半径的增量的近似值.

解 设球的半径为 r，体积 $V = \frac{4}{3}\pi r^3$，则 $r = \sqrt[3]{\dfrac{3V}{4\pi}}$.

$$\Delta r \approx \mathrm{d}r = \sqrt[3]{\frac{3}{4\pi}}\ \frac{1}{3\sqrt[3]{V^2}}\mathrm{d}V = \sqrt[3]{\frac{1}{36\pi}}\ \frac{1}{3\sqrt[3]{V^2}}\mathrm{d}V,$$

现 $V = 972\pi$ cm^3，$\mathrm{d}V = 973\pi - 972\pi = \pi$（cm^3）. 所以

$$\Delta r \approx \mathrm{d}r = \sqrt[3]{\frac{1}{36\pi(972\pi)^2}}\ \pi = \sqrt[3]{\frac{1}{36 \cdot 972^2}} \approx 0.003\,(\text{cm}),$$

即半径约增加 0.003 cm.

例 3.3.15 计算 $\sqrt[3]{65}$ 的近似值.

解法 1 设 $f(x) = \sqrt[3]{x}$，令 $x_0 = 64$，$\Delta x = 1$，由于 $f'(x) = \dfrac{1}{3}x^{-\frac{2}{3}}$，所以，

$$f'(x_0) = f'(64) = \frac{1}{3}\times 64^{-\frac{2}{3}} = \frac{1}{3}\times(4^3)^{-\frac{2}{3}}$$

$$= \frac{1}{3}\times 4^{-2} = \frac{1}{3}\times\frac{1}{16} = \frac{1}{48},$$

又因为当 $|\Delta x|$ 很小时，有 $\Delta y \approx \mathrm{d}y$，所以，

$$f(x_0+\Delta x)-f(x_0)\approx f'(x_0)\Delta x,$$

即　　　　　　　　　　　$$f(x_0+\Delta x)\approx f(x_0)+f'(x_0)\Delta x.$$

因此，　　　　　　　　　$$f(64+1)\approx f(64)+f'(64)\times 1,$$

即　　　　　　　　　　　$$\sqrt[3]{65}\approx\sqrt[3]{64}+\frac{1}{48}=4+\frac{1}{48}\approx 4.021.$$

解法 2　因为 $\sqrt[3]{65}=\sqrt[3]{64+1}=\sqrt[3]{64\left(1+\dfrac{1}{64}\right)}=4\sqrt[3]{1+\dfrac{1}{64}}$，由近似

公式（1）得

$$\sqrt[3]{65}=4\sqrt[3]{1+\frac{1}{64}}\approx 4\left(1+\frac{1}{3}\times\frac{1}{64}\right)=4+\frac{1}{48}\approx 4.021.$$

思考题 3.3

1. 设 $y=f(x)$ 在点 x_0 的某邻域有定义，且 $f(x_0+\Delta x)-f(x_0)=a\Delta x+b(\Delta x)^2$，其中 a,b 为常数，下列命题哪个正确？

（1）$f(x)$ 在点 x_0 处可导，且 $f'(x_0)=a$；

（2）$f(x)$ 在点 x_0 处可微，且 $\mathrm{d}f(x)\big|_{x=x_0}=a\mathrm{d}x$；

（3）$f(x_0+\Delta x)\approx f(x_0)+a\Delta x$（$|\Delta x|$ 很小时）.

2. 可导与可微有何关系？其几何意义分别表示什么？有何区别？

3. 用微分进行近似计算的理论依据是什么？

练习 3.3A

1. 求下列函数的微分：

（1）$f(x)=2x^2$；　　　　（2）$g(x)=3\mathrm{e}^x$；　　　　（3）$\varphi(x)=\sin x$；　　　　（4）$y=\cos x$.

2. $\mathrm{d}(\quad)=\mathrm{e}^{2x}\mathrm{d}x$，$\mathrm{d}(\quad)=\dfrac{\mathrm{d}x}{1+x}$，$\mathrm{d}(\quad)=\dfrac{\ln x}{x}\mathrm{d}x$.

3. 设 $f(x)=\ln(x+1)$，求 $\mathrm{d}f(x)\Big|_{\substack{x=2 \\ \Delta x=0.01}}$.

练习 3.3B

1. 求下列函数的微分：

（1）$y=x^2+\sin x$；　　　　（2）$y=\tan x$；　　　　（3）$y=x\mathrm{e}^x$；　　　　（4）$y=(3x-1)^{100}$.

2. 求 $\sqrt[3]{1.02}$，$\sin 29°$ 的近似值.

3.4　用数学软件进行导数与微分运算

文档
用数学软件
进行导数与微分运算

3.5　学习任务 3 解答　面积随半径的变化率

解

1. 设半径为 r 的圆的面积为 S，则 $S=\pi r^2$，$r\in(0,+\infty)$，

（1）因为 $\dfrac{\mathrm{d}S}{\mathrm{d}r}=(\pi r^2)'=2\pi r$，所以，圆盘面积关于半径的变化率为 $2\pi r$.

扫一扫，看代码
Mathematica 程序

扫一扫，看代码
MATLAB 程序

（2）因为 $\dfrac{\mathrm{d}S}{\mathrm{d}r}\Big|_{r=5}=2\pi r\big|_{r=5}=10\pi$，所以，半径为 5 cm 时，面积关于半径的变化率为 10π.

（3）因为 $\mathrm{d}S=(\pi r^2)'\mathrm{d}r=2\pi r\mathrm{d}r$，所以，

$$\mathrm{d}S=2\pi r\mathrm{d}r\big|_{\substack{r=5\\ \mathrm{d}r=0.021}}=2\times\pi\times5\times0.021\approx0.66(\mathrm{cm}^2)，$$

即半径由 5 cm 增加到 5.021 cm 时，面积大约增加了 0.66 cm^2.

2. 扫描左侧二维码，查看学习任务 3 的 Mathematica 程序.

3. 扫描左侧二维码，查看学习任务 3 的 MATLAB 程序.

复习题 3

A 级

1. 根据导数的定义求下列函数的导数：

（1）$f(x)=\sqrt{2x-1}$，计算 $f'(5)$；

（2）$f(x)=\cos x$，求 $f'(x)$.

2. 如果 $f(x)$ 在点 x_0 处可导，求

（1）$\lim\limits_{h\to0}\dfrac{f(x_0-h)-f(x_0)}{h}$；　　　　（2）$\lim\limits_{h\to0}\dfrac{f(x_0+\alpha h)-f(x_0+\beta h)}{h}$　（其中 α,β 为常数）.

3. 求下列曲线在指定点处的切线方程和法线方程：

（1）$y=\dfrac{1}{x}$ 在点 $(1,1)$；　　　　（2）$y=x^3$ 在点 $(2,8)$.

4. 一金属圆盘，当温度为 t 时，半径为 $r=r_0(1+\alpha t)$（r_0 与 α 为常数），求温度为 t 时，该圆盘面积关于温度的变化率$\left(\text{提示：求}\dfrac{\mathrm{d}r}{\mathrm{d}t}\right)$.

5. 假设制作 x kg 供出售的三叶草蜂蜜的成本为 $C(x)$ 元，其中

$$C(x)=40x-0.1x^2，\quad 0\leqslant x\leqslant80，$$

求在 $x=40$ kg 时的边际成本（提示：求 $C'(40)$）.

6. 求下列函数的导数：

（1）$y=2x^2-\dfrac{1}{x^3}+5x+1$；　　　　（2）$y=3\sqrt[3]{x^2}-\dfrac{1}{x^3}+\cos\dfrac{\pi}{3}$；　　　　（3）$y=x^2\sin x$；

（4）$y=x\ln x+\dfrac{\ln x}{x}$；　　　　（5）$y=(\sin x-\cos x)\ln x$；　　　　（6）$y=\dfrac{\sin x}{1+\cos x}$；

（7）$y=\dfrac{x\tan x}{1+x^2}$；　　　　（8）$y=(2+\sec x)\sin x$.

7. 求下列函数在指定点处的导数值:

(1) $f(x)=x+\sin x$ 在 $x=2\pi$ 处;

(2) $f(t)=\dfrac{t-\sin t}{t+\sin t}$ 在 $t=\dfrac{\pi}{2}$ 处;

(3) $y=(1+x^3)\left(5-\dfrac{1}{x^2}\right)$ 在 $x=1$ 处;

(4) $y=\dfrac{\cos x}{2x^3+3}$ 在 $x=\dfrac{\pi}{2}$ 处.

B 级

8. 曲线 $y=x^2+x-2$ 上哪一点的切线与 x 轴平行,哪一点的切线与直线 $y=4x-1$ 平行,又在哪一点的切线与 x 轴正向交角为 $60°$?

9. 设 $f(x)=x^3+9x^2+2x+2$,求满足 $f(x)=f'(x)$ 的所有 x 值.

10. 以初速度 v_0 上抛的物体,其上升的高度 s 与时间 t 的关系为

$$s(t)=v_0 t-\frac{1}{2}gt^2,$$

求(1) 上升物体的速度 $v(t)$;(2) 经过多少时间,它的速度为零.

11. 一底半径与高相等的直圆锥体受热膨胀,在膨胀过程中,其高和底半径的膨胀率相等,问:

(1) 体积关于底半径的变化率如何?

(2) 底半径为 5 cm 时,体积关于底半径的变化率如何?

12. 求下列函数的导数:

(1) $y=(x^3-x)^6$;

(2) $y=\sqrt{1+\ln^2 x}$;

(3) $y=\cot\left(\dfrac{1}{x}\right)$;

(4) $y=x^2\sin\left(\dfrac{1}{x}\right)$;

(5) $y=\ln\dfrac{x}{1-x}$;

(6) $y=\sin^2(\cos 3x)$;

(7) $y=\ln[\ln(\ln x)]$;

(8) $y=\dfrac{\sin^2 x}{\sin x^2}$;

(9) $y=\arcsin(1-x)$;

(10) $y=\arctan(\ln x)$.

13. 已知电容器极板上的电荷量为

$$Q(t)=cu_m\sin\omega t,$$

其中 c,u_m,ω 都是常数,求电流 $i(t)\left(\text{提示}:i(t)=\dfrac{\mathrm{d}Q(t)}{\mathrm{d}t}\right)$.

14. 质量为 m_0 的物质,在化学分解中经过时间 t 后,所剩的质量 m 与时间 t 的关系为 $m=m_0\mathrm{e}^{-kt}$($k>0$ 是常数),求物质的分解速度.

15. 若以 10 cm^3/s 的速率给一个球形气球充气,那么当气球半径为 2 cm 时,它的表面积增加有多快$\Bigg($提示:半径为 r 的球体体积 $V=\dfrac{4}{3}\pi r^3$,半径为 r 的球的表面积 $S=4\pi r^2$.为求 $\dfrac{\mathrm{d}S}{\mathrm{d}t}$,需要先通过 $\dfrac{\mathrm{d}V}{\mathrm{d}t}$ 求出 $\dfrac{\mathrm{d}r}{\mathrm{d}t}\Bigg)$?

16. 求下列函数的导数:

(1) $y=(x^3+1)^2$,求 y'';

(2) $y=x^2\sin 2x$,求 y'''.

17. 求下列函数的 n 阶导数:

(1) $y=x\mathrm{e}^x$;

(2) $y=\sin^2 x$.

18. 求由下列方程所确定的隐函数的导数 y':

(1) $y^3+x^3-3xy=0$;

(2) $\arctan\dfrac{y}{x}=\ln\sqrt{x^2+y^2}$.

19. 用对数求导法求下列函数的导数:

(1) $y = \dfrac{(2x+3)\sqrt[4]{x-6}}{\sqrt[3]{x+1}}$;　　　　　(2) $y = (\sin x)^{\cos x}$　($\sin x > 0$).

20. 求由下列参数方程所确定的函数 $y = y(x)$ 的导数 $\dfrac{dy}{dx}$:

(1) $\begin{cases} x = \dfrac{1}{t+1}, \\ y = \dfrac{t}{(t+1)^2}; \end{cases}$　　　　　(2) $\begin{cases} x = e^t \cos t, \\ y = e^t \sin t, \end{cases}$ 求 $\dfrac{dy}{dx}\Big|_{t=\frac{\pi}{2}}$.

21. 求曲线 $\begin{cases} x = \ln \sin t, \\ y = \cos t \end{cases}$ 在 $t = \dfrac{\pi}{2}$ 处的切线方程.

22. 求下列函数的微分:

(1) $y = \ln \sin \dfrac{x}{2}$;　　　　　(2) $e^{\frac{x}{y}} - xy = 0$.

23. 利用微分求近似值:

(1) $\arctan 1.02$;　　　(2) $\sin 30°30'$;　　　(3) $\ln 1.01$;　　　(4) $\sqrt[6]{65}$.

24. 水管壁的横截面是一个圆环,设它的内径为 R_0,壁厚为 h,试利用微分来计算这个圆环面积的近似值 $\Big($ 提示:半径为 r 的圆面积 $S = S(r) = \pi r^2$,圆环面积 $\Delta S = S(R_0 + h) - S(R_0) \approx dS \Big|_{\substack{r = R_0 \\ \Delta r = h}} \Big)$.

25. 如果半径为 15 cm 的球的半径伸长 2 mm,球的体积约扩大多少?

26. 已知单摆的振动周期 $T = 2\pi \sqrt{\dfrac{l}{g}}$,其中 $g = 980$ cm/s^2,l 为摆长(单位:cm),设原摆长为 20 cm,为使周期 T 增加 0.05 s,摆长约需加长多少 $\Big($ 提示:求 $dl \Big|_{\substack{dT = 0.05 \\ l = 20}} \Big)$?

C 级

27. 人在路灯下行走,其影子也随之移动,这是司空见惯的生活现象.若一人站在白炽灯光源的正下方以速度 v 向前直行时,试确定其影子的运动规律.

第4章 一元函数微分学的应用

某粮站要建上端为半球形、下端为圆柱形的粮仓,请回答如下问题:

1. 若粮仓的体积确定,问圆柱的底面半径与圆柱的高之比为多少时,粮仓(包含底面)的表面积最小?

2. 若容积为 1 000 m³,圆柱的底面半径和高各为多少时,粮仓(包含底面)的表面积最小?

该问题要求计算粮仓的最小表面积,也就是求其表面积函数的最小值.该问题涉及如何用导数研究函数的最大值、最小值等有关性态.

我们已经研究了导数概念及求导法则,本章将利用导数来研究函数的某些性态.所介绍的微分学中值定理是用导函数研究函数在区间上整体性质的有力工具.

引例 某日小明对数学老师说:老师,有一个问题长期困扰着我,即,如果已知某函数 $f(x)$ 的图形如图 4.0.1,我就很容易看到该函数在其定义区间 $[a,b]$ 上的变化情况.但是,如果我事先不知道该函数的图形,只知道其解析表达式,通过描点 $(a,f(a)),(0,f(0)),(1,f(1)),(2,f(2)),(3,f(3)),(b,f(b))$,得到的仅是图 4.0.2 所示的一条直线,与 $f(x)$ 的真实图形相差甚远,这个问题该如何解决?

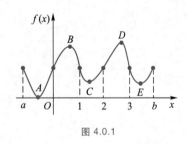

图 4.0.1

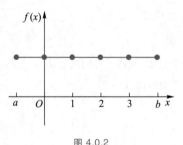

图 4.0.2

回答小明的问题其实很简单,就是小明在用"描点法"描绘函数 $f(x)$ 的图形时根本没有找到函数 $f(x)$ 的图形上的 A,B,C,D,E 这 5 个关键点.而这几个点恰是该函数所对应的"局部最低点"与"局部最高点",本章我们就研究如何利用导数找到这些点.

4.1 拉格朗日中值定理及函数的单调性

本节首先通过几何解释介绍拉格朗日(Lagrange,1736—1813)中值定理,随后介绍函数单调性的判别方法.

文档
拉格朗日

微视频
拉格朗日中值定理

4.1.1 拉格朗日中值定理

为了用导数研究函数,需要用导数表示函数的关系式.为此,我们先观察图 4.1.1.

由图 4.1.1 可以看出,在连续且除端点外处处有不垂直于 x 轴的切线的曲线弧 $\overset{\frown}{AB}$ 上,至少存在一点 $C(\xi,f(\xi))$,使曲线弧在该点的切线 CT 平行于该曲线

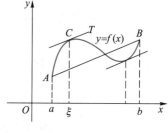

图 4.1.1

两端点的连线,即割线 AB.我们知道,两直线平行的充要条件是其斜率相等.由于曲线 $y=f(x)$ 在点 $C(\xi,f(\xi))$ 处的切线 CT 的斜率为 $f'(\xi)$,割线 AB 的斜率为 $\dfrac{f(b)-f(a)}{b-a}$,因此,有 $\dfrac{f(b)-f(a)}{b-a}=f'(\xi)$.这就把函数 $f(x)$ 在区间 $[a,b]$ 端点处的函数值与 $f'(x)$ 在点 ξ 处的值联系到了一起,为我们用导数研究函数提供了方便.将该事实用定理刻画就是:

> 定理 4.1.1(拉格朗日中值定理) 如果函数 $f(x)$ 满足下列条件:
>
> (1) 在闭区间 $[a,b]$ 上连续,
>
> (2) 在开区间 (a,b) 内可导,
>
> 那么,在开区间 (a,b) 内至少有一点 ξ,使得
>
> $$f(b)-f(a)=f'(\xi)(b-a). \qquad (4.1.1)$$

(4.1.1)式也叫拉格朗日中值公式,如果令 $x=a,\Delta x=b-a$,则(4.1.1)式又可写成

$$f(x+\Delta x)-f(x)=f'(\xi)\Delta x, \qquad (4.1.2)$$

其中 ξ 介于 x 与 $x+\Delta x$ 之间,如果将 ξ 表示成 $\xi=x+\theta\Delta x(0<\theta<1)$,上式也可写成

$$f(x+\Delta x)-f(x)=f'(x+\theta\Delta x)\Delta x \quad (0<\theta<1). \qquad (4.1.3)$$

拉格朗日中值定理是微分学的一个基本定理,在理论上和应用上都有很重要的价值.它建立了函数在一个区间上的改变量和函数在这个区间内某点处的导数之间的联系,从而使我们有可能用导数去研究函数在区间上的性态.

例 4.1.1 写出函数 $f(x)=x^2$ 在闭区间 $[1,2]$ 上所满足的拉格朗日公式,并求出满足拉格朗日公式的 ξ.

解 由于 $f(x)$ 在闭区间 $[1,2]$ 上连续,在开区间 $(1,2)$ 内可导,所以,在开区间 $(1,2)$ 内至少存在一点 ξ,使得

$$2^2-1^2=2\xi\cdot(2-1),$$

这就是所满足的拉格朗日公式.解之得 $\xi=\dfrac{3}{2}$.

4.1.2 两个重要推论

推论 1 如果函数 $f(x)$ 在区间 (a,b) 内满足 $f'(x)=0$,则在 (a,b) 内 $f(x)=C$ (C 为常数).

证 设 x_1, x_2 是区间 (a,b) 内的任意两点,且 $x_1 < x_2$,于是在区间 $[x_1, x_2]$ 上函数 $f(x)$ 满足拉格朗日中值定理的条件,故得

$$f(x_2) - f(x_1) = f'(\xi)(x_2 - x_1) \quad (x_1 < \xi < x_2),$$

由于 $f'(\xi) = 0$,所以 $f(x_2) - f(x_1) = 0$,即

$$f(x_1) = f(x_2).$$

因为 x_1, x_2 是 (a,b) 内的任意两点,于是上式表明 $f(x)$ 在 (a,b) 内任意两点的值总是相等的,即 $f(x)$ 在 (a,b) 内是一个常数,证毕.

例 4.1.2 证明

$$\arcsin x + \arccos x = \frac{\pi}{2}.$$

证 令 $$f(x) = \arcsin x + \arccos x,$$

由于 $$f'(x) = \frac{1}{\sqrt{1-x^2}} + \frac{-1}{\sqrt{1-x^2}} = 0,$$

所以,由推论 1 知,

$$f(x) = C \quad (\text{常数}),$$

即 $$\arcsin x + \arccos x = C.$$

取 $x=1$,有

$$\arcsin 1 + \arccos 1 = C.$$

所以 $$C = \frac{\pi}{2}.$$

因此 $$\arcsin x + \arccos x = \frac{\pi}{2}.$$

证毕.

推论 2 如果对 (a,b) 内任意 x,均有 $f'(x) = g'(x)$,则在 (a,b) 内 $f(x)$ 与 $g(x)$ 之间只差一个常数,即 $f(x) = g(x) + C$ (C 为常数).

证 令 $F(x) = f(x) - g(x)$,则 $F'(x) = 0$,由推论 1 知,$F(x)$ 在 (a,b) 内为一常数 C,即 $f(x) - g(x) = C$,$x \in (a,b)$,证毕.

4.1.3 函数的单调性

微视频
函数的单调性

在第 1 章,我们曾定义了函数的单调性,单调函数在高等数学中占有重要的地位,如单调函数才有反函数等.本段我们着重讨论函数的单调性与其导函数之间的关系,从而提供一种判别函数单调性的方法.

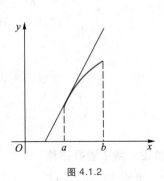

图 4.1.2

我们知道区间 $[a,b]$ 上的单调增函数 $f(x)$(图 4.1.2)的图像是一条随 x 的增大而逐渐上升的曲线.此时,曲线上任一点处的切线与 x 轴正向夹角为锐角,即 $f'(x) > 0$,反过来是否也成立呢? 我们有如下定理:

> **定理 4.1.2**(函数单调性判别) 设函数 $f(x)$ 在闭区间 $[a,b]$ 上连续,在开区间 (a,b) 内可导,则有
> (1) 如果在开区间 (a,b) 内 $f'(x)>0$,则函数 $f(x)$ 在闭区间 $[a,b]$ 上单调增加;
> (2) 如果在开区间 (a,b) 内 $f'(x)<0$,则函数 $f(x)$ 在闭区间 $[a,b]$ 上单调减少.

证 设 x_1,x_2 是 $[a,b]$ 上任意两点,且 $x_1<x_2$,则 $f(x)$ 在 $[x_1,x_2]$ 上满足拉格朗日中值定理,于是有
$$f(x_2)-f(x_1)=f'(\xi)(x_2-x_1) \quad (x_1<\xi<x_2),$$
如果 $f'(x)>0$,必有 $f'(\xi)>0$,又 $x_2-x_1>0$,于是有 $f(x_2)-f(x_1)>0$,即 $f(x_2)>f(x_1)$. 由于 x_1,x_2 $(x_1<x_2)$ 是 $[a,b]$ 上任意两点,所以函数 $f(x)$ 在 $[a,b]$ 上单调增加.

同理可证,如果 $f'(x)<0$,则函数 $f(x)$ 在 $[a,b]$ 上单调减少,证毕.

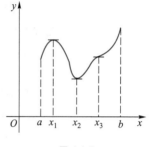

图 4.1.3

有时,函数在其整个定义域上并不具有单调性,但在其各个部分区间上却具有单调性.如图 4.1.3 所示,函数 $f(x)$ 在区间 $[a,x_1]$,$[x_2,b]$ 上单调增加,而在 $[x_1,x_2]$ 上单调减少,并且,从图上容易看到,可导函数 $f(x)$ 在单调区间的分界点处的导数为零,即 $f'(x_1)=f'(x_2)=0$.

因此,要确定可导函数 $f(x)$ 的单调区间,首先要求出使 $f'(x)=0$ 的点(称这样的点为驻点),然后,用这些驻点将 $f(x)$ 的定义域分成若干个子区间,再在每个子区间上用定理 4.1.2 判断函数的单调性.一般地,当 $f'(x)$ 在某区间内的个别点处为零,而在其余各点处都为正(或负)时,那么 $f(x)$ 在该区间上仍旧是单调增加(或单调减少).例如,图 4.1.3 中 $f'(x_3)=0$,但 $f(x)$ 在 $[x_2,b]$ 上仍是单调增加的.又如,$f(x)=x^3$ 在 $(-\infty,+\infty)$ 内除 $x=0$ 外,处处有 $f'(x)=3x^2>0$,函数 $f(x)=x^3$ 在 $(-\infty,+\infty)$ 内是单调增加的.

例 4.1.3 求函数 $y=x^2$ 的单调区间.

解 因为 $y=x^2$,所以 $y'=2x$,令 $y'=0$,得 $x=0$.用 $x=0$ 将 $y=x^2$ 的定义区间 $(-\infty,+\infty)$ 分成两个小区间 $(-\infty,0)$ 和 $(0,+\infty)$.由于 $x\in(-\infty,0)$ 时,$y'<0$;$x\in(0,+\infty)$ 时,$y'>0$.又因为函数 $y=x^2$ 分别在区间 $(-\infty,0]$ 和 $[0,+\infty)$ 上连续,因此,其单调减区间为 $(-\infty,0]$,单调增区间为 $[0,+\infty)$.

例 4.1.4 讨论函数 $f(x)=3x^2-x^3$ 的单调性.

解 因为 $f(x)=3x^2-x^3$,所以
$$f'(x)=6x-3x^2=3x(2-x).$$
令 $f'(x)=0$ 得驻点 $x_1=0,x_2=2$,用它们将 $f(x)$ 的定义区间 $(-\infty,+\infty)$ 分成三个小区间 $(-\infty,0]$,$[0,2]$,$[2,+\infty)$,并列表讨论如下:

开区间	$(-\infty,0)$	$(0,2)$	$(2,+\infty)$
$f'(x)$	<0	>0	<0
$f(x)$ 的连续区间	$(-\infty,0]$	$[0,2]$	$[2,+\infty)$
$f(x)$ 的增减性[注]	↘	↗	↘

注:用"↘"表示函数 $f(x)$ 在给定区间上单调递减;用"↗"表示函数 $f(x)$ 在给定区间上单调递增.

根据此表及定理 4.1.2 知,函数 $f(x)$ 在区间 $(-\infty,0]$ 与 $[2,+\infty)$ 上单调减少,在区间 $[0,2]$ 上单调增加.

例 4.1.5 证明 $x>0$ 时，$e^x>x$.

证 令 $f(x)=e^x-x$，则 $f(x)$ 在 $[0,+\infty)$ 上连续，又因为 $f'(x)=e^x-1$，所以，当 $x\in(0,+\infty)$ 时，有 $f'(x)>0$，因此，$f(x)$ 在 $[0,+\infty)$ 上单调增加，所以，当 $x>0$ 时，有 $f(x)>f(0)=1>0$，即 $x>0$ 时，$e^x-x>0$，亦即 $x>0$ 时，$e^x>x$. 证毕.

用完全类似的方法，可以证明 $x>0$ 时，有 $e^x>1+x$ 成立.请读者自证.

思考题 4.1

1. 将拉格朗日中值定理中的条件 $f(x)$"在闭区间 $[a,b]$ 上连续"换为"在开区间 (a,b) 内连续"后，定理是否还成立？试举例（只需画图）说明.

2. 罗尔（Rolle，1652—1719）中值定理是微分中值定理中一个最基本的定理.仔细阅读下面给出的罗尔中值定理的条件与结论，并回答所列问题.

罗尔中值定理 若 $f(x)$ 满足如下 3 条：

（1）在闭区间 $[a,b]$ 上连续，

（2）在开区间 (a,b) 内可导，

（3）在区间 $[a,b]$ 端点处的函数值相等，即 $f(a)=f(b)$，

则在开区间 (a,b) 内至少存在一点 ξ，使得 $f'(\xi)=0$.

需回答的问题：

（1）罗尔中值定理与拉格朗日中值定理的联系与区别？

（2）若将罗尔中值定理中条件（1）换成"在开区间 (a,b) 内连续"，定理的结论还成立吗？画图说明.

（3）不求 $f(x)=(x-1)(x-2)(x-3)(x-4)$ 的导数，说明方程 $f'(x)=0$ 有几个实根，并指出它们所在的区间（提示：注意 $f(x)$ 为 4 次多项式，$f'(x)$ 为 3 次多项式，3 次多项式至多有 3 个实根）.

3. 举例说明罗尔中值定理与拉格朗日中值定理的条件是充分的而非必要的（可采用画图方式说明）.

练习 4.1A

1. 求 $y=x^2-2x-1$ 的单调区间.

2. 讨论函数 $y=e^x$ 的单调性.

练习 4.1B

1. 求函数 $f(x)=\dfrac{1}{3}x^3+\dfrac{1}{2}x^2+x+1$ 的单调区间.

2. 讨论函数 $f(x)=e^{-x^2}$ 的单调性.

3. 求函数 $f(x)=e^{x^3}$ 在 $[-1,1]$ 上的最小值与最大值（提示：利用函数的单调性）.

4.2   柯西中值定理与洛必达法则

文档
柯西

本节首先给出柯西（Cauchy，1789—1857）中值定理，然后用柯西中值

微视频
柯西中值定理

定理研究用导数求未定型极限的方法——洛必达(L'Hospital,1661—1704)法则.

4.2.1 柯西中值定理

柯西中值定理与拉格朗日中值定理有相同的几何背景,只需把曲线方程换成参数方程即可.柯西中值定理内容如下:

定理 4.2.1(柯西中值定理) 如果函数 $f(x)$ 与 $F(x)$ 满足下列条件:

(1) 在闭区间 $[a,b]$ 上连续,

(2) 在开区间 (a,b) 内可导,

(3) $F'(x)$ 在 (a,b) 内的每一点均不为零,

那么在开区间 (a,b) 内至少有一点 ξ,使得

$$\frac{f(b)-f(a)}{F(b)-F(a)} = \frac{f'(\xi)}{F'(\xi)}. \tag{4.2.1}$$

本定理不作理论证明,仅作几何解释如下:

若将定理 4.2.1 中的 x 看成参数,则可将

$$X = F(x), Y = f(x), \quad a \leqslant x \leqslant b$$

看作一条曲线的参量方程表示式,这时 $\dfrac{f(b)-f(a)}{F(b)-F(a)}$ 表示连接曲线两端点 $A(F(a),f(a))$,$B(F(b),f(b))$ 的弦的斜率(图 4.2.1),而 $\dfrac{f'(\xi)}{F'(\xi)}$ 表示该曲线上某一点 $C(F(\xi),f(\xi))$ 处切线的斜率.因此,柯西中值定理的几何意义就表示:在连续且除端点外处处有不垂直于 X 轴的切线的曲线弧 $\overset{\frown}{AB}$ 上,至少存在一点 C,在该点处的切线平行于两端点的连线.

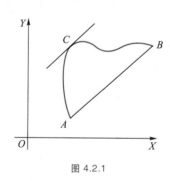

图 4.2.1

微视频
洛必达法则

文档
洛必达

4.2.2 洛必达法则

把两个无穷小之比或两个无穷大之比的极限称为"$\dfrac{0}{0}$"型或"$\dfrac{\infty}{\infty}$"型不定式(也称为"$\dfrac{0}{0}$"型或"$\dfrac{\infty}{\infty}$"型未定型)的极限.洛必达法则就是以导数为工具求不定式的极限方法.

定理 4.2.2(洛必达法则) 若

(1) $\lim\limits_{x \to x_0} f(x) = 0, \lim\limits_{x \to x_0} g(x) = 0$,

(2) $f(x)$ 与 $g(x)$ 在 x_0 的某邻域内(点 x_0 可除外)可导,且 $g'(x) \neq 0$,

（3）$\lim\limits_{x \to x_0} \dfrac{f'(x)}{g'(x)} = A$ （A 为有限数，也可为 $+\infty$ 或 $-\infty$），

则

$$\lim_{x \to x_0} \frac{f(x)}{g(x)} = \lim_{x \to x_0} \frac{f'(x)}{g'(x)} = A. \tag{4.2.2}$$

证　由于我们要讨论的是函数在点 x_0 处的极限，而极限与函数在点 x_0 处的值无关，所以我们可补充 $f(x)$ 与 $g(x)$ 在 x_0 处的定义，而对问题的讨论不会发生任何影响。令 $f(x_0) = g(x_0) = 0$，则 $f(x)$ 与 $g(x)$ 在点 x_0 处连续。在点 x_0 附近任取一点 x，并应用柯西中值定理，得

$$\frac{f(x)}{g(x)} = \frac{f(x) - f(x_0)}{g(x) - g(x_0)} = \frac{f'(\xi)}{g'(\xi)} \quad （\xi \text{ 在 } x \text{ 与 } x_0 \text{ 之间}），$$

由于 $x \to x_0$ 时，$\xi \to x_0$，所以，对上式取极限便得要证的结果，证毕。

注意　上述定理对 $x \to \infty$ 时的"$\dfrac{0}{0}$"未定型同样适用，对于 $x \to x_0$ 或 $x \to \infty$ 时的"$\dfrac{\infty}{\infty}$"未定型，也有相应的法则。

例 4.2.1　求 $\lim\limits_{x \to 0} \dfrac{1 - e^x}{2x}$。

解　因为 $\lim\limits_{x \to 0} (1 - e^x) = 1 - e^0 = 0$，$\lim\limits_{x \to 0} 2x = 0$，所以，由洛必达法则有，

$$\lim_{x \to 0} \frac{1 - e^x}{2x} = \lim_{x \to 0} \frac{(1 - e^x)'}{(2x)'} = \lim_{x \to 0} \frac{-e^x}{2} = -\frac{1}{2}.$$

注意　在求未定型"$\dfrac{0}{0}$"或"$\dfrac{\infty}{\infty}$"的极限时，当用过一次洛必达法则后，若其极限已经不满足洛必达法则的条件了，就需要改用其他方法确定极限；对有的极限问题，当用过一次洛必达法则后所得极限仍为"$\dfrac{0}{0}$"或"$\dfrac{\infty}{\infty}$"型未定式，则还可以继续应用洛必达法则求极限。

例 4.2.2　求 $\lim\limits_{x \to 1} \dfrac{x^3 - 3x + 2}{x^3 - x^2 - x + 1}$。

解　$\lim\limits_{x \to 1} \dfrac{x^3 - 3x + 2}{x^3 - x^2 - x + 1} = \lim\limits_{x \to 1} \dfrac{3x^2 - 3}{3x^2 - 2x - 1} = \lim\limits_{x \to 1} \dfrac{6x}{6x - 2} = \dfrac{6}{4} = \dfrac{3}{2}$。

例 4.2.3　求 $\lim\limits_{x \to \pi} \dfrac{1 + \cos x}{\tan x}$。

解　$\lim\limits_{x \to \pi} \dfrac{1 + \cos x}{\tan x} = \lim\limits_{x \to \pi} \dfrac{-\sin x}{\dfrac{1}{\cos^2 x}} = 0$。

例 4.2.4 求 $\lim\limits_{x\to+\infty}\dfrac{\dfrac{\pi}{2}-\arctan x}{\dfrac{1}{x}}$.

解 $\lim\limits_{x\to+\infty}\dfrac{\dfrac{\pi}{2}-\arctan x}{\dfrac{1}{x}}=\lim\limits_{x\to+\infty}\dfrac{-\dfrac{1}{1+x^2}}{-\dfrac{1}{x^2}}=\lim\limits_{x\to+\infty}\dfrac{x^2}{1+x^2}=1.$

例 4.2.5 求 $\lim\limits_{x\to+\infty}\dfrac{\ln x}{x^n}$ $(n>0)$.

解 $\lim\limits_{x\to+\infty}\dfrac{\ln x}{x^n}=\lim\limits_{x\to+\infty}\dfrac{\dfrac{1}{x}}{nx^{n-1}}=\lim\limits_{x\to+\infty}\dfrac{1}{nx^n}=0.$

除未定型"$\dfrac{0}{0}$"与"$\dfrac{\infty}{\infty}$"之外,还有"$0\cdot\infty$""$\infty-\infty$""0^0""1^∞""∞^0"等未定型,这里不一一介绍,有兴趣的读者可参阅相应的书籍,下面就"$\infty-\infty$"未定型再举一例.

例 4.2.6 求 $\lim\limits_{x\to1}\left(\dfrac{x}{x-1}-\dfrac{1}{\ln x}\right)$.

解 这是"$\infty-\infty$"未定型,通过"通分"将其化为"$\dfrac{0}{0}$"未定型.

$$\lim\limits_{x\to1}\left(\dfrac{x}{x-1}-\dfrac{1}{\ln x}\right)=\lim\limits_{x\to1}\dfrac{x\ln x-(x-1)}{(x-1)\ln x}=\lim\limits_{x\to1}\dfrac{x\dfrac{1}{x}+\ln x-1}{\ln x+\dfrac{x-1}{x}}$$

$$=\lim\limits_{x\to1}\dfrac{\ln x}{1-\dfrac{1}{x}+\ln x}=\lim\limits_{x\to1}\dfrac{\dfrac{1}{x}}{\dfrac{1}{x^2}+\dfrac{1}{x}}$$

$$=\dfrac{1}{2}.$$

在使用洛必达法则时,应注意如下几点:

(1)每次使用法则前,必须检验是否属于"$\dfrac{0}{0}$"或"$\dfrac{\infty}{\infty}$"未定型,若不是未定型,就不能使用该法则.

(2)如果有可约因子要先约去,如果有非零极限值的乘积因子,可先求出其极限,以简化演算步骤.

(3)当 $\lim\dfrac{f'(x)}{g'(x)}$ 不存在(不包括 ∞ 的情形)时,并不能断定 $\lim\dfrac{f(x)}{g(x)}$ 也不存在,此时应改用其他方法求极限.

例 4.2.7   证明 $\lim\limits_{x\to\infty}\dfrac{x+\sin x}{x}$ 存在,但不能用洛必达法则求解.

解   因为 $\lim\limits_{x\to\infty}\dfrac{x+\sin x}{x}=\lim\limits_{x\to\infty}\left(1+\dfrac{\sin x}{x}\right)=1+0=1$,

所以,所给极限存在.

又因为 $\lim\limits_{x\to\infty}\dfrac{(x+\sin x)'}{(x)'}=\lim\limits_{x\to\infty}\dfrac{1+\cos x}{1}=\lim\limits_{x\to\infty}(1+\cos x)$ 不存在,所以,所给极限不能用洛必达法则求出.

思考题 4.2

1. 用洛必达法则求极限时应注意什么?

2. 把柯西中值定理中的"$f(x)$ 与 $F(x)$ 在闭区间 $[a,b]$ 上连续"换成"$f(x)$ 与 $F(x)$ 在开区间 (a,b) 内连续"后,柯西中值定理的结论是否还成立? 试举例(只需画出函数图像)说明.

练习 4.2A

用洛必达法则求下列极限:

（1） $\lim\limits_{x\to1}\dfrac{x^2-1}{x-1}$;   （2） $\lim\limits_{x\to0}\dfrac{\sin 2x}{x}$;   （3） $\lim\limits_{x\to\pi}\dfrac{\sin(x-\pi)}{x-\pi}$;   （4） $\lim\limits_{x\to0}\dfrac{x^4-3x^2+2x-\sin x}{x^4-x}$.

练习 4.2B

1. 设 $f(x)=\dfrac{\dfrac{1}{4}x^4-\dfrac{1}{3}x^3}{x-\sin x}$,求 $\lim\limits_{x\to0}f(x)$.

2. 设 $f(x)=x^2-x$,直接用柯西中值定理求极限 $\lim\limits_{x\to0}\dfrac{f(x)}{\sin x}$.

4.3   函数的极值与最值

本节先研究函数极值的定义及取得极值的必要条件,而后研究极值存在的判定定理,最后,给出求闭区间上连续函数的最大值、最小值的方法,并结合具体例子介绍了求解实际问题最值的方法.

4.3.1   函数的极值

微视频
函数的极值

> **定义 4.3.1**   设函数 $f(x)$ 在点 x_0 的某邻域内有定义,且对此邻域内任一点 $x(x\neq x_0)$,均有 $f(x)<f(x_0)$,则称 $f(x_0)$ 是函数 $f(x)$ 的一个极大值.同样,如果对此邻域内任一点 $x(x\neq x_0)$,均有 $f(x)>f(x_0)$,则称 $f(x_0)$ 是函数 $f(x)$ 的一个极小值.函数的极大值与极小值统称为函数的极值.使函数取得极值的点 x_0,称为极值点.

注意 （1）函数在一个区间上可能有几个极大值和几个极小值,其中有的极大值可能比极小值还小.如图 4.3.1 所示:$f(x_1)$,$f(x_3)$,$f(x_5)$ 均是 $f(x)$ 的极小值,$f(x_0)$,$f(x_2)$,$f(x_4)$ 均是 $f(x)$ 的极大值.显然,极小值 $f(x_5)$ 大于极大值 $f(x_2)$.

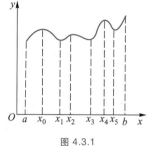

图 4.3.1

（2）函数的极值概念是局部性的,它们与函数的最值(函数 $f(x)$ 在其定义域上的最大值与最小值统称为 $f(x)$ 的最值)不同.极值 $f(x_0)$ 是就点 x_0 附近的一个局部范围来说的,最大值与最小值是就 $f(x)$ 的整个定义域而言的.

从图 4.3.1 可以看出,可导函数在取得极值处的切线是水平的,即极值点 x_0 处,必有 $f'(x_0)=0$,于是有下面的定理.

> **定理 4.3.1（极值的必要条件）** 设 $f(x)$ 在点 x_0 处具有导数,且在点 x_0 处取得极值,那么 $f'(x_0)=0$.

证明从略.

前面我们已经谈过使 $f'(x_0)=0$ 的点 x_0 叫做函数 $f(x)$ 的驻点.定理 4.3.1 告诉我们可导函数 $f(x)$ 的极值点必是 $f(x)$ 的驻点.反过来,驻点却不一定是 $f(x)$ 的极值点.如 $x=0$ 是函数 $f(x)=x^3$ 的驻点,但不是其极值点.

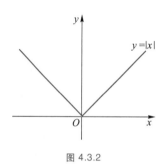

图 4.3.2

对于一个连续函数,它的极值点还可能是使导数不存在的点,称这种点为尖点.例如,$f(x)=|x|$,$f'(0)$ 不存在,但 $x=0$ 是它的极小值点(图 4.3.2).

总之,连续函数 $f(x)$ 的可能极值点只能是其驻点或尖点,为了判断可能极值点是否为极值点,有如下定理.

> **定理 4.3.2（极值的第一充分条件）** 设 $f(x)$ 在点 x_0 处连续,在点 x_0 的某一空心邻域内可导.当 x 由小到大经过点 x_0 时,如果
> （1）$f'(x)$ 由正变负,那么点 x_0 是极大值点.
> （2）$f'(x)$ 由负变正,那么点 x_0 是极小值点.
> （3）$f'(x)$ 不变号,那么点 x_0 不是极值点.

证 （1）由假设知,$f(x)$ 在点 x_0 的左侧邻近 $(x_0-\delta, x_0]$（$\delta>0$）单调增加,在点 x_0 的右侧邻近 $[x_0, x_0+\delta)$（$\delta>0$）单调减少,即当 $x<x_0$ 时,$f(x)<f(x_0)$;当 $x>x_0$ 时,$f(x)<f(x_0)$,因此 x_0 是 $f(x)$ 的极大值点,$f(x_0)$ 是 $f(x)$ 的极大值.

类似地可证明(2).

（3）由假设,当 x 在点 x_0 的某个邻域（$x\neq x_0$）内取值时,$f'(x)>0(<0)$,所以在这个邻域内是单调增加(减少)的,因此 x_0 不是极值点,证毕.

例 4.3.1 求函数 $y=1-x^2$ 的极值.

解 因为 $y=1-x^2$,所以 $y'=-2x$.令 $y'=0$,得 $x=0$.

用 $x=0$ 将函数 $y=1-x^2$ 的定义域 $(-\infty, +\infty)$ 分成两个区间,列表讨论如下:

x	$(-\infty,0)$	0	$(0,+\infty)$
y'	+	0	−
y	↗	极大值	↘

由上表可见,函数 $y=1-x^2$ 在 $x=0$ 处取得极大值 $y=1$.

定理 4.3.3(极值的第二充分条件)　设 $f(x)$ 在点 x_0 处具有二阶导数且 $f'(x_0)=0,f''(x_0)\neq0$.

(1) 如果 $f''(x_0)<0$,则 $f(x)$ 在点 x_0 取得极大值.

(2) 如果 $f''(x_0)>0$,则 $f(x)$ 在点 x_0 取得极小值.

例 4.3.2　求函数 $f(x)=x^3-6x^2+9x$ 的极值.

解法 1　因为 $f(x)=x^3-6x^2+9x$ 的定义域为 $(-\infty,+\infty)$,且 $f'(x)=3x^2-12x+9=3(x-1)(x-3)$.

令 $f'(x)=0$,得驻点 $x_1=1,x_2=3$.

在 $(-\infty,1)$ 内,$f'(x)>0$;在 $(1,3)$ 内,$f'(x)<0$,故由定理 4.3.2 知,$f(1)=4$ 为函数 $f(x)$ 的极大值.

同理知 $f(3)=0$ 为 $f(x)$ 的极小值.

解法 2　因为 $f(x)=x^3-6x^2+9x$ 的定义域为 $(-\infty,+\infty)$,且 $f'(x)=3x^2-12x+9$,$f''(x)=6x-12$.

令 $f'(x)=0$,得驻点 $x_1=1,x_2=3$.

又因为 $f''(1)=-6<0$,所以,$f(1)=4$ 为极大值.

$f''(3)=6>0$,所以,$f(3)=0$ 为极小值.

例 4.3.3　求函数 $f(x)=2-(x-1)^{\frac{2}{3}}$ 的极值.

解　因为 $f(x)=2-(x-1)^{\frac{2}{3}}$ 的定义域为 $(-\infty,+\infty)$,$f(x)$ 在 $(-\infty,+\infty)$ 上连续,且

$$f'(x)=-\frac{2}{3}(x-1)^{-\frac{1}{3}}=\frac{-2}{3(x-1)^{\frac{1}{3}}}\quad(x\neq1),$$

当 $x=1$ 时,$f'(x)$ 不存在,所以 $x=1$ 为 $f(x)$ 的可能极值点.在 $(-\infty,1)$ 内,$f'(x)>0$;在 $(1,+\infty)$ 内,$f'(x)<0$,由定理 4.3.2 知,$f(x)$ 在 $x=1$ 处取得极大值 $f(1)=2$.

4.3.2　函数的最值

微视频
函数的最值

在工农业生产及实际生活中,经常会遇到如何做才能使"用料最省""产值最高""质量最好""耗时最少"等问题,这类问题在数学上就是最大值、最小值问题.

在第 2 章,我们已经知道:闭区间 $[a,b]$ 上的连续函数 $f(x)$ 一定存在着最大值和最小值.显然,函数在闭区间 $[a,b]$ 上的最大值和最小值只能在区间 (a,b) 内的极值点和闭区间 $[a,b]$ 的端点处达到.因此可先求出函数在一切可能的极值点(包括驻点和不可导点)和端点处的函数值,然后再比较这些数值的大小,即可得出函数的最大值和最小值.

例 4.3.4 求函数 $f(x)=2x^3+3x^2-12x$ 在 $[-3,4]$ 上的最大值和最小值.

解 因为 $f(x)=2x^3+3x^2-12x$ 在 $[-3,4]$ 上连续,所以在该区间上存在着最大值和最小值.

又因为 $f'(x)=6x^2+6x-12=6(x+2)(x-1)$,令 $f'(x)=0$,得驻点 $x_1=-2,x_2=1$,由于

$$f(-2)=20, \quad f(1)=-7, \quad f(-3)=9, \quad f(4)=128,$$

比较各值,可得函数 $f(x)$ 的最大值为 $f(4)=128$,最小值为 $f(1)=-7$.

对于实际问题,往往根据问题的性质就可断定函数 $f(x)$ 在定义区间的内部确有最大值或最小值.理论上可以证明:若实际问题已断定 $f(x)$ 在其定义区间内部(不是端点处)存在着最大值(或最小值),且 $f'(x)=0$ 在定义区间内只有一个根 x_0,那么,可断定 $f(x)$ 在点 x_0 取得相应的最大值(或最小值).

例 4.3.5 有一块宽为 $2a$ 的长方形铁皮,将宽的两个边缘向上折起,做成一个开口水槽,其横截面为矩形,问矩形高 x 取何值时水槽的流量最大?

解 设两边各折起 x(图 4.3.3 所示为水槽的横截面),则横截面积为

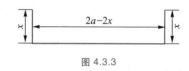

图 4.3.3

$$S(x)=x(2a-2x)=2ax-2x^2 \quad (0<x<a),$$

这样,问题归结为:当 x 为何值时,$S(x)$ 取最大值.

由于 $S'(x)=2a-4x$,令 $S'(x)=0$,得 $S(x)$ 的唯一驻点 $x=\dfrac{a}{2}$.

又因为铁皮两边折得过大或过小,其横截面积都会变小,因此,该实际问题存在着最大截面积.所以,$S(x)$ 的最大值在 $x=\dfrac{a}{2}$ 处取得,即当 $x=\dfrac{a}{2}$ 时,水槽的流量最大.

例 4.3.6 铁路线上 AB 的距离为 100 km,工厂 C 距 A 处为 20 km,AC 垂直于 AB(图 4.3.4),今要在 AB 线上选定一点 D 向工厂修筑一条公路,已知铁路与公路每千米货运费之比为 $3:5$,问点 D 选在何处,才能使从 B 到 C 的运费最少?

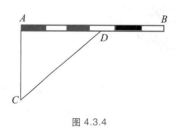

图 4.3.4

解 设 $AD=x(\text{km})$,则 $DB=100-x,CD=\sqrt{20^2+x^2}$.

由于铁路每千米货物运费与公路每千米货物运费之比为 $3:5$,因此,不妨设铁路上每千米运费为 $3k$,则公路上每千米运费为 $5k$,并设从点 B 到点 C 需要的总运费为 y,则

$$y=5k\sqrt{20^2+x^2}+3k(100-x) \quad (0\leqslant x\leqslant 100),$$

由此可见,x 过大或过小,总运费 y 均不会变小,故有一个合适的 x 使总运费 y 达到最小值.

又因为

$$y'=k\left(\frac{5x}{\sqrt{400+x^2}}-3\right),$$

令 $y'=0$,即 $\dfrac{5x}{\sqrt{400+x^2}}-3=0$,得 $x=15$ 为函数 y 在其定义域内的唯一驻点,故知 y 在 $x=15$ 处取得最小值,即点 D 应选在距 A 为 15 km 处,运费最少.

思考题 4.3

1. 画图说明闭区间上连续函数 $f(x)$ 的极值与最值之间的关系.

2. 可能极值点有哪几种？如何判定可能极值点是否为极值点.

3. 对定理 4.3.3(极值的第二充分条件)进行几何解释.

练习 4.3A

1. 求函数 $y=2x^2+4x+1$ 的驻点.

2. 讨论函数 $y=(1-x)^2$ 的极值.

练习 4.3B

1. 求函数 $y=2+(1-x)^2$ 的极值.

2. 求函数 $f(x)=x^3+3x^2$ 在闭区间 $[-5,5]$ 上的极大值与极小值,最大值与最小值.

3. 求函数 $y=x+\sqrt{1-x}$ 在 $[-5,1]$ 上的最大值.

*4.4　曲率

　　工程技术和现实生活中,许多问题都要考虑曲线的弯曲程度,如在修铁路时,铁路线的弯曲程度必须合适,否则,容易造成火车出轨.数学上用"曲率"这一概念描述曲线的弯曲程度.

4.4.1　曲率的概念

微视频
曲率与曲率半径

　　我们坐汽车时,公路拐弯在车里是有感觉的.我们说这个弯大,那个弯小,通常是从两方面说的:一是指公路的方向改变的大小,如原来向北最后拐向东了,我们说方向改变了 90°;另一方面是指在多远的路程上改变了这个角度,如果两个弯都是改变了 90°,但一个是在 10 m 内改变的,一个是在 1 000 m 内改变的,当然我们说前者比后者弯曲得厉害.由此可见,弯曲程度是由方向改变的大小以及在多长一段路程上改变的这两个因素所决定的.并且,弯曲程度与方向改变的大小成正比,与改变这个方向所经过的路程成反比.

　　设 A,B 是曲线 $y=f(x)$ 上两个点(图 4.4.1),假如曲线在点 A 和点 B 的切线与 x 轴的夹角分别为 α 和 $\alpha+\Delta\alpha$,那么,当点从 A 沿曲线 $y=f(x)$ 变到 B 时,角度改变了 $\Delta\alpha$,而改变这个角度所经过的路程则是弧长 $\Delta s=\overset{\frown}{AB}$,我们自然就用比值 $\left|\dfrac{\Delta\alpha}{\Delta s}\right|$ 来刻画曲线段 $\overset{\frown}{AB}$ 上的弯曲程度,称为平均曲率.为了刻画曲线在某点处的曲率,我们有如下定义:

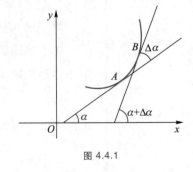

图 4.4.1

> **定义 4.4.1(曲率)**　称 $K=\left|\lim\limits_{\Delta s\to 0}\dfrac{\Delta\alpha}{\Delta s}\right|=\left|\dfrac{\mathrm{d}\alpha}{\mathrm{d}s}\right|$ 为曲线在点 A 的曲率.

例 4.4.1　求半径为 R 的圆的平均曲率及曲率.

解　在图 4.4.2 中,由于 $\angle AO'B = \Delta\alpha$,又等于 $\dfrac{\Delta s}{R}$,

所以,

$$\frac{\Delta\alpha}{\Delta s} = \frac{\dfrac{\Delta s}{R}}{\Delta s} = \frac{1}{R}$$

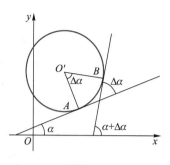

图 4.4.2

为 $\overset{\frown}{AB}$ 段的平均曲率,当 $B \to A$ 时,有 $\Delta s \to 0$,所以,圆上任一点 A 的曲率

$$K = \left| \lim_{\Delta s \to 0} \frac{\Delta\alpha}{\Delta s} \right| = \lim_{\Delta s \to 0} \frac{1}{R} = \frac{1}{R}.$$

可见,圆上任一点处的曲率都等于圆半径的倒数.因而圆的半径愈大,曲率愈小;半径愈小,曲率愈大.这表明曲率确实反映了曲线的弯曲程度.

由于圆的半径等于圆的曲率的倒数,所以对于一般的曲线,我们把它在各点的曲率的倒数称为它在该点的曲率半径,记为 R,因此,$R = \dfrac{1}{K}$(如果 $k = 0$,则说曲率半径为 $+\infty$).

4.4.2　曲率的计算

设函数 $y = f(x)$ 在 (a,b) 内具有连续导数,x_0 为 (a,b) 内一个定点,x,$x + \Delta x$ 为 (a,b) 内两个邻近的点,M_0,M,M' 分别为曲线 $y = f(x)$ 上与 x_0,x,$x + \Delta x$ 对应的点(图 4.4.3).以 s 表示这条曲线由基点 M_0 到点 M 的一段弧 $\overset{\frown}{M_0 M}$ 的长度(当 M 在 M_0 右边时规定 $s > 0$,当 M 在 M_0 左边时规定 $s < 0$).这样,对任意的 $x \in (a,b)$,在曲线 $f(x)$ 上都有一个确定的弧长 S 与之对应,即弧长 s 是 x 的函数,设对应于 x 的增量 Δx,弧长 s 的增量为 Δs,则 $\Delta s = \overset{\frown}{M_0 M'} - \overset{\frown}{M_0 M}$.于是有 $\lim\limits_{\Delta x \to 0} \Delta s = 0$,$\lim\limits_{\Delta x \to 0} \overline{MM'} = 0$.我们还可以证明 $\lim\limits_{\Delta x \to 0} \dfrac{\Delta s}{MM'} = 1$,这就是说小段弧长 Δs 与和其对应的弦 $\overline{MM'}$ 是 $\Delta x \to 0$ 时的两个等价无穷小,因此

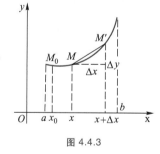

图 4.4.3

$$\frac{\mathrm{d}s}{\mathrm{d}x} = \lim_{\Delta x \to 0} \frac{\Delta s}{\Delta x} = \lim_{\Delta x \to 0} \frac{MM'}{\Delta x} = \lim_{\Delta x \to 0} \frac{\sqrt{(\Delta x)^2 + (\Delta y)^2}}{\Delta x} = \sqrt{1 + y'^2},$$

所以

$$\mathrm{d}s = \sqrt{1 + y'^2}\,\mathrm{d}x.$$

又因为曲线 $y = f(x)$ 在点 M 处的切线斜率为 $y' = \tan\alpha$,所以,$\alpha = \arctan y'$.

$$\mathrm{d}\alpha = \frac{y''}{1 + y'^2}\mathrm{d}x,$$

因此

$$k = \left| \frac{\mathrm{d}\alpha}{\mathrm{d}s} \right| = \left| \frac{\dfrac{y''}{1 + y'^2}\mathrm{d}x}{\sqrt{1 + y'^2}\,\mathrm{d}x} \right| = \left| \frac{y''}{(1 + y'^2)^{3/2}} \right|, \tag{4.4.1}$$

这就是曲线 $y=f(x)$ 的曲率计算公式.

例 4.4.2　求直线 $y=ax+b$ 的曲率.

解　因为 $y'=a$，$y''=0$，代入公式（4.4.1），得

$$K=0,$$

即直线不弯曲.

例 4.4.3　在铁轨由直道进入圆弧弯道时，由于接头处的曲率突然改变，容易产生事故，为了平稳行驶，往往在直线和圆弧交接处接入一段缓冲曲线（图 4.4.4），使它的曲率逐步地由零过渡到 $\dfrac{1}{R}$（R 为圆弧半径），通常采用立方抛物线 $y=\dfrac{x^3}{6Rl}$ 作为缓冲曲线，其中 l 为弧 $\overset{\frown}{OM}$ 的长度，试验证缓冲曲线弧 $\overset{\frown}{OM}$ 在端点 O 处的曲率为零，并且当 $\dfrac{l}{R}$ 很小时，在 M 处的曲率为 $\dfrac{1}{R}$.

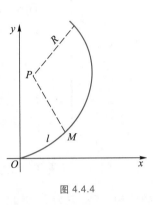

图 4.4.4

解　因为 $\overset{\frown}{OM}$ 的方程为 $y=\dfrac{x^3}{6Rl}$，所以

$$y'=\frac{1}{2Rl}x^2,\quad y''=\frac{1}{Rl}x,$$

在 $x=0$ 处，$y'=0$，$y''=0$，故缓冲曲线在点 O 的曲率 $K_O=0$.

设点 M 的横坐标为 x_0，实际上 l 与 x_0 比较接近，即 $l\approx x_0$，于是

$$y'\big|_{x=x_0}=\frac{1}{2Rl}x_0^2\approx\frac{1}{2Rl}l^2=\frac{l}{2R},$$

$$y''\big|_{x=x_0}=\frac{1}{Rl}x_0\approx\frac{1}{Rl}l=\frac{1}{R},$$

故在点 M 的曲率为

$$K_M=\frac{|y''|}{(1+y'^2)^{3/2}}\approx\frac{\dfrac{1}{R}}{\left(1+\dfrac{l^2}{4R^2}\right)^{3/2}},$$

因 $\dfrac{l}{R}$ 很小，略去 $\dfrac{l^2}{4R^2}$ 项，得 $K_M\approx\dfrac{1}{R}$.

思考题 4.4

1. 对圆来说，其半径与其曲率半径相等吗？为什么？

2. 是否存在负曲率，为什么？

练习 4.4A

1. 求直线 $y=x$ 上任一点的曲率.

2. 求曲线 $y=x^3$ 在点 $(1,1)$ 处的曲率.

练习 4.4B

1. 求立方抛物线 $y=ax^3(a>0)$ 上各点处的曲率,并求其在 $x=a$ 处的曲率半径.

2. 曲线 $y=x^3(x\geqslant0)$ 上哪一点的曲率最大?求出该点的曲率.

4.5 函数图形的描绘

为了准确地描绘函数的图形,仅知道函数的增减性和极值、最值是不够的,还应知道它的弯曲方向以及不同弯曲方向的分界点.这一节,我们就先研究曲线的凹向与拐点.

4.5.1 曲线的凹向及其判别法

微视频
曲线的凹向

> **定义 4.5.1(曲线凹向)** 若在某区间 (a,b) 内曲线段 $y=f(x)$ 总位于其上任一点处切线的上方,则称曲线段在 (a,b) 内是向上凹的(简称上凹,也称凹的),并称区间 (a,b) 为曲线 $f(x)$ 的凹区间;若曲线段总位于其上任一点处切线的下方,则称该曲线段在 (a,b) 内是向下凹的(简称下凹,也称凸的),并称区间 (a,b) 为曲线 $y=f(x)$ 的凸区间.

从图 4.5.1 可以看出,曲线段 $\overset{\frown}{AB}$ 是下凹的,曲线段 $\overset{\frown}{BC}$ 是上凹的.

下面我们不加证明地给出曲线凹向的判别法则.

> **定理 4.5.1(凹向的判别法)** 设函数 $y=f(x)$ 在开区间 (a,b) 内具有二阶导数.
>
> (1) 若在 (a,b) 内 $f''(x)>0$,则曲线 $y=f(x)$ 在 (a,b) 内是向上凹的.
>
> (2) 若在 (a,b) 内 $f''(x)<0$,则曲线 $y=f(x)$ 在 (a,b) 是向下凹的.

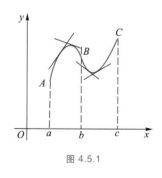

图 4.5.1

若把定理 4.5.1 中的区间改为无穷区间,结论仍然成立.

思考:试根据导数的几何意义及函数单调性的判别法则思考该定理的几何意义.

例 4.5.1 判定曲线 $y=\ln x$ 的凹向.

解 函数 $y=\ln x$ 的定义域为 $(0,+\infty)$.

$$y'=\frac{1}{x}, \quad y''=-\frac{1}{x^2},$$

当 $x\in(0,+\infty)$ 时,$y''<0$,故曲线 $y=\ln x$ 在 $(0,+\infty)$ 内是向下凹的.

4.5.2   拐点及其求法

> **定义 4.5.2(拐点)**   若连续曲线 $y=f(x)$ 上的点 P 是曲线向上凹与向下凹的分界点,则称点 P 是曲线 $y=f(x)$ 的拐点.

微视频
拐点及其求法

由于拐点是曲线凹向的分界点,所以拐点左右两侧近旁 $f''(x)$ 必然异号.因此,曲线拐点的横坐标 x_0,只可能是使 $f''(x)=0$ 的点或 $f''(x)$ 不存在的点.从而可得拐点的求法:

设 $y=f(x)$ 在 (a,b) 内连续.

(1) 先求出 $f''(x)$,找出在 (a,b) 内使 $f''(x)=0$ 的点和 $f''(x)$ 不存在的点.

(2) 用上述各点按照从小到大依次将 (a,b) 分成小区间,再在每个小区间上考察 $f''(x)$ 的符号.

(3) 若 $f''(x)$ 在某点 x_i 两侧近旁异号,则 $(x_i,f(x_i))$ 是曲线 $y=f(x)$ 的拐点,否则不是.

例 4.5.2   求曲线 $y=x^3$ 的凹向及拐点,并画其草图.

解   因为 $y=x^3$ 的定义域为 $(-\infty,+\infty)$,且
$$y'=3x^2,\quad y''=6x,$$
令 $y''=0$,得 $x=0$.

用 $x=0$ 将 $(-\infty,+\infty)$ 分成两个小区间:$(-\infty,0)$ 和 $(0,+\infty)$.

当 $x\in(-\infty,0)$ 时,$y''<0$,曲线 $y=x^3$ 向下凹;当 $x\in(0,+\infty)$ 时,$y''>0$,曲线 $y=x^3$ 向上凹.所以,点 $(0,0)$ 为曲线 $y=x^3$ 的拐点(图 4.5.2).

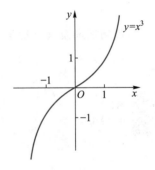

图 4.5.2

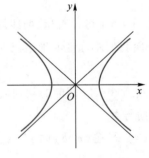

图 4.5.3

4.5.3   曲线的渐近线

我们知道双曲线 $\dfrac{x^2}{a^2}-\dfrac{y^2}{b^2}=1$ 有两条渐近线 $\dfrac{x}{a}+\dfrac{y}{b}=0$ 及 $\dfrac{x}{a}-\dfrac{y}{b}=0$ (图 4.5.3).根据双曲线的渐近线,就容易看出双曲线在无穷远处的伸展状况.对一般曲线,我们也希望知道其在无穷远处的变化趋势.

> **定义 4.5.3(渐近线)**   若曲线 C 上的动点 P 沿着曲线无限地远离原点时,点 P 与某一固定直线 L 的距离趋于零,则称直线 L 为曲线 C 的渐近线(图 4.5.4).

并不是任何曲线都有渐近线,下面分三种情况予以讨论.

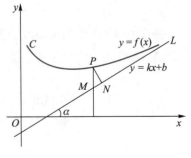

图 4.5.4

1. 斜渐近线

定理 4.5.2(斜渐近线的求法)　若 $f(x)$ 满足:

(1) $\lim\limits_{x\to\infty}\dfrac{f(x)}{x}=k$,　　　　　　　　　　　　　　　　　　　　(4.5.1)

(2) $\lim\limits_{x\to\infty}[f(x)-kx]=b$,　　　　　　　　　　　　　　　　　　　　(4.5.2)

则曲线 $y=f(x)$ 有斜渐近线 $y=kx+b$.

证　略.

例 4.5.3　求曲线 $y=\dfrac{x^3}{x^2+2x-3}$ 的斜渐近线.

解　令 $f(x)=\dfrac{x^3}{x^2+2x-3}$,因为

$$k=\lim\limits_{x\to\infty}\frac{f(x)}{x}=\lim\limits_{x\to\infty}\frac{x^2}{x^2+2x-3}=1,$$

$$b=\lim\limits_{x\to\infty}[f(x)-kx]=\lim\limits_{x\to\infty}\left(\frac{x^3}{x^2+2x-3}-x\right)=-2,$$

故得曲线的斜渐近线方程为 $y=x-2$.

微视频
曲线的渐近线

2. 铅直渐近线

我们知道:当 $x\to 0$ 时,双曲线 $y=\dfrac{1}{x}\to\infty$ 且 $x=0$(y 轴)为曲线 $y=\dfrac{1}{x}$ 的渐近线.一般地,有

定义 4.5.4(铅直渐近线)　若 $x\to C$ 时(有时仅当 $x\to C^+$ 或 $x\to C^-$),有 $f(x)\to\infty$,则称直线 $x=C$ 为曲线 $y=f(x)$ 的铅直渐近线,也叫垂直渐近线(其中 C 为常数).

由于 $y=\dfrac{x^3}{x^2+2x-3}=\dfrac{x^3}{(x+3)(x-1)}$,所以当 $x\to-3$ 和 $x\to 1$ 时,皆有 $y\to\infty$.所以曲线 $y=\dfrac{x^3}{x^2+2x-3}$ 有两条铅直渐近线 $x=-3$ 和 $x=1$.

3. 水平渐近线

我们知道,当 $x\to\infty$ 时,$\dfrac{1}{x}\to 0$,且曲线 $y=\dfrac{1}{x}$ 以 x 轴(即 $y=0$)为渐近线(图 4.5.5).一般地,有

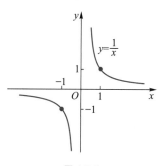

图 4.5.5

定义 4.5.5(水平渐近线)　若当 $x\to\infty$ 时,$f(x)\to C$ (C 为常数),则称曲线 $y=f(x)$ 有水平渐近线 $y=C$.

事实上,这是斜渐近线中斜率为零的特殊情况.如当 $x \to \infty$ 时,有 $e^{-x^2} \to$ 0,所以,$y = 0$ 为曲线 $y = e^{-x^2}$ 的水平渐近线(图 4.5.6).

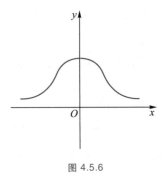

图 4.5.6

4.5.4　函数作图的一般步骤

在工程实践中经常用图像表示函数.画出了函数的图像,使我们能直接地看到某些变化规律,无论是对于定性的分析还是对于定量的计算,都大有益处.

中学里学过的描点作图法,对于简单的平面曲线(如直线,抛物线)比较适用,但对于一般的平面曲线就不适用了.因为我们既不能保证所取的点是曲线上的关键点(最高点或最低点),又不能保证通过取点来判定函数的增减性及其图像的凹凸性.为了更准确、更全面地描绘平面曲线,我们必须确定出反映曲线主要特征的点与线.一般需考虑如下几方面:

(1)确定函数的定义域及值域.

(2)考察函数的周期性与奇偶性.

(3)确定函数的单调区间、极值点,函数图形的凹凸区间以及拐点.

(4)考察函数曲线的渐近线.

(5)考察函数曲线与坐标轴的交点.

最后,根据上面几方面的讨论画出函数的图像.

微视频
画一元函数图像

例 4.5.4　描绘函数 $y = \dfrac{e^x}{1+x}$ 的图像.

解　函数 $y = f(x) = \dfrac{e^x}{1+x}$ 的定义域为 $x \neq -1$ 的全体实数,且当 $x < -1$ 时,有 $f(x) < 0$,即 $x < -1$ 时,图像在 x 轴下方;当 $x > -1$ 时,有 $f(x) > 0$,即 $x > -1$ 时,图像在 x 轴上方.

由于 $\lim\limits_{x \to -1} f(x) = \infty$,所以,$x = -1$ 为曲线 $y = f(x)$ 的铅直渐近线.

又因为 $\lim\limits_{x \to -\infty} \dfrac{e^x}{1+x} = 0$,所以,$y = 0$ 为该曲线的水平渐近线.

因为　　　　　　 $y' = \dfrac{x e^x}{(1+x)^2}, \quad y'' = \dfrac{e^x(x^2+1)}{(1+x)^3},$

令 $y' = 0$,得 $x = 0$,又 $x = -1$ 时,函数无定义.

用 $x = -1, x = 0$ 将定义区间分为三个子区间,并进行讨论如下:

x	$(-\infty, -1)$	$(-1, 0)$	0	$(0, +\infty)$
y'	$-$	$-$		$+$
y''	$-$	$+$		$+$
y	↘	↗	极小值	↗

注:符号 ↘ 表示曲线单减且下凹,↗ 表示单增且上凹,其余类推.

故极小值　$f(0)=\dfrac{\mathrm{e}^{0}}{1+0}=1.$

根据如上讨论,画出图像(图 4.5.7).

图 4.5.7

思考题 4.5

1. 若 $(x_0,f(x_0))$ 为连续曲线弧 $y=f(x)$ 的拐点,问:

(1) $f(x_0)$ 有无可能是 $f(x)$ 的极值,为什么?

(2) $f'(x_0)$ 是否一定存在? 为什么? 画图说明.

2. 根据下列条件,画曲线:

(1) 画出一条曲线,使得它的一阶和二阶导数处处为正;

(2) 画出一条曲线,使得它的二阶导数处处为负,但一阶导数处处为正;

(3) 画出一条曲线,使得它的二阶导数处处为正,但一阶导数处处为负;

(4) 画出一条曲线,使得它的一阶和二阶导数处处为负.

练习 4.5A

1. 判别曲线 $y=\dfrac{1}{2}x^2-1$ 的凹向.

2. 求 $y=3(x-1)^3+1$ 的拐点.

3. 讨论曲线 $y=\dfrac{1}{x-1}$ 的渐近线.

练习 4.5B

1. 设水以常速 $a\ \mathrm{m}^3/\mathrm{s}$ $(a>0)$ 注入如图 4.5.8 所示的容器中,请作出水面上升的高度关于时间 t 的函数 $y=f(t)$ 的图像,阐明凹向,并指出拐点.

2. (1) $f'(x)$ 的图像如图 4.5.9 所示,试根据该图像指出函数 $f(x)$ 本身的拐点横坐标 x 的值;

(2) 在图 4.5.10 的二阶导函数 $f''(x)$ 的图像中,指出函数 $f(x)$ 图像的拐点横坐标 x 的值.

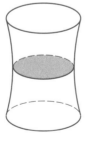

图 4.5.8

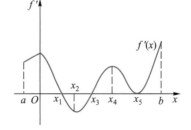

图 4.5.9

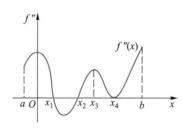

图 4.5.10

3. 求曲线 $f(x)=\dfrac{10}{3}x^3+5x^2+10$ 的凹凸区间与拐点.

4. 求曲线 $y=\dfrac{x+3}{(x-1)(x-2)}$ 的渐近线.

*4.6　一元函数微分学在经济上的应用

　　某企业内部的经营决策效益取决于该企业的成本支出、收入以及二者关于产量的变化率等因素.本节重点研究导数应用于成本函数和收入函数.

4.6.1　成本函数与收入函数

微视频
成本函数与收入函数

　　成本函数 $C(q)$ 给出了生产数量为 q 的某种产品的总成本.

　　你能想到 $C(q)$ 是哪类函数吗？众所周知,生产的产品越多,成本越高,因此,$C(q)$ 是单调增加函数,对一些产品来说,如汽车或电视机等,产量 q 只能是整数,所以 $C=C(q)$ 的图像由彼此孤立的点组成(图 4.6.1);对糖、煤等产品来说,产量 q 可以连续变化,所以 $C=C(q)$ 的图像可能是一条连续曲线(图 4.6.2).

　　通常,为讨论问题的方便,我们总假定成本函数 $C=C(q)$ 对一切非负实数有意义.

　　由于任何企业在正式生产之前,都要有先期投入,即企业的产量 $q=0$ 时,成本 $C(0)=C_0$ 一般不为零,通常称为固定成本,几何上,固定成本 C_0 就是成本函数曲线在 C 轴上的截距.

　　一般说来,成本函数最初一段时间增长速度很快,然后逐渐慢下来(即成本函数 $C=C(q)$ 的曲线的斜率由大到小变化,曲线下凹),因为生产产品数量较大时要比生产数量较小时的效率高——这称为规模经济.当产量保持较高水平时,随着资源的逐渐匮乏,成本函数再次开始较快增长,当不得不更新厂房等设备时,成本函数就会急速增长.因此,曲线 $C=C(q)$ 开始时是下凹的,后来是上凹的(图 4.6.2).

　　收入函数 $R(q)$ 表示企业售出数量为 q 的某种产品所获得的总收入.由于售出量 q 越多,收入 $R(q)$ 越大,所以 $R(q)$ 为单调增加函数.

　　如果价格 p 是常数,那么

$$收入 = 价格 \times 数量,$$

即 $R=pq$,且 R 的图像是通过原点的直线(图 4.6.3).实际上,当产量 q 的值增大时,产品可能充斥市场,从而造成价格下降,R 的图像如图 4.6.4 所示.

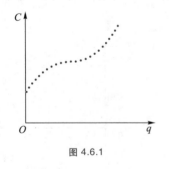

图 4.6.1

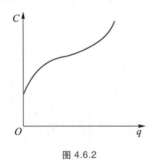

图 4.6.2

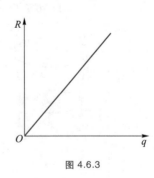

图 4.6.3

　　作出决策通常考虑利润 L,利润=收入-成本,即 $L=R-C$.

　　例 4.6.1　如果成本函数 $C(q)$ 及收入函数 $R(q)$ 由图 4.6.5 给出,问 q 的值多大时,企业可获得利润？

　　解　只有当收入大于成本,即 $R>C$ 时,企业才可以获得利润.由图 4.6.5 可知,当 $100<q<200$ 时,R 的图像位于 C 的图像之上,因此产量介于 100 和 200 之间,可获得利润.

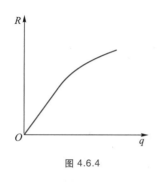

图 4.6.4

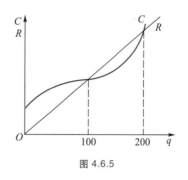

图 4.6.5

4.6.2 边际分析

边际概念是经济学中的重要概念,通常指经济变量的变化率.利用导数研究经济变量的边际变化方法,即边际分析方法,是经济理论中的一个重要方法.

1. 边际成本

> **定义 4.6.1（边际成本）** 边际成本定义为产量增加一个单位时总成本的增量,即总成本对产量的变化率.于是,若$C(q)$可导,则当产量$q=q_0$时,边际成本$MC=C'(q_0)$,或者
>
> $$MC = \lim_{\Delta q \to 0} \frac{C(q_0+\Delta q)-C(q_0)}{\Delta q} = \frac{\mathrm{d}C}{\mathrm{d}q}\bigg|_{q=q_0}.$$

微视频
边际

产量为q_0时,边际成本$MC=C'(q_0)$,即边际成本是总成本函数关于产量的导数,其经济意义是:$C'(q_0)$近似等于产量为q_0时再增加一个单位产品所需增加的成本,这是因为

$$C(q_0+1)-C(q_0) = \Delta C(q_0) \approx C'(q_0).$$

2. 边际收入

在经济学中,边际收入定义为多销售一个单位产品时总收入的增量,
即边际收入为总收入关于产品销售量q的变化率.

> **定义 4.6.2（边际收入）** 设某产品的销售量为q时,总收入$R=R(q)$,于是,当$R(q)$可导时,边际收入
>
> $$MR = R'(q) = \lim_{\Delta q \to 0} \frac{R(q+\Delta q)-R(q)}{\Delta q}.$$

其经济意义是:$R'(q)$近似等于当销售量为q时,再多销售一个单位产品所增加的收入.这是因为
$$R(q+1)-R(q) = \Delta R(q) \approx R'(q).$$

3. 边际利润

> **定义 4.6.3（边际利润）** 设某产品销售量为q时的总利润为$L=L(q)$,称$L(q)$为（总）利润函数.当$L(q)$可导时,称$L'(q)$为销售量为q时的边际利润,它近似等于销售量为q时再多销售一个单位产品所增加的利润.

由于总利润为总收入与总成本之差,即有

$$L(q) = R(q) - C(q),$$

上式两边求导,得

$$L'(q) = R'(q) - C'(q),$$

即边际利润等于边际收入与边际成本之差.

类似地,可以定义其他经济函数的边际函数.例如,对于需求函数 $Q = Q(p)$(其中 p 为某商品的价格,Q 是该商品的需求量),把需求函数 $Q(p)$ 对价格 p 的导数 $Q'(p)$ 称为边际需求,其经济意义是,在商品价格为 p 时,其价格变动(上涨或下降)一个单位时,商品总需求的改变(增加或减少)量.

例 4.6.2 如果总收入函数 $R = R(q)$ 及总成本函数 $C = C(q)$ 分别如图 4.6.6 及图 4.6.7 所示,画出边际收入 $MR = R'(q)$ 及边际成本 $MC = C'(q)$ 的图像.

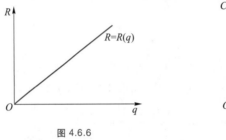

图 4.6.6

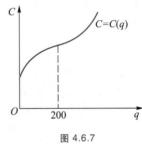

图 4.6.7

解 因为收入函数 $R = R(q)$ 的图像是过原点的直线,故其方程为 $R = pq$,其中 p 为常数,所以边际收入 $MR = R'(q) = p$,因此,边际收入的图像是一条与 q 轴平行的直线(图 4.6.8).

由于总成本是单调增加的(为单增函数),所以,边际成本总是正的($C'(q) > 0$).在总成本 $C = C(q)$ 的图像(图 4.6.7)中,当 $q < 200$ 时,曲线是向下凹的($C'' < 0$),故边际成本 MC 是单调减少的($C'' = (MC)' < 0$,所以,MC 是单减的);当 $q > 200$ 时,总成本是向上凹的,于是边际成本是单调增加的.因此边际成本在 $q = 200$ 处具有极小值(图 4.6.9).

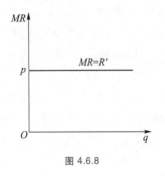

图 4.6.8

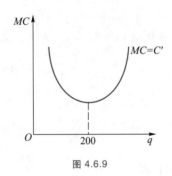

图 4.6.9

4. 最大利润

已知总收入函数 $R = R(q)$ 及总成本函数 $C = C(q)$,如何求出最大利润,这对任何产品的制造者来说,显然都是最基本的问题.其实,这一问题的解决并不困难,只需对利润函数 $L = R - C$ 在给定的区间上求最值即可.当然,最大(或最小)利润有可能在区间端点处取得.但是,若事先能断言最大(或最小)利润只能在区间内部取得,且利润函数 L 在区间内部只有唯一的驻点,则可断言,最大(或最小)利润在该点取得.

例 4.6.3 设某厂每月生产的产品固定成本为 1 000 元,生产 x 个单位产品的可变成本为 $0.01x^2+10x$ 元,如果每单位产品的售价为 30 元,试求:总成本函数、总收入函数、总利润函数、边际成本、边际收入及边际利润为零时的产量.

解 总成本为可变成本与固定成本之和,依题设,总成本函数

$$C(x) = 0.01x^2 + 10x + 1\,000,$$

总收入函数 $R(x) = px = 30x$,

总利润函数 $L(x) = R(x) - C(x) = 30x - 0.01x^2 - 10x - 1\,000$

$$= -0.01x^2 + 20x - 1\,000,$$

边际成本 $C'(x) = 0.02x + 10$,

边际收入 $R'(x) = 30$,

边际利润 $L'(x) = -0.02x + 20$.

令 $L'(x) = 0$,得 $-0.02x + 20 = 0$,$x = 1\,000$.即当月产量为 1 000 个单位时,边际利润为零.这说明,当月产量为 1 000 个单位时,再多生产一个单位产品不会增加利润.

例 4.6.4 设某产品的需求函数为 $x = 100 - 5p$,其中 p 为价格,x 为需求量.求边际收入函数以及 $x = 30, 50$ 和 80 时的边际收入,并解释所得结果的经济意义.

解 因为 $x = 100 - 5p$,于是 $p = \dfrac{1}{5}(100 - x)$,所以,总收入函数

$$R(x) = px = \frac{1}{5}(100 - x)x.$$

边际收入函数为 $R'(x) = \dfrac{1}{5}(100 - 2x)$,所以

$$R'(30) = 8, \quad R'(50) = 0, \quad R'(80) = -12.$$

由所得结果可知,当销售量即需求量为 30 个单位时,再增加销售量可使总收入增加,再多销售一个单位的产品,总收入约增加 8 个单位;当销售量为 50 个单位时,总收入达到最大值,再扩大销售总收入不会再增加;当销售量为 80 个单位时,再多销售一个单位的产品,反而使总收入减少约 12 个单位.

例 4.6.5 设总收入和总成本(以元为单位)分别由下列两式给出:

$$R(q) = 5q - 0.003q^2, \quad C(q) = 300 + 1.1q,$$

其中 $0 \leqslant q \leqslant 1\,000$.求获得最大利润时 q 的数量,怎样的生产水平将得最小利润?

解 因为总利润 $L = R(q) - C(q)$,所以

$$L = 5q - 0.003q^2 - (300 + 1.1q),$$

$$= 3.9q - 0.003q^2 - 300,$$

所以 $L' = 3.9 - 0.006q$,

令 $L'=0$, 得 $q=\dfrac{3.9}{0.006}=650$.

因为 $L(0)=-300$, $L(650)=967.59$, $L(1\,000)=600$,

所以 $q=650$ 时, 有最大利润; $q=0$ 时, 有最小利润.

4.6.3   弹性与弹性分析

微视频
弹性

弹性概念是经济学中的另一个重要概念, 用来定量地描述一个经济变量对另一个经济变量变化的反应程度, 或者说, 一个经济变量变动百分之一会使另一个经济变量变动百分之几.

定义 4.6.4(弧弹性与点弹性)   设函数 $f(x)$ 在点 x_0 的某邻域内有定义, 且 $f(x_0)\neq 0$. 称比值

$$\frac{\Delta y/f(x_0)}{\Delta x/x_0}=\frac{[f(x_0+\Delta x)-f(x_0)]/f(x_0)}{\Delta x/x_0}$$

为函数 $y=f(x)$ 在点 x_0 与点 $x_0+\Delta x$ 之间的弧弹性.

如果极限

$$\lim_{\Delta x\to 0}\frac{\Delta y/f(x_0)}{\Delta x/x_0}=\lim_{\Delta x\to 0}\frac{[f(x_0+\Delta x)-f(x_0)]/f(x_0)}{\Delta x/x_0}$$

存在, 则称此极限值为函数 $y=f(x)$ 在点 x_0 处的点弹性, 记为 $\left.\dfrac{Ey}{Ex}\right|_{x=x_0}$.

由定义可知

$$\left.\frac{Ey}{Ex}\right|_{x=x_0}=\frac{x_0}{f(x_0)}\left.\frac{\mathrm{d}y}{\mathrm{d}x}\right|_{x=x_0},$$

且当 $|\Delta x|$ 很小时, 有

$$\left.\frac{Ey}{Ex}\right|_{x=x_0}\approx\frac{\Delta y/f(x_0)}{\Delta x/x_0}=\text{弧弹性}.$$

定义 4.6.5(弹性函数)   如果函数 $y=f(x)$ 在区间 (a,b) 内可导, 且 $f(x)\neq 0$, 则称 $\dfrac{Ey}{Ex}=\dfrac{x}{f(x)}f'(x)$ 为函数 $y=f(x)$ 在区间 (a,b) 内的点弹性函数, 简称为弹性函数.

由定义可知, 函数的弹性(点弹性与弧弹性)与量纲无关, 即与各有关变量所用的计量单位无关. 这使弹性概念在经济学中得到广泛应用, 这是因为经济学中各种商品的计量单位是不尽相同的, 比较不同的弹性时, 可不受计量单位的限制.

定义 4.6.6(需求弹性)   若 Q 表示某商品的市场需求量, 价格为 p, 且需求函数 $Q=Q(p)$ 可导, 则称

$$\frac{EQ}{Ep}=\frac{p}{Q(p)}\frac{\mathrm{d}Q}{\mathrm{d}p} \tag{4.6.1}$$

为商品的需求价格弹性, 简称需求弹性, 常记为 ε_p.

需求弹性 ε_p 表示某商品需求量 Q 对价格 p 的变动的反应程度.由于需求函数为价格的减函数,故需求弹性为负值,因此,在经济学中,比较商品需求弹性大小时,采用弹性的绝对值 $|\varepsilon_p|$.当我们说商品的需求价格弹性大时,是指其绝对值大.

当 $\varepsilon_p = -1$(即 $|\varepsilon_p| = 1$)时,称为单位弹性,此时商品需求量变动的百分比与价格变动的百分比相等.

当 $\varepsilon_p < -1$(即 $|\varepsilon_p| > 1$)时,称为高弹性,此时商品需求量变动的百分比高于价格变动的百分比,价格的变动对需求量的影响较大.

当 $-1 < \varepsilon_p < 0$(即 $|\varepsilon_p| < 1$)时,称为低弹性,此时商品需求量变动的百分比低于价格变动的百分比,价格的变动对需求量的影响不大.

在商品经济中,商品经营者关心的是提价($\Delta p > 0$)或降价($\Delta p < 0$)对总收入的影响.设销售收入 $R = Qp$(Q 为销售量,p 为价格),则当价格 p 有微小增量 Δp 时,有

$$\Delta R \approx \mathrm{d}R = \mathrm{d}(Qp) = Q\mathrm{d}p + p\mathrm{d}Q = \left(1 + \frac{p\mathrm{d}Q}{Q\mathrm{d}p}\right) Q\mathrm{d}p,$$

即

$$\Delta R \approx (1 + \varepsilon_p) Q\mathrm{d}p.$$

由 $\varepsilon_p < 0$ 知,$\varepsilon_p = -|\varepsilon_p|$,于是有

$$\Delta R \approx (1 - |\varepsilon_p|) Q\mathrm{d}p.$$

由此可知,当 $|\varepsilon_p| > 1$(高弹性)时,降价($\mathrm{d}p < 0$)可使总收入增加($\Delta R > 0$),薄利多销多收入;提价($\mathrm{d}p > 0$)将使总收入减少($\Delta R < 0$).当 $|\varepsilon_p| < 1$(低弹性)时,降价使总收入减少($\Delta R < 0$),提价使总收入增加.当 $|\varepsilon_p| = 1$(单位弹性)时,提价或降价总收入都近似为 0($\Delta R \approx 0$),即提价或降价对总收入没有明显的影响.

例 4.6.6 设某商品的需求函数为 $Q = 600 - 50p$,求价格 $p = 1, 6, 8$ 时的需求价格弹性,并给以适当的经济解释.

解 因为 $Q = 600 - 50p$, 所以

$$\frac{\mathrm{d}Q}{\mathrm{d}p} = -50,$$

所以

$$\varepsilon_p = \frac{p}{Q} \frac{\mathrm{d}Q}{\mathrm{d}p} = \frac{-50p}{600 - 50p}.$$

当 $p = 1$ 时,$|\varepsilon_p| = \dfrac{1}{11} < 1$,为低弹性,此时降价将使总收入减少,提价将使总收入增加.

当 $p = 6$ 时,$|\varepsilon_p| = 1$,为单位弹性,此时提价或降价将对总收入没有明显影响.

当 $p = 8$ 时,$|\varepsilon_p| = 2$,为高弹性,此时降价将使总收入增加,提价将使总收入减少.

例 4.6.7 已知某企业某产品的需求弹性在 $1.5 \sim 2.4$,如果该企业准备明年将价格降低 10%,问这种商品的销售量预期会增加多少? 总收入会增加多少?

解 因为 $\varepsilon_p = \dfrac{p}{Q} \dfrac{\mathrm{d}Q}{\mathrm{d}p}$,所以 $\dfrac{\mathrm{d}Q}{Q} = \dfrac{\mathrm{d}p}{p} \varepsilon_p$,所以 $\dfrac{\Delta Q}{Q} \approx \dfrac{\Delta p}{p} \varepsilon_p$.

当 $\dfrac{\Delta p}{p} = -0.1$,$\varepsilon_p = -1.5$ 时,$\dfrac{\Delta Q}{Q} \approx 0.15 = \dfrac{15}{100}$.

当 $\dfrac{\Delta p}{p} = -0.1$,$\varepsilon_p = -2.4$ 时,$\dfrac{\Delta Q}{Q} \approx 0.24 = \dfrac{24}{100}$.

因为 $\Delta R \approx (1 - |\varepsilon_p|) Q\Delta p$,所以

$$\frac{\Delta R}{R} \approx \frac{(1-\mid \varepsilon_p \mid) Q \Delta p}{Qp} = (1-\mid \varepsilon_p \mid) \frac{\Delta p}{p} \quad (R = Qp).$$

当 $\dfrac{\Delta p}{p} = -0.1$，$\mid \varepsilon_p \mid = 1.5$ 时，$\dfrac{\Delta R}{R} \approx \dfrac{5}{100}$．

当 $\dfrac{\Delta p}{p} = -0.1$，$\mid \varepsilon_p \mid = 2.4$ 时，$\dfrac{\Delta R}{R} \approx \dfrac{14}{100}$．

因此，若明年降价 10%，企业这种商品的销售量预期将增加 15%~24%，总收入将增加 5%~14%．

思考题 4.6

1. 回答下列问题：

（1）为什么说需求价格弹性一般为负值？

（2）设生产 x 个单位产品时，总成本为 $C(x)$，问这时每单位产品的平均成本是多少？

（3）用数学语言解释"某项经济指标的增长速度正在逐步加快"或"某项经济指标的增长速度正在逐步变慢"，并画图说明．

2. 一般情况下，对商品的需求量 Q 是消费者之收入 x 的函数，即 $Q = Q(x)$，试写出需求 Q 对收入 x 的弹性——需求收入弹性数学公式，并分析其经济意义．

练习 4.6A

1. 设某商品的销售量为 x 时，总收入 $R = 100x$，求该商品的边际收入．

2. 某工厂每天生产某产品的固定成本为 2 000 元，生产 x 件该产品的可变成本为 $6x$ 元，求总成本函数与边际成本．

3. 设某商品的需求函数为 $Q = 1\,200 - 6p$，求价格 $p = 50$ 的需求价格弹性．

练习 4.6B

1. 某厂商提供的总成本和总收入函数如图 4.6.10 所示，试画出下列对于产品数量 q 的函数图像：

（1）总利润；（2）边际成本；（3）边际收入．

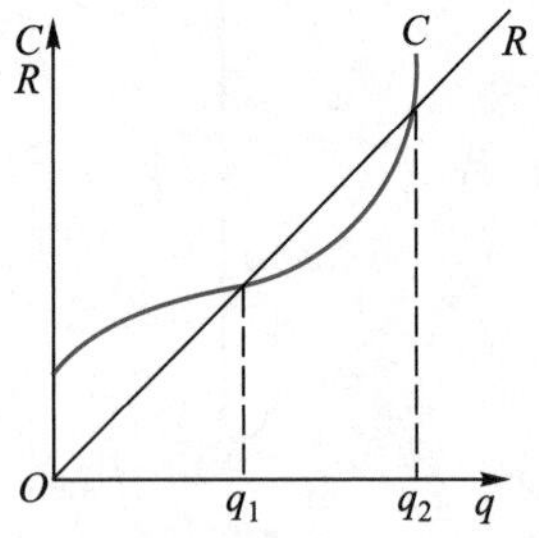

2. 求解下列各题：

（1）设某产品的总成本函数和总收入函数分别为

$$C(x) = 3 + 2\sqrt{x}, \quad R(x) = \frac{5x}{x+1},$$

其中 x 为该产品的销售量，求该产品的边际成本，边际收入和边际利润；

（2）设 p 为某产品的价格，x 为产品的需求量，且有 $p + 0.1x = 80$．问 p 为何值时，需求是高弹性或低弹性？

图 4.6.10

4.7　用数学软件求解导数应用问题

文档
用数学软件求解导数
应用问题

4.8   学习任务 4 解答   粮仓的最小表面积

解

1.（1）设圆柱的高为 h，底面半径为 r，粮仓的体积为 v，粮仓（包含底面）的表面积为 S，则有

$$v = \pi r^2 h + \frac{1}{2} \cdot \frac{4}{3} \pi r^3, \qquad ①$$

$$S = \pi r^2 + 2\pi rh + \frac{4\pi r^2}{2}, \qquad ②$$

由式①得

$$h = \frac{3v - 2\pi r^3}{3\pi r^2}, \qquad ③$$

将式③代入式②得

$$S = 3\pi r^2 + \frac{2(-2\pi r^3 + 3v)}{3r} = \frac{5}{3}\pi r^2 + \frac{2v}{r},$$

令 $s'(r) = 0$，解之得唯一驻点 $r = \left(\dfrac{3v}{5\pi}\right)^{\frac{1}{3}}$，由于体积一定时，半径过大或过小粮仓表面积都会变大，所以在这唯一驻点处粮仓表面积达到最小，将 $r = \left(\dfrac{3v}{5\pi}\right)^{\frac{1}{3}}$ 代入式③得 $h = \left(\dfrac{3v}{5\pi}\right)^{\frac{1}{3}}$，所以 $\dfrac{r}{h} = 1$.因此，当粮仓圆柱的底面半径与圆柱的高为 $1:1$ 时，粮仓（包含底面）表面积最小.

（2）将 $v = 1\,000$ 代入 $r = h = \left(\dfrac{3v}{5\pi}\right)^{\frac{1}{3}}$ 中，得 $r = h = 5.758\,82$，即若容积为 $1\,000\ \mathrm{m}^3$，则圆柱的底面半径和高均为 $5.758\,82\ \mathrm{m}$ 时，粮仓（包含底面）的表面积最小.

2. 扫描下方二维码，查看学习任务 4 的 Mathematica 程序.

3. 扫描下方二维码，查看学习任务 4 的 MATLAB 程序.

扫一扫，看代码
Mathematica 程序

扫一扫，看代码
MATLAB 程序

复习题 4

A 级

1. 设 $f(x) = \dfrac{1 - \cos x}{1 + \cos x}$，问：

（1）$\lim\limits_{x \to 0} f(x)$ 是否存在？其极限值为何？

（2）能否由洛必达法则求上述极限，为什么？

2. 对下列函数写出拉格朗日公式 $\dfrac{f(b) - f(a)}{b - a} = f'(\xi)$，并求 ξ：

(1) $f(x) = \sqrt{x}, x \in [1, 4]$;

(2) $f(x) = \arctan x, x \in [0, 1]$.

3. 证明 $\arctan x + \operatorname{arccot} x = \dfrac{\pi}{2}$，$x \in (-\infty, +\infty)$.

4. 求下列函数的单调区间：

(1) $y = 2 + x - x^2$;   (2) $y = 3x - x^3$.

5. 证明不等式：

$\dfrac{x}{1+x} < \ln(1+x)$ $(x > 0)$（提示：证明函数 $f(x) = \dfrac{x}{1+x} - \ln(1+x)$ 在区间 $[0, +\infty)$ 上是单调减少函数）.

6. 求下列极限：

(1) $\lim\limits_{x \to 0} \dfrac{\sin ax}{\sin bx}$ $(b \neq 0)$;

(2) $\lim\limits_{x \to 1} \dfrac{x^2 - x}{\ln x - x + 1}$;

(3) $\lim\limits_{x \to +\infty} x^n \mathrm{e}^{-ax}$ $(a > 0, n$ 为自然数$)$.

7. 求下列函数的极值：

(1) $y = x^2 + 6x - 5$;

(2) $y = 1 - x^{\frac{2}{3}}$.

8. 设函数 $f(x) = a\ln x + bx^2 + x$ 在 $x_1 = 1, x_2 = 2$ 处都取得极值，试求出 a, b 的值，并问这时 $f(x)$ 在 x_1, x_2 处是取得极大值还是极小值？

9. 求下列函数在给定区间上的最大值和最小值：

(1) $f(x) = 2^x, x \in [1, 5]$;

(2) $f(x) = \sqrt{5 - 4x}, x \in [-1, 1]$.

B 级

10. 从面积为 A 的一切矩形中，求其周长最小者.

11. 要造一个容积为 V 的圆柱形闭合油罐，问底半径 r 和高 h 等于多少时表面积最小？这时底半径与高的比是多少？

12. 从直径为 d 的圆形树干切出横断面为矩形的梁，此矩形的底等于 b，高等于 h，若梁的强度与 bh^2 成正比，问梁的尺寸为多少时，其强度最大？

13. 要建一个上端为半球形，下端为圆柱形的粮仓，其容积为 V，问当圆柱的高 h 和底半径 r 为何值时，粮仓的表面积最小？

14. 在曲线 $y = \ln x$ 上求曲率最大的点.

15. 求下列曲线的凹凸区间和拐点：

(1) $y = x + x^{\frac{5}{3}}$;   (2) $y = \sqrt{1 + x^2}$.

16. 讨论下列曲线的渐近线：

(1) $y = \dfrac{x^4}{(1+x)^3}$;   (2) $y = \left(\dfrac{1+x}{1-x} \right)^4$.

17. 描绘 $y = \dfrac{x^3}{3} - x$ 的图像.

18. 设某产品的成本函数

$$C(x) = \dfrac{x(x+b)}{x+c} + d \quad (x \geq 0),$$

其中 b,c,d 为常数,求边际成本.

19. 设某商品的需求函数为 $Q = e^{-\frac{p}{3}}$,求:

(1)需求弹性函数;

(2)$p = 2,3,6$ 时的需求弹性,并说明其经济意义.

20. 如果水以常速注入(即单位时间内注入水的体积是常数)如图 4.f.1 所示的罐中,画出水面上升的高度 h 关于时间 t 的函数 $h = f(t)$ 的图像,在图像上标出水面上升至罐体拐角处的时刻.

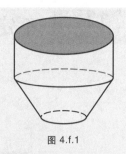

图 4.f.1

C 级

21. 为防止冬季取暖时热量的散发所引起的供热费用的提高与夏季冷气的损失所引起的制冷费用的增加,需要考虑在屋顶设置绝热层,问设置多厚的绝热层最经济?

第 5 章　不定积分

5.0　学习任务 5　由斜率求曲线

文档
积分简史

求满足下列条件的曲线方程：

1. 曲线在任一点处的切线斜率等于该点横坐标的 2 倍.

2. 曲线在任一点处的切线斜率等于该点横坐标的 2 倍，且过点 $(0,1)$.

如果 (x,y) 为该曲线上任意点的坐标，则由已知条件得 $\dfrac{\mathrm{d}y}{\mathrm{d}x}=2x$，问题的关键是如何据此求出曲线方程，也就是已知"导函数 $\dfrac{\mathrm{d}y}{\mathrm{d}x}=2x$"求原来的函数"$y=f(x)$".利用不定积分的知识可以解决这类问题.

这一章和下一章我们将讨论一元函数积分学.积分学中有两个基本概念——不定积分和定积分.本章讲不定积分的概念、性质和基本积分方法.不定积分在运算上有一定难度，因为它对方法的灵活运用和解题经验都有较高的要求.为此，必须多读些例题，多动手计算一些具体的不定积分，才能锻炼出应有的积分技能.

> **引例**　某日小明对老师说："我感觉到不但对已知函数 $F(x)$ 求出其导数 $f(x)$ 有用，而且对给定的函数 $f(x)$ 求出其是哪个函数（简称'原来的函数'）的导数也很有实际意义，但是，依据导数公式只能找到数量极为有限的几个函数的'原来的函数'，比如，由 $(x^4)'=4x^3$，可得 x^3 是由 $\dfrac{1}{4}x^4$ 求导而得来的.问：有没有更一般的方法，对给定的函数求出它是由哪个函数求导而来的？"
>
> 老师说："你的问题很好，且很及时，从今天开始，我们就要研究，对给定的函数，如何求出它是由哪个函数求导而来的."

5.1　不定积分的概念及性质

本节首先介绍原函数与不定积分的概念，随后给出基本积分公式和不定积分的性质.

5.1.1　不定积分的概念

1. 原函数的概念

有许多实际问题，要求我们解决微分法的逆运算，就是要由某函数的已知导数去求原来的函数.

微视频
原函数

例如,已知作自由落体运动的物体任意时刻 t 的运动速度为 $v(t) = gt$, 求自由落体的运动规律(设运动开始时,物体在原点). 这个问题就是要从关系式 $s'(t) = gt$ 还原出函数 $s(t)$. 逆着用导数公式,易知 $s(t) = \dfrac{1}{2}gt^2$, 这就是所求的运动规律.

一般地,如果已知 $F'(x) = f(x)$, 如何求 $F(x)$? 为此,引入下述定义.

> **定义 5.1.1(原函数)** 设 $f(x)$ 是定义在某区间的已知函数,若存在函数 $F(x)$, 使得
> $$F'(x) = f(x) \quad \text{或} \quad dF(x) = f(x)\,dx,$$
> 则称 $F(x)$ 为 $f(x)$ 的一个原函数.

譬如,因为 $(\ln x)' = \dfrac{1}{x}$, 故 $\ln x$ 是 $\dfrac{1}{x}$ 的一个原函数,但不是唯一的. 再如,x^2 是 $2x$ 的一个原函数,但 $(x^2+1)' = (x^2+2)' = (x^2-\sqrt{3})' = \cdots = 2x$, 所以 $2x$ 的原函数不是唯一的.

关于原函数,我们还要说明两点:

第一,原函数的存在问题:如果 $f(x)$ 在某区间连续,那么它的原函数一定存在(将在下章加以说明).

第二,原函数的一般表达式:前面已指出,若 $f(x)$ 存在原函数,就不是唯一的,那么,这些原函数之间有什么差异? 能否写成统一的表达式呢? 对此,有如下结论:

> **定理 5.1.1(全体原函数)** 若 $F(x)$ 是 $f(x)$ 的一个原函数,则 $F(x)+C$ 代表 $f(x)$ 的全部原函数,其中 C 为任意常数.

证 由于 $F'(x) = f(x)$, 又 $[F(x)+C]' = F'(x) = f(x)$, 所以函数族 $F(x)+C$ 中的每一个都是 $f(x)$ 的原函数.

另一方面,设 $G(x)$ 是 $f(x)$ 的任意一个原函数,即 $G'(x) = f(x)$, 则可证 $F(x)$ 与 $G(x)$ 之间只相差一个常数. 事实上,因为 $[F(x)-G(x)]' = F'(x) - G'(x) = f(x) - f(x) = 0$, 所以 $F(x) - G(x) = C$, 或者 $G(x) = F(x)+C$, 这就是说 $f(x)$ 的任一原函数 $G(x)$ 均可表示成 $F(x)+C$ 的形式.

这样就证明了 $f(x)$ 的全体原函数刚好组成函数族 $F(x)+C$.

例 5.1.1 求函数 $f(x) = x^5$ 的全部原函数.

解 因为 $\left(\dfrac{x^6}{6}\right)' = x^5$, 所以 x^5 的全部原函数可表示为 $\dfrac{x^6}{6} + C$(其中 C 为任意常数).

2. 不定积分的概念

微视频
不定积分的概念

> **定义 5.1.2(不定积分)** 函数 $f(x)$ 的带有任意常数项的原函数 $F(x)+C$ 叫做 $f(x)$ 的不定积分,记为 $\displaystyle\int f(x)\,dx$, 即

$$\int f(x)\,\mathrm{d}x = F(x) + C,$$

其中 $F'(x) = f(x)$，上式中的 x 叫做积分变量，$f(x)$ 叫做被积函数，$f(x)\mathrm{d}x$ 叫做被积表达式，C 叫做积分常数，"$\int$" 叫做积分号.

注意　由定理 5.1.1 知，不定积分 $\int f(x)\,\mathrm{d}x + C$ 代表 $f(x)$ 的全部原函数.求 $\int f(x)\,\mathrm{d}x$ 时，切记要 "$+C$"，否则求出的只是一个原函数，而不是不定积分.

通常我们把 $f(x)$ 的一个原函数 $F(x)$ 的图像称为 $f(x)$ 的一条积分曲线，其方程为 $y = F(x)$. 因此，不定积分 $\int f(x)\,\mathrm{d}x$ 在几何上就表示全体积分曲线所组成的曲线族，它们是彼此平行的曲线①（图 5.1.1）.它们的方程是 $y = F(x) + C$.

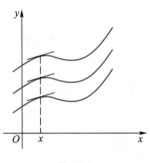

图 5.1.1

例 5.1.2　求下列不定积分：

（1）$\displaystyle\int x^2\,\mathrm{d}x$；　（2）$\displaystyle\int \frac{1}{x}\,\mathrm{d}x$.

解　（1）因为 $\left(\dfrac{1}{3}x^3\right)' = x^2$，所以 $\displaystyle\int x^2\,\mathrm{d}x = \dfrac{1}{3}x^3 + C$.

（2）因为 $x>0$ 时，　　　　　$(\ln x)' = \dfrac{1}{x}$；

又 $x<0$ 时，　　　　　$[\ln(-x)]' = \dfrac{-1}{-x} = \dfrac{1}{x}$，

所以　　　　　　　　　　　　　$\displaystyle\int \frac{1}{x}\,\mathrm{d}x = \ln|x| + C$.

在实用上，往往需要从全体原函数中求出一个满足已给条件的确定解，即要定出常数 C 的具体数值，如下例所示.

例 5.1.3　设曲线过点 $(1,2)$ 且斜率为 $2x$，求曲线方程.

解　设 (x,y) 为所求曲线上任意一点的坐标.

按题意有 $\dfrac{\mathrm{d}y}{\mathrm{d}x} = 2x$，故 $y = \displaystyle\int 2x\,\mathrm{d}x = x^2 + C$.

又因为曲线过点 $(1,2)$，将其坐标代入上式得，$2 = 1 + C$，解之得 $C = 1$，于是所求方程为 $y = x^2 + 1$.

例 5.1.4　设某物体以速度 $v = 3t^2$ 作直线运动，且当 $t = 0$ 时 $s = 2$，求运动规律 $s = s(t)$.

---

① 两曲线平行是指在横坐标相同的点处有相同的切线斜率（图 5.1.1）.

解 按题意有 $s'(t) = 3t^2$,即 $s(t) = \int 3t^2 \mathrm{d}t = t^3 + C$,再将条件 $t = 0$ 时 $s = 2$ 代入,得 $C = 2$,故所求运动规律为 $s = t^3 + 2$.

由积分定义知,积分运算与微分运算之间有如下的互逆关系:

(1) $\left[\int f(x)\,\mathrm{d}x\right]' = f(x)$ 或 $\mathrm{d}\left[\int f(x)\,\mathrm{d}x\right] = f(x)\,\mathrm{d}x$;

(2) $\int F'(x)\,\mathrm{d}x = F(x) + C$ 或 $\int \mathrm{d}F(x) = F(x) + C$.

对这两个式子,要记熟、记准.

例 5.1.5 设

$$\int f(x)\,\mathrm{d}x = \sin x + C,$$

求 $f(x)$.

解 因为

$$\int f(x)\,\mathrm{d}x = \sin x + C,$$

所以

$$\left(\int f(x)\,\mathrm{d}x\right)' = (\sin x + C)',$$

所以

$$f(x) = \cos x.$$

5.1.2 基本积分公式

由于求不定积分是求导数的逆运算,所以由导数公式可以相应地得出下列积分公式:

(1) $\int k\mathrm{d}x = kx + C$ (k 为常数),

(2) $\int x^\mu \mathrm{d}x = \dfrac{1}{\mu + 1}x^{\mu+1} + C$ ($\mu \neq -1$),

(3) $\int \dfrac{1}{x}\mathrm{d}x = \ln|x| + C$,

(4) $\int \mathrm{e}^x \mathrm{d}x = \mathrm{e}^x + C$,

(5) $\int a^x \mathrm{d}x = \dfrac{a^x}{\ln a} + C$,

(6) $\int \cos x\mathrm{d}x = \sin x + C$,

(7) $\int \sin x\mathrm{d}x = -\cos x + C$,

(8) $\int \dfrac{1}{\cos^2 x}\mathrm{d}x = \int \sec^2 x\mathrm{d}x = \tan x + C$,

微视频
不定积分的基本
积分公式和性质

(9) $\int \dfrac{1}{\sin^2 x}\mathrm{d}x = \int \csc^2 x\mathrm{d}x = -\cot x + C$,

(10) $\int \sec x\tan x\mathrm{d}x = \sec x + C$,

（11）$\int \csc x \cot x \, dx = -\csc x + C$,

（12）$\int \dfrac{1}{1 + x^2} \, dx = \arctan x + C$,

（13）$\int \dfrac{1}{\sqrt{1 - x^2}} \, dx = \arcsin x + C$.

以上 13 个公式是积分法的基础,必须熟记,不仅要记住右端结果,还要熟悉左端被积函数的形式.

例 5.1.6　求不定积分 $\int \sqrt{x^5} \, dx$.

解　$\int \sqrt{x^5} \, dx = \int x^{\frac{5}{2}} \, dx = \dfrac{x^{\frac{5}{2}+1}}{\frac{5}{2}+1} + C = \dfrac{2}{7} x^{\frac{7}{2}} + C$.

5.1.3　不定积分的性质

性质 1　被积函数中不为零的常数因子可提到积分号外,即

$$\int k f(x) \, dx = k \int f(x) \, dx \quad (k \neq 0).$$

性质 2　两个函数代数和的积分等于各函数积分的代数和,即

$$\int [f(x) \pm g(x)] \, dx = \int f(x) \, dx \pm \int g(x) \, dx.$$

本性质对有限多个函数的和也是成立的. 它表明:和函数可逐项积分.

这两个公式很容易证明,只需验证右端的导数等于左端的被积函数,并且右端确实含有一个任意常数 C. 顺便指出,以后我们计算不定积分时,就可用这个方法检验积分结果是否正确.

利用不定积分的性质和基本积分公式,就可以求一些简单函数的不定积分.

例 5.1.7　求不定积分 $\int (x^3 + 2x^2 + 1) \, dx$.

解　$\int (x^3 + 2x^2 + 1) \, dx = \int x^3 \, dx + 2 \int x^2 \, dx + \int 1 \, dx$

$$= \dfrac{x^4}{4} + \dfrac{2x^3}{3} + x + C.$$

例 5.1.8　求不定积分 $\int (e^x + 2^x) \, dx$.

解　$\int (e^x + 2^x) \, dx = \int e^x \, dx + \int 2^x \, dx = e^x + \dfrac{2^x}{\ln 2} + C$.

注意　在分项积分后,不必每一个积分结果都"$+C$",只要在总的结果中加一个 C 就行了.

例 5.1.9　求不定积分

$$\int(2\sin x + 3\cos x)\,dx.$$

解　$\displaystyle\int(2\sin x + 3\cos x)\,dx = 2\int\sin x\,dx + 3\int\cos x\,dx$

$$= -2\cos x + 3\sin x + C.$$

例 5.1.10　求下列不定积分：

（1）$\displaystyle\int(\sqrt{x}+1)\left(x - \dfrac{1}{\sqrt{x}}\right)dx$；　　　　（2）$\displaystyle\int\dfrac{x^2-1}{x^2+1}dx.$

解　（1）首先把被积函数 $(\sqrt{x}+1)\left(x-\dfrac{1}{\sqrt{x}}\right)$ 化为和式，然后再逐项积分

$$\int(\sqrt{x}+1)\left(x-\frac{1}{\sqrt{x}}\right)dx = \int\left(x\sqrt{x}+x-1-\frac{1}{\sqrt{x}}\right)dx$$

$$= \int x\sqrt{x}\,dx + \int x\,dx - \int 1\,dx - \int\frac{1}{\sqrt{x}}dx$$

$$= \frac{2}{5}x^{\frac{5}{2}} + \frac{1}{2}x^2 - x - 2x^{\frac{1}{2}} + C.$$

（2）$\displaystyle\int\frac{x^2-1}{x^2+1}dx = \int\frac{x^2+1-2}{x^2+1}dx = \int\left(1-\frac{2}{x^2+1}\right)dx$

$$= \int dx - 2\int\frac{dx}{x^2+1} = x - 2\arctan x + C.$$

上述例 5.1.10 的解题思路——设法化被积函数为和式，然后再逐项积分.

例 5.1.11　人在月球上以初速度 4.43 m/s 向上跳，能跳多高（月球表面的重力加速度为 1.63 m/s^2）？

解　如图 5.1.2 所示建立坐标系，设人在月球表面起跳 t 秒时的高度为 $x(t)$，速度为 $v(t)$，且 $x(0)=1$ m（视跳高人的质量集中在距地面 1 m 处的质点），$v(0)=4.43$ m/s，因为月球的重力加速度为 1.63 m/s^2，所以，

$$\frac{dv(t)}{dt} = -1.63,$$

$$\int dv(t) = \int -1.63\,dt = -1.63t + C$$

$$v(t) = -1.63t + C,$$

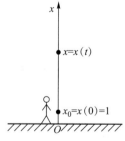

图 5.1.2　跳高示意图

因为 $v(0)=4.43$ m/s，所以，$C=4.43$，从而，$v(t)=-1.63t+4.43$.

由于当 $v(t)=0$ 时跳高人跳到最高点，即 $-1.63t+4.43=0$，解之得，

$$t = \frac{4.43}{1.63} \approx 2.718 \text{ s},$$

又因为 $v(t) = \dfrac{\mathrm{d}x(t)}{\mathrm{d}t}$，所以，$\dfrac{\mathrm{d}x(t)}{\mathrm{d}t} = -1.63t + 4.43$，两边积分得，

$$x(t) = \int (-1.63t + 4.43)\,\mathrm{d}t = -0.815t^2 + 4.43t + C_2,$$

因为 $x(0) = 1$ m，所以，$C_2 = 1$，从而，$x(t) = -0.815t^2 + 4.43t + 1$，所以，跳高人跳到最高点

$x(2.718) = -0.815 \times 2.718^2 + 4.43 \times 2.718 + 1 = 7.02$ m.

也就是说，人在月球上以初速度 4.43 m/s 向上跳，能跳 7.02 m 高.

思考题 5.1

1. 在不定积分的性质 $\int kf(x)\,\mathrm{d}x = k\int f(x)\,\mathrm{d}x$ 中，为何要求 $k \neq 0$？

2. 思考下列问题：

(1) 若 $\int f(x)\,\mathrm{d}x = 2^x + \sin x + C$，则 $f(x)$ 为何？

(2) 若 $f(x)$ 的一个原函数为 $\cos x$，则 $\int f'(x)\,\mathrm{d}x$ 为何？

(3) 若 $f(x)$ 的一个原函数为 x^3，问 $f(x)$ 为何？

练习 5.1A

1. 已知曲线 $y = f(x)$ 过点 $(0,0)$，且在点 (x, y) 处的切线斜率为 $k = 3x^2 + 1$，求该曲线方程.

2. 计算下列不定积分：

(1) $\int x^5\,\mathrm{d}x$；   (2) $\int 2^x\,\mathrm{d}x$；   (3) $\int e^{x+1}\,\mathrm{d}x$；   (4) $\int (\cos x - \sin x)\,\mathrm{d}x$.

练习 5.1B

计算下列不定积分：

(1) $\int \dfrac{2}{1+x^2}\,\mathrm{d}x$；   (2) $\int \dfrac{-2}{\sqrt{1-x^2}}\,\mathrm{d}x$；   (3) $\int (e^x + \sqrt[3]{x})\,\mathrm{d}x$；   (4) $\int \left(\dfrac{1}{\sin^2 x} + \dfrac{1}{\cos^2 x} \right)\,\mathrm{d}x$.

5.2 不定积分的积分方法

利用基本积分公式及性质，只能求出一些简单的积分，对于比较复杂的积分，我们总是设法把它变形为能利用基本积分公式的形式再求出其积分. 下面所介绍的换元法是最常用最有效的一种积分方法.

5.2.1 换元积分法

微视频
不定积分的
第一换元法

1. 第一换元积分法（凑微分法）

先分析下面的积分.

例 5.2.1 求 $\int e^{3x}\,\mathrm{d}x$.

解 被积函数 e^{3x} 是复合函数,不能直接套用 $\int e^x dx$ 的公式. 我们可以把原积分作下列变形后计算:

$$\int e^{3x} dx = \frac{1}{3} \int e^{3x} d(3x) \xlongequal{\text{令 } u=3x} \frac{1}{3} \int e^u du = \frac{1}{3} e^u + C \xlongequal{\text{回代}} \frac{1}{3} e^{3x} + C.$$

直接验证得知,计算结果正确.

上例解法的特点是引入新变量 $u = \varphi(x)$,从而把原积分化为关于 u 的一个简单的积分,再套用基本积分公式求解,现在的问题是,在公式

$$\int e^x dx = e^x + C$$

中,将 x 换成了 $u = \varphi(x)$,对应得到的公式

$$\int e^u du = e^u + C$$

是否还成立? 回答是肯定的,我们有下述定理:

定理 5.2.1(凑微分法) 如果 $\int f(x) dx = F(x) + C$,则

$$\int f(u) du = F(u) + C,$$

其中 $u = \varphi(x)$ 是 x 的任一个可微函数.

证 由于 $\int f(x) dx = F(x) + C$,所以 $dF(x) = f(x) dx$. 根据微分形式不变性,则有 $dF(u) = f(u) du$. 其中 $u = \varphi(x)$ 是 x 的可微函数,由此得

$$\int f(u) du = \int dF(u) = F(u) + C.$$

这个定理非常重要,它表明:在基本积分公式中,自变量 x 换成任一可微函数 $u = \varphi(x)$ 后公式仍成立. 这就大大扩充了基本积分公式的使用范围. 应用这一结论,上述例题引用的方法,可一般化为下列计算程序:

$$\int f[\varphi(x)] \varphi'(x) dx \xlongequal{\text{凑微分}} \int f[\varphi(x)] d[\varphi(x)]$$

$$\xlongequal{\text{令 } u=\varphi(x)} \int f(u) du = F(u) + C$$

$$\xlongequal{\text{回代}} F[\varphi(x)] + C,$$

这种先"凑"微分式,再作变量置换的方法,叫做第一换元积分法,也称凑微分法.

例 5.2.2 求 $\int \cos^2 x \sin x dx$.

解 设 $u = \cos x$,得 $du = -\sin x dx$.

$$\int \cos^2 x \sin x dx = -\int u^2 du = -\frac{1}{3} u^3 + C = -\frac{1}{3} \cos^3 x + C.$$

方法较熟悉后,可略去中间的换元步骤,直接凑微分成积分公式的形式.

例 5.2.3 求 $\int (2x+1)^{30} dx$.

解 $\int (2x+1)^{30} dx = \dfrac{1}{2} \int (2x+1)^{30} d(2x+1)$

$$= \dfrac{1}{2} \dfrac{(2x+1)^{31}}{30+1} + C = \dfrac{(2x+1)^{31}}{62} + C.$$

例 5.2.4 求 $\int \dfrac{dx}{x\sqrt{1-\ln^2 x}}$.

解 $\int \dfrac{dx}{x\sqrt{1-\ln^2 x}} = \int \dfrac{1}{\sqrt{1-\ln^2 x}} \left(\dfrac{dx}{x}\right) = \int \dfrac{1}{\sqrt{1-\ln^2 x}} d(\ln x)$

$$= \arcsin(\ln x) + C.$$

凑微分法运用时的难点在于原题并未指明应该把哪一部分凑成 $d\varphi(x)$,这需要解题经验.如果记熟下列一些微分式,解题中则会给我们以启示:

$$dx = \dfrac{1}{a} d(ax+b), \qquad x dx = \dfrac{1}{2} d(x^2),$$

$$\dfrac{dx}{\sqrt{x}} = 2 d(\sqrt{x}), \qquad e^x dx = d(e^x),$$

$$\dfrac{1}{x} dx = d(\ln|x|), \qquad \sin x dx = -d(\cos x),$$

$$\cos x dx = d(\sin x); \qquad \sec^2 x dx = d(\tan x),$$

$$\csc^2 x dx = -d(\cot x), \qquad \dfrac{dx}{\sqrt{1-x^2}} = d(\arcsin x),$$

$$\dfrac{dx}{1+x^2} = d(\arctan x).$$

下面的例子,将继续展示凑微分法的解题技巧.

例 5.2.5 求下列积分:

(1) $\int \dfrac{dx}{\sqrt{a^2-x^2}}$ $(a>0)$; \qquad (2) $\int \dfrac{dx}{a^2+x^2}$;

(3) $\int \tan x dx$; \qquad (4) $\int \cot x dx$;

(5) $\int \sec x dx$; \qquad (6) $\int \csc x dx$.

解 （1） $\int \dfrac{\mathrm{d}x}{\sqrt{a^2 - x^2}} = \int \dfrac{1}{a\sqrt{1 - \left(\dfrac{x}{a}\right)^2}}\mathrm{d}x = \int \dfrac{1}{\sqrt{1 - \left(\dfrac{x}{a}\right)^2}}\mathrm{d}\left(\dfrac{x}{a}\right) = \arcsin\dfrac{x}{a} + C.$

（2） 类似得 $\int \dfrac{\mathrm{d}x}{a^2 + x^2} = \dfrac{1}{a}\arctan\dfrac{x}{a} + C.$

（3） $\int \tan x\mathrm{d}x = \int \dfrac{\sin x}{\cos x}\mathrm{d}x = -\int \dfrac{\mathrm{d}(\cos x)}{\cos x} = -\ln|\cos x| + C.$

（4） 类似得 $\int \cot x\mathrm{d}x = \ln|\sin x| + C.$

（5） $\int \sec x\mathrm{d}x = \int \dfrac{\sec x(\sec x + \tan x)}{\tan x + \sec x}\mathrm{d}x$

$\qquad\qquad = \int \dfrac{\sec^2 x + \sec x\tan x}{\tan x + \sec x}\mathrm{d}x$

$\qquad\qquad = \int \dfrac{1}{(\tan x + \sec x)}\mathrm{d}(\tan x + \sec x)$

$\qquad\qquad = \ln|\sec x + \tan x| + C.$

（6） 类似得 $\int \csc x\mathrm{d}x = \ln|\csc x - \cot x| + C.$

本题六个不定积分今后经常用到，可以作为公式使用.

例 5.2.6 求下列不定积分：

（1） $\int \dfrac{1}{x^2 - a^2}\mathrm{d}x$；　　　　（2） $\int \dfrac{3 + x}{\sqrt{4 - x^2}}\mathrm{d}x$；　　　　（3） $\int \dfrac{1}{1 + \mathrm{e}^x}\mathrm{d}x.$

解 本题积分前，需先用代数运算或三角变换对被积函数作适当变形.

（1） $\int \dfrac{1}{x^2 - a^2}\mathrm{d}x = \dfrac{1}{2a}\int\left(\dfrac{1}{x - a} - \dfrac{1}{x + a}\right)\mathrm{d}x$

$\qquad\qquad = \dfrac{1}{2a}\left[\int\dfrac{\mathrm{d}(x - a)}{x - a} - \int\dfrac{\mathrm{d}(x + a)}{x + a}\right]$

$\qquad\qquad = \dfrac{1}{2a}(\ln|x - a| - \ln|x + a|) + C$

$\qquad\qquad = \dfrac{1}{2a}\ln\left|\dfrac{x - a}{x + a}\right| + C.$

（2） $\int \dfrac{3 + x}{\sqrt{4 - x^2}}\mathrm{d}x = 3\int\dfrac{\mathrm{d}x}{\sqrt{4 - x^2}} + \int\dfrac{x}{\sqrt{4 - x^2}}\mathrm{d}x$

$\qquad\qquad = 3\int\dfrac{\mathrm{d}\dfrac{x}{2}}{\sqrt{1 - \left(\dfrac{x}{2}\right)^2}} + \int\dfrac{-\dfrac{1}{2}}{\sqrt{4 - x^2}}\mathrm{d}(4 - x^2)$

$\qquad\qquad = 3\arcsin\dfrac{x}{2} - \sqrt{4 - x^2} + C.$

（3） $\int \dfrac{1}{1 + e^x} dx = \int \dfrac{1 + e^x - e^x}{1 + e^x} dx = \int \left(1 - \dfrac{e^x}{1 + e^x} \right) dx$

$\qquad\qquad = \int dx - \int \dfrac{1}{1 + e^x} d(1 + e^x)$

$\qquad\qquad = x - \ln (1 + e^x) + C.$

例 5.2.7　计算积分 $\displaystyle\int \dfrac{dx}{\sqrt{x - x^2}}$.

解法 1　$\displaystyle\int \dfrac{dx}{\sqrt{x - x^2}} = \int \dfrac{dx}{\sqrt{\dfrac{1}{4} - \left(x - \dfrac{1}{2} \right)^2}} = \int \dfrac{2dx}{\sqrt{1 - (2x - 1)^2}}$

$\qquad\qquad\qquad\quad = \displaystyle\int \dfrac{d(2x - 1)}{\sqrt{1 - (2x - 1)^2}} = \arcsin (2x - 1) + C.$

解法 2　因为 $\dfrac{dx}{\sqrt{x}} = 2d\sqrt{x}$，所以

$\qquad\quad \displaystyle\int \dfrac{dx}{\sqrt{x - x^2}} = \int \dfrac{dx}{\sqrt{x(1 - x)}} = 2 \int \dfrac{d\sqrt{x}}{\sqrt{1 - (\sqrt{x})^2}} = 2\arcsin \sqrt{x} + C.$

本题说明，选用不同的积分方法，可能得出不同形式的积分结果.

2. 第二换元积分法

微视频
不定积分的
第二换元法

第一换元积分法是选择新的积分变量为 $u = \varphi(x)$，但对有些被积函数则需要作相反方式的换元，即令 $x = \varphi(t)$，把 t 作为新积分变量，才能积出结果，即

$$\int f(x) dx \xrightarrow[\text{换元}]{x = \varphi(t)} \int f[\varphi(t)] \varphi'(t) dt \xrightarrow{\text{积分}} F(t) + C$$

$$\xrightarrow[\text{回代}]{t = \varphi^{-1}(x)} F[\varphi^{-1}(x)] + C.$$

这种方法叫做第二换元积分法.

使用第二换元积分法关键是恰当地选择变换函数 $x = \varphi(t)$. 对于 $x = \varphi(t)$，要求其单调可导，$\varphi'(t) \neq 0$，且其反函数 $t = \varphi^{-1}(x)$ 存在. 下面通过一些例子来说明其使用方法.

例 5.2.8　求 $\displaystyle\int \dfrac{\sqrt{x}}{1 + \sqrt{x}} dx$.

解　为了消去根式，可令 $\sqrt{x} = t$，即 $x = t^2 (t \geq 0)$，则 $dx = 2t dt$. 于是

$$\int \dfrac{\sqrt{x}}{1 + \sqrt{x}} dx = \int \dfrac{t}{1 + t} 2t dt = 2 \int \dfrac{t^2}{1 + t} dt$$

$$= 2 \int \dfrac{(t^2 - 1) + 1}{1 + t} dt = 2 \int \left(t - 1 + \dfrac{1}{1 + t} \right) dt$$

$$= t^2 - 2t + 2\ln|1+t| + C$$

$$\xlongequal[t=\sqrt{x}]{\text{回代}} x - 2\sqrt{x} + 2\ln(1+\sqrt{x}) + C.$$

从上例可以看出:被积函数中含有被开方因式为一次多项式 $ax+b$ 的根式 $\sqrt[n]{ax+b}$ 时,令 $\sqrt[n]{ax+b}=t$,可以消去根号,从而求得积分. 下面重点讨论被积函数含有被开方因式为二次式的根式的情况.

例 5.2.9 求 $\displaystyle\int \sqrt{a^2-x^2}\,\mathrm{d}x\,(a>0)$.

解 为了消去被积函数中的根式,使两个量的平方差表示成另外一个量的平方,我们联想到公式 $\sin^2 t+\cos^2 t=1$,为此,作三角变换,令 $x=a\sin t\left(-\dfrac{\pi}{2}<t<\dfrac{\pi}{2}\right)$,那么

$$\sqrt{a^2-x^2}=a\cos t \ \text{且}\ \mathrm{d}x=a\cos t\,\mathrm{d}t,$$

于是

$$\int \sqrt{a^2-x^2}\,\mathrm{d}x = \int a^2\cos^2 t\,\mathrm{d}t = a^2 \int \frac{1+\cos 2t}{2}\,\mathrm{d}t$$

$$= \frac{a^2}{2}t + \frac{a^2}{4}\sin 2t + C.$$

为把 t 回代成 x 的函数,可根据 $\sin t=\dfrac{x}{a}$ 作辅助直角三角形(图 5.2.1),得 $\cos t=\dfrac{\sqrt{a^2-x^2}}{a}$,所以

$$\int \sqrt{a^2-x^2}\,\mathrm{d}x = \frac{a^2}{2}\arcsin \frac{x}{a} + \frac{1}{2}x\sqrt{a^2-x^2} + C.$$

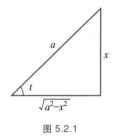

图 5.2.1

例 5.2.10 求 $\displaystyle\int \frac{\mathrm{d}x}{(a^2+x^2)^{\frac{3}{2}}}\quad(a>0)$.

解 与上例类似,这里可以利用三角公式 $1+\tan^2 t=\sec^2 t$ 来化去根式,为此令 $x=a\tan t\left(-\dfrac{\pi}{2}<t<\dfrac{\pi}{2}\right)$,则 $\mathrm{d}x=a\sec^2 t\,\mathrm{d}t$,所以

$$\int \frac{\mathrm{d}x}{(a^2+x^2)^{\frac{3}{2}}} = \int \frac{a\sec^2 t}{a^3\sec^3 t}\,\mathrm{d}t = \frac{1}{a^2}\int \cos t\,\mathrm{d}t = \frac{1}{a^2}\sin t + C.$$

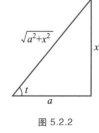

图 5.2.2

由图 5.2.2 所示的直角三角形,得

$$\sin t = \frac{x}{\sqrt{a^2+x^2}},$$

故

$$\int \frac{\mathrm{d}x}{(a^2+x^2)^{\frac{3}{2}}} = \frac{x}{a^2\sqrt{a^2+x^2}} + C.$$

一般地说,当被积函数含有

（1）$\sqrt{a^2-x^2}$,可作代换 $x=a\sin\ t$,

（2）$\sqrt{x^2+a^2}$,可作代换 $x=a\tan\ t$,

（3）$\sqrt{x^2-a^2}$,可作代换 $x=a\sec\ t$.

通常称以上代换为三角代换,它是一种很常见的计算不定积分的手段,但在具体解题时,还要具体分析,例如,$\int x\sqrt{x^2-a^2}\,\mathrm{d}x$ 就不必用三角代换,而用凑微分法更为方便.

5.2.2　分部积分法

微视频
不定积分的
分部积分法

当被积函数是两种不同类型函数的乘积 $\left(\text{如}\int x^2\mathrm{e}^x\mathrm{d}x,\int\mathrm{e}^x\sin\ x\mathrm{d}x\ \text{等}\right)$ 时,往往需要用下面所讲的分部积分法来解决.

分部积分法是与乘积微分法则相对应的,也是一种基本积分法则,公式推导如下:

设函数 $u=u(x)$,$v=v(x)$ 具有连续导数,根据乘积微分公式有

$$\mathrm{d}(uv)=u\mathrm{d}v+v\mathrm{d}u,$$

移项得

$$u\mathrm{d}v=\mathrm{d}(uv)-v\mathrm{d}u,$$

两边积分得

$$\int u\mathrm{d}v=uv-\int v\mathrm{d}u,$$

该公式称为分部积分公式,它可以将求 $\int u\mathrm{d}v$ 的积分问题转化为求 $\int v\mathrm{d}u$ 的积分. 当后面这个积分较容易求时,分部积分公式就起到了化难为易的作用.

例 5.2.11　求 $\int x\cos\ x\ \mathrm{d}x$.

解　设 $u=x$,$\mathrm{d}v=\cos\ x\ \mathrm{d}x=\mathrm{d}(\sin\ x)$,于是 $\mathrm{d}u=\mathrm{d}x$,$v=\sin\ x$,代入公式有

$$\int x\cos\ x\ \mathrm{d}x=\int x\mathrm{d}(\sin\ x)=x\sin\ x-\int\sin\ x\mathrm{d}x$$
$$=x\sin\ x+\cos\ x+C.$$

注意　本题若设 $u=\cos\ x$,$\mathrm{d}v=x\mathrm{d}x$,则有 $\mathrm{d}u=-\sin\ x\mathrm{d}x$ 及 $v=\dfrac{1}{2}x^2$,代入公式后,得到

$$\int x\cos\ x\mathrm{d}x=\frac{1}{2}x^2\cos\ x+\frac{1}{2}\int x^2\sin\ x\mathrm{d}x,$$

新得到的积分 $\int x^2\sin\ x\mathrm{d}x$ 反而比原积分更难求,说明这样设 u,$\mathrm{d}v$ 是不合适的. 由此可见,运用好分部积分法关键是恰当地选择好 u 和 $\mathrm{d}v$,一般要考虑如下两点:

（1）v 要容易求得(可用凑微分法求出);

（2）$\int v\mathrm{d}u$ 要比 $\int u\mathrm{d}v$ 容易求出.

例 5.2.12　求 $\int x\ln x\mathrm{d}x$.

解　$\displaystyle\int x\ln x\mathrm{d}x = \int \ln x\mathrm{d}\left(\frac{x^2}{2}\right) = \frac{1}{2}x^2\ln x - \int \frac{x^2}{2}\mathrm{d}(\ln x)$

$\displaystyle = \frac{x^2}{2}\ln x - \frac{1}{2}\int x\mathrm{d}x = \frac{x^2}{2}\ln x - \frac{1}{4}x^2 + C.$

当熟悉分部积分法后,$u,\mathrm{d}v$ 及 $v,\mathrm{d}u$ 可心算完成,不必具体写出.

例 5.2.13　求 $\int x^2\mathrm{e}^x\mathrm{d}x$.

解　$\displaystyle\int x^2\mathrm{e}^x\mathrm{d}x = \int x^2\mathrm{d}(\mathrm{e}^x) = x^2\mathrm{e}^x - \int \mathrm{e}^x\mathrm{d}(x^2)$

$\displaystyle = x^2\mathrm{e}^x - 2\int x\mathrm{e}^x\mathrm{d}x = x^2\mathrm{e}^x - 2\int x\mathrm{d}(\mathrm{e}^x)$

$\displaystyle = x^2\mathrm{e}^x - 2\left(x\mathrm{e}^x - \int \mathrm{e}^x\mathrm{d}x\right) = x^2\mathrm{e}^x - 2x\mathrm{e}^x + 2\mathrm{e}^x + C$

$\displaystyle = (x^2 - 2x + 2)\mathrm{e}^x + C.$

例 5.2.13 表明,有时要多次使用分部积分法,才能求出结果. 下面例题又是一种情况,经两次分部积分后,出现了"循环现象",这时所求积分实际上是经过解方程而求得的.

例 5.2.14　求 $\int \mathrm{e}^x\sin x\mathrm{d}x$.

解　$\displaystyle\int \mathrm{e}^x\sin x\mathrm{d}x = \int \sin x\mathrm{d}(\mathrm{e}^x) = \mathrm{e}^x\sin x - \int \mathrm{e}^x\cos x\mathrm{d}x$

$\displaystyle = \mathrm{e}^x\sin x - \int \cos x\mathrm{d}(\mathrm{e}^x)$

$\displaystyle = \mathrm{e}^x\sin x - \mathrm{e}^x\cos x - \int \mathrm{e}^x\sin x\mathrm{d}x,$

将再次出现的 $\int \mathrm{e}^x\sin x\mathrm{d}x$ 移至左端,合并后除以 2 得所求积分为

$$\int \mathrm{e}^x\sin x\mathrm{d}x = \frac{1}{2}\mathrm{e}^x(\sin x - \cos x) + C.$$

小结　下述几种类型积分,均可用分部积分公式求解,且 $u,\mathrm{d}v$ 的设法有规律可循.

（1）$\int x^n\mathrm{e}^{ax}\mathrm{d}x, \int x^n\sin ax\mathrm{d}x, \int x^n\cos ax\mathrm{d}x$,可设 $u = x^n$.

（2）$\int x^n\ln x\mathrm{d}x, \int x^n\arcsin x\mathrm{d}x, \int x^n\arctan x\mathrm{d}x$,可设 $u = \ln x, \arcsin x, \arctan x$.

（3）$\int \mathrm{e}^{ax}\sin bx\mathrm{d}x, \int \mathrm{e}^{ax}\cos bx\mathrm{d}x$,可设 $u = \sin bx, \cos bx$.

注意　常数也视为幂函数.

上述情况 x^n 换为多项式时仍成立.

情况(3)也可设 $u=\mathrm{e}^{ax}$,但一经选定,再次分部积分时,必须仍按原来的选择.

积分过程中,有时需要同时用换元法和分部积分法.

例 5.2.15 求 $\int \arctan \sqrt{x}\,\mathrm{d}x$.

解 先换元,令 $x=t^2$ $(t>0)$,则 $\mathrm{d}x=2t\mathrm{d}t$.

$$
\text{原式} = \int \arctan t \cdot 2t\mathrm{d}t = \int \arctan t\,\mathrm{d}(t^2)
$$

$$
= t^2\arctan t - \int t^2\mathrm{d}(\arctan t) = t^2\arctan t - \int \frac{t^2}{1+t^2}\mathrm{d}t
$$

$$
= t^2\arctan t - \int\left(1-\frac{1}{1+t^2}\right)\mathrm{d}t
$$

$$
= t^2\arctan t - t + \arctan t + C
$$

$$
= (x+1)\arctan \sqrt{x} - \sqrt{x} + C.
$$

例 5.2.16 用多种方法求 $\int \dfrac{x}{\sqrt{1+x}}\mathrm{d}x$.

解法 1 分项,凑微分.

$$
\int \frac{x}{\sqrt{1+x}}\mathrm{d}x = \int \frac{x+1-1}{\sqrt{1+x}}\mathrm{d}x = \int \sqrt{1+x}\,\mathrm{d}x - \int \frac{\mathrm{d}x}{\sqrt{1+x}}
$$

$$
= \frac{2}{3}(1+x)^{\frac{3}{2}} - 2(1+x)^{\frac{1}{2}} + C.
$$

解法 2 令 $\sqrt{1+x}=t$,则 $x=t^2-1$,

$$
\mathrm{d}x = 2t\mathrm{d}t.
$$

$$
\int \frac{x}{\sqrt{1+x}}\mathrm{d}x = \int \left(t-\frac{1}{t}\right) \cdot 2t\mathrm{d}t
$$

$$
= \int (2t^2-2)\,\mathrm{d}t
$$

$$
= \frac{2}{3}t^3 - 2t + C
$$

$$
= \frac{2}{3}(1+x)^{\frac{3}{2}} - 2(1+x)^{\frac{1}{2}} + C.
$$

由例 5.2.16 可以看出,不定积分思路比较开阔,方法多,各种解法都有自己的特点,学习中要注意不断积累经验.

例 5.2.17 求 $\int \ln x\mathrm{d}x$.

解 $\displaystyle\int \ln x\mathrm{d}x = x\ln x - \int x\mathrm{d}(\ln x) = x\ln x - \int x \cdot \frac{1}{x}\mathrm{d}x$

$$= x\ln\ x - \int \mathrm{d}x = x\ln\ x - x + C.$$

如上积分过程中,把 $\ln x$ 看成了 u,$\mathrm{d}x$ 看成了 $\mathrm{d}v$ 后,而直接应用分部积分公式.对于某些反函数作为被积函数的不定积分,也完全仿此方法求解.如 $\int \arctan x \mathrm{d}x$.

5.2.3 简单有理函数的积分

微视频
简单有理
函数的积分

这里讨论一种常见的函数类型——有理分式的积分方法.有理分式是指两个多项式之比,即 $R(x) = \dfrac{P(x)}{Q(x)}$,这里 $P(x)$ 与 $Q(x)$ 不可约.当分母 $Q(x)$ 的次数高于分子 $P(x)$ 的次数时,$R(x)$ 称为真分式,否则 $R(x)$ 称为假分式.

利用多项式除法,总可把假分式化为一多项式与真分式之和,例如

$$\frac{x^4 - 3}{x^2 + 2x - 1} = x^2 - 2x + 5 - \frac{12x - 2}{x^2 + 2x - 1},$$

多项式部分可以逐项积分,因此以下只讨论真分式的积分法.

在本节例 5.2.6 中处理积分 $\displaystyle\int \frac{\mathrm{d}x}{x^2 - a^2}$ 时,首先是将真分式 $\dfrac{1}{x^2 - a^2}$ 按其分母的因式拆成两个简单分式之和,即

$$\frac{1}{x^2 - a^2} = \frac{1}{(x+a)(x-a)} = \frac{1}{2a}\left(\frac{1}{x-a} - \frac{1}{x+a}\right),$$

然后再积分这两个简单分式,从而得出结果. 一般真分式的积分方法,就是按照这一解题思路发展而来的. 首先,将分母 $Q(x)$ 分解为一次因式(可能有重因式)和二次质因式的乘积,然后就可把该真分式按分母的因式,分解成若干简单分式(称为部分分式)之和.下面举例说明如何化真分式为部分分式之和.

(1) 当分母 $Q(x)$ 含有单因式 $x - a$ 时,这时分解式中对应有一项 $\dfrac{A}{x-a}$,其中 A 为待定系数.

例如,$R(x) = \dfrac{2x + 3}{x^3 + x^2 - 2x} = \dfrac{2x + 3}{x(x-1)(x+2)} = \dfrac{A}{x} + \dfrac{B}{x-1} + \dfrac{C}{x+2}.$

为确定系数 A, B, C,我们用 $x(x-1)(x+2)$ 乘等式两边,得

$$2x + 3 = A(x-1)(x+2) + Bx(x+2) + Cx(x-1).$$

因为这是一个恒等式,将任何 x 值代入都相等.故可令 $x = 0$,得 $3 = -2A$,即 $A = -\dfrac{3}{2}$.

类似地,令 $x = 1$,得 $5 = 3B$,即 $B = \dfrac{5}{3}$;令 $x = -2$,得 $-1 = 6C$,即 $C = -\dfrac{1}{6}$.于是得到

$$R(x) = \frac{2x + 3}{x(x-1)(x+2)} = \frac{-\dfrac{3}{2}}{x} + \frac{\dfrac{5}{3}}{x-1} + \frac{-\dfrac{1}{6}}{x+2}.$$

(2) 当分母 $Q(x)$ 含有重因式 $(x-a)^n$ 时,这时部分分式中相应有 n 个项:

$$\frac{A_n}{(x-a)^n} + \frac{A_{n-1}}{(x-a)^{n-1}} + \cdots + \frac{A_1}{x-a}.$$

例如, $\dfrac{x^2+1}{x^3-2x^2+x} = \dfrac{x^2+1}{x(x-1)^2} = \dfrac{A}{x} + \dfrac{B}{(x-1)^2} + \dfrac{C}{x-1}$.

为确定系数 A,B,C, 将上式两边同乘 $x(x-1)^2$, 得

$$x^2+1 = A(x-1)^2 + Bx + Cx(x-1).$$

令 $x=0$, 得 $A=1$; 再令 $x=1$, 得 $B=2$; 令 $x=2$, 得 $5=A+2B+2C$, 代入已求得的 A,B 值, 得 $C=0$. 所以

$$\frac{x^2+1}{x^3-2x^2+x} = \frac{1}{x} + \frac{2}{(x-1)^2}.$$

（3）当分母 $Q(x)$ 中含有质因式 $x^2+px+q(p^2-4q<0)$ 时, 这时部分分式中相应有一项 $\dfrac{Ax+B}{x^2+px+q}$.

例如, $\dfrac{x+4}{x^3+2x-3} = \dfrac{x+4}{(x-1)(x^2+x+3)} = \dfrac{A}{x-1} + \dfrac{Bx+C}{x^2+x+3}$.

为确定待定系数, 等式两边同乘 $(x-1)(x^2+x+3)$, 得

$$x+4 = A(x^2+x+3) + (Bx+C)(x-1).$$

令 $x=1$ 得, $5=5A$, 即 $A=1$; 再令 $x=0$, 得 $4=3A-C$, 即 $C=-1$; 令 $x=2$, 得 $6=9A+2B+C$, 即 $B=-1$. 所以

$$\frac{x+4}{x^3+2x-3} = \frac{1}{x-1} + \frac{-x-1}{x^2+x+3}.$$

（4）当分母 $Q(x)$ 含有 $(x^2+px+q)^n$ 因式时, 这种情况分解过于繁复, 我们略去不讨论了.

常见的有理真分式积分大体有下面三种形式:

（1）$\displaystyle\int \frac{A}{x-a}\mathrm{d}x$; 　　　（2）$\displaystyle\int \frac{A}{(x-a)^n}\mathrm{d}x$; 　　　（3）$\displaystyle\int \frac{Ax+B}{x^2+px+q}\mathrm{d}x$ 　$(p^2-4q<0)$.

前两种积分, 简单凑微分法即可获解, 下面举例说明（3）式的积分方法.

例 5.2.18 求 $\displaystyle\int \frac{3x-2}{x^2+2x+4}\mathrm{d}x$.

解 改写被积函数分子为 $3x-2 = \dfrac{3}{2}(2x+2) - 5$ （注意: 括号内 $2x+2$ 正好是分母的导数, 即 $2x+2 = (x^2+2x+4)'$). 于是

$$\begin{aligned}
\int \frac{3x-2}{x^2+2x+4}\mathrm{d}x &= \frac{3}{2}\int \frac{2x+2}{x^2+2x+4}\mathrm{d}x - 5\int \frac{\mathrm{d}x}{x^2+2x+4} \\
&= \frac{3}{2}\int \frac{\mathrm{d}(x^2+2x+4)}{x^2+2x+4} - 5\int \frac{\mathrm{d}x}{(x^2+2x+1)+3} \\
&= \frac{3}{2}\ln|x^2+2x+4| - 5\int \frac{\mathrm{d}x}{(x+1)^2+(\sqrt{3})^2} \\
&= \frac{3}{2}\ln(x^2+2x+4) - \frac{5}{\sqrt{3}}\arctan\frac{x+1}{\sqrt{3}} + C.
\end{aligned}$$

例 5.2.19 求 $\displaystyle\int \frac{x^2+1}{x^3-2x^2+x}\mathrm{d}x$.

解 由前面的情况（2）知，$\dfrac{x^2+1}{x^3-2x^2+x}=\dfrac{1}{x}+\dfrac{2}{(x-1)^2}$. 所以

$$\int\frac{x^2+1}{x^3-2x^2+x}\mathrm{d}x = \int\frac{1}{x}\mathrm{d}x + 2\int\frac{1}{(x-1)^2}\mathrm{d}x$$

$$= \ln|x| - \frac{2}{x-1} + C.$$

例 5.2.20 求 $\displaystyle\int\frac{x^2}{(1+2x)(1+x^2)}\mathrm{d}x$.

解 被积函数是真分式，分母中 $1+x^2$ 为二次质因式，所以

$$\frac{x^2}{(1+2x)(1+x^2)}=\frac{A}{1+2x}+\frac{Bx+C}{1+x^2},$$

将等式两边同乘 $(1+2x)(1+x^2)$，得

$$x^2 = A(1+x^2)+(Bx+C)(1+2x),$$

令 $x=-\dfrac{1}{2}$，得 $A=\dfrac{1}{5}$；令 $x=0$，得 $0=A+C$，即 $C=-A=-\dfrac{1}{5}$；令 $x=1$，得 $1=2A+3(B+C)$，求得

$B=\dfrac{2}{5}$. 所以

$$\frac{x^2}{(1+2x)(1+x^2)}=\frac{\dfrac{1}{5}}{1+2x}+\frac{\dfrac{2}{5}x-\dfrac{1}{5}}{1+x^2},$$

于是

$$\int\frac{x^2}{(1+2x)(1+x^2)}\mathrm{d}x$$

$$=\frac{1}{5}\int\frac{\mathrm{d}x}{1+2x}+\frac{1}{5}\int\frac{2x-1}{1+x^2}\mathrm{d}x$$

$$=\frac{1}{5}\times\frac{1}{2}\int\frac{\mathrm{d}(1+2x)}{1+2x}+\frac{1}{5}\int\frac{\mathrm{d}(1+x^2)}{1+x^2}-\frac{1}{5}\int\frac{\mathrm{d}x}{1+x^2}$$

$$=\frac{1}{10}\ln|1+2x|+\frac{1}{5}\ln(1+x^2)-\frac{1}{5}\arctan x + C.$$

可以证明有理函数的原函数都是初等函数，因此可以说有理函数的积分都是可以积得出来的.

最后，还需指出，上面所讲的是有理分式积分的一般方法. 实际计算较烦琐，因此解题时我们总是首先考虑有无别的更简便的方法.

例如，积分 $\displaystyle\int\frac{x^2}{x^3+1}\mathrm{d}x$，直接用凑微分法更为简便

$$\int\frac{x^2}{x^3+1}\mathrm{d}x=\frac{1}{3}\int\frac{\mathrm{d}(x^3+1)}{x^3+1}=\frac{1}{3}\ln|x^3+1|+C.$$

在结束本节时，还应指出一点，有些不定积分，如 $\displaystyle\int\mathrm{e}^{-x^2}\mathrm{d}x,\int\frac{\mathrm{e}^x}{x}\mathrm{d}x,\int\frac{\mathrm{d}x}{\ln x},\int\frac{\mathrm{d}x}{\sqrt{1+x^4}}$ 等，虽然存在，却不

能用初等函数表达所求的原函数,这时称"积不出",对这种积分实际应用中常采用数值积分法.

　　在工程技术问题中,我们还可以借助查积分表来求一些较复杂的不定积分,也可以利用数学软件包在计算机上求原函数.

思考题 5.2

　　1. 第一换元积分法(即凑微分法)与第二换元积分法的区别是什么?

　　2. 应用分部积分公式 $\int u dv = uv - \int v du$ 的关键是什么? 对于积分 $\int f(x) g(x) dx$, 一般应按什么样的规律去设 u 和 dv?

　　3. 分别总结第一换元积分法、第二换元积分法的规律.

练习 5.2A

　　1. 计算下列积分:

(1) $\int \sin^5 x d(\sin x)$;

(2) $\int \cos^3 x d(\cos x)$;

(3) $\int e^{2x+1} dx$;

(4) $\int (2x + 3)^2 dx$;

(5) $\int \dfrac{x dx}{\sqrt{1 - x^2}}$;

(6) $\int \dfrac{\ln 2x}{x} dx$.

　　2. 计算下列积分:

(1) $\int \left(x + \dfrac{\sin \sqrt{x}}{\sqrt{x}} \right) dx$;

(2) $\int \dfrac{x dx}{\sqrt{1 - x^4}}$;

(3) $\int \dfrac{1}{\arcsin x} \cdot \dfrac{1}{\sqrt{1 - x^2}} dx$;

(4) $\int \dfrac{1}{(1 + x^2) \arctan x} dx$;

(5) $\int \dfrac{1}{2 + x^2} dx$;

(6) $\int \dfrac{dx}{\sqrt{4 - x^2}}$.

练习 5.2B

　　计算下列不定积分:

(1) $\int \ln 2x dx$;

(2) $\int \arctan 2x dx$;

(3) $\int x e^{4x} dx$;

(4) $\int e^{5x} \sin 4x dx$.

5.3　用数学软件进行不定积分运算

文档
用数学软件进行
不定积分运算

5.4 学习任务 5 解答   由斜率求曲线

解

1.（1）设 (x,y) 为所求曲线上任意点的坐标,因为曲线在任一点处的切线斜率等于该点横坐标的 2 倍,所以, $\dfrac{dy}{dx}=2x$,即 $dy=2xdx$,两边积分, $\int dy=\int 2xdx$,得, $y=2\cdot\dfrac{x^2}{2}+C=x^2+C$.

（2）又因为曲线过点 $(0,1)$,即 $x=0$ 时, $y=1$,代入 $y=x^2+C$,得 $C=1$,所以, $y=x^2+1$ 为所求.

2. 扫描下方二维码,查看学习任务 5 的 Mathematica 程序.

3. 扫描下方二维码,查看学习任务 5 的 MATLAB 程序.

扫一扫,看代码
Mathematica 程序

扫一扫,看代码
MATLAB 程序

复习题 5

A 级

1. 验证下列等式是否成立:

（1） $\int \dfrac{x}{\sqrt{1+x^2}}dx = \sqrt{1+x^2} + C$;

（2） $\int 3x^2 e^{x^3} dx = e^{x^3} + C$.

2. 求下列不定积分:

（1） $\int\left(\dfrac{2}{x}+\dfrac{x}{3}\right)^2 dx$;

（2） $\int \dfrac{dx}{x^2\sqrt{x}}$;

（3） $\int(2\cos x - 3\sin x + 4e^x + \pi)dx$;

（4） $\int \cot^2 xdx\left(\text{提示}:\cot^2 x = \dfrac{1}{\sin^2 x}-1\right)$;

（5） $\int e^{x-3}dx$;

（6） $\int \dfrac{x^2}{1+x^2}dx$.

3. 某曲线在任一点处的切线斜率等于该点横坐标的倒数,且通过点 $(e^2,3)$,求该曲线方程.

4. 一物体由静止开始作直线运动,在 t s 时的速度为 $3t^2$ m/s,问:

（1）3 s 后物体离开出发点的距离是多少?

（2）需要多长时间走完 1 000 m?

5. 求下列不定积分:

（1） $\int \dfrac{dx}{\sqrt[3]{3-2x}}$;

（2） $\int \tan 5xdx$;

（3） $\int xe^{-x^2}dx$;

（4） $\int x\sqrt{1-x^2}dx$;

（5） $\int \dfrac{dx}{x\ln x}$;

（6） $\int \dfrac{dx}{\cos^2 x\sqrt{\tan x}}$;

(7) $\int \dfrac{1}{x^2} \cos^2 \dfrac{1}{x} \mathrm{d}x$;　　　　　　　　(8) $\int \cos^3 x \mathrm{d}x$;

(9) $\int \dfrac{\mathrm{d}x}{\sqrt{4 - 9x^2}}$.

6. 求下列不定积分:

(1) $\int \dfrac{\arctan \sqrt{x}}{\sqrt{x}\,(1 + x)} \mathrm{d}x$;　　　　　　(2) $\int \dfrac{f'(x)}{1 + f^2(x)} \mathrm{d}x$.

B 级

7. 求下列不定积分:

(1) $\int \dfrac{x^2}{\sqrt{2 - x}} \mathrm{d}x$;　　　　　　　(2) $\int \dfrac{\sqrt{x + 1} - 1}{\sqrt{x + 1} + 1} \mathrm{d}x$.

8. 求下列不定积分:

(1) $\int \arctan x \mathrm{d}x$;　　　　　　　(2) $\int \mathrm{e}^{\sqrt{x}} \mathrm{d}x$;

(3) $\int x \mathrm{e}^{10x} \mathrm{d}x$;　　　　　　　(4) $\int x f''(x) \mathrm{d}x$.

9. 在平面上有一运动着的质点,如果它在 x 轴方向和 y 轴方向的分速度分别为 $v_x = 5\sin t$ 和 $v_y = 2\cos t$,且 $x\big|_{t=0} = 5, y\big|_{t=0} = 0$,求:

(1) 时间为 t 时,质点所在的位置;

(2) 质点运动的轨迹方程.

10. 设某函数当 $x = 1$ 时有极小值,当 $x = -1$ 时有极大值为 4,又知道这个函数的导数具有 $y' = 3x^2 + bx + c$ 的形式,求此函数.

C 级

11. 地球上能跳 1.5 m 的人在月球上能跳多高?

第6章　定积分

一质点从高空由静止自由落下，已知速度与时间的关系为 $v=gt$，请完成如下任务：

1. 该质点从 $t=1\,\text{s}$ 到 $t=4\,\text{s}$ 所下落的距离.

2. 该质点从 $t=1\,\text{s}$ 到 $t=4\,\text{s}$ 这段时间内的平均速度.

该问题不但要根据速度求出路程，而且还需要求出速度函数的平均值. 利用定积分的有关知识可解决该问题.

本章讨论积分学的第二个问题——定积分. 定积分不论在理论上还是实际应用中，都有着十分重要的意义，它是整个高等数学最重要的内容之一.

这一章内容安排较多，在分析典型实例的基础上，引出定积分的概念，进而讨论定积分的性质，重点是研究微积分基本定理，建立关于定积分的换元法和分部积分法.

上一章关于积分法的全面训练，为这一章解决定积分的计算，提供了必要的基础.

　　引例　小明在预习定积分的定义后，有如下两点感受：（1）定积分有用，因为用定积分可以计算曲边梯形的面积、变速直线运动的路程；（2）作为"和式的极限"的定积分不但公式长而且计算复杂. 因此，小明问了老师如下两个问题：（1）定积分有简便计算方法吗？（2）定积分与不定积分有关系吗？

　　老师说：小明的问题很好，抓住了问题的关键. 这两个问题可由一个公式（牛顿-莱布尼茨公式）予以回答.

6.1　定积分的概念

　　本节首先通过讨论曲边梯形的面积和变速直线运动的路程这两个典型的实际问题引出定积分的概念，随后讨论定积分的几何意义及定积分的性质，最后，由定积分的中值定理给出求连续函数平均值的公式.

6.1.1　定积分的实际背景

1. 曲边梯形的面积

　　所谓曲边梯形是指如图 6.1.1 所示图形，它的三条边是直线段，其中有两条边垂直于第三条底边，而其第四条边是曲线. 如果我们会计算曲边梯形面积，那么我们也就会求平面上任意曲线所围成的图形面积 A 了，这一点可以从图 6.1.2 中清楚地看出，$A=A_1-A_2$，其中 A_1 是曲边 $\overset{\frown}{MPN}$ 在底边 CB 上所围面积，A_2 是曲边 $\overset{\frown}{MQN}$ 在 CB 上

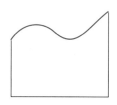

图 6.1.1

所围面积.

如图 6.1.3 所示的曲边梯形由曲线 $y=f(x)$ $(f(x) \geqslant 0)$,直线 $x=a,x=b$ 与 x 轴所围成,其面积怎样求呢? 我们设想:把该曲边梯形沿着 y 轴方向切割成许多窄窄的长条,把每个长条近似看作一个矩形,用长乘宽求得小矩形面积,加起来就是曲边梯形面积的近似值.分割越细,误差越小,分割得无限细,误差就无限小,于是当所有的长条宽度趋于零时,这个阶梯形面积的极限就成为曲边梯形面积的精确值了.

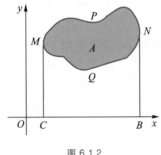

图 6.1.2

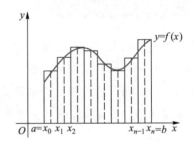

图 6.1.3

上述思路具体实施分为下述四步:

(1) 分割   任取分点 $a=x_0<x_1<x_2<\cdots<x_{n-1}<x_n=b$,把底边 $[a,b]$ 分成 n 个小区间 $[x_{i-1},x_i]$ $(i=1,2,\cdots,n)$.小区间长度记为

$$\Delta x_i = x_i - x_{i-1} \quad (i=1,2,\cdots,n).$$

(2) 取近似   在每个小区间 $[x_{i-1},x_i]$ 上任取一点 ξ_i,则得小长条面积 ΔA_i 的近似值为

$$\Delta A_i \approx f(\xi_i)\Delta x_i \quad (i=1,2,\cdots,n).$$

(3) 求和   把 n 个小矩形面积相加(即阶梯形面积)就得到曲边梯形面积 A 的近似值

$$A \approx f(\xi_1)\Delta x_1 + f(\xi_2)\Delta x_2 + \cdots + f(\xi_n)\Delta x_n$$
$$= \sum_{i=1}^n f(\xi_i)\Delta x_i.$$

(4) 取极限   为了保证全部 Δx_i 都无限缩小,我们要求小区间长度中的最大值 $\lambda = \max\limits_{1 \leqslant i \leqslant n}\{\Delta x_i\}$ 趋于零,这时和式 $\sum\limits_{i=1}^n f(\xi_i)\Delta x_i$ 的极限就是曲边梯形面积 A 的精确值,即

$$A = \lim_{\lambda \to 0} \sum_{i=1}^n f(\xi_i)\Delta x_i.$$

2. 变速直线运动的路程

设某物体作直线运动,已知速度 $v=v(t)$ 是时间间隔 $[T_1,T_2]$ 上的连续函数,且 $v(t) \geqslant 0$,要计算这段时间内所走的路程.

如果是匀速运动(速度 $v=$ 常数),则路程 $s=v(T_2-T_1)$;若 $v(t)$ 不是常数,路程就不能用初等方法求得了.

解决这个问题的思路和步骤与求曲边梯形面积相类似:

(1) 分割   任取分点 $T_1=t_0<t_1<t_2<\cdots<t_{n-1}<t_n=T_2$,把 $[T_1,T_2]$ 分成 n 个小段,每小段长为

$$\Delta t_i = t_i - t_{i-1} \quad (i=1,2,\cdots,n).$$

(2) 取近似   把每小段 $[t_{i-1},t_i]$ 上的运动视为匀速,任取时刻 $\xi_i \in [t_{i-1},t_i]$,作乘积 $v(\xi_i)\Delta t_i$,显然这小段

时间所走路程 Δs_i 可近似表示为

$$\Delta s_i \approx v(\xi_i)\Delta t_i \quad (i=1,2,\cdots,n).$$

（3）求和 把 n 个小段时间上的路程相加,就得到总路程 s 的近似值,即

$$s \approx \sum_{i=1}^{n} v(\xi_i)\Delta t_i.$$

（4）取极限 当 $\lambda = \max_{1 \leqslant i \leqslant n}\{\Delta t_i\} \to 0$ 时,上述和式的极限就是 s 的精确值,即

$$s = \lim_{\lambda \to 0}\sum_{i=1}^{n} v(\xi_i)\Delta t_i.$$

6.1.2 定积分的概念

微视频
定积分定义

从上述两个具体问题我们看到,它们的实际意义虽然不同,但它们归结成的数学模型却是一致的. 就是说,处理这些问题所遇到的矛盾性质,解决问题的思想方法以及最后所要计算的数学表达式的结构都是相同的. 在科学技术上还有许多问题也都归结为这种特定和式的极限. 为此,我们概括出如下定义.

定义 6.1.1(定积分) 设函数 $y=f(x)$ 在闭区间 $[a,b]$ 上有定义,任取分点 $a=x_0<x_1<x_2<\cdots<x_{n-1}<x_n=b$,将区间 $[a,b]$ 任意分割为 n 个小区间 $[x_{i-1},x_i]$ $(i=1,2,\cdots,n)$. 记

$$\Delta x_i = x_i - x_{i-1} \quad (i=1,2,\cdots,n), \quad \lambda = \max_{1 \leqslant i \leqslant n}\{\Delta x_i\},$$

再在每个小区间 $[x_{i-1},x_i]$ 上任取一点 ξ_i,作乘积 $f(\xi_i)\Delta x_i$ 的和式

$$\sum_{i=1}^{n} f(\xi_i)\Delta x_i,$$

若当 $\lambda \to 0$ 时上述和式的极限存在,且与闭区间 $[a,b]$ 的分法和点 ξ_i 的取法无关,则称这个极限值为函数 $f(x)$ 在区间 $[a,b]$ 上的定积分,记为 $\displaystyle\int_a^b f(x)\mathrm{d}x$, 即

$$\int_a^b f(x)\mathrm{d}x = \lim_{\lambda \to 0}\sum_{i=1}^{n} f(\xi_i)\Delta x_i,$$

其中称 $f(x)$ 为被积函数,$f(x)\mathrm{d}x$ 为被积表达式,x 为积分变量,$[a,b]$ 为积分区间,a,b 分别称为积分下限和积分上限.

有了这个定义,前面两个实际问题都可用定积分表示为

曲边梯形面积 $\displaystyle A = \int_a^b f(x)\mathrm{d}x,$

变速运动路程 $\displaystyle s = \int_{T_1}^{T_2} v(t)\mathrm{d}t.$

关于定积分定义的说明:

（1）定积分是一个数,它只取决于被积函数与积分上、下限,而与积分变量采用什么字母无关,例如:

$\displaystyle\int_0^1 x^2\mathrm{d}x = \int_0^1 t^2\mathrm{d}t.$ 一般地,

$$\int_a^b f(x)\,\mathrm{d}x = \int_a^b f(t)\,\mathrm{d}t.$$

（2）定义中要求积分限 $a < b$，我们补充如下规定：

当 $a = b$ 时，$\displaystyle\int_a^b f(x)\,\mathrm{d}x = 0$，

当 $a > b$ 时，$\displaystyle\int_b^a f(x)\,\mathrm{d}x = -\int_b^a f(x)\,\mathrm{d}x.$

（3）定积分的存在性：当 $f(x)$ 在 $[a,b]$ 上连续或只有有限个第一类间断点时，$f(x)$ 在 $[a,b]$ 上的定积分存在（也称可积）.

初等函数在其有定义的闭区间上都是可积的.

定积分定义叙述较长，我们把它概括为如下便于记忆的四步："整化零，常代变，近似和，取极限".

例 6.1.1　用定积分定义计算 $\displaystyle\int_a^b c\,\mathrm{d}x$，其中 c 为常数.

解　用分点 $x_i\,(i=0,1,\cdots,n)$ 将区间 $[a,b]$ 分成 n 个小区间，第 i 个小区间 $[x_{i-1},x_i]$ 的长度记为 Δx_i，$\lambda = \max\limits_{1\leqslant i\leqslant n}\{\Delta x_i\}$，任取点 $\xi_i \in [x_{i-1},x_i]\,(i=1,2,\cdots,n)$，则

$$\int_a^b c\,\mathrm{d}x = \lim_{\lambda\to 0}\sum_{i=1}^n c\Delta x_i = c\lim_{\lambda\to 0}\sum_{i=1}^n \Delta x_i$$
$$= c\lim_{\lambda\to 0}(b-a) = c(b-a).$$

6.1.3　定积分的几何意义

在前面的曲边梯形面积问题中，我们看到如果 $f(x) \geqslant 0$，图形在 x 轴之上，积分值为正，有 $\displaystyle\int_a^b f(x)\,\mathrm{d}x = A$（图 6.1.4），$A$ 表示该图形的面积.

如果 $f(x) \leqslant 0$，那么图形位于 x 轴下方，积分值为负，即 $\displaystyle\int_a^b f(x)\,\mathrm{d}x = -B$（图 6.1.5），$B$ 表示该图形的面积.

如果 $f(x)$ 在 $[a,b]$ 上有正有负，则积分值就等于曲线 $y=f(x)$ 在 x 轴上方部分图形的"带号面积"（规定位于 x 轴上方的图形的"带号面积"带正号，其绝对值等于该图形的面积）与在 x 轴下方部分图形的"带号面积"（规定位于 x 轴下方图形的"带号面积"带负号，其绝对值等于该图形的面积）的代数和. 如图 6.1.6 所示（A_1,A_2,A_3 分别表示相应阴影部分的面积），有

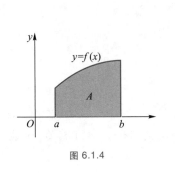

图 6.1.4

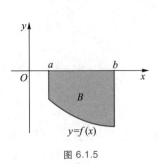

图 6.1.5

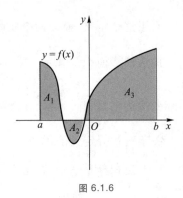

图 6.1.6

微视频
定积分的几何意义

$$\int_a^b f(x)\,\mathrm{d}x = A_1 - A_2 + A_3.$$

例 6.1.2 根据定积分几何意义计算 $\int_{-1}^{2} x\,\mathrm{d}x$.

解 $\int_{-1}^{2} x\,\mathrm{d}x$ 等于由 $x = -1, x = 2, y = x$ 及 x 轴所围成

的平面图形在 x 轴上方部分图形的面积减去位于 x 轴下

方部分图形的面积(图 6.1.7). 于是

$$\int_{-1}^{2} x\,\mathrm{d}x = \frac{1}{2}\times 2\times 2 - \frac{1}{2}\times 1\times 1 = 2 - \frac{1}{2} = \frac{3}{2}.$$

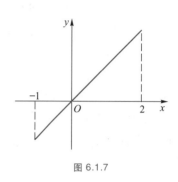

图 6.1.7

6.1.4 定积分的性质

微视频
定积分的性质

为了理论与计算的需要,我们介绍定积分的基本性质,在下面论述中,假定有关函数都是可积的.

性质 1 函数的代数和可逐项积分,即

$$\int_a^b [f(x) \pm g(x)]\,\mathrm{d}x = \int_a^b f(x)\,\mathrm{d}x \pm \int_a^b g(x)\,\mathrm{d}x.$$

性质 2 被积函数的常数因子可提到积分号外面,即

$$\int_a^b kf(x)\,\mathrm{d}x = k\int_a^b f(x)\,\mathrm{d}x \quad (k \text{ 为常数}).$$

性质 3(积分区间的分割性质) 若 $a<c<b$,则

$$\int_a^b f(x)\,\mathrm{d}x = \int_a^c f(x)\,\mathrm{d}x + \int_c^b f(x)\,\mathrm{d}x\ (\text{图 } 6.1.8).$$

注意 对于 a,b,c 三点的任何其他相对位置,上述性质仍成立,譬如:$a<b<c$,则

$$\int_a^c f(x)\,\mathrm{d}x = \int_a^b f(x)\,\mathrm{d}x + \int_b^c f(x)\,\mathrm{d}x = \int_a^b f(x)\,\mathrm{d}x - \int_c^b f(x)\,\mathrm{d}x,$$

仍有

$$\int_a^b f(x)\,\mathrm{d}x = \int_a^c f(x)\,\mathrm{d}x + \int_c^b f(x)\,\mathrm{d}x.$$

性质 4(积分的比较性质) 在 $[a,b]$ 上若 $f(x) \geqslant g(x)$(图 6.1.9),则

$$\int_a^b f(x)\,\mathrm{d}x \geqslant \int_a^b g(x)\,\mathrm{d}x.$$

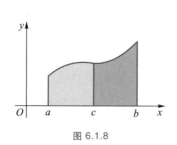

图 6.1.8

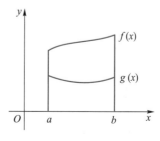

图 6.1.9

上述几条性质,均可由定积分定义证得(从略).

性质 5(积分估值性质)　设 M 与 m 分别是 $f(x)$ 在 $[a,b]$ 上的最大值与最小值,则

$$m(b-a) \leqslant \int_a^b f(x)\,\mathrm{d}x \leqslant M(b-a).$$

证　因为 $m \leqslant f(x) \leqslant M$　(图 6.1.10),由性质 4 得

$$\int_a^b m\,\mathrm{d}x \leqslant \int_a^b f(x)\,\mathrm{d}x \leqslant \int_a^b M\,\mathrm{d}x,$$

再利用例 6.1.1 的结论即可得证.

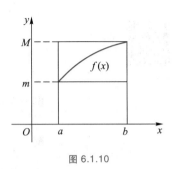

图 6.1.10

积分估值性质的几何意义是明显的,即曲线 $y=f(x)$ 与底边区间 $[a,b]$ 所围曲边梯形的面积大于同一底边而高为 $f(x)$ 的最小值 m 的矩形面积,小于同一底边而高为 $f(x)$ 的最大值 M 的矩形面积(图 6.1.10).

例 6.1.3　估计定积分 $\displaystyle\int_{-1}^1 \mathrm{e}^{-x^2}\,\mathrm{d}x$ 的值.

解　先求 $f(x)=\mathrm{e}^{-x^2}$ 在 $[-1,1]$ 上的最大值和最小值. 因为 $f'(x)=-2x\mathrm{e}^{-x^2}$,令 $f'(x)=0$,得驻点 $x=0$,比较 $f(x)$ 在驻点及区间端点处的函数值

$$f(0)=\mathrm{e}^0=1, \quad f(-1)=f(1)=\mathrm{e}^{-1}=\frac{1}{\mathrm{e}},$$

故最大值 $M=1$,最小值 $m=\dfrac{1}{\mathrm{e}}$.由估值性质得

$$\frac{2}{\mathrm{e}} \leqslant \int_{-1}^1 \mathrm{e}^{-x^2}\,\mathrm{d}x \leqslant 2.$$

性质 6(积分中值定理)　如果 $f(x)$ 在 $[a,b]$ 上连续,则至少存在一点 $\xi \in [a,b]$,使得

$$\int_a^b f(x)\,\mathrm{d}x = f(\xi)(b-a).$$

证　将性质 5 中不等式除以 $b-a$,得

$$m \leqslant \frac{1}{b-a}\int_a^b f(x)\,\mathrm{d}x \leqslant M.$$

设 $\dfrac{1}{b-a}\displaystyle\int_a^b f(x)\,\mathrm{d}x = \mu$,即

$$m \leqslant \mu \leqslant M.$$

由于 $f(x)$ 为区间 $[a,b]$ 上的连续函数,所以,它能取到介于其最小值与最大值之间的任何一个数值(即连续函数的介值定理). 因此,在 $[a,b]$ 上至少有一点 ξ,使得 $f(\xi)=\mu$,即

$$\frac{1}{b-a}\int_a^b f(x)\,\mathrm{d}x = f(\xi),$$

亦即

$$\int_a^b f(x)\,\mathrm{d}x = f(\xi)(b-a).$$

积分中值定理有明显的几何意义:曲线 $y=f(x)$ 在 $[a,b]$ 底上所围成的曲边梯形面积,等于同一底边而高为 $f(\xi)$ 的一个矩形面积(图 6.1.11).

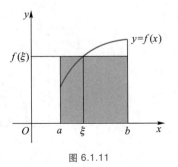

图 6.1.11

从几何角度容易看出,数值 $\mu = \dfrac{1}{b-a}\displaystyle\int_a^b f(x)\,\mathrm{d}x$ 表示连续曲线 $y = f(x)$ 在 $[a,b]$ 上的平均高度,也就是函数 $f(x)$ 在 $[a,b]$ 上的平均值,这是有限个数的平均值概念的拓广.

例 6.1.4 求连续函数 $f(x) = x$ 在闭区间 $[-1,2]$ 上的平均值.

解 由连续函数 $f(x)$ 在 $[a,b]$ 上的平均值公式 $\mu = \dfrac{1}{b-a}\cdot\displaystyle\int_a^b f(x)\,\mathrm{d}x$ 得知,连续函数 $f(x) = x$ 在闭区间 $[-1,2]$ 上的平均值为

$$\mu = \frac{1}{2-(-1)}\int_{-1}^2 x\,\mathrm{d}x = \frac{1}{3}\int_{-1}^2 x\,\mathrm{d}x,$$

又由本节例 6.1.2 知,$\displaystyle\int_{-1}^2 x\,\mathrm{d}x = \dfrac{3}{2}$,于是,所求平均值

$$\mu = \frac{1}{3}\times\frac{3}{2} = \frac{1}{2}.$$

思考题 6.1

1. 如何表述定积分的几何意义?根据定积分的几何意义求下列积分的值:

(1) $\displaystyle\int_{-1}^1 x\,\mathrm{d}x$; (2) $\displaystyle\int_{-R}^R \sqrt{R^2 - x^2}\,\mathrm{d}x$; (3) $\displaystyle\int_0^{2\pi}\cos x\,\mathrm{d}x$; (4) $\displaystyle\int_{-1}^1 |x|\,\mathrm{d}x$.

2. 若当 $a \le x \le b$ 时,有 $f(x) \le g(x)$,问下面两个式子是否均成立,为什么?

(1) $\displaystyle\int_a^b f(x)\,\mathrm{d}x \le \int_a^b g(x)\,\mathrm{d}x$; (2) $\displaystyle\int f(x)\,\mathrm{d}x \le \int g(x)\,\mathrm{d}x$.

3. n 个数的算术平均值与连续函数在闭区间上的平均值有何区别与联系?

练习 6.1A

用定积分的定义计算定积分 $\displaystyle\int_a^b \mathrm{d}x$.

练习 6.1B

1. 利用定积分的估值公式,估计定积分 $\displaystyle\int_{-1}^1 (4x^4 - 2x^3 + 5)\,\mathrm{d}x$ 的值.

2. 求函数 $f(x) = \sqrt{1 - x^2}$ 在闭区间 $[-1,1]$ 上的平均值.

6.2 微积分基本公式

定积分作为一种特定和式的极限,直接按定义来计算是一件十分繁杂的事,本节将通过对定积分与原函数关系的讨论,导出一种计算定积分的简便有效的方法.

下面我们以用不同方法计算直线运动的路程为例,来探讨定程分与原函数的关系.设物体以速度 $v = v(t)$ 作直线运动,求 $[T_1, T_2]$ 时间段内物体经过的路程 s.

一方面,从定积分概念出发,由前面已讨论的结果知道物体在时间段 $[T_1,T_2]$ 所经过的路程为 $\int_{T_1}^{T_2}v(t)\,\mathrm{d}t.$ 另一方面,若从不定积分概念出发,则有

$$\int v(t)\,\mathrm{d}t = s(t) + C,$$

其中 $v(t)=s'(t)$,于是物体在 $[T_1,T_2]$ 时间段内所走路程就是 $s(T_2)-s(T_1)$.

综合上述两个方面,得到

$$\int_{T_1}^{T_2}v(t)\,\mathrm{d}t = s(T_2) - s(T_1).$$

这个等式表明速度函数 $v(t)$ 在 $[T_1,T_2]$ 上的定积分等于其原函数 $s(t)$ 在区间 $[T_1,T_2]$ 上的增量. 那么, 这一结论有没有普遍的意义呢? 下面的论述给出了肯定的回答.

6.2.1　变上限的定积分

我们先来介绍一类函数——变上限积分函数.

微视频
变上限积分

设函数 $f(x)$ 在 $[a,b]$ 上连续, $x\in[a,b]$,于是积分 $\int_a^x f(x)\,\mathrm{d}x$ 是一个定数, 这种写法有一个不妥之处,就是 x 既表示积分上限,又表示积分变量. 为避免混淆,我们把积分变量改写成 t,于是这个积分就写成了 $\int_a^x f(t)\,\mathrm{d}t.$

显然,当 x 在 $[a,b]$ 上变动时,对应于每一个 x 值,积分 $\int_a^x f(t)\,\mathrm{d}t$ 就有一个确定的值,因此 $\int_a^x f(t)\,\mathrm{d}t$ 是上限 x 的一个函数,记作 $\Phi(x)$,

即　　　　　　$\Phi(x) = \int_a^x f(t)\,\mathrm{d}t \quad (a \leqslant x \leqslant b).$

通常称函数 $\Phi(x)$ 为变上限积分函数或变上限积分,其几何意义如图 6.2.1 所示.如 $\int_0^x \cos^2 t\,\mathrm{d}t,\ \int_0^x \dfrac{2t-1}{t^2-t+1}\,\mathrm{d}t$ 均属变上限积分.

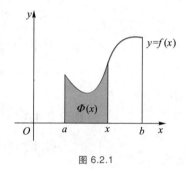
图 6.2.1

定理 6.2.1(对积分上限求导)　如果函数 $f(x)$ 在区间 $[a,b]$ 上连续,则变上限积分 $\Phi(x)=\int_a^x f(t)\,\mathrm{d}t$ 在 $[a,b]$ 上可导,且其导数是

$$\Phi'(x) = \frac{\mathrm{d}}{\mathrm{d}x}\int_a^x f(t)\,\mathrm{d}t = f(x) \quad (a \leqslant x \leqslant b).$$

证　(1) 若 $a<x<b$,则当上限 x 获得增量 Δx 时,函数 $\Phi(x)$ 获得的增量为 $\Delta\Phi.$ 由图 6.2.2 知

$$\Delta\Phi = \int_x^{x+\Delta x} f(t)\,\mathrm{d}t.$$

由积分中值定理,得 $\Delta\Phi=f(\xi)\Delta x$($\xi$ 在 x 及 $x+\Delta x$ 之间),

$$\frac{\Delta\Phi}{\Delta x} = f(\xi),$$

再令 $\Delta x \to 0$，从而 $\xi \to x$，由 $f(x)$ 的连续性，得

$$\lim_{\Delta x \to 0} \frac{\Delta \Phi}{\Delta x} = \lim_{\xi \to x} f(\xi) = f(x) ,$$

即 $\Phi'(x) = f(x)$.

（2）若 $x = a$，取 $\Delta x > 0$，同理可证 $\Phi'_+(a) = f(a)$.

（3）若 $x = b$，取 $\Delta x < 0$，同理可证 $\Phi'_-(b) = f(b)$.

综合（1）（2）（3）可知，当 $x \in [a, b]$ 时，有 $\Phi'(x) = f(x)$. 证毕.

由 $\Phi'(x) = f(x)$ 知，变上限积分 $\Phi(x)$ 是 $f(x)$ 的一个原函数，从而有

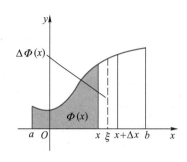

图 6.2.2

如下推论：

推论 连续函数的原函数一定存在.

这样就解决了上一章留下来的原函数的存在问题.

例 6.2.1 计算 $\Phi(x) = \int_0^x \sin t^2 \mathrm{d}t$ 在 $x = 0, \dfrac{\sqrt{\pi}}{2}$ 处的导数.

解 因为 $\Phi'(x) = \dfrac{\mathrm{d}}{\mathrm{d}x} \int_0^x \sin t^2 \mathrm{d}t = \sin x^2$，故

$$\Phi'(0) = \sin 0^2 = 0 ,$$

$$\Phi'\left(\frac{\sqrt{\pi}}{2}\right) = \sin \frac{\pi}{4} = \frac{\sqrt{2}}{2} .$$

例 6.2.2 求下列函数的导数：

（1）$\Phi(x) = \int_a^{e^x} \dfrac{\ln t}{t} \mathrm{d}t \quad (a > 0)$；

（2）$\Phi(x) = \int_{x^2}^1 \dfrac{\sin \sqrt{\theta}}{\theta} \mathrm{d}\theta \quad (x > 0)$.

解 （1）这里 $\Phi(x)$ 是 x 的复合函数，其中中间变量 $u = e^x$，所以按复合函数求导法则，有

$$\frac{\mathrm{d}\Phi}{\mathrm{d}x} = \frac{\mathrm{d}}{\mathrm{d}u}\left(\int_a^u \frac{\ln t}{t} \mathrm{d}t\right) \frac{\mathrm{d}(e^x)}{\mathrm{d}x} = \frac{\ln e^x}{e^x} e^x = x .$$

（2）$\dfrac{\mathrm{d}\Phi}{\mathrm{d}x} = -\dfrac{\mathrm{d}}{\mathrm{d}x} \int_1^{x^2} \dfrac{\sin \sqrt{\theta}}{\theta} \mathrm{d}\theta = -\dfrac{\sin \sqrt{\theta}}{\theta} \bigg|_{\theta = x^2} (x^2)'$

$$= -\frac{\sin x}{x^2} 2x = -\frac{2\sin x}{x} .$$

6.2.2 牛顿–莱布尼茨(Newton-Leibniz)公式

定理 6.2.2(微积分基本定理) 设函数 $f(x)$ 在闭区间 $[a, b]$ 上连续，又 $F(x)$ 是 $f(x)$ 的任意一个原函数，则有

$$\int_a^b f(x)\,\mathrm{d}x = F(b) - F(a).$$

微视频
牛顿-莱布尼茨公式

文档
牛顿

文档
莱布尼茨

证　由定理 6.2.1 知,变上限积分 $\Phi(x) = \displaystyle\int_a^x f(t)\,\mathrm{d}t$ 也是 $f(x)$ 的一个原函数,于是知

$$\Phi(x) - F(x) = C_0,$$

C_0 为一常数,即

$$\int_a^x f(t)\,\mathrm{d}t = F(x) + C_0.$$

我们来确定常数 C_0 的值,为此,令 $x = a$,有 $\displaystyle\int_a^a f(t)\,\mathrm{d}t = F(a) + C_0$,得

$C_0 = -F(a)$. 因此有 $\displaystyle\int_a^x f(t)\,\mathrm{d}t = F(x) - F(a)$.

再令 $x = b$,得所求积分为

$$\int_a^b f(t)\,\mathrm{d}t = F(b) - F(a).$$

因为积分值与积分变量的记号无关,仍用 x 表示积分变量,即得

$$\int_a^b f(x)\,\mathrm{d}x = F(b) - F(a),$$

其中 $F'(x) = f(x)$. 上式称为牛顿-莱布尼茨公式,也称为微积分基本公式. 该公式可叙述为:定积分的值等于其原函数在上、下限处的函数值的差. 该公式在定积分与原函数这两个本来似乎并不相干的概念之间,建立起了定量关系,从而为定积分计算找到了一条简捷的途径. 它是整个积分学中最重要的公式.

为计算方便,上述公式常采用下面的格式:

$$\int_a^b f(x)\,\mathrm{d}x = F(x)\,\Big|_a^b = F(b) - F(a).$$

例 6.2.3　计算定积分 $\displaystyle\int_0^1 (2x + 3x^2 + 4x^3)\,\mathrm{d}x$.

解　$\displaystyle\int_0^1 (2x + 3x^2 + 4x^3)\,\mathrm{d}x = 2\int_0^1 x\,\mathrm{d}x + 3\int_0^1 x^2\,\mathrm{d}x + 4\int_0^1 x^3\,\mathrm{d}x$

$$= 2 \times \frac{x^2}{2}\,\Big|_0^1 + 3 \times \frac{x^3}{3}\,\Big|_0^1 + 4 \times \frac{x^4}{4}\,\Big|_0^1 = 3.$$

例 6.2.4　计算定积分:

$(1)\ \displaystyle\int_1^2 \left(x + \frac{1}{x}\right)^2 \mathrm{d}x$;　　　　$(2)\ \displaystyle\int_{\frac{1}{2}}^{\frac{2}{3}} \frac{\mathrm{d}x}{\sqrt{x(1-x)}}$;　　　　$(3)\ \displaystyle\int_{-1}^1 \sqrt{x^2}\,\mathrm{d}x$.

解　$(1)\ \displaystyle\int_1^2 \left(x + \frac{1}{x}\right)^2 \mathrm{d}x = \int_1^2 \left(x^2 + 2 + \frac{1}{x^2}\right) \mathrm{d}x$

$$= \left(\frac{x^3}{3} + 2x - \frac{1}{x}\right)\Big|_1^2 = \frac{29}{6}.$$

$(2)\ \displaystyle\int_{\frac{1}{2}}^{\frac{2}{3}} \frac{\mathrm{d}x}{\sqrt{x(1-x)}} = \int_{\frac{1}{2}}^{\frac{2}{3}} \frac{1}{\sqrt{1-x}} \cdot \frac{1}{\sqrt{x}}\,\mathrm{d}x$

$$= 2 \int_{\frac{1}{2}}^{\frac{2}{3}} \frac{1}{\sqrt{1 - (\sqrt{x})^2}} \mathrm{d}(\sqrt{x}) = 2\arcsin \sqrt{x} \ \Big|_{\frac{1}{2}}^{\frac{2}{3}}$$

$$= 2\left(\arcsin \sqrt{\frac{2}{3}} - \arcsin \sqrt{\frac{1}{2}}\right) \approx 0.339\ 8.$$

在本题的求解过程中,由于在凑微分后,积分中没有出现新的变量,所以,无需改变积分限.

(3) $\sqrt{x^2} = |x|$ 在 $[-1,1]$ 上写成分段函数的形式

$$f(x) = \begin{cases} -x, & -1 \leqslant x < 0, \\ x, & 0 \leqslant x \leqslant 1, \end{cases}$$

于是
$$\int_{-1}^{1} \sqrt{x^2} \mathrm{d}x = \int_{-1}^{0} (-x) \mathrm{d}x + \int_{0}^{1} x \mathrm{d}x$$

$$= -\frac{x^2}{2} \Big|_{-1}^{0} + \frac{x^2}{2} \Big|_{0}^{1} = 1.$$

注意 本题如果不分段积分,则得错误结果:

$$\int_{-1}^{1} \sqrt{x^2} \mathrm{d}x = \int_{-1}^{1} x \mathrm{d}x = \frac{x^2}{2} \Big|_{-1}^{1} = 0,$$

事实上,因为 $\sqrt{x^2} \geqslant 0$,所以积分应为正数,而不应是 0.

例 6.2.5 计算 $\lim\limits_{x \to 0} \dfrac{\displaystyle\int_{1}^{\cos x} \mathrm{e}^{-t^2} \mathrm{d}t}{x^2}$.

解 因为 $x \to 0$ 时,$\cos x \to 1$,故本题属 "$\dfrac{0}{0}$" 型未定式,可以用洛必达法则来求.

这里 $\displaystyle\int_{1}^{\cos x} \mathrm{e}^{-t^2} \mathrm{d}t$ 是 x 的复合函数,其中 $u = \cos x$,所以

$$\frac{\mathrm{d}}{\mathrm{d}x} \int_{1}^{\cos x} \mathrm{e}^{-t^2} \mathrm{d}t = \mathrm{e}^{-\cos^2 x} (\cos x)' = -\sin x \mathrm{e}^{-\cos^2 x},$$

于是 $\lim\limits_{x \to 0} \dfrac{\displaystyle\int_{1}^{\cos x} \mathrm{e}^{-t^2} \mathrm{d}t}{x^2} = \lim\limits_{x \to 0} \dfrac{-\sin x \mathrm{e}^{-\cos^2 x}}{2x} = \lim\limits_{x \to 0} \dfrac{-\sin x}{2x} \mathrm{e}^{-\cos^2 x}$

$$= -\frac{1}{2} \mathrm{e}^{-1} = -\frac{1}{2\mathrm{e}}.$$

思考题 6.2

1. 当 $f(x)$ 为积分区间 $[a,b]$ 上的分段函数时,问如何计算定积分 $\displaystyle\int_{a}^{b} f(x) \mathrm{d}x$? 试举例说明.

2. 对于定积分,凑微分法还能用吗?

练习 6.2A

1. 计算下列各题：

(1) $\dfrac{\mathrm{d}}{\mathrm{d}x}\displaystyle\int_1^x \sin t\mathrm{d}t$;　　　　　(2) $\left(\displaystyle\int_1^2 f(x)\mathrm{d}x\right)'$;　　　　　(3) $\dfrac{\mathrm{d}}{\mathrm{d}x}\displaystyle\int_a^b f(x)\mathrm{d}x$;

(4) $\dfrac{\mathrm{d}}{\mathrm{d}x}\displaystyle\int_a^x \cos t^2\mathrm{d}t$;　　　　　(5) $\dfrac{\mathrm{d}}{\mathrm{d}x}\displaystyle\int_x^1 \mathrm{e}^{t^2}\mathrm{d}t$.

2. 计算下列各题：

(1) $\displaystyle\int_0^1 x^{100}\mathrm{d}x$;　　　　　(2) $\displaystyle\int_1^4 \sqrt{x}\,\mathrm{d}x$;　　　　　(3) $\displaystyle\int_0^1 \mathrm{e}^x\mathrm{d}x$;

(4) $\displaystyle\int_0^1 100^x\mathrm{d}x$;　　　　　(5) $\displaystyle\int_0^{\frac{\pi}{2}} \sin x\mathrm{d}x$;　　　　　(6) $\displaystyle\int_0^1 x\mathrm{e}^{x^2}\mathrm{d}x$;

(7) $\displaystyle\int_0^\pi \cos\left(\dfrac{x}{4}+\dfrac{\pi}{4}\right)\mathrm{d}x$;　　(8) $\displaystyle\int_1^e \dfrac{\ln x}{2x}\mathrm{d}x$;　　　　　(9) $\displaystyle\int_0^1 \dfrac{\mathrm{d}x}{100+x^2}$;

(10) $\displaystyle\int_0^{\frac{\pi}{4}} \dfrac{\tan x}{\cos^2 x}\mathrm{d}x$;　　　(11) $\displaystyle\int_0^1 (1+4x)^{10}\mathrm{d}x$;　　(12) $\displaystyle\int_0^1 \mathrm{e}^{2x}\mathrm{d}x$.

练习 6.2B

1. 已知 $\varPhi(x)=\displaystyle\int_1^x (1+t)^2\mathrm{d}t$, 求 $\varPhi'(x)$.

2. 计算下列定积分：

(1) $\displaystyle\int_0^2 |1-x|\mathrm{d}x$;　　　　　(2) $\displaystyle\int_{-2}^1 x^2 |x|\mathrm{d}x$;　　　　　(3) $\displaystyle\int_0^{2\pi} |\sin x|\mathrm{d}x$.

3. 若 $f(x)=\displaystyle\int_x^{x^2} \sin t^2\mathrm{d}t$, 计算 $f'(x)$.

4. 求极限 $\displaystyle\lim_{x\to 1}\dfrac{\displaystyle\int_1^x \sin \pi t\mathrm{d}t}{1+\cos \pi x}$.

6.3　定积分的积分方法

与不定积分的基本积分方法相对应, 定积分也有换元法和分部积分法. 重提两个方法, 目的在于简化定积分的计算, 最终的计算总是离不开牛顿–莱布尼茨公式的.

6.3.1　定积分的换元法

微视频
定积分的积分法

例 6.3.1　求 $\displaystyle\int_0^4 \dfrac{\mathrm{d}x}{1+\sqrt{x}}$.

解法 1　$\displaystyle\int \dfrac{\mathrm{d}x}{1+\sqrt{x}} \xlongequal{\text{令}\sqrt{x}=t} \int \dfrac{2t\mathrm{d}t}{1+t} = 2\int\left(1-\dfrac{1}{1+t}\right)\mathrm{d}t$

$\qquad\qquad\qquad = 2(t-\ln|1+t|)+C$

$\qquad\qquad\qquad \xlongequal{\text{回代}} 2(\sqrt{x}-\ln|1+\sqrt{x}|)+C$,

于是
$$\int_0^4 \frac{dx}{1+\sqrt{x}} = 2[\sqrt{x} - \ln(1+\sqrt{x})] \Big|_0^4 = 4 - 2\ln 3.$$

上述方法,要求求得的不定积分中的变量必须还原,但是,在计算定积分时,这一步实际上可以省去,这只要将原来变量 x 的上、下限按照所用的代换式 $x = \varphi(t)$ 换成新变量 t 的相应上、下限即可. 本题可用下面方法来解.

解法 2 设 $\sqrt{x} = t$,即 $x = t^2$ $(t \geq 0)$.当 $x = 0$ 时,$t = 0$;当 $x = 4$ 时,$t = 2$.于是
$$\int_0^4 \frac{dx}{1+\sqrt{x}} = \int_0^2 \frac{2tdt}{1+t} = 2\int_0^2 \left(1 - \frac{1}{1+t}\right)dt = 2(t - \ln|1+t|) \Big|_0^2$$
$$= 2(2 - \ln 3).$$

解法 2 要比解法 1 简单一些,因为它省掉了变量回代的一步,而这一步在计算中往往也不是十分简单的.

以后在使用换元法求定积分时,就按照这种换元同时变换上、下限的方法来做.

一般地,定积分换元法可叙述如下:

设 $f(x)$ 在 $[a,b]$ 上连续,而 $x = \varphi(t)$ 满足下列条件:

(1) $x = \varphi(t)$ 在 $[\alpha,\beta]$ 上单调且有连续导数;

(2) $\varphi(\alpha) = a, \varphi(\beta) = b$,且当 t 在 $[\alpha,\beta]$ 上变化时,$x = \varphi(t)$ 的值在 $[a,b]$ 上变化,则有换元公式
$$\int_a^b f(x)dx = \int_\alpha^\beta f[\varphi(t)]\varphi'(t)dt.$$

上述条件是为了保证两端的被积函数在相应区间上连续,从而可积. 应用中,我们强调指出:换元必换限,(原)上限对(新)上限,(原)下限对(新)下限.

我们再举两例,以熟悉这种方法.

例 6.3.2 求 $\int_0^{\ln 2} \sqrt{e^x - 1}\,dx$.

解 设 $\sqrt{e^x - 1} = t$,即 $x = \ln(t^2 + 1)$,$dx = \frac{2t}{t^2+1}dt$.

换积分限:当 $x = 0$ 时,$t = 0$;当 $x = \ln 2$ 时,$t = 1$,于是
$$\int_0^{\ln 2} \sqrt{e^x - 1}\,dx = \int_0^1 t \cdot \frac{2t}{t^2+1}dt = 2\int_0^1 \left(1 - \frac{1}{t^2+1}\right)dt$$
$$= 2(t - \arctan t)\Big|_0^1 = 2 - \frac{\pi}{2}.$$

例 6.3.3 求 $\int_a^{2a} \frac{\sqrt{x^2 - a^2}}{x^4}dx$ $(a > 0)$.

解 设 $x = a\sec t$,则 $dx = a\sec t\tan t\,dt$.

换积分限:当 $x = a$ 时,$t = 0$;当 $x = 2a$ 时,$t = \frac{\pi}{3}$,于是

$$\int_a^{2a} \frac{\sqrt{x^2-a^2}}{x^4}\mathrm{d}x = \int_0^{\frac{\pi}{3}} \frac{a\tan t}{a^4\sec^4 t}a\sec t\tan t\mathrm{d}t$$

$$= \int_0^{\frac{\pi}{3}} \frac{1}{a^2}\sin^2 t\cos t\mathrm{d}t$$

$$= \frac{1}{a^2}\int_0^{\frac{\pi}{3}}\sin^2 t\mathrm{d}(\sin t)$$

$$= \frac{1}{a^2}\cdot\frac{\sin^3 t}{3}\Big|_0^{\frac{\pi}{3}} = \frac{\sqrt{3}}{8a^2}.$$

上面计算 $\int_0^{\frac{\pi}{3}}\sin^2 t\cos t\mathrm{d}t$ 中使用了凑微分法,因为这里没有引入新变量,所以定积分的上、下限就不必变更了.

下面利用定积分的换元法,来推证一些有用的结论.

例 6.3.4　设 $f(x)$ 在对称区间 $[-a,a]$ 上连续,试证明

$$\int_{-a}^a f(x)\mathrm{d}x = \begin{cases} 2\displaystyle\int_0^a f(x)\mathrm{d}x, & \text{当 } f(x) \text{ 为偶函数时,} \\ 0, & \text{当 } f(x) \text{ 为奇函数时.} \end{cases}$$

证　因为　　　　　　　　$\displaystyle\int_{-a}^a f(x)\mathrm{d}x = \int_{-a}^0 f(x)\mathrm{d}x + \int_0^a f(x)\mathrm{d}x,$

对积分 $\displaystyle\int_{-a}^0 f(x)\mathrm{d}x$ 作变量代换 $x=-t$,由定积分换元法,得

$$\int_{-a}^0 f(x)\mathrm{d}x = -\int_a^0 f(-t)\mathrm{d}t = \int_0^a f(-t)\mathrm{d}t = \int_0^a f(-x)\mathrm{d}x,$$

于是

$$\int_{-a}^a f(x)\mathrm{d}x = \int_0^a f(-x)\mathrm{d}x + \int_0^a f(x)\mathrm{d}x = \int_0^a [f(-x)+f(x)]\mathrm{d}x.$$

(1) 若 $f(x)$ 为偶函数,即 $f(-x)=f(x)$,由上式得

$$\int_{-a}^a f(x)\mathrm{d}x = 2\int_0^a f(x)\mathrm{d}x.$$

(2) 若 $f(x)$ 为奇函数,即 $f(-x)=-f(x)$,有

$$f(-x)+f(x)=0,$$

则　　　　　　　　　　　　　　$\displaystyle\int_{-a}^a f(x)\mathrm{d}x = 0.$

该题几何意义是很明显的,如图 6.3.1 及图 6.3.2 所示.

利用这个结果,奇、偶函数在对称区间上的积分计算可以得到简化,甚至不经计算即可得出结果,如

$$\int_{-1}^1 x^3\cos x\mathrm{d}x = 0.$$

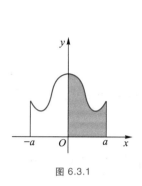

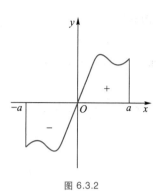

图 6.3.1   图 6.3.2

例 6.3.5 证明 $\int_0^{\frac{\pi}{2}} f(\sin x)\,\mathrm{d}x = \int_0^{\frac{\pi}{2}} f(\cos x)\,\mathrm{d}x$.

证 比较两边被积函数,可以看出,令 $x = \dfrac{\pi}{2} - t$. 换积分限:当 $x = 0$ 时,$t = \dfrac{\pi}{2}$;当 $x = \dfrac{\pi}{2}$ 时,$t = 0$,于是

$$\int_0^{\frac{\pi}{2}} f(\sin x)\,\mathrm{d}x = -\int_{\frac{\pi}{2}}^0 f\left[\sin\left(\frac{\pi}{2} - t\right)\right]\,\mathrm{d}t = \int_0^{\frac{\pi}{2}} f(\cos t)\,\mathrm{d}t$$

$$= \int_0^{\frac{\pi}{2}} f(\cos x)\,\mathrm{d}x.$$

6.3.2 定积分的分部积分法

这种方法可叙述为:设 $u(x)$,$v(x)$ 在 $[a,b]$ 上有连续导数,则有

$$\int_a^b u\,\mathrm{d}v = uv\Big|_a^b - \int_a^b v\,\mathrm{d}u,$$

即把先积出来的那一部分代上、下限求值,余下的部分继续积分. 当求 $\int_a^b v\,\mathrm{d}u$ 比求 $\int_a^b u\,\mathrm{d}v$ 容易时,常用分部积分法.

例 6.3.6 求 $\int_0^{\frac{\pi}{2}} x^2\cos x\,\mathrm{d}x$.

解
$$\int_0^{\frac{\pi}{2}} x^2\cos x\,\mathrm{d}x = \int_0^{\frac{\pi}{2}} x^2\,\mathrm{d}(\sin x) = x^2\sin x\Big|_0^{\frac{\pi}{2}} - \int_0^{\frac{\pi}{2}} 2x\sin x\,\mathrm{d}x$$

$$= \frac{\pi^2}{4} + 2\int_0^{\frac{\pi}{2}} x\,\mathrm{d}(\cos x)$$

$$= \frac{\pi^2}{4} + 2x\cos x\Big|_0^{\frac{\pi}{2}} - 2\int_0^{\frac{\pi}{2}} \cos x\,\mathrm{d}x$$

$$= \frac{\pi^2}{4} - 2\sin x\Big|_0^{\frac{\pi}{2}} = \frac{\pi^2}{4} - 2.$$

例 6.3.7　求 $\int_{\frac{1}{e}}^{e} |\ln x| \, dx.$

解　$\int_{\frac{1}{e}}^{e} |\ln x| \, dx = \int_{\frac{1}{e}}^{1} |\ln x| \, dx + \int_{1}^{e} |\ln x| \, dx.$

因为当 $\dfrac{1}{e} < x < 1$ 时，$\ln x < 0$，这时 $|\ln x| = -\ln x$；当 $x \geqslant 1$ 时，$\ln x \geqslant 0$，这时 $|\ln x| = \ln x.$ 于是

$$\int_{\frac{1}{e}}^{e} |\ln x| \, dx = -\int_{\frac{1}{e}}^{1} \ln x \, dx + \int_{1}^{e} \ln x \, dx,$$

分别用分部积分法求右端两个积分.

$$-\int_{\frac{1}{e}}^{1} \ln x \, dx = -x\ln x \Big|_{\frac{1}{e}}^{1} + \int_{\frac{1}{e}}^{1} x \, \frac{1}{x} \, dx = \frac{1}{e}\ln\frac{1}{e} + x \Big|_{\frac{1}{e}}^{1} = 1 - \frac{2}{e},$$

$$\int_{1}^{e} \ln x \, dx = x\ln x \Big|_{1}^{e} - x \Big|_{1}^{e} = 1,$$

最后得

$$\int_{\frac{1}{e}}^{e} |\ln x| \, dx = 2 - \frac{2}{e}.$$

思考题 6.3

1. 下面的计算是否正确？请对所给积分写出正确结果：

$$\int_{-\frac{\pi}{2}}^{\frac{\pi}{2}} \sqrt{\cos x - \cos^3 x} \, dx = \int_{-\frac{\pi}{2}}^{\frac{\pi}{2}} (\cos x)^{\frac{1}{2}} \sin x \, dx$$

$$= -\int_{-\frac{\pi}{2}}^{\frac{\pi}{2}} (\cos x)^{\frac{1}{2}} d(\cos x)$$

$$= \frac{-2}{3} \cos^{\frac{3}{2}} x \Big|_{-\frac{\pi}{2}}^{\frac{\pi}{2}} = 0.$$

2. 定积分与不定积分的换元法有何区别与联系？

3. 利用定积分的几何意义，解释偶函数在对称区间上的积分所具有的规律.

练习 6.3A

计算下列定积分：

(1) $\int_{0}^{1} \dfrac{1}{1+\sqrt{x}} \, dx;$　　　　　(2) $\int_{0}^{4} \sqrt{16 - x^2} \, dx;$　　　　　(3) $\int_{0}^{1} \dfrac{1}{4 + x^2} \, dx.$

练习 6.3B

1. 计算下列定积分：

(1) $\int_{0}^{1} (5x + 1)e^{5x} \, dx;$　　(2) $\int_{0}^{2e} \ln(2x + 1) \, dx;$　　(3) $\int_{0}^{1} e^{\pi x} \cos \pi x \, dx;$　　(4) $\int_{0}^{1} (x^3 + e^{3x}) x \, dx.$

2. 计算 $\int_{0}^{1} e^{\sqrt{x}} \, dx.$

*6.4 反常积分

以前我们讨论定积分时,是以有限积分区间与有界函数(特别是连续函数)为前提的,但在实际问题中,往往需要突破这两个限制,这就要我们把定积分概念从这两个方面加以推广,形成了反常积分,相应地,前面讨论的定积分也叫做常义积分.

6.4.1 无穷区间上的反常积分

> 定义 6.4.1(无穷区间上的反常积分) 设函数 $f(x)$ 在 $[a,+\infty)$ 上有定义,取 $b>a$,称极限 $\lim\limits_{b\to+\infty}\int_a^b f(x)\mathrm{d}x$ 为 $f(x)$ 在 $[a,+\infty)$ 上的反常积分[①],记为 $\int_a^{+\infty} f(x)\mathrm{d}x$,即
>
> $$\int_a^{+\infty} f(x)\mathrm{d}x = \lim_{b\to+\infty}\int_a^b f(x)\mathrm{d}x,$$
>
> 若该极限存在,则称反常积分 $\int_a^{+\infty} f(x)\mathrm{d}x$ 收敛;若极限不存在,则称反常积分 $\int_a^{+\infty} f(x)\mathrm{d}x$ 发散.

微视频
无穷区间上
的反常积分

类似地,可定义 $f(x)$ 在 $(-\infty,b]$ 上的反常积分为

$$\int_{-\infty}^b f(x)\mathrm{d}x = \lim_{a\to-\infty}\int_a^b f(x)\mathrm{d}x,$$

$f(x)$ 在 $(-\infty,+\infty)$ 上的反常积分定义为

$$\int_{-\infty}^{+\infty} f(x)\mathrm{d}x = \int_{-\infty}^c f(x)\mathrm{d}x + \int_c^{+\infty} f(x)\mathrm{d}x,$$

其中 c 为任意实数(譬如取 $c=0$),当右端两个反常积分都收敛时,反常积分 $\int_{-\infty}^{+\infty} f(x)\mathrm{d}x$ 才是收敛的,否则是发散的.

例 6.4.1 求 $\int_0^{+\infty} \mathrm{e}^{-x}\mathrm{d}x$.

解 $\int_0^{+\infty} \mathrm{e}^{-x}\mathrm{d}x = \lim\limits_{b\to+\infty}\int_0^b \mathrm{e}^{-x}\mathrm{d}x = \lim\limits_{b\to+\infty}\left(-\mathrm{e}^{-x}\Big|_0^b\right)$

$= \lim\limits_{b\to+\infty}(-\mathrm{e}^{-b}+1) = 1.$

为了书写简便,实际运算过程中常常省去极限记号,而形式地把 ∞ 当成一个"数",直接利用牛顿-莱布尼茨公式的计算格式.

$$\int_a^{+\infty} f(x)\mathrm{d}x = F(x)\Big|_a^{+\infty} = F(+\infty) - F(a),$$

$$\int_{-\infty}^b f(x)\mathrm{d}x = F(x)\Big|_{-\infty}^b = F(b) - F(-\infty),$$

---

① 反常积分也称为"广义积分".

$$\int_{-\infty}^{+\infty} f(x) \, \mathrm{d}x = F(x) \Big|_{-\infty}^{+\infty} = F(+\infty) - F(-\infty),$$

其中 $F(x)$ 为 $f(x)$ 的原函数, 记号 $F(\pm\infty)$ 应理解为极限运算

$$F(\pm\infty) = \lim_{x \to \pm\infty} F(x).$$

例 6.4.2 讨论 $\displaystyle\int_{2}^{+\infty} \frac{\mathrm{d}x}{x\ln x}$ 的敛散性.

解 $\displaystyle\int_{2}^{+\infty} \frac{\mathrm{d}x}{x\ln x} = \int_{2}^{+\infty} \frac{\mathrm{d}(\ln x)}{\ln x} = \ln |\ln x| \Big|_{2}^{+\infty}$

$$= \ln [\ln(+\infty)] - \ln\ln 2 = +\infty,$$

所以 $\displaystyle\int_{2}^{+\infty} \frac{\mathrm{d}x}{x\ln x}$ 发散.

例 6.4.3 计算 (1) $\displaystyle\int_{-\infty}^{+\infty} \frac{\mathrm{d}x}{1+x^2}$; (2) $\displaystyle\int_{0}^{+\infty} te^{-t}\mathrm{d}t$.

解 (1) $\displaystyle\int_{-\infty}^{+\infty} \frac{\mathrm{d}x}{1+x^2} = \arctan x \Big|_{-\infty}^{+\infty} = \frac{\pi}{2} - \left(-\frac{\pi}{2}\right) = \pi.$

(2) $\displaystyle\int_{0}^{+\infty} te^{-t}\mathrm{d}t = -\int_{0}^{+\infty} t\mathrm{d}(e^{-t}) = -te^{-t} \Big|_{0}^{+\infty} + \int_{0}^{+\infty} e^{-t}\mathrm{d}t$ ($*$)

$$= \int_{0}^{+\infty} e^{-t}\mathrm{d}t = -e^{-t} \Big|_{0}^{+\infty} = 1,$$

($*$) 式这一步中 te^{-t} 用 $+\infty$ 代入, 实际是计算极限

$$\lim_{t \to +\infty} te^{-t} = \lim_{t \to +\infty} \frac{t}{e^t} = \lim_{t \to +\infty} \frac{1}{e^t} = 0.$$

例 6.4.4 讨论 $\displaystyle\int_{a}^{+\infty} \frac{1}{x^p}\mathrm{d}x$ 的敛散性 $(a > 0)$.

解 (1) 当 $p > 1$ 时,

$$\int_{a}^{+\infty} \frac{\mathrm{d}x}{x^p} = \frac{1}{1-p} \cdot x^{1-p} \Big|_{a}^{+\infty} = \frac{1}{(p-1)a^{p-1}} \quad (\text{收敛});$$

(2) 当 $p = 1$ 时,

$$\int_{a}^{+\infty} \frac{\mathrm{d}x}{x^p} = \int_{a}^{+\infty} \frac{\mathrm{d}x}{x} = \ln x \Big|_{a}^{+\infty} = +\infty \quad (\text{发散});$$

(3) 当 $p < 1$ 时,

$$\int_{a}^{+\infty} \frac{\mathrm{d}x}{x^p} = \frac{1}{1-p} x^{1-p} \Big|_{a}^{+\infty} = +\infty \quad (\text{发散}).$$

综上, $\displaystyle\int_{a}^{+\infty} \frac{1}{x^p}\mathrm{d}x = \begin{cases} \dfrac{1}{(p-1)a^{p-1}}, & p>1 \quad (\text{收敛}), \\ +\infty, & p\leqslant 1 \quad (\text{发散}). \end{cases}$

6.4.2 无界函数的反常积分

定义 6.4.2(无界函数的反常积分) 设 $f(x)$ 在 $(a,b]$ 上有定义,且 $\lim\limits_{x\to a^+} f(x) = \infty$,取 $\xi > 0$,称极限 $\lim\limits_{\xi\to 0^+}\int_{a+\xi}^b f(x)\mathrm{d}x$ 为 $f(x)$ 在 $(a,b]$ 上的反常积分,记为 $\int_a^b f(x)\mathrm{d}x$,即

$$\int_a^b f(x)\mathrm{d}x = \lim_{\xi\to 0^+}\int_{a+\xi}^b f(x)\mathrm{d}x,$$

若该极限存在,则称反常积分 $\int_a^b f(x)\mathrm{d}x$ 收敛;若极限不存在,则称反常积分 $\int_a^b f(x)\mathrm{d}x$ 发散.

类似地,当 $x = b$ 时,$f(x)$ 不连续且 $\lim\limits_{x\to b^-} f(x) = \infty$ 时,则 $f(x)$ 在 $[a,b)$ 上的反常积分定义为:取 $\xi > 0$,

$$\int_a^b f(x)\mathrm{d}x = \lim_{\xi\to 0^+}\int_a^{b-\xi} f(x)\mathrm{d}x.$$

当无穷间断点 $x = c$ 位于区间 $[a,b]$ 内部时,则定义反常积分 $\int_a^b f(x)\mathrm{d}x$ 为

$$\int_a^b f(x)\mathrm{d}x = \int_a^c f(x)\mathrm{d}x + \int_c^b f(x)\mathrm{d}x.$$

微视频
无界函数的
反常积分

注意 上式右端两个积分均为反常积分,当且仅当这两个反常积分都收敛时,才称 $\int_a^b f(x)\mathrm{d}x$ 是收敛的,否则,称 $\int_a^b f(x)\mathrm{d}x$ 是发散的.

若 $x \to a$(或 $x \to a^+$,或 $x \to a^-$)时,$f(x) \to \infty$,则称 $x = a$ 为 $f(x)$ 的瑕点.

上述无界函数的反常积分也称为瑕积分.

例 6.4.5 求积分(1)$\int_0^a \dfrac{\mathrm{d}x}{\sqrt{a^2 - x^2}}(a > 0)$;(2)$\int_0^1 \ln x\mathrm{d}x$.

解 (1)$x = a$ 为被积函数的瑕点,于是

$$\int_0^a \frac{\mathrm{d}x}{\sqrt{a^2 - x^2}} = \lim_{\xi\to 0^+}\int_0^{a-\xi} \frac{\mathrm{d}x}{\sqrt{a^2 - x^2}} = \lim_{\xi\to 0^+} \arcsin\frac{x}{a}\Big|_0^{a-\xi}$$

$$= \lim_{\xi\to 0^+} \arcsin\frac{a-\xi}{a} = \frac{\pi}{2}.$$

(2)$\int_0^1 \ln x\mathrm{d}x$,这里下限 $x = 0$ 是被积函数的瑕点,于是

$$\int_0^1 \ln x\mathrm{d}x = \lim_{\xi\to 0^+}\int_\xi^1 \ln x\mathrm{d}x = \lim_{\xi\to 0^+}\left(x\ln x\Big|_\xi^1 - \int_\xi^1 \mathrm{d}x\right)$$

$$= \lim_{\xi\to 0^+}(-\xi\ln\xi - 1 + \xi) = -1.$$

注意 $\lim\limits_{\xi \to 0^+} \xi \ln \xi = \lim\limits_{\xi \to 0^+} \dfrac{\ln \xi}{\dfrac{1}{\xi}} = \lim\limits_{\xi \to 0^+} \dfrac{\dfrac{1}{\xi}}{-\dfrac{1}{\xi^2}} = 0$ （洛必达法则）.

例 6.4.6 讨论 $\displaystyle\int_0^2 \frac{\mathrm{d}x}{(x-1)^2}$ 的收敛性.

解 在 $[0,2]$ 内部有被积函数的瑕点 $x = 1$，所以有

$$\int_0^2 \frac{\mathrm{d}x}{(x-1)^2} = \int_0^1 \frac{\mathrm{d}x}{(x-1)^2} + \int_1^2 \frac{\mathrm{d}x}{(x-1)^2}$$

（让瑕点在小区间的端点处）

$$= \lim_{\xi_1 \to 0^+} \int_0^{1-\xi_1} \frac{\mathrm{d}x}{(x-1)^2} + \lim_{\xi_2 \to 0^+} \int_{1+\xi_2}^2 \frac{\mathrm{d}x}{(x-1)^2}$$

$$= \lim_{\xi_1 \to 0^+} \left(-\frac{1}{x-1}\right)\Bigg|_0^{1-\xi_1} + \lim_{\xi_2 \to 0^+} \left(-\frac{1}{x-1}\right)\Bigg|_{1+\xi_2}^2,$$

因为这两个极限均不存在，所以 $\displaystyle\int_0^2 \frac{\mathrm{d}x}{(x-1)^2}$ 发散.

注意 下述解法，导致了错误结果：

$$\int_0^2 \frac{\mathrm{d}x}{(x-1)^2} = -\frac{1}{x-1}\Bigg|_0^2 = -2,$$

出错的原因是未发现 $x = 1$ 是瑕点！它不是常义积分，不能用常义积分的牛顿 – 莱布尼茨公式处理. 由于常义积分与瑕积分外表上没什么区别（譬如 $\displaystyle\int_2^3 \frac{\mathrm{d}x}{(x-1)^2}$ 就是常义积分，而换一下积分限 $\displaystyle\int_0^2 \frac{\mathrm{d}x}{(x-1)^2}$ 就成了反常积分），所以在应用牛顿 – 莱布尼茨公式计算积分 $\displaystyle\int_a^b f(x)\,\mathrm{d}x$ 时要特别小心，一定要首先检查一下 $f(x)$ 在 $[a,b]$ 上有无瑕点（注意：开区间 (a,b) 内的瑕点更容易被忽视），有瑕点时，要按反常积分来对待，不然就会出错.

例 6.4.7 讨论 $\displaystyle\int_0^1 \frac{\mathrm{d}x}{x^q}$ 的敛散性.

解 $x = 0$ 是被积函数的瑕点.

（1）当 $q < 1$ 时，

$$\int_0^1 \frac{\mathrm{d}x}{x^q} = \frac{1}{1-q} \lim_{\xi \to 0^+} \left(x^{1-q}\Big|_\xi^1\right) = \frac{1}{1-q} \lim_{\xi \to 0^+} (1 - \xi^{1-q})$$

$$= \frac{1}{1-q} \quad (\text{收敛});$$

（2）当 $q > 1$ 时，

$$\int_0^1 \frac{\mathrm{d}x}{x^q} = \frac{1}{1-q} - \lim_{\xi \to 0^+} \frac{\xi^{1-q}}{1-q} = \infty \quad (\text{发散});$$

（3）当 $q = 1$ 时，

$$\int_0^1 \frac{\mathrm{d}x}{x} = \lim_{\xi \to 0^+} \int_\xi^1 \frac{\mathrm{d}x}{x} = \lim_{\xi \to 0^+} \left(\ln |x| \right) \Big|_\xi^1 = \infty \quad （发散）.$$

故 $\int_0^1 \frac{\mathrm{d}x}{x^q}$ 当 $q < 1$ 时收敛于 $\frac{1}{1-q}$，当 $q \geqslant 1$ 时发散.

思考题 6.4

1. 下列解法是否正确？为什么？

$$\int_{-1}^2 \frac{1}{x} \mathrm{d}x = \ln |x| \Big|_{-1}^2 = \ln 2 - \ln 1 = \ln 2.$$

2. 下列解法是否正确？

$$\int_0^{+\infty} \mathrm{e}^{-x} \mathrm{d}x = \lim_{b \to +\infty} \int_0^b \mathrm{e}^{-x} \mathrm{d}x = \lim_{b \to +\infty} \mathrm{e}^{-x} \Big|_b^0 = \lim_{b \to +\infty} (1 - \mathrm{e}^{-b}) = 1 - 0 = 1.$$

练习 6.4A

1. 计算反常积分 $\int_1^{+\infty} \frac{1}{x^2} \mathrm{d}x$.

2. 计算反常积分 $\int_5^{+\infty} \mathrm{e}^{-10x} \mathrm{d}x$.

练习 6.4B

1. 研究反常积分 $\int_0^{+\infty} \frac{1}{x^2} \mathrm{d}x$ 的敛散性.

2. 讨论反常积分 $\int_0^6 (x - 4)^{-\frac{2}{3}} \mathrm{d}x$ 的敛散性.

3. 计算反常积分 $\int_0^{+\infty} \frac{\mathrm{d}x}{100 + x^2}$.

6.5　用数学软件进行定积分运算

文档
用数学软件进行
定积分运算

6.6　学习任务 6 解答　速度函数的平均值

解

1.（1）该质点从 $t = 1$ s 到 $t = 4$ s 所下落的距离

$$s = \int_1^4 gt\,\mathrm{d}t = \frac{1}{2} gt^2 \bigg|_1^4 = \frac{1}{2} g(16 - 1) = \frac{15g}{2};$$

（2）该质点从 $t=1$ s 到 $t=4$ s 这段时间内的平均速度

$$\bar{v} = \frac{1}{4-1} \int_1^4 gt\,\mathrm{d}t = \frac{1}{3} \cdot \frac{1}{2} gt^2 \bigg|_1^4 = \frac{1}{6} g(16 - 1) = \frac{15g}{6} = \frac{5g}{2}.$$

2. 扫描下方二维码, 查看学习任务 6 的 Mathematica 程序.

3. 扫描下方二维码, 查看学习任务 6 的 MATLAB 程序.

扫一扫,看代码
Mathematica 程序

扫一扫,看代码
MATLAB 程序

复习题 6

A 级

1. 设放射性物质分解速度 v 是时间 t 的函数 $v(t)$, 试用定积分表示放射性物质由时间 t_0 到 t_1 所分解的质量 m_0.

2. 设 $f(x)$ 是闭区间 $[a,b]$ 上的单调增加的连续函数, 证明

$$f(a)(b-a) \leqslant \int_a^b f(x)\,\mathrm{d}x \leqslant f(b)(b-a).$$

3. 求函数 $\varphi(x) = \int_1^x t\cos^2 t\,\mathrm{d}t$ 在 $x = 1, \frac{\pi}{2}, \pi$ 处的导数.

4. 利用牛顿 - 莱布尼茨公式计算下列积分:

（1）$\int_0^1 (x^6 + 1)\,\mathrm{d}x$;　　　　　（2）$\int_0^1 (\mathrm{e}^x + \pi)\,\mathrm{d}x$;　　　　　（3）$\int_0^\pi \sin x\,\mathrm{d}x$;

（4）$\int_{-1}^1 (x - 1)^3\,\mathrm{d}x$;　　　　（5）$\int_0^5 |1 - x|\,\mathrm{d}x$;　　　　（6）$\int_{-2}^2 x\sqrt{x^2}\,\mathrm{d}x$;

（7）$\int_1^{\sqrt{3}} \frac{1 + 2x^2}{x^2(1 + x^2)}\,\mathrm{d}x$;　　（8）$\int_0^\pi \sqrt{\sin x - \sin^3 x}\,\mathrm{d}x$;　　（9）$\int_0^{\sqrt{\ln 2}} x\mathrm{e}^{x^2}\,\mathrm{d}x$;

（10）$\int_e^{e^2} \frac{\ln^2 x}{x}\,\mathrm{d}x$;　　　（11）$\int_{\pi^2}^{\frac{\pi^2}{4}} \frac{\cos\sqrt{x}}{\sqrt{x}}\,\mathrm{d}x$;

（12）$f(x) = \begin{cases} x + 1, & -1 \leqslant x < 0, \\ x^2 + 1, & 0 \leqslant x \leqslant 1, \end{cases}$ 求 $\int_{-1}^1 f(x)\,\mathrm{d}x$.

5. 一质点由静止自由落下,

（1）已知路程 $s = \frac{1}{2} gt^2$, 求从 $s = 0$ 到 $s = 8g$ 这段路程的平均速度;

（2）已知速度 $v = gt$, 求从 $t = 0$ 到 $t = 4$ 这段时间的平均速度.

6. 求由 $\int_2^y \mathrm{e}^t\,\mathrm{d}t + \int_0^x \cos t\,\mathrm{d}t = 0$ 所确定的隐函数 y 对 x 的导数 $\dfrac{\mathrm{d}y}{\mathrm{d}x}$.

B 级

7. 计算下列定积分:

(1) $\displaystyle\int_{-1}^{1}\frac{x}{\sqrt{5-4x}}\mathrm{d}x$;　　　(2) $\displaystyle\int_{1}^{2}\frac{\sqrt{x^2-1}}{x}\mathrm{d}x$;　　　(3) $\displaystyle\int_{0}^{1}\sqrt{(1-x^2)^3}\mathrm{d}x$;

(4) $\displaystyle\int_{0}^{1}\mathrm{e}^{x+\mathrm{e}^x}\mathrm{d}x$;　　　(5) $\displaystyle\int_{1}^{\sqrt{3}}\frac{1}{x\sqrt{x^2+1}}\mathrm{d}x$;　　　(6) $\displaystyle\int_{4}^{9}\frac{\sqrt{x}}{\sqrt{x}-1}\mathrm{d}x$;

(7) $\displaystyle\int_{-1}^{1}\frac{\mathrm{d}x}{(1+x^2)^2}$;　　　(8) $f(x)=\begin{cases}1+x, & 0\leqslant x\leqslant 2,\\ x^2-1, & 2<x\leqslant 4,\end{cases}$ 求 $\displaystyle\int_{3}^{5}f(x-2)\mathrm{d}x$.

8. 设 $f(x)$ 在 $[a,b]$ 上连续，证明

$$\int_{a}^{b}f(a+b-x)\mathrm{d}x=\int_{a}^{b}f(x)\mathrm{d}x.$$

9. 设函数 $f(x)$ 是以 T 为周期的连续函数，试证明

$$\int_{a}^{a+T}f(x)\mathrm{d}x=\int_{0}^{T}f(x)\mathrm{d}x \quad (a \text{ 为常数}).$$

10. 用分部积分法计算下列定积分：

(1) $\displaystyle\int_{0}^{1}x^3\mathrm{e}^{x^2}\mathrm{d}x$;　　　(2) $\displaystyle\int_{1}^{3}\ln x\mathrm{d}x$;　　　(3) $\displaystyle\int_{0}^{\frac{\pi}{2}}\mathrm{e}^x\cos x\mathrm{d}x$.

11. 试证明 $\displaystyle\int_{a}^{b}xf''(x)\mathrm{d}x=[bf'(b)-f(b)]-[af'(a)-f(a)]$.

12. 计算下列积分：

(1) $\displaystyle\int_{0}^{+\infty}x\mathrm{e}^{-x}\mathrm{d}x$;　　(2) $\displaystyle\int_{\frac{2}{\pi}}^{+\infty}\frac{1}{x^2}\sin\frac{1}{x}\mathrm{d}x$;　　(3) $\displaystyle\int_{1}^{\mathrm{e}}\frac{\mathrm{d}x}{x\sqrt{1-\ln^2 x}}$;　　(4) $\displaystyle\int_{2}^{+\infty}\frac{1-\ln x}{x^2}\mathrm{d}x$.

13. 计算下列积分：

(1) $\displaystyle\int_{0}^{2}\frac{\mathrm{d}x}{(1-x)^2}$;　　　(2) $\displaystyle\int_{0}^{1}\frac{\arcsin x}{\sqrt{1-x^2}}\mathrm{d}x$.

14. 讨论反常积分 $\displaystyle\int_{1}^{2}\frac{\mathrm{d}x}{(x-1)^p}$ $(p>0)$ 的敛散性.

15. 当 k 为何值时 $\displaystyle\int_{2}^{+\infty}\frac{\mathrm{d}x}{x(\ln x)^k}$ 收敛？

16. 利用奇、偶函数在对称区间上积分的性质，计算下列定积分：

(1) $\displaystyle\int_{-1}^{1}(1-x^2)^5\sin^7 x\mathrm{d}x$;　　(2) $\displaystyle\int_{-6}^{6}\frac{x\mathrm{d}x}{\sqrt{1+\mathrm{e}^{x^2}}}$;　　(3) $\displaystyle\int_{-\pi}^{\pi}\sin 10x\mathrm{d}x$;　　(4) $\displaystyle\int_{-\sqrt{2}}^{\sqrt{2}}x\mathrm{e}^{x^2}\mathrm{d}x$.

C 级

17. 在交通管理中，定期地亮一段时间黄灯是为了让那些正行驶在交叉路口上或距离停车线太近而无法在停车线前停下的车辆通过路口，问交叉路口黄色信号灯应亮多长时间？

第7章 定积分的应用

有一直径 10 m、深 10 m 的圆柱形水池装满了水(水的密度 $\rho = 1\,000$ kg/m³),请问,把池中的水抽干需做多少功?

该问题的关键是把变力所做的功表示成定积分,这也是用定积分解决实际问题的关键.微元法就是把实际问题表示成定积分的简捷方法.

上一章我们讨论了定积分的概念及计算方法,在这个基础上,本章进一步来研究它的应用.定积分是一种实用性很强的数学方法,在科学技术问题中有着广泛的应用.本章主要介绍它在几何及物理方面的一些应用,重点是掌握用微元法将实际问题表示成定积分的分析方法.

> **引例** 小明通过对定积分一章的学习,感觉到定积分太有用了,他觉得对于非匀速变化的物理量的求和问题,似乎都可以归结为定积分,因此,他向老师请教了如下问题:把一个不均匀分布在一个区间上的物理量表示成定积分,必须经过"分割、取近似、求和、取极限"四个步骤吗?有无简捷方法?
>
> 老师说:"有啊!'微元法'就是把一个不是均匀分布在一个区间上的量表示成定积分的简捷方法."

7.1 定积分的几何应用

本节首先介绍把一个量表示成定积分的简便方法——微元法,然后再分别用微元法讨论平面图形的面积、平行截面面积为已知的立体体积以及平面曲线弧长的计算表示成定积分的方法,其关键是写出定积分的表达式.

7.1.1 定积分应用的微元法

微视频
定积分应用
的微元法

上一章开始时,我们曾用定积分方法解决了曲边梯形面积及变速直线运动路程的计算问题,综合这两个问题可以看出,用定积分计算的量一般有如下两个特点:

(1)所求量(设为 Q)分布在给定区间 $[a, b]$ 上,且在该区间上具有可加性.就是说,如果把 $[a, b]$ 分成许多小区间 $[x_{i-1}, x_i]$($i = 1, 2, \cdots, n$),并把 Q 分布在第 i 个小区间 $[x_{i-1}, x_i]$ 上的部分量记为 Δq_i,则有整体量等于各部分量之和,即

$$Q = \sum_{i=1}^{n} \Delta q_i;$$

（2）所求量 Q 在区间 $[a,b]$ 上的分布是不均匀的，也就是说，Q 的值与区间 $[a,b]$ 的长不成正比（否则的话，使用初等方法即可求得 Q，而勿需用积分方法了）.

在我们讨论定积分更多的几何及物理应用之前，先来介绍如何将所求量表为定积分的一般思路和方法，这就是所谓的"微元法".

为此，先回顾一下应用定积分概念解决实际问题的四个步骤：

第一步：将所求量 Q 分为部分量之和，$Q = \sum_{i=1}^{n} \Delta q_i$；

第二步：求出每个部分量的近似值，$\Delta q_i \approx f(\xi_i)\Delta x_i \quad (i=1,2,\cdots,n)$；

第三步：写出整体量 Q 的近似值，$Q = \sum_{i=1}^{n} \Delta q_i \approx \sum_{i=1}^{n} f(\xi_i)\Delta x_i$；

第四步：当 $\lambda = \max\{\Delta x_i\} \to 0$ 时对 Q 的近似值取极限，得

$$Q = \lim_{\lambda \to 0} \sum_{i=1}^{n} f(\xi_i)\Delta x_i = \int_a^b f(x)\,\mathrm{d}x.$$

观察上述四步我们发现，第二步最关键，因为最后的被积表达式的形式就是在这一步被确定的，这只要把近似式 $f(\xi_i)\Delta x_i$ 中的变量记号改变一下即可（ξ_i 换为 x；Δx_i 换为 $\mathrm{d}x$）. 而第三、第四两步可以合并成一步：在区间 $[a,b]$ 上无限累加，即在 $[a,b]$ 上积分. 至于第一步，它只是指明所求量具有可加性，这是 Q 能用定积分计算的前提，于是，上述四步就简化成了实用的两步：

（1）在区间 $[a,b]$ 上任取一个微小区间 $[x,x+\mathrm{d}x]$，然后写出在这个小区间上的部分量 Δq 的近似值，记为 $\mathrm{d}q = f(x)\mathrm{d}x$ （称为 Q 的微元）；

（2）将微元 $\mathrm{d}q$ 在 $[a,b]$ 上积分（无限累加），即得

$$Q = \int_a^b f(x)\,\mathrm{d}x.$$

利用上述两步解决问题的方法称为微元法.

关于微元 $\mathrm{d}q = f(x)\mathrm{d}x$，我们再说明两点：

（1）$f(x)\mathrm{d}x$ 作为 Δq 的近似表达式，应该足够准确，确切地说，就是二者之差必须是关于 Δx 的高阶无穷小. 即 $\Delta q - f(x)\mathrm{d}x = o(\Delta x)$.

（2）具体怎样求微元呢？这是问题的关键，这要分析问题的实际意义及数量关系，一般按照在局部 $[x,x+\mathrm{d}x]$ 上，以"常代变""匀代不匀""直代曲"的思路（局部线性化），写出局部上所求量的近似值，即为微元 $\mathrm{d}q = f(x)\mathrm{d}x$.

下面我们就用微元法来讨论定积分在几何方面的一些应用.

7.1.2　用定积分求平面图形的面积

1. 直角坐标系下的面积计算

用微元法不难将下列图形面积表示为定积分.

微视频
在直角坐标系下用定积分求平面图形的面积

（1）由曲线 $y = f(x)$（$f(x) \geqslant 0$），$x = a$，$x = b$ 及 Ox 轴所围图形（图 7.1.1）的面积微元 $\mathrm{d}\sigma = f(x)\mathrm{d}x$，面积 $A = \int_a^b f(x)\,\mathrm{d}x$.

（2）由上、下两条曲线 $y = f(x)$，$y = g(x)$（$f(x) \geqslant g(x)$）及 $x = a$，$x = b$ 所围成图形（图 7.1.2）的面积微元 $\mathrm{d}\sigma = [f(x) - g(x)]\mathrm{d}x$，面积 $A = \int_a^b [f(x) - g(x)]\,\mathrm{d}x$.

（3）由左右两条曲线 $x = \psi(y)$，$x = \varphi(y)$ 及 $y = c$，$y = d$ 所围图形（图 7.1.3）的面积微元（注意，这时应取横条矩形为 $\mathrm{d}\sigma$，即取 y 为积分变量），$\mathrm{d}\sigma = [\varphi(y) - \psi(y)]\mathrm{d}y$，面积 $A = \int_c^d [\varphi(y) - \psi(y)]\mathrm{d}y$.

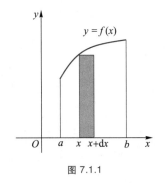

图 7.1.1

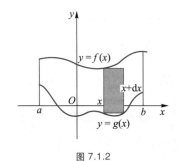

图 7.1.2

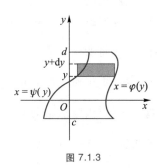

图 7.1.3

例 7.1.1　求两条抛物线 $y^2 = x$，$y = x^2$ 所围成的图形的面积.

解　（1）画出图形简图（图 7.1.4）并求曲线交点以确定积分区间：

解方程组 $\begin{cases} y = x^2, \\ y^2 = x, \end{cases}$ 得交点 $(0,0)$ 及 $(1,1)$.

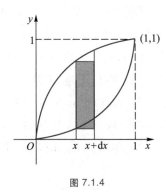

图 7.1.4

（2）选择积分变量，写出面积微元，本题取竖条或横条作 $\mathrm{d}\sigma$ 均可，习惯上取竖条，即取 x 为积分变量，x 的变化范围为 $[0,1]$. 于是

$$\mathrm{d}\sigma = (\sqrt{x} - x^2)\,\mathrm{d}x.$$

（3）将 A 表示成定积分，并计算

$$A = \int_0^1 (\sqrt{x} - x^2)\,\mathrm{d}x = \left(\frac{2}{3}x^{\frac{3}{2}} - \frac{1}{3}x^3 \right) \Big|_0^1 = \frac{1}{3}.$$

例 7.1.2　求 $y^2 = 2x$ 及 $y = x - 4$ 所围成的图形的面积.

解　作图（图 7.1.5）.

求出交点坐标为 $A(2,-2)$，$B(8,4)$. 观察图得知，宜取 y 为积分变量，y 的变化范围为 $[-2,4]$（读者可以考虑一下，若取 x 为积分变量，即竖条切割，有什么不方便之处），于是得

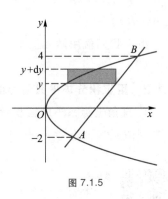

图 7.1.5

$$\mathrm{d}\sigma = \left[(y+4) - \frac{1}{2}y^2 \right]\mathrm{d}y,$$

$$A = \int_{-2}^4 \left[(y+4) - \frac{1}{2}y^2 \right]\mathrm{d}y = \left(\frac{1}{2}y^2 + 4y - \frac{1}{6}y^3 \right) \Big|_{-2}^4$$

$$= 18.$$

例 7.1.3 求椭圆 $\begin{cases} x = a\cos t, \\ y = b\sin t \end{cases}$ $(a>b>0)$ $(0 \leqslant t \leqslant 2\pi)$ 的面积.

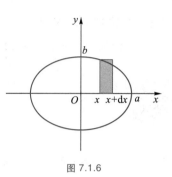

图 7.1.6

解 椭圆 $\begin{cases} x = a\cos t, \\ y = b\sin t \end{cases}$ 如图 7.1.6 所示.

由于椭圆关于坐标轴及坐标原点均对称,故其面积是其第一象限部分的 4 倍.取 x 为积分变量.x 的变化范围为 $[0, a]$,面积微元 $\mathrm{d}\sigma = y\mathrm{d}x$,于是,椭圆面积 $A = 4\displaystyle\int_0^a y\mathrm{d}x$.

将 $x = a\cos t, y = b\sin t$ 代入,并注意到 x 由 0 到 a 对应于 t 由 $\dfrac{\pi}{2}$ 到 0.所以

$$A = 4\int_{\frac{\pi}{2}}^0 b\sin t\,\mathrm{d}(a\cos t) = -4ab\int_{\frac{\pi}{2}}^0 \sin^2 t\,\mathrm{d}t = 4ab\int_0^{\frac{\pi}{2}} \frac{1-\cos 2t}{2}\mathrm{d}t$$

$$= 4ab\left[\int_0^{\frac{\pi}{2}} \frac{1}{2}\mathrm{d}t - \frac{1}{2}\int_0^{\frac{\pi}{2}} \cos 2t\,\mathrm{d}t\right] = 4ab\left(\frac{\pi}{4} - 0\right) = \pi ab.$$

微视频
在极坐标系下用定积分求平面图形的面积

2. 极坐标系下的面积计算

有些图形,用极坐标计算面积比较方便.

下面用微元法推导在极坐标系下"曲边扇形"的面积公式.

所谓"曲边扇形"是指由曲线 $r = r(\theta)$ 及两条射线 $\theta = \alpha, \theta = \beta$ 所围成的图形(图 7.1.7).

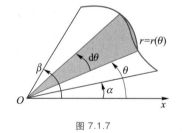

图 7.1.7

取 θ 为积分变量,其变化范围为 $[\alpha, \beta]$,在微小区间 $[\theta, \theta+\mathrm{d}\theta]$ 上"以常代变",即以小扇形面积 $\mathrm{d}\sigma$ 作为小曲边扇形面积的近似值,于是得面积微元为

$$\mathrm{d}\sigma = \frac{1}{2}r^2(\theta)\,\mathrm{d}\theta,$$

将 $\mathrm{d}\sigma$ 在 $[\alpha, \beta]$ 上积分,便得所求的曲边扇形面积为

$$A = \frac{1}{2}\int_\alpha^\beta r^2(\theta)\,\mathrm{d}\theta.$$

例 7.1.4 计算双纽线 $r^2 = a^2\cos 2\theta$ $(a>0)$ 所围成的图形的面积(图 7.1.8).

解 由于图形的对称性,只需求其在第一象限中的面积,再 4 倍即可,在第一象限 θ 的变化范围为 $\left[0, \dfrac{\pi}{4}\right]$,于是

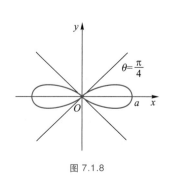

图 7.1.8

$$A = 4 \times \frac{1}{2}\int_0^{\frac{\pi}{4}} a^2\cos 2\theta\,\mathrm{d}\theta = a^2\sin 2\theta\,\Big|_0^{\frac{\pi}{4}} = a^2.$$

7.1.3　用定积分求体积

1. 平行截面面积为已知的立体体积

微视频
平行截面面积为
已知的立体体积

设一物体被垂直于某直线的平面所截的截面的面积可求,则该物体可用定积分求其体积.

不妨设上述直线为 x 轴,则在 x 处的截面面积 $A(x)$ 是 x 的已知连续函数,求该物体介于 $x=a$ 和 $x=b$ $(a<b)$ 之间的体积(图 7.1.9).

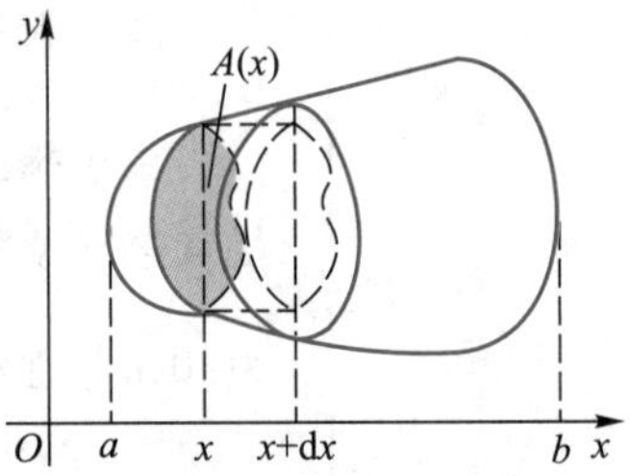

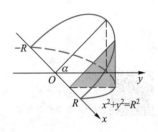

图 7.1.9

为求体积微元,在微小区间 $[x,x+\mathrm{d}x]$ 上视 $A(x)$ 不变,即把 $[x,x+\mathrm{d}x]$ 上的立体薄片近似看作 $A(x)$ 为底,$\mathrm{d}x$ 为高的柱片,于是得体积微元为

$$\mathrm{d}v=A(x)\,\mathrm{d}x,$$

再在 x 的变化区间 $[a,b]$ 上积分,则得公式

$$V=\int_a^b A(x)\,\mathrm{d}x.$$

例 7.1.5　设有底圆半径为 R 的圆柱,被一与圆柱面交成 α 角且过底圆直径的平面所截,求截下的楔形体积(图 7.1.10).

解　取坐标系如图 7.1.10 所示,则底圆方程为

$$x^2+y^2=R^2.$$

在 x 处垂直于 x 轴作立体的截面,得一直角三角形,两条直角边分别为 y 及 $y\tan\alpha$,即 $\sqrt{R^2-x^2}$ 及 $\sqrt{R^2-x^2}\tan\alpha$,其面积为 $A(x)=\dfrac{1}{2}(R^2-x^2)\tan\alpha$,从而得楔形体积为

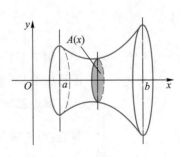

图 7.1.10

$$V=\int_{-R}^{R}\frac{1}{2}(R^2-x^2)\tan\alpha\,\mathrm{d}x=\tan\alpha\int_0^R(R^2-x^2)\,\mathrm{d}x$$

$$=\tan\alpha\left(R^2x-\frac{x^3}{3}\right)\Bigg|_0^R=\frac{2}{3}R^3\tan\alpha.$$

2. 旋转体体积

设旋转体是由连续曲线 $y=f(x)$ 和直线 $x=a,x=b$ $(a<b)$ 及 x 轴所围成的曲边梯形绕 x 轴旋转而成(图 7.1.11),我们来求它的体积 V.

这是已知平行截面面积求立体体积的特殊情况,这时截面面积 $A(x)$ 是半径为 $f(x)$ 的圆的面积.

在区间 $[a,b]$ 上点 x 处垂直 x 轴的截面面积为

$$A(x)=\pi f^2(x),$$

在 x 的变化区间 $[a,b]$ 内积分,得旋转体体积为

$$V=\pi\int_a^b f^2(x)\,\mathrm{d}x.$$

图 7.1.11

类似地,由曲线 $x=\varphi(y)$,直线 $y=c$,$y=d$ 及 y 轴所围成的曲边梯形绕 y 轴旋转,所得旋转体体积(图 7.1.12)为

$$V=\pi\int_c^d\varphi^2(y)\,\mathrm{d}y.$$

例 7.1.6 求由星形线

$$x^{\frac{2}{3}}+y^{\frac{2}{3}}=a^{\frac{2}{3}}\quad(a>0)$$

绕 x 轴旋转所成旋转体的体积(图 7.1.13).

解 由方程 $x^{\frac{2}{3}}+y^{\frac{2}{3}}=a^{\frac{2}{3}}$

解出 $y^2=(a^{\frac{2}{3}}-x^{\frac{2}{3}})^3$,于是所求体积为

$$V=\pi\int_{-a}^a y^2\mathrm{d}x=2\pi\int_0^a(a^{\frac{2}{3}}-x^{\frac{2}{3}})^3\mathrm{d}x$$

$$=2\pi\int_0^a(a^2-3a^{\frac{4}{3}}x^{\frac{2}{3}}+3a^{\frac{2}{3}}x^{\frac{4}{3}}-x^2)\,\mathrm{d}x=\frac{32}{105}\pi a^3.$$

7.1.4 平面曲线的弧长

设有曲线 $y=f(x)$(假定其导数 $f'(x)$ 连续),我们来计算从 $x=a$ 到 $x=b$ 的一段弧的长度 L(图 7.1.14).

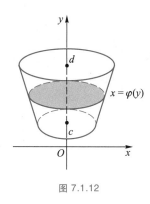

图 7.1.12

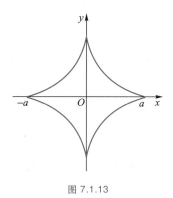

图 7.1.13

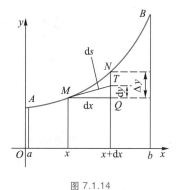

图 7.1.14

我们仍用微元法,取 x 为积分变量,$x\in[a,b]$,在微小区间 $[x,x+\mathrm{d}x]$ 内,用切线段 MT 来近似代替小弧段 $\overset{\frown}{MN}$("常代变"),得弧长微元为

$$\mathrm{d}s=MT=\sqrt{MQ^2+QT^2}=\sqrt{(\mathrm{d}x)^2+(\mathrm{d}y)^2}=\sqrt{1+y'^2}\,\mathrm{d}x,$$

这里 $\mathrm{d}s=\sqrt{1+y'^2}\,\mathrm{d}x$ 也称为弧微分公式.

在 x 的变化区间 $[a,b]$ 内积分,就得所求弧长

$$L=\int_a^b\sqrt{1+y'^2}\,\mathrm{d}x=\int_a^b\sqrt{1+[f'(x)]^2}\,\mathrm{d}x.$$

若曲线由参数方程 $\begin{cases}x=\varphi(t),\\y=\psi(t)\end{cases}$ $(\alpha\leqslant t\leqslant\beta)$ 给出,这时弧长微元为

$$\mathrm{d}s=\sqrt{(\mathrm{d}x)^2+(\mathrm{d}y)^2}=\sqrt{[\varphi'(t)]^2+[\psi'(t)]^2}\,\mathrm{d}t,$$

微视频
用定积分求平面
曲线的弧长

于是所求弧长为

$$L = \int_\alpha^\beta \sqrt{[\varphi'(t)]^2 + [\psi'(t)]^2}\, dt.$$

注意　计算弧长时,由于被积函数都是正的. 因此,为使弧长为正,确定积分限时要求下限小于上限.

例 7.1.7　两根电线杆之间的电线由于自身重量而下垂成曲线,这一曲线称为悬链线,已知悬链线方程为

$$y = \frac{a}{2}\left(e^{\frac{x}{a}} + e^{-\frac{x}{a}}\right) \quad (a>0),$$

求从 $x = -a$ 到 $x = a$ 这一段的弧长(图 7.1.15).

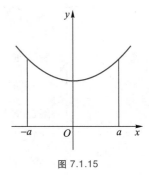

图 7.1.15

解　由于弧长公式中被积函数比较复杂,所以代公式前,要将 ds 部分充分化简,然后再求积分.这里,$y' = \frac{1}{2}\left(e^{\frac{x}{a}} - e^{-\frac{x}{a}}\right)$,于是

$$ds = \sqrt{1 + y'^2}\, dx = \sqrt{1 + \frac{1}{4}\left(e^{\frac{x}{a}} - e^{-\frac{x}{a}}\right)^2}\, dx$$

$$= \frac{1}{2}\left(e^{\frac{x}{a}} + e^{-\frac{x}{a}}\right) dx,$$

故悬链线这段长为

$$L = \int_{-a}^a \sqrt{1 + y'^2}\, dx = \int_0^a \left(e^{\frac{x}{a}} + e^{-\frac{x}{a}}\right) dx$$

$$= a\left(e^{\frac{x}{a}} - e^{-\frac{x}{a}}\right)\Big|_0^a = a(e - e^{-1}).$$

思考题 7.1

1. 什么叫微元法? 用微元法解决实际问题的思路及步骤如何?

2. 求平面图形的面积一般分为几步?

练习 7.1A

1. 求由曲线 $y = 1 - x^2$ 和 x 轴所围平面图形的面积.

2. 求由直线 $y = 1$ 和曲线 $y = x^2$ 所围平面图形的面积.

练习 7.1B

1. 求曲线 $y = x^2, y = (x-2)^2$ 与 x 轴围成的平面图形的面积.

2. 用定积分求底圆半径为 r,高为 h 的圆锥体的体积.

3. 用定积分求由 $y = x^2 + 1, y = 0, x = 0, x = 1$ 绕 x 轴旋转一周所得旋转体的体积.

7.2 定积分的物理应用与经济应用举例

定积分的应用非常广泛,自然科学、工程技术中许多问题都可以运用定积分这种数学工具来解决.下面我们列举一些物理方面与经济方面的实例,不求全面,旨在加强读者运用微元法解决问题的能力.

7.2.1 定积分的物理应用

1. 功

微视频
用定积分求变
力所做的功

（1）变力做功

如果物体受恒力作用沿力的方向移动一段距离 s,则力 F 所做的功是 $W = F \cdot s$.如果物体在变力 $F(x)$ 作用下沿 x 轴由 a 处移动到 b 处,如何求变力 $F(x)$ 所做的功?

由于力 $F(x)$ 是变力(图 7.2.1),所求功在区间 $[a,b]$ 上具有可加性,故可以用定积分来解决.

利用微元法,由于变力 $F(x)$ 是连续变化的,故可以设想在微小区间 $[x, x+dx]$ 上作用力 $F(x)$ 保持不变("常代变"求微元的思想),按恒力做功公式得这一段上变力做功近似值,也就是功的微元为

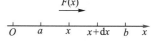

图 7.2.1

$$dw = F(x)dx,$$

将微元 dw 从 a 到 b 求定积分,就得到整个区间上所做的功为

$$W = \int_a^b F(x)dx.$$

例 7.2.1 在原点 O 有一个带电荷量为 $+q$ 的点电荷,它所产生的电场对周围电荷有作用力.现有一单位正电荷从到原点距离为 a 的点 A 处沿射线 OA 方向移至到原点距离为 b $(a<b)$ 的点 B 的地方,求电场力做的功.如果把该单位电荷移至无穷远处,电场力做了多少功?

解 取电荷移动的射线方向为 x 轴正向,那么电场力为 $F = k\dfrac{q}{x^2}$ (k 为常数),这是一个变力.在 $[x, x+dx]$ 上,"以常代变"得功微元为

$$dw = \frac{kq}{x^2}dx,$$

于是电场力 F 使点电荷由 $x = a$ 移动到 $x = b$ 所做的功为

$$W = \int_a^b \frac{kq}{x^2}dx = kq\left(-\frac{1}{x}\right)\Bigg|_a^b = kq\left(\frac{1}{a} - \frac{1}{b}\right).$$

若移至无穷远处,则做功为

$$\int_a^{+\infty} \frac{kq}{x^2}dx = -kq\frac{1}{x}\Bigg|_a^{+\infty} = \frac{kq}{a}.$$

物理学中,将把单位正电荷移至无穷远处所做的功叫做电场在 A 处的电位,于是知电场在 A 处的电位为 $V = \dfrac{kq}{a}$.

例 7.2.2 设汽缸内活塞一侧存有一定量气体,气体做等温膨胀时推动活塞向右移动一段距离,若气体体积由 V_1 变至 V_2,求气体压力所做的功(图 7.2.2).

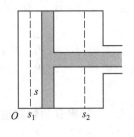

图 7.2.2

解 气体膨胀为等温过程,所以气体压强为 $p = \dfrac{C}{V}$(V 为气体体积,C 为常数),而活塞上的总压力为

$$F = pQ = \frac{CQ}{V} = \frac{C}{s},$$

其中,Q 为活塞的截面积,s 为活塞移动的距离,$V = sQ$,以 s_1 与 s_2 表示活塞的初始与终止位置,于是得功为

$$W = \int_{s_1}^{s_2} F \mathrm{d}s = C \int_{s_1}^{s_2} \frac{1}{s} \mathrm{d}s$$

$$= C \int_{V_1}^{V_2} \frac{1}{V} \mathrm{d}V \quad (\text{这里,用变量 } V \text{ 置换变量 } s, V_2 = Qs_2, V_1 = Qs_1).$$

$$= C \ln V \Big|_{V_1}^{V_2} = C \ln \frac{V_2}{V_1}$$

(2)抽水做功

例 7.2.3 一个底半径为 4 m,高为 8 m 的倒立圆锥形容器,内装 6 m 深的水,现要把容器内的水全部抽完,需做功多少?

解 我们设想水是一层一层被抽出来的,由于水位不断下降,使得水层的提升高度连续增加,这是一个"变距离"变力做功问题,亦可用定积分来解决.

选择图示坐标系(图 7.2.3),于是直线 AB 方程为 $y = -\dfrac{1}{2}x + 4$.

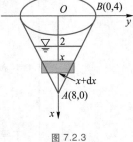

图 7.2.3

在 x 的变化区间 $[2,8]$ 内取微小区间 $[x, x+\mathrm{d}x]$,则抽出这厚为 $\mathrm{d}x$ 的一薄层水所需做功的近似值(功微元)为

$$\mathrm{d}w = x\big[(\pi y^2 \mathrm{d}x)\rho g\big] = \rho g x \pi y^2 \mathrm{d}x \, (\rho \text{ 为水的密度}),$$

于是功为

$$W = \pi \rho g \int_2^8 x y^2 \mathrm{d}x = \pi \rho g \int_2^8 x \left(4 - \frac{x}{2}\right)^2 \mathrm{d}x$$

$$= \pi \rho g \int_2^8 \left(16x - 4x^2 + \frac{x^3}{4}\right) \mathrm{d}x$$

$$= \pi \rho g \left(8x^2 - \frac{4}{3}x^3 + \frac{x^4}{16}\right)\Big|_2^8$$

$$= 9.8 \times 63\pi \times 10^3 (\mathrm{J}) \quad (\rho = 10^3 \text{ kg/m}^3, g = 9.8 \text{ m/s}^2).$$

如果将本题中的容器改为盛满水的半球形容器,怎样求功? 如果将水抽到高为 H 的水塔上去又怎样求? 请读者继续思考、解答.

2. 液体对平面薄板的压力

微视频
用定积分求液体对
平面薄板的侧压力

设有一薄板,垂直放在密度为 ρ 的液体中,求液体对薄板的压力.

由物理学知道,在液面下深度为 h 处,由液体重量所产生的压强为 $\psi = \rho g h$,若有面积为 A 的薄板水平放置在液深为 h 处,这时薄板各处受力均匀,所受压力为 $p = \psi A = \rho h g A$,如今薄板是垂直置于液体中,薄板上在不同的深度处压强是不同的,因此整个薄板所受的压力是非均匀分布的整体量. 下面结合具体例子来说明如何用定积分来计算.

例 7.2.4 一个横放的半径为 R 的圆柱形油桶,里面盛有半桶油,计算桶的一个端面所受的压力(设油密度为 ρ).

解 桶的一端面是圆板,现在要计算当油面过圆心时,垂直放置的一个半圆板的一侧所受的压力.

选取图示坐标系(图 7.2.4). 圆方程为 $x^2 + y^2 = R^2$. 取 x 为积分变量,在 x 的变化区间 $[0, R]$ 内取微小区间 $[x, x+\mathrm{d}x]$,视这细条上压强不变,所受的压力的近似值,即压力微元为

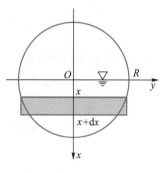

图 7.2.4

$$\mathrm{d}f = 2\rho g x \sqrt{R^2 - x^2}\,\mathrm{d}x,$$

于是,端面所受的压力为

$$f = \int_0^R 2\rho g x \sqrt{R^2 - x^2}\,\mathrm{d}x$$

$$= -\rho g \int_0^R (R^2 - x^2)^{\frac{1}{2}} \cdot \mathrm{d}(R^2 - x^2)$$

$$= -\rho g \left[\frac{2}{3}(R^2 - x^2)^{\frac{3}{2}}\right]\Bigg|_0^R = \frac{2}{3}\rho g R^3.$$

请读者继续解答:当本题的圆柱形油桶盛满油时,如何计算端面所受的压力?

3. 转动惯量

微视频
用定积分求
转动惯量

在刚体力学中转动惯量是一个重要的物理量,若质点质量为 m,到一轴距离为 r,则该质点绕轴的转动惯量为

$$I = mr^2.$$

对于质量连续分布的物体绕轴的转动惯量问题,一般地,可以用定积分来解决.

例 7.2.5 一均匀细杆长为 l,质量为 m,试计算细杆绕过它的中点且垂直于杆的轴的转动惯量.

解　选择图示坐标系 (图 7.2.5).

先求转动惯量微元 $\mathrm{d}i$, 为此考虑细杆上 $[x, x+\mathrm{d}x]$ 一

段, 它的质量为 $\dfrac{m}{l}\mathrm{d}x$, 把这一小段杆设想为位于 x 处的一

个质点, 它到转动轴距离为 $|x|$, 于是得转动惯量微元为

$$\mathrm{d}i = \left(\frac{m}{l}\mathrm{d}x\right)x^2 = \frac{m}{l}x^2\mathrm{d}x,$$

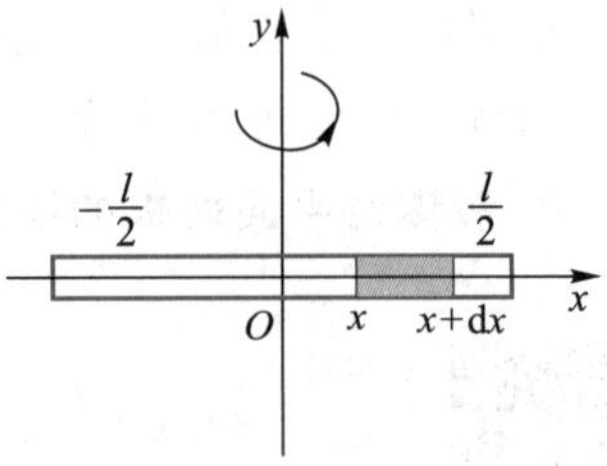

图 7.2.5

沿细杆从 $-\dfrac{l}{2}$ 到 $\dfrac{l}{2}$ 积分, 得整个细杆转动惯量为

$$I = \int_{-\frac{l}{2}}^{\frac{l}{2}} \frac{m}{l}x^2\mathrm{d}x = \frac{m}{l}\left.\frac{x^3}{3}\right|_{-\frac{l}{2}}^{\frac{l}{2}} = \frac{1}{12}ml^2.$$

7.2.2　经济应用问题举例

1. 已知总产量的变化率求总产量

例 7.2.6　设某产品在时刻 t 总产量的变化率为

$$f(t) = 100 + 12t - 0.6t^2 \quad (单位/\mathrm{h}),$$

求从 $t=2$ 到 $t=4$ 的总产量 (t 的单位为 h).

解　设总产量为 $Q(t)$, 由已知条件 $Q'(t)=f(t)$, 则知总产量 $Q(t)$ 是 $f(t)$ 的一个原函数. 所以有

$$\int_2^4 f(t)\mathrm{d}t = \int_2^4 (100 + 12t - 0.6t^2)\mathrm{d}t$$

$$= (100t + 6t^2 - 0.2t^3)\Big|_2^4 = 260.8,$$

即所求的总产量为 260.8 单位.

2. 已知边际函数求总量函数

微视频
已知边际函数
求总量函数

边际变量 (边际成本、边际收入、边际利润) 是指对应经济变量的变化率, 如果已知边际成本求总成本, 已知边际收入求总收入, 已知边际利润求总利润, 就要用到定积分方法.

例 7.2.7　已知生产某产品 x 单位 (百台) 的边际成本和边际收入分别为

$$C'(x) = 3 + \frac{1}{3}x \quad (万元/百台),$$

$$R'(x) = 7 - x \quad (万元/百台),$$

其中 $C(x)$ 和 $R(x)$ 分别是总成本函数和总收入函数.

(1) 若固定成本 $C(0)=1$ 万元, 求总成本函数、总收入函数和总利润函数;

(2) 产量为多少时, 总利润最大? 最大总利润是多少?

解　（1）总成本等于固定成本与可变成本之和，即

$$C(x) = C(0) + \int_0^x \left(3 + \frac{x}{3}\right) dx,$$

这里，x 既是积分限，又是积分变量，容易混淆，故改写为

$$C(x) = C(0) + \int_0^x \left(3 + \frac{t}{3}\right) dt$$

$$= 1 + 3x + \frac{1}{6}x^2.$$

总收入函数为

$$R(x) = R(0) + \int_0^x (7 - t) dt = 7x - \frac{1}{2}x^2$$

（因为产量为零时，没有收入，所以 $R(0) = 0$）.

总利润等于总收入与总成本之差，故总利润 L 为

$$L(x) = R(x) - C(x) = \left(7x - \frac{1}{2}x^2\right) - \left(1 + 3x + \frac{1}{6}x^2\right)$$

$$= -1 + 4x - \frac{2}{3}x^2.$$

（2）由于 $L'(x) = 4 - \frac{4}{3}x$，令 $4 - \frac{4}{3}x = 0$，得唯一驻点 $x = 3$，根据该题实际意义知，当 $x = 3$ 百台时，$L(x)$ 有最大值，即最大利润为

$$L(3) = -1 + 4 \times 3 - \frac{2}{3} \times 3^2 = 5（万元）.$$

思考题 7.2

1. 设一物体受连续的变力 $F(x)$ 作用沿力的方向作直线运动，则物体从 $x = a$ 运动到 $x = b$，变力所做的功为 $W =$＿＿＿＿，其中＿＿＿＿为变力 $F(x)$ 使物体由 $[a, b]$ 内的任一闭区间 $[x, x+dx]$ 的左端点 x 移动到右端点 $x+dx$ 所做功的近似值，也称其为＿＿＿＿．

2. 如何计算铅直放置在液体中的曲边梯形薄板所受的侧压力？

练习 7.2A

1. 变力 $f(x) = x^2 - x$ 使质点沿 x 轴的正方向由 $x = 1$ 移动到了 $x = 3$ 处，求变力 $f(x)$ 所做的功.

2. 已知某商品的边际收入为 $R = 6$，求总收入函数.

练习 7.2B

1. 一个底半径为 R m，高为 H m 的圆柱形水桶装满了水，要把桶内的水全部吸到高为 $H+2$ m 的平台上，需要做多少功（水的密度为 10^3 kg/m³，g 取 10 m/s²）？

2. 一边长为 a m 的正方形薄板垂直放入水中，使该板的上边距水面 1 m，试求该薄板的一侧所受的水的压力（水的密度为 10^3 kg/m³）.

3. 在本节例 7.2.4 中，当半径 $R = 1$ m，密度 $\gamma = 850$ kg/m³（变压器油）时，计算桶的一个侧面所受的侧压力.

7.3　用数学软件求解定积分应用问题

用数学软件求解定积
分应用问题

7.4　学习任务 7 解答　抽水做功

解

1. 如图 7.4.1 所示建立直角坐标系,将区间 $[0,10]$ 分成若干个小区间,其中代表小区间为 $[y,y+\mathrm{d}y]$,所对应的一小层水的体积为 $\pi\times5^2\mathrm{d}y=25\pi\mathrm{d}y$,质量为 $25\pi\rho\mathrm{d}y$,重量为 $25\pi\rho g\mathrm{d}y(g=9.8\ \mathrm{m/s})$,将代表小区间 $[y,y+\mathrm{d}y]$ 所对应的一小层水抽到地面,克服重力所做的功微元 $\mathrm{d}w=(25\pi\rho g\mathrm{d}y)(10-y)=25\pi\rho g(10-y)\mathrm{d}y$,将功微元 $\mathrm{d}w$ 在区间 $[0,10]$ 上进行无限累加,得把池中的水

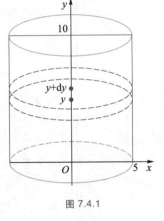

图 7.4.1

抽干所做的功 $W=\displaystyle\int_0^{10}25\pi\rho g(10-y)\mathrm{d}y=-\dfrac{25\pi\rho g}{2}(10-y)^2\Big|_0^{10}=\dfrac{25\pi\times1\,000\times9.8}{2}$

$(10^2-0^2)=122.5\times10^5\pi(\mathrm{J})=3.848\,45\times10^7(\mathrm{J})$.

2. 扫描下方二维码,查看学习任务 7 的 Mathematica 程序.

3. 扫描下方二维码,查看学习任务 7 的 MATLAB 程序.

扫一扫,看代码
Mathematica 程序

扫一扫,看代码
MATLAB 程序

复习题 7

A 级

1. 求由下列曲线所围成的平面图形的面积:

(1) $y=x^2+1,x=0,x=1$ 与 x 轴;

(2) $y=2x^2,y=x^2$ 与 $y=1$;

(3) $y=\sin x,y=\cos x$ 与直线 $x=0$, $x=\dfrac{\pi}{2}$.

2. 计算由曲线 $xy=2,y-2x=0$, $2y-x=0$ 所围成的图形的面积.

3. 求心形线 $r=a(1+\cos\theta)$ 所围成的图形的面积.

4. 有一立体,以长半轴 $a=10$,短半轴 $b=5$ 的椭圆为底,而垂直于长轴的截面都是等边三角形,求其体积.

5. 求由曲线 $y=\mathrm{e}^x(x\le0),x=0,y=0$ 所围成的图形绕 x 轴及 y 轴旋转所得的立体体积.

6. 求由抛物线 $y=x^2$ 及直线 $y=1$ 所围平面图形绕 y 轴旋转一周所得立体的体积.

7. 计算曲线 $y^2=x^3$ 上相应于 $x=0$ 到 $x=1$ 的一段弧长.

B 级

8. 有一质点按规律 $x=t^3$ 作直线运动,介质阻力与速度成正比,求质点从 $x=0$ 移到 $x=1$ 时,克服介质阻力所做的功.

9. 弹簧压缩所受的力 F 与压缩距离成正比,现在弹簧由原长压缩了 6 cm,问需做多少功?

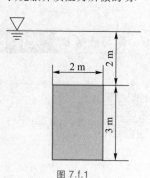

10. 半径为 3 m 的半球形水池盛满了水,若把其中的水全部抽尽需要做多少功?

11. 有一形如圆台的水桶盛满了水,如果桶高 3 m,上下底的半径分别为 1 m 和 2 m,试计算将桶中水吸尽所做的功.

12. 有一闸门,它的形状和尺寸如图 7.f.1 所示,水面距闸门上沿 2 m,求闸门一侧所受水的压力.

图 7.f.1

13. 一底为 8 m,高为 6 m 的等腰三角形薄片,铅直沉在水中,顶在上,底在下且与水面平行,而顶离水面 3 m,试求它侧面所受的压力.

14. 如图 7.f.2 所示圆锥体充满液体,设液体密度 ρ 随高度 Z 变化公式为

$$\rho=\rho_0\left(1-\frac{Z}{2H}\right)\quad(\rho_0\text{ 为常数}),$$

试用微元法求液体的总质量.

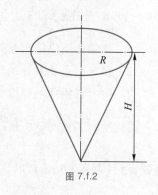

15. 求函数 $y=2xe^{-x^2}$ 在 $[0,2]$ 上的平均值.

16. 已知某产品总产量的变化率是时间 t(单位:年)的函数 $f(t)=2t+5$ $(t\geq0)$,求第一个五年和第二个五年的总产量各为多少.

17. 已知某一商品每周生产 x 单位时,边际成本是 $f(x)=0.4x-12$ 元/单位,求总成本函数 $C(x)$. 如果这种产品的销售单价是 20 元,求总利润函数 $L(x)$. 并问每周生产多少单位时,才能获得最大利润?

图 7.f.2

18. 已知某产品总产量变化率为

$$Q'(t)=\frac{90}{t^2}e^{-\frac{3}{t}}\quad(\text{kt}/a),$$

问:投产后多少年可使平均年产量达到最大值? 此最大值为多少?

19. 已知某产品的边际成本和边际收入分别为

$$C'(Q)=Q^2-4Q+6,\quad R'(Q)=105-2Q,$$

且固定成本为 100,其中 Q 为销售量,$C(Q)$ 和 $R(Q)$ 为总成本函数和总收入函数,求最大利润.

C 级

20. 某工程项目需要一次性贷款投资 1 000 万元,年利率 5%,项目建设周期为 1 年,项目建成后预计每年收入 250 万元,求投资回收期.

第8章 常微分方程

文档
常微分方程简史

将 100 ℃ 的物体置于 20 ℃ 的环境中散热,10 min 后测得该物体的温度为 80 ℃.设散热 t min 后,物体的温度为 $y(t)$ ℃,于是有 $y(0)=100,y(10)=80$.又因为物体散热速度 $\dfrac{\mathrm{d}y}{\mathrm{d}t}\left(\dfrac{\mathrm{d}y}{\mathrm{d}t}<0\right)$ 和它与周围环境温度之差 $y-$

$20(y-20>0)$ 成正比,从而有方程 $\dfrac{\mathrm{d}y}{\mathrm{d}t}=-k(y-20)$($k>0$ 为比例系数),请回答下列问题:

(1)该物体温度随时间 t 变化的函数 $y(t)$;

(2)20 min 后该物体的温度;

(3)何时该物体的温度为 28 ℃.

该问题的关键是从方程 $\dfrac{\mathrm{d}y}{\mathrm{d}t}=-k(y-20)$ 中解出温度函数 $y(t)$.该方程中不但含有未知

函数,而且含有未知函数的导数 $\dfrac{\mathrm{d}y}{\mathrm{d}t}$,解决该问题需要常微分方程的有关知识.

在科学研究和生产实际中,经常要寻求表示客观事物的变量之间的函数关系,但在大量实际问题中,往往不能直接得到所求的函数关系,却可以得到含有未知函数导数或微分的关系式,即通常所说的微分方程.因此,微分方程是描述客观事物的数量关系的一种重要数学模型.本章重点研究常见的微分方程的解法,并结合实际问题探讨用微分方程建立数学模型的一般思想方法.

> **引例** 某日,小明在宿舍和同学们聊天,有个同学问小明:"你知道哪个函数与其导数之差为零吗?"小明稍加思考回答说:"指数函数 e^x 呀!因为 $(\mathrm{e}^x)'=\mathrm{e}^x$,所以,该函数与其导数差等于零."同学们的聊天话题很快被转移了,小明却陷入了沉思,他想未知函数及未知函数的导数之差等于零,这不是含有未知函数及其导数的方程吗?次日,小明问老师:"含有未知函数及其导数的方程有一般求解方法吗?"
>
> 老师回答说:"你说的这种含有未知函数和其导数的方程叫做微分方程.对于简单的微分方程是有一般求解方法的."

8.1 微分方程的基本概念与分离变量法

本节先介绍微分方程的基本概念,然后介绍微分方程的分离变量法.

8.1.1 微分方程的基本概念

微视频
微分方程的
基本概念

我们已经学过代数方程,它是含有未知元的等式.在工程技术及现实生活中,还经常碰到含有未知函数及其导数(或微分)的方程,这类方程就是微分方程.如果当微分方程中所含的未知函数是一元函数时,微分方程就称为常微分方程.由于本章只涉及常微分方程,所以以后把常微分方程简称为微分方程或方程.在微分方程中,所含未知函数的导数的最高阶数定义为该微分方程的阶数.形如 $a_0 y^{(n)} + a_1 y^{(n-1)} + \cdots + a_{n-1} y' + a_n y = f(x)$(其中系数 $a_0, a_1, \cdots, a_{n-1}, a_n$ 与未知函数 y 及其各阶导数无关)的微分方程中所含的未知函数及其各阶导数全是一次幂,把这样的微分方程称为线性微分方程.在线性微分方程中,若未知函数及其各阶导数的系数全是常数,则称这样的微分方程为常系数线性微分方程.如 $3y'' + 2y' + y = \sin x$ 为二阶常系数线性微分方程.

如果将函数 $y = y(x)$ 代入微分方程后能使方程成为恒等式,这个函数就称为该微分方程的解.

微分方程的解有两种形式:一种不含任意常数,一种含有任意常数.如果解中包含任意常数,且独立的任意常数的个数与方程的阶数相同,则称这样的解为微分方程的通解;不含有任意常数的解,称为微分方程的特解.在微分方程的通解中,依据特定条件确定出其任意常数,就能得到满足该条件的特解.

什么是独立的任意常数? 函数 $y = C_1 e^x + 3C_2 e^x$ 显然为方程 $y'' - 3y' + 2y = 0$ 的解. 这时的 C_1, C_2 就不是两个独立的任意常数,因为该函数能写成 $y = (C_1 + 3C_2) e^x = C e^x$,这种能合并成一个的任意常数,只能算一个独立的任意常数.为了准确地描述这一问题,我们引入下面的概念.

定义 8.1.1(线性相关,线性无关) 设函数 $y_1(x), y_2(x)$ 是定义在区间 (a,b) 内的函数,若存在两个不全为零的数 k_1, k_2,使得对于 (a,b) 内的任一 x 恒有
$$k_1 y_1 + k_2 y_2 = 0$$
成立,则称函数 y_1, y_2 在 (a,b) 内线性相关,否则称为线性无关.

微视频
函数组的线
性相关性

可见 y_1, y_2 线性相关的充分必要条件是 $\dfrac{y_1}{y_2}$ 在 (a,b) 区间内恒为常数.若 $\dfrac{y_1}{y_2}$ 不恒为常数,则 y_1, y_2 线性无关.例如:e^x 与 e^{2x} 线性无关,e^x 与 $2e^x$ 线性相关.

于是,当 y_1 与 y_2 线性无关时,函数 $y = C_1 y_1 + C_2 y_2$ 中含有两个独立的任意常数 C_1 和 C_2.

通常,我们用未知函数及其各阶导数在某个特定点的值作为确定通解中任意常数的条件,称为初始条件.因此,一阶微分方程的初始条件为
$$y(x_0) = y_0,$$
其中 x_0, y_0 是两个已知数.二阶微分方程的初始条件为
$$\begin{cases} y(x_0) = y_0, \\ y'(x_0) = y_0', \end{cases}$$

其中 x_0, y_0, y_0' 是三个已知数.求微分方程满足初始条件的解的问题,称为初值问题.

例 8.1.1　验证函数 $y = C_1 \mathrm{e}^x + C_2 \mathrm{e}^{2x}$（$C_1, C_2$ 为任意常数）为二阶微分方程 $y'' - 3y' + 2y = 0$ 的通解,并求该方程满足初始条件 $y(0) = 0, y'(0) = 1$ 的特解.

解
$$y = C_1 \mathrm{e}^x + C_2 \mathrm{e}^{2x},$$
$$y' = C_1 \mathrm{e}^x + 2C_2 \mathrm{e}^{2x},$$
$$y'' = C_1 \mathrm{e}^x + 4C_2 \mathrm{e}^{2x},$$

将 y, y', y'' 代入方程 $y'' - 3y' + 2y = 0$ 左端,得
$$C_1 \mathrm{e}^x + 4C_2 \mathrm{e}^{2x} - 3(C_1 \mathrm{e}^x + 2C_2 \mathrm{e}^{2x}) + 2(C_1 \mathrm{e}^x + C_2 \mathrm{e}^{2x})$$
$$= (C_1 - 3C_1 + 2C_1) \mathrm{e}^x + (4C_2 - 6C_2 + 2C_2) \mathrm{e}^{2x} = 0,$$

所以,函数 $y = C_1 \mathrm{e}^x + C_2 \mathrm{e}^{2x}$ 是所给微分方程的解.又因为,这个解中有两个独立的任意常数,与方程的阶数相同,所以它是方程的通解.

由初始条件 $y(0) = 0$,我们得 $C_1 + C_2 = 0$,由初始条件 $y'(0) = 1$,得 $C_1 + 2C_2 = 1$,所以 $C_2 = 1, C_1 = -1$.于是,满足所给初始条件的特解为 $y = -\mathrm{e}^x + \mathrm{e}^{2x}$.

8.1.2　分离变量法

定义 8.1.2（可分离变量的微分方程）　形如
$$\frac{\mathrm{d}y}{\mathrm{d}x} = f(x) g(y) \tag{8.1.1}$$
的方程,称为可分离变量的微分方程.

微视频
分离变量法

该方程的特点是:等式右边可以分解成两个函数之积,其中一个只是 x 的函数,另一个只是 y 的函数.因此,可将该方程化为等式一边只含变量 y,而另一边只含变量 x 的形式,即
$$\frac{\mathrm{d}y}{g(y)} = f(x) \mathrm{d}x,$$

其中 $g(y) \neq 0$,对上式两边积分得
$$\int \frac{\mathrm{d}y}{g(y)} = \int f(x) \mathrm{d}x$$

（式中左端为对 y 积分,右端为对 x 积分.这是因为 $\int \dfrac{\mathrm{d}y}{g(y)} = \int \dfrac{1}{g(y)} \dfrac{\mathrm{d}y}{\mathrm{d}x} \cdot \mathrm{d}x = \int f(x) \mathrm{d}x$），不定积分算出后就得到式(8.1.1)的解,此外,若 $g(y_0) = 0$,则 $y = y_0$ 也是式(8.1.1)的解,我们把这种求解过程叫做分离变量法,求解步骤是:第一步分离变量,第二步两边分别积分.

例 8.1.2　求 $y' + xy = 0$ 的通解.

解 方程变形为
$$\frac{\mathrm{d}y}{\mathrm{d}x} = -xy,$$

分离变量得
$$\frac{\mathrm{d}y}{y} = -x\mathrm{d}x \quad (y \neq 0),$$

两边积分得
$$\int \frac{\mathrm{d}y}{y} = -\int x\mathrm{d}x,$$

求积分得
$$\ln|y| = -\frac{1}{2}x^2 + C_1,$$

所以
$$|y| = \mathrm{e}^{-\frac{1}{2}x^2 + C_1} = \mathrm{e}^{C_1}\mathrm{e}^{-\frac{1}{2}x^2},$$

即
$$y = \pm\mathrm{e}^{C_1}\mathrm{e}^{-\frac{1}{2}x^2} = C_2\mathrm{e}^{-\frac{1}{2}x^2} \quad (C_2 = \pm\mathrm{e}^{C_1} \text{为非零任意常数}),$$

又因为 $y=0$ 也是所给微分方程的解,所以方程通解为 $y = C\mathrm{e}^{-\frac{1}{2}x^2}$($C$ 为任意常数).

请思考,在本题中,任意常数 C 可以为零吗?

例 8.1.3 设降落伞从跳伞塔下落,所受空气阻力与速度成正比,降落伞离开塔顶($t=0$)时的速度为零.求降落伞下落速度与时间 t 的函数关系(图 8.1.1).

图 8.1.1

解 设降落伞下落速度为 $v(t)$ 时伞所受空气阻力为 $-kv$(负号表示阻力与运动方向相反,$k>0$ 为常数).另外,伞在下降过程中还受重力 $P=mg$ 作用,故由牛顿第二定律得 $m\dfrac{\mathrm{d}v}{\mathrm{d}t} = mg - kv$ 且有初始条件 $v\big|_{t=0} = 0$.于是,所给问题归结为求解初值问题
$$\begin{cases} m\dfrac{\mathrm{d}v}{\mathrm{d}t} = mg - kv, \\ v\big|_{t=0} = 0, \end{cases}$$

对上述方程分离变量得
$$\frac{\mathrm{d}v}{mg - kv} = \frac{\mathrm{d}t}{m},$$

两边积分
$$\int \frac{\mathrm{d}v}{mg - kv} = \int \frac{\mathrm{d}t}{m},$$

可得
$$-\frac{1}{k}\ln|mg - kv| = \frac{t}{m} + C_1,$$

整理得
$$v = \frac{mg}{k} - C\mathrm{e}^{-\frac{k}{m}t} \quad \left(C = \pm\frac{1}{k}\mathrm{e}^{-kC_1}\right).$$

由初始条件得 $0 = \dfrac{mg}{k} - C\mathrm{e}^0$,即 $C = \dfrac{mg}{k}$,故所求特解为
$$v = \frac{mg}{k}\left(1 - \mathrm{e}^{-\frac{k}{m}t}\right).$$

由此可见,随着 t 的增大,速度 v 逐渐趋于常数 $\dfrac{mg}{k}$,但不会超过 $\dfrac{mg}{k}$,这说明跳伞后,开始阶段是加速运动,以后逐渐趋于匀速运动.

例 8.1.4　放射性元素铀由于不断地有原子放射出微粒子而变成其他元素,铀的含量就不断减少,这种现象叫做衰变.由原子物理学知道,铀的衰变速度与当时未衰变的铀原子的含量成正比.假设在时间 $t=0$ 时铀的含量为 M_0,求在衰变过程中铀含量随时间 t 变化的规律.

解　设时刻 t 的铀含量为 $M(t)$,由于铀的衰变速度与其含量成正比,所以其衰变速度就是 $M(t)$ 对时间 t 的导数.故得微分方程

$$\frac{\mathrm{d}M}{\mathrm{d}t}=-\lambda M, \qquad ①$$

其中 $\lambda(\lambda>0)$ 是常数,叫做衰变系数,λ 前的负号是因为当 t 增加时 $M(t)$ 单调减少.由题意得初值条件为

$$M\big|_{t=0}=M_0, \qquad ②$$

对方程①分离变量后得

$$\frac{\mathrm{d}M}{M}=-\lambda\,\mathrm{d}t.$$

两端积分

$$\int\frac{\mathrm{d}M}{M}=\int(-\lambda)\,\mathrm{d}t(\text{由于 } M(t)>0,\text{用 } \ln C \text{ 表示任意常数}),$$

得

$$\ln M=-\lambda t+\ln\,C \quad (C>0),$$

所以

$$M=\mathrm{e}^{-\lambda t+\ln C}=C\mathrm{e}^{-\lambda t}.$$

即

$$M=C\mathrm{e}^{-\lambda t} \qquad ③$$

为方程①的通解.将初值条件②代入式③,得 $M_0=C\mathrm{e}^0=C$,所以

$$M=M_0\mathrm{e}^{-\lambda t},$$

即为所求铀的衰变规律.由此可见,铀的含量随时间的增加而按指数规律衰减.

思考题 8.1

1. 微分方程通解中的任意常数 C 最终可表示为 e^{C_1},$\sin C_2$(C_1,C_2 为任意实数),$\ln C_3$(C_3 为大于零的实数)等形式吗?

2. 微分方程的特解的图形是一条曲线(积分曲线),通解的图形是一族积分曲线.问通解中的积分曲线是否相互平行(注:两曲线平行是指两曲线在横坐标相等的点处切线斜率相同).

练习 8.1A

1. 求微分方程

$$y'=2xy$$

的通解.

2. 求初值问题

$$\begin{cases}2x\mathrm{d}x+2y\mathrm{d}y=0,\\ y(0)=1\end{cases}$$

的解.

3. 一曲线过点 $(1,1)$,且其上任一点的斜率等于该点横坐标的 3 倍,求该曲线方程.

练习 8.1B

1. 验证 $y_C = C_1 x e^{-x} + C_2 e^{-x}$ 为微分方程 $y'' + 2y' + y = 0$ 的解,并说明 y_C 是该方程的通解.

2. 用分离变量法求解下列微分方程:

(1) $\dfrac{\mathrm{d}y}{\mathrm{d}x} = x^2 y^2$;　　　　　(2) $\dfrac{\mathrm{d}y}{\mathrm{d}x} = \dfrac{y}{\sqrt{1-x^2}}$;

(3) $\dfrac{\mathrm{d}y}{\mathrm{d}x} = (1+x+x^2) y$,且 $y(0) = e$.

8.2　一阶线性微分方程与可降阶的高阶微分方程

微视频
一阶线性
微分方程

本节研究一阶线性微分方程的解法及可降阶的高阶微分方程的解法.

8.2.1　一阶线性微分方程

定义 8.2.1(一阶线性微分方程)　形如

$$\frac{\mathrm{d}y}{\mathrm{d}x} + P(x)y = Q(x) \tag{8.2.1}$$

的方程,称为一阶线性微分方程,其中 $P(x)$, $Q(x)$ 为已知函数.

当 $Q(x) \equiv 0$ 时,式(8.2.1)变为

$$\frac{\mathrm{d}y}{\mathrm{d}x} + P(x)y = 0, \tag{8.2.2}$$

称其为一阶齐次线性微分方程;当 $Q(x) \neq 0$ 时,称式(8.2.1)为一阶非齐次线性微分方程.

我们先求齐次线性方程(8.2.2)的通解. $y \neq 0$ 时,将式(8.2.2)分离变量得 $\dfrac{\mathrm{d}y}{y} = -P(x)\mathrm{d}x$,两边积分得

$$\ln |y| = -\int P(x)\mathrm{d}x + C_1,$$

$$y = C_2 e^{-\int P(x)\mathrm{d}x} \quad (C_2 = \pm e^{C_1}),$$

注意: $y = 0$ 也是方程(8.2.2)的解,所以

$$y = C e^{\int P(x)\mathrm{d}x}. \tag{8.2.3}$$

这就是方程(8.2.2)的通解.显然,当 C 为常数时,它不是方程(8.2.1)的解,由于非齐次线性方程(8.2.1)右端是 x 的函数 $Q(x)$,因此,可设想将式(8.2.3)中常数 C 换成待定函数 $u(x)$ 后,式(8.2.3)有可能是方程(8.2.1)的解.

令 $y = u(x) e^{-\int P(x)\mathrm{d}x}$ 为非齐次线性方程(8.2.1)的解,并将其代入方程(8.2.1)后得

$$u'(x) e^{-\int P(x)\mathrm{d}x} = Q(x),$$

即 $u'(x) = Q(x) e^{\int P(x)\mathrm{d}x}$,两边积分得

$$u(x) = \int Q(x) e^{\int P(x)\mathrm{d}x} \mathrm{d}x + C.$$

将 $u(x)$ 代入 $y = u(x)\mathrm{e}^{-\int P(x)\mathrm{d}x}$ 得方程(8.2.1)的通解为

$$y = \left[\int Q(x)\mathrm{e}^{\int P(x)\mathrm{d}x}\mathrm{d}x + C\right]\mathrm{e}^{-\int P(x)\mathrm{d}x},\tag{8.2.4}$$

式(8.2.4)称为一阶线性非齐次方程(8.2.1)的通解公式.

上述求解方法称为常数变易法.用常数变易法求一阶非齐次线性方程的通解的步骤为

(1) 先求出非齐次线性方程所对应的齐次方程的通解.

(2) 根据所求出的齐次方程的通解设出非齐次线性方程的解(将所求出的齐次方程的通解中的任意常数 C 改为待定函数 $u(x)$ 即可).

(3) 将所设解代入非齐次线性方程,解出 $u(x)$,并写出非齐次线性方程的通解.

例 8.2.1   求方程 $y' = \dfrac{y+x\ln x}{x}$ 的通解.

解   原方程变形为

$$y' - \frac{1}{x}y = \ln x,\tag{①}$$

此方程为一阶线性非齐次方程.

首先对式①所对应的齐次方程

$$y' - \frac{1}{x}y = 0\tag{②}$$

求解,方程②分离变量得

$$\frac{\mathrm{d}y}{y} = \frac{\mathrm{d}x}{x},$$

两边积分得

$$\ln y = \ln x + \ln C_1$$

即

$$\ln y = \ln C_1 x,$$

所以,齐次方程②的通解为

$$y = C_1 x.\tag{③}$$

将通解中的任意常数 C_1 换成待定函数 $u(x)$,即令 $y = u(x)x$ 为方程①的通解,将其代入方程①得 $xu'(x) = \ln x$.于是

$$u'(x) = \frac{1}{x}\ln x,$$

所以

$$u(x) = \int \frac{\ln x}{x}\mathrm{d}x = \int \ln x\,\mathrm{d}(\ln x) = \frac{1}{2}(\ln x)^2 + C.$$

将所求的 $u(x)$ 代入式③,得原方程的通解为

$$y = \frac{x}{2}(\ln x)^2 + Cx \quad (C\text{ 为任意常数}).$$

例 8.2.2   在串联电路中,设有电阻 R,电感 L 和交流电动势 $E = E_0\sin \omega t$ (图 8.2.1),在时刻 $t = 0$ 时接通电路,求电流 i 与时间 t 的关系(E_0,ω 为常数).

解   设任一时刻 t 的电流为 i.我们知道,电流在电阻 R 上

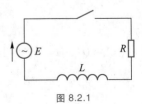

图 8.2.1

产生一个电压降 $u_R = Ri$，在电感 L 上产生的电压降是 $u_L = L\dfrac{\mathrm{d}i}{\mathrm{d}t}$，由回路电压定律知道，闭合

电路中电动势等于电压降之和，即

$$u_R + u_L = E,$$

也即

$$Ri + L\frac{\mathrm{d}i}{\mathrm{d}t} = E_0 \sin \omega t,$$

整理为

$$\frac{\mathrm{d}i}{\mathrm{d}t} + \frac{R}{L}i = \frac{E_0}{L}\sin \omega t. \qquad ①$$

式①为一阶非齐次线性方程，此时

$$P(t) = \frac{R}{L}, \quad Q(t) = \frac{E_0}{L}\sin \omega t,$$

直接利用一阶非齐次线性方程之通解公式得

$$\begin{aligned}
i(t) &= \mathrm{e}^{-\int \frac{R}{L}\mathrm{d}t}\left(\int \frac{E_0}{L}\mathrm{e}^{\int \frac{R}{L}\mathrm{d}t}\sin \omega t\,\mathrm{d}t + C \right) \\
&= \mathrm{e}^{-\frac{R}{L}t}\left(\int \frac{E_0}{L}\mathrm{e}^{\frac{R}{L}t}\sin \omega t\,\mathrm{d}t + C \right) \\
&= C\mathrm{e}^{-\frac{R}{L}t} + \frac{E_0}{R^2 + \omega^2 L^2}(R\sin \omega t - \omega L\cos \omega t),
\end{aligned}$$

这就是方程①的通解. 由初始条件 $i\big|_{t=0} = 0$ 得 $C = \dfrac{\omega L E_0}{R^2 + \omega^2 L^2}$. 于是

$$i(t) = \frac{E_0}{R^2 + \omega^2 L^2}\left(\omega L\mathrm{e}^{-\frac{R}{L}t} + R\sin \omega t - \omega L\cos \omega t \right),$$

即为所求电流 i 与时间 t 的关系.

8.2.2　可降阶的高阶微分方程

1. $y^{(n)} = f(x)$ 型的微分方程

对这类方程只需通过 n 次积分就可得到方程的通解.

例 8.2.3　求方程 $y^{(3)} = \cos x$ 的通解.

解　因为 $y^{(3)} = \cos x$，所以

$$y'' = \int \cos x\,\mathrm{d}x = \sin x + C_1,$$

$$y' = \int (\sin x + C_1)\,\mathrm{d}x = -\cos x + C_1 x + C_2,$$

$$y = \int (-\cos x + C_1 x + C_2)\,\mathrm{d}x = -\sin x + \frac{1}{2}C_1 x^2 + C_2 x + C_3,$$

上式为所给方程的通解.

2. $y''=f(x,y')$ 型的微分方程

此类方程的特点是:方程右端不显含未知函数 y,令 $y'=p(x)$,则 $y''=p'(x)$,代入方程得 $p'(x)=f(x,p(x))$.这是一个关于自变量 x 和未知函数 $p(x)$ 的一阶微分方程,若可以求出其通解 $p=\varphi(x,C_1)$,则对 $y'=\varphi(x,C_1)$ 再积分一次就能得原方程的通解.

例 8.2.4 求方程 $2xy'y''=1+(y')^2(x>0)$ 的通解.

解 因为方程 $2xy'y''=1+(y')^2$ 不显含未知函数 y,所以令 $y'=p(x)$,则 $y''(x)=p'(x)$,将其代入所给方程,得

$$2xpp'=1+p^2,$$

分离变量得

$$\frac{2p\,\mathrm{d}p}{1+p^2}=\frac{\mathrm{d}x}{x},$$

两边积分

$$\int \frac{2p\,\mathrm{d}p}{1+p^2}=\int \frac{\mathrm{d}x}{x},$$

得

$$\ln(1+p^2)=\ln x+\ln C_1 \quad (C_1>0),$$

即

$$1+p^2=C_1 x,$$

也即

$$p=\pm\sqrt{C_1 x-1} \quad (C_1 x-1\geqslant 0),$$

所以

$$y'=\pm\sqrt{C_1 x-1},$$

$$y=\pm\int (C_1 x-1)^{\frac{1}{2}}\mathrm{d}x=\pm\frac{2}{3C_1}(C_1 x-1)^{\frac{3}{2}}+C_2$$

为所求的通解.

例 8.2.5 如图 8.2.2 所示,位于坐标原点的我舰向位于 x 轴上 $A(1,0)$ 点处的敌舰发射制导鱼雷,鱼雷始终对准敌舰.设敌舰以常速率 v_0 沿平行于 y 轴的直线行驶,又设鱼雷的速率为 $2v_0$,求鱼雷的航行曲线方程.

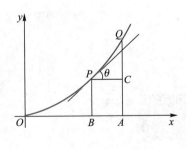

图 8.2.2

解 设鱼雷的航行曲线方程为 $y=y(x)$,在时刻 t,鱼雷的坐标为 $P(x,y)$,敌舰的坐标为 $Q(1,v_0 t)$(图 8.2.2).

因鱼雷始终对准敌舰,所以 $y'=\dfrac{v_0 t-y}{1-x}$.又 $\overparen{OP}$ 的长度为

$$\int_0^x \sqrt{1+y'^2}\,\mathrm{d}x=2v_0 t.$$

从上面两式消去 $v_0 t$,得

$$(1-x)y''-y'+y'=\frac{1}{2}\sqrt{1+y'^2},$$

即

$$(1-x)y''=\frac{1}{2}\sqrt{1+y'^2},$$

这是不显含 y 的可降阶微分方程.

根据题意,初始条件为 $y(0)=0,y'(0)=0$.令 $y'=p$,方程可化为

$$(1-x)p'=\frac{1}{2}\sqrt{1+p^2}.$$

分离变量后可解得

$$p+\sqrt{1+p^2}=C_1(1-x)^{-\frac{1}{2}},$$

即

$$y'+\sqrt{1+y'^2}=C_1(1-x)^{-\frac{1}{2}}.$$

以 $y'(0)=0$ 代入,得 $C_1=1$,所以

$$y'+\sqrt{1+y'^2}=(1-x)^{-\frac{1}{2}},$$

而

$$\frac{1}{y'+\sqrt{1+y'^2}}=\sqrt{1+y'^2}-y'=(1-x)^{\frac{1}{2}},$$

所以

$$y'=\frac{1}{2}(1-x)^{-\frac{1}{2}}-\frac{1}{2}(1-x)^{\frac{1}{2}},$$

积分得 $y=-(1-x)^{\frac{1}{2}}+\frac{1}{3}(1-x)^{\frac{3}{2}}+C_2$.以 $y(0)=0$ 代入,得 $C_2=\frac{2}{3}$,所以鱼雷的航行曲线方程为

$$y=-(1-x)^{\frac{1}{2}}+\frac{1}{3}(1-x)^{\frac{3}{2}}+\frac{2}{3}.$$

思考题 8.2

1. 是否可以通过给一阶线性微分方程的通解中的任意常数指定一个适当的值而得到该方程的某个特解?

2. 本节介绍的可降阶的高阶微分方程有哪几种类型? 各自的求解方法怎样?

练习 8.2A

1. 求微分方程

$$y'+y-1=0$$

的通解.

2. 求微分方程

$$\frac{\mathrm{d}y}{\mathrm{d}x}-y+1=0$$

满足初始条件 $y(0)=2$ 的特解.

练习 8.2B

1. 求解下列一阶线性微分方程:

(1) $y'+ay=b\sin x$ (其中 a,b 为常数);

(2) $\dfrac{\mathrm{d}y}{\mathrm{d}x}=\dfrac{1}{x+y^2}$(提示:将 x 看作 y 的函数,将方程变为 $\dfrac{\mathrm{d}x}{\mathrm{d}y}=x+y^2$).

2. 求 $y''=x(y')^2$ 的通解.

8.3　二阶常系数线性微分方程

微视频
二阶常系数线性
微分方程

　　本节先讨论二阶常系数线性微分方程解的性质,然后再讨论二阶常系数齐次线性微分方程的求解方法.最后研究一类特殊的二阶常系数非齐次线性微分方程的求解方法.

8.3.1　二阶常系数线性微分方程解的性质

定义 8.3.1(二阶常系数齐次线性微分方程)　形如
$$y''+py'+qy=0 \tag{8.3.1}$$
的方程(其中 p,q 为常数),称为二阶常系数齐次线性微分方程.

　　对于该类方程,我们有下述定理.

定理 8.3.1(齐次线性方程解的叠加原理)　若 y_1,y_2 是齐次线性方程(8.3.1)的两个解,则 $y=C_1y_1+C_2y_2$ 也是方程(8.3.1)的解,且当 y_1 与 y_2 线性无关时,$y=C_1y_1+C_2y_2$ 就是方程(8.3.1)的通解.

　　证　将 $y=C_1y_1+C_2y_2$ 直接代入方程(8.3.1)的左端,得
$$(C_1y_1''+C_2y_2'')+p(C_1y_1'+C_2y_2')+q(C_1y_1+C_2y_2)$$
$$=C_1(y_1''+py_1'+qy_1)+C_2(y_2''+py_2'+qy_2)$$
$$=C_1 0+C_2 0=0,$$
所以,$y=C_1y_1+C_2y_2$ 是方程(8.3.1)的解.

　　由于 y_1 与 y_2 线性无关,所以,任意常数 C_1 和 C_2 是两个独立的任意常数,即解 $y=C_1y_1+C_2y_2$ 中所含独立的任意常数的个数与方程(8.3.1)的阶数相同,所以,它又是方程(8.3.1)的通解,证毕.

定义 8.3.2(二阶常系数非齐次线性微分方程)　形如
$$y''+py'+qy=f(x) \tag{8.3.2}$$
的方程(其中 p,q 为常数),称为二阶常系数非齐次线性微分方程.称
$$y''+py'+qy=0 \tag{8.3.3}$$
为方程(8.3.2)所对应的齐次方程.

　　关于非齐次线性方程(8.3.2),我们有如下定理.

定理 8.3.2(非齐次线性方程解的结构)　若 y_p 为非齐次线性方程(8.3.2)的某个特解,y_c 为齐次线性方程(8.3.3)的通解,则 $y=y_p+y_c$ 为非齐次线性方程(8.3.2)的通解.

　　证　因为将 $y=y_p+y_c$ 代入方程(8.3.2)的左端有

$$(y_p + y_c)'' + p(y_p + y_c)' + q(y_p + y_c)$$
$$= (y_p'' + py_p' + qy_p) + (y_c'' + py_c' + qy_c)$$
$$= f(x) + 0 = f(x),$$

这就是说, $y_p + y_c$ 确为方程(8.3.2)的解.

又因为 y_c 中含有两个独立的任意常数, 所以 $y = y_p + y_c$ 中也含有两个独立的任意常数, 故 $y = y_p + y_c$ 为方程(8.3.2)的通解.

8.3.2 二阶常系数齐次线性微分方程的求解方法

微视频
二阶齐次线性微分方程的解法

齐次线性方程解的叠加原理告诉我们, 欲求齐次线性方程(8.3.1)的通解, 只需求出它的两个线性无关的特解即可. 为此, 我们先分析齐次线性方程具有什么特点. 齐次线性方程(8.3.1)左端是未知函数与未知函数的一阶导数、二阶导数的某种组合, 且它们分别乘"适当"的常数后, 可合并成零. 这就是说, 适合于方程(8.3.1)的函数 y 必须与其一阶导数、二阶导数只差一个常数因子, 而具有此特征的最简单的函数是 e^{rx} (其中 r 为常数). 为此, 我们令 $y = e^{rx}$ 为方程(8.3.1)的解, 并代入方程(8.3.1)得 $r^2 e^{rx} + pre^{rx} + qe^{rx} = 0$. 因为 $e^{rx} \neq 0$, 所以有

$$r^2 + pr + q = 0, \tag{8.3.4}$$

由此可见, 只要 r 满足方程(8.3.4), 函数 $y = e^{rx}$ 就是方程(8.3.1)的解. 我们称方程(8.3.4)为微分方程(8.3.1)的特征方程, 称方程(8.3.4)的根为特征根. 下面我们就特征方程(8.3.4)根的不同情况讨论齐次线性方程(8.3.1)的解.

(1) 当特征方程(8.3.4)有两个不同的实根 r_1 和 r_2 时, 方程(8.3.1)有两个线性无关的解 $y_1 = e^{r_1 x}$, $y_2 = e^{r_2 x}$. 此时, 方程(8.3.1)有通解

$$y = C_1 e^{r_1 x} + C_2 e^{r_2 x}.$$

(2) 当特征方程(8.3.4)有两个相同的实根, 即 $r_1 = r_2 = r$ 时, 方程(8.3.1)有一个解 $y_1 = e^{rx}$, 这时直接验证可知 $y_2 = xe^{rx}$ 是方程(8.3.1)的另一个解, 且 y_1 与 y_2 线性无关. 所以此时有通解

$$y = C_1 e^{rx} + C_2 xe^{rx} = (C_1 + C_2 x) e^{rx}.$$

(3) 当特征方程(8.3.4)有一对共轭复根, 即 $r = \alpha \pm i\beta$ (其中 α, β 均为实常数且 $\beta \neq 0$) 时, 方程(8.3.1)有两个线性无关的解 $y_1 = e^{(\alpha + i\beta)x}$ 和 $y_2 = e^{(\alpha - i\beta)x}$. 故方程(8.3.1)的通解为

$$y = Ae^{(\alpha + i\beta)x} + Be^{(\alpha - i\beta)x} = e^{\alpha x}(Ae^{i\beta x} + Be^{-i\beta x}),$$

文档
欧拉

为了得出实值函数形式的解, 先利用欧拉公式 $e^{i\theta} = \cos\theta + i\sin\theta$, 将方程(8.3.1)的两个复数形式的解 y_1 和 y_2 改写为

$$y_1 = e^{(\alpha + i\beta)x} = e^{\alpha x}e^{i\beta x} = e^{\alpha x}(\cos\beta x + \sin\beta x),$$

$$y_2 = e^{(\alpha - i\beta)x} = e^{\alpha x}e^{-i\beta x} = e^{\alpha x}(\cos\beta x - \sin\beta x).$$

利用齐次微分方程的叠加原理, 得方程(8.3.1)的两个实数形式的解

$$\hat{y}_1 = \frac{1}{2}(y_1 + y_2) = e^{\alpha x}\cos\beta x,$$

$$\hat{y}_2 = \frac{1}{2i}(y_1 - y_2) = e^{\alpha x}\sin\beta x.$$

又因为 $\dfrac{\hat{y}_1}{\hat{y}_2} = \dfrac{e^{\alpha x}\cos\beta x}{e^{\alpha x}\sin\beta x} = \cot\beta x \neq$ 常数, 即两个实值函数 $\hat{y}_1$ 和 $\hat{y}_2$ 线性无关, 所以微分方程 (8.3.1) 的实数形式的通解为

$$y = e^{\alpha x}(C_1\cos\beta x + C_2\sin\beta x).$$

其中 C_1, C_2 为任意常数. 通常情况下, 如无特别声明, 要求写出实数形式的解.

根据如上讨论, 求二阶常系数齐次线性微分方程的通解的步骤为:

第一步, 写出微分方程的特征方程 $r^2 + pr + q = 0$.

第二步, 求出特征根.

第三步, 根据特征根的情况按下表写出所给微分方程的通解.

特征方程的根	通解形式
两个不等实根 $r_1 \neq r_2$	$y = C_1 e^{r_1 x} + C_2 e^{r_2 x}$
两个相等实根 $r_1 = r_2 = r$	$y = (C_1 + C_2 x)e^{rx}$
一对共轭复根 $r = \alpha \pm i\beta$	$y = e^{\alpha x}(C_1\cos\beta x + C_2\sin\beta x)$

例 8.3.1 求方程 $y'' + 5y' + 6y = 0$ 的通解.

解 方程 $y'' + 5y' + 6y = 0$ 的特征方程为

$$r^2 + 5r + 6 = 0,$$

其特征根为 $\qquad\qquad r_1 = -2, r_2 = -3,$

所以 $y = C_1 e^{-2x} + C_2 e^{-3x}$ (C_1, C_2 为任意常数) 为所给微分方程的通解.

例 8.3.2 求方程 $y'' + 2y' + y = 0$ 的通解.

解 方程 $y'' + 2y' + y = 0$ 的特征方程为

$$r^2 + 2r + 1 = 0,$$

其特征根为 $r = r_1 = r_2 = -1$ (二重特征根), 故所求通解为

$$y = (C_1 + C_2 x)e^{-x}.$$

例 8.3.3 求方程 $y'' + 2y' + 3y = 0$ 满足初始条件 $y(0) = 1$, $y'(0) = 1$ 的特解.

解 $y'' + 2y' + 3y = 0$ 的特征方程为 $r^2 + 2r + 3 = 0$, 特征根为 $r_1 = -1 + i\sqrt{2}$, $r_2 = -1 - i\sqrt{2}$. 所以, 所给微分方程的通解为

$$y = e^{-x}(C_1\cos\sqrt{2}x + C_2\sin\sqrt{2}x),$$

由初始条件 $y(0) = 1$, 得 $C_1 = 1$.

又因为 $y' = (e^{-x}\cos\sqrt{2}x)' + C_2(e^{-x}\sin\sqrt{2}x)'$

$\qquad = -e^{-x}(\cos\sqrt{2}x + \sqrt{2}\sin\sqrt{2}x) +$

$\qquad\quad C_2 e^{-x}(-\sin\sqrt{2}x + \sqrt{2}\cos\sqrt{2}x),$

由 $y'(0) = 1$, 得 $1 = -1 + \sqrt{2}C_2$, 从而得 $C_2 = \sqrt{2}$. 于是

$$y = e^{-x}(\cos\sqrt{2}x + \sqrt{2}\sin\sqrt{2}x)$$

为所求.

8.3.3　二阶常系数非齐次线性微分方程的求解方法

微视频
二阶非齐次线性
微分方程的特解

由非齐次线性方程解的结构定理可知,求非齐次方程(8.3.2)的通解,可先求出其对应的齐次方程(8.3.3)的通解,再设法求出非齐次线性方程(8.3.2)的某个特解,二者之和就是方程(8.3.2)之通解.虽然前面求齐次线性方程(8.3.3)的通解已经解决,可非齐次线性方程(8.3.2)的特解应该怎样求呢?

在例 8.3.4 中非齐次方程的一个特解就可以一眼看出.

例 8.3.4 求微分方程 $y'+y=2$ 的通解.

解 方程

$$y'+y=2 \tag{①}$$

所对应的齐次方程为

$$y'+y=0, \tag{②}$$

其特征方程为

$$r+1=0,$$

特征根为

$$r=-1,$$

故齐次方程②的通解为

$$y_c=Ce^{-x}.$$

又因为非齐次方程 $y'+y=2$ 一个特解 $y_p=2$,因此,

$$y=y_c+y_p=Ce^{-x}+2$$

为所给方程之通解.

大多数情况下,非齐次微分方程的特解并不容易得到.下面仅就 $f(x)$ 为多项式、三角函数($\sin \beta x$ 或 $\cos \beta x$)、指数函数 $e^{\lambda x}$ 及其乘积几种情况进行讨论如下:

1. $f(x)=P_m(x)e^{\lambda x}$

其中 λ 为常数,$P_m(x)$ 为 x 的 m 次多项式,即

$$P_m(x)=a_mx^m+a_{m-1}x^{m-1}+\cdots+a_0,$$

此时方程(8.3.2)为

$$y''+py'+qy=P_m(x)e^{\lambda x}. \tag{8.3.5}$$

由于方程(8.3.5)右端的自由项 $P_m(x)e^{\lambda x}$ 是多项式与指数函数乘积的形式,考虑到 p,q 是常数,而多项式与指数函数的乘积求导以后仍是同一类型的函数,因此,我们设想方程(8.3.5)有形如 $y_p=Q(x)e^{\lambda x}$ 的解,其中 $Q(x)$ 是一个待定多项式.为使

$$y_p=Q(x)e^{\lambda x}$$

满足方程(8.3.5),我们将 $y_p=Q(x)e^{\lambda x}$ 代入方程(8.3.5),整理后得到

$$Q''(x)+(2\lambda+p)Q'(x)+(\lambda^2+p\lambda+q)Q(x)=P_m(x), \tag{8.3.6}$$

上式右端是一个 m 次多项式,所以,左端也应该是 m 次多项式,由于多项式每求一次导数,就要降低一次次数,故有三种情形:

(1) 当 $\lambda^2+p\lambda+q\neq0$ 时,即 λ 不是特征方程 $r^2+pr+q=0$ 的根时,因为式(8.3.6)左边 $Q(x)$ 与 m 次多项式

$P_m(x)$ 的次数相同,所以,$Q(x)$ 为一个 m 次待定多项式,可设

$$Q(x) = b_0 x^m + b_1 x^{m-1} + \cdots + b_{m-1} x + b_m = Q_m(x), \tag{8.3.7}$$

其中 $b_0, b_1, \cdots, b_m$ 为 $m+1$ 个待定系数,将式(8.3.7)代入式(8.3.6),比较等式两边同次幂的系数,就可得到以 $b_0, b_1, \cdots, b_m$ 为未知数的 $m+1$ 个线性方程的联立方程组,从而求出 $b_0, b_1, \cdots, b_m$,即确定 $Q(x)$,于是可得方程(8.3.5)的一个特解为 $y_p = Q(x) e^{\lambda x}$.

(2) 当 $\lambda^2 + p\lambda + q = 0$,但 $2\lambda + p \neq 0$ 时,即 λ 为特征方程 $r^2 + pr + q = 0$ 的单根时,式(8.3.6)成为 $Q'' + (2\lambda + p) Q' = P_m(x)$.由此可见,$Q'$ 与 $P_m(x)$ 同次幂,故应设 $Q(x) = x Q_m(x)$,其中 $Q_m(x)$ 为 m 次待定多项式.同样将它代入式(8.3.6)即可求得 $Q_m(x)$ 的 $m+1$ 个系数,从而得到方程(8.3.5)的一个特解

$$y_p = x Q_m(x) e^{\lambda x}.$$

(3) 当 $\lambda^2 + p\lambda + q = 0$ 且 $2\lambda + p = 0$ 时,即 λ 是特征方程

$$r^2 + pr + q = 0$$

的重根时,式(8.3.6)变为 $Q''(x) = P_m(x)$,此时应设

$$Q(x) = x^2 Q_m(x),$$

将它代入式(8.3.6),便可确定 $Q_m(x)$ 的系数,即可得方程(8.3.5)的一个特解为

$$y_p = x^2 Q_m(x) e^{\lambda x}.$$

综上所述,我们有如下结论:

二阶常系数非齐次线性微分方程

$$y'' + py' + qy = P_m(x) e^{\lambda x}$$

具有形如

$$y_p = x^k Q_m(x) e^{\lambda x} \tag{8.3.8}$$

的特解,其中 $Q_m(x)$ 为 m 次多项式,它的 $m+1$ 个系数可将式(8.3.8)中的 $Q(x) = x^k Q_m(x)$ 代入式(8.3.6)而得,或直接将式(8.3.8)代入式(8.3.5)而得,只不过运算更复杂些.式(8.3.8)中的 k 确定如下:

$$k = \begin{cases} 0, & \lambda \text{ 不是特征根,} \\ 1, & \lambda \text{ 是单根,} \\ 2, & \lambda \text{ 是重根.} \end{cases}$$

我们顺便指出,若记 $\varphi(r) = r^2 + pr + q$,则式(8.3.6)就可写成

$$Q''(x) + \varphi'(\lambda) Q'(x) + \varphi(\lambda) Q(x) = P_m(x), \tag{8.3.6'}$$

这样有助于记忆.

2. $f(x) = P_m(x) e^{\alpha x} \cos \beta x$ 或 $f(x) = P_m(x) e^{\alpha x} \sin \beta x$

其中 α, β 为实数,$P_m(x)$ 为 m 次多项式.

此时方程(8.3.5)变为

$$y'' + py' + qy = P_m(x) e^{\alpha x} \cos \beta x \tag{8.3.9}$$

或

$$y'' + py' + qy = P_m(x) e^{\alpha x} \sin \beta x, \tag{8.3.9'}$$

此时,我们可先令 $\lambda = \alpha + i\beta$,仍用 1 中所述方法确定方程

$$y'' + py' + qy = P_m(x) e^{\lambda x}$$

的解,则式(8.3.5)的解可写成 $y = y_1 + iy_2$ 的形式,并且可以证明:y 的实部 y_1 即为方程(8.3.9)的解,y 的虚部 y_2 即为方程(8.3.9')的解.

例 8.3.5 求方程 $y''-2y'-3y=3xe^{2x}$ 的一个特解.

解 由于方程 $y''-2y'-3y=3xe^{2x}$ 的非齐次项（也叫自由项）$f(x)=3xe^{2x}$ 中的 $\lambda=2$ 不是特征方程 $\varphi(r)=r^2-2r-3=0$ 的根,故可令

$$y_p=(Ax+B)e^{2x}.$$

将 $Q(x)=Ax+B$ 代入式 $(8.3.6')$（而不是将 y_p 直接代入原方程）得

$$Q''(x)+\varphi'(2)Q'(x)+\varphi(2)Q(x)=3x,$$
$$(4-2)A+(4-4-3)(Ax+B)=3x,$$

即有

$$-3Ax+2A-3B=3x,$$

比较系数得

$$\begin{cases} -3A=3, \\ 2A-3B=0, \end{cases}$$

解之得

$$A=-1, \quad B=-\frac{2}{3}.$$

因此,$y_p=\left(-x-\dfrac{2}{3}\right)e^{2x}$ 为所求特解.

例 8.3.6 求方程 $y''+y'=x$ 的一个特解.

解 因为方程 $y''+y'=x$ 的自由项 $f(x)=xe^{0x}$ 中的 $\lambda=0$ 恰是特征方程 $r^2+r=0$ 的一个单根,故可设

$$y_p=(Ax+B)xe^{0x}=Ax^2+Bx$$

为所给方程的一个特解.直接将 y_p 代入所给方程,得

$$2A+(2Ax+B)=x,$$

即

$$2Ax+2A+B=x,$$

比较系数得

$$\begin{cases} 2A=1, \\ 2A+B=0, \end{cases}$$

解之得

$$A=\frac{1}{2}, \quad B=-1.$$

因此,$y_p=\dfrac{1}{2}x^2-x$ 为所求特解.

例 8.3.7 求方程 $y''-6y'+9y=e^{3x}$ 的通解.

解 方程

$$y''-6y'+9y=e^{3x} \qquad\qquad ①$$

所对应的齐次方程为

$$y''-6y'+9y=0, \qquad\qquad ②$$

其特征方程为

$$r^2-6r+9=0,$$

特征根为

$$r=r_1=r_2=3 \text{（重根）},$$

故齐次方程②的通解为

$$y_c=(C_1+C_2x)e^{3x}.$$

又因为非齐次方程①的自由项 $f(x)=e^{3x}$ 中的 $\lambda=3$ 恰是二重特征根,故可令 $y_p=Ax^2e^{3x}$ 为方程①的一个特解.将 $Q(x)=Ax^2$ 代入式(8.3.6'),得

$$2A=1,$$

即

$$A=\frac{1}{2},$$

于是

$$y_p=\frac{1}{2}x^2e^{3x}$$

为方程①的一个特解.因此,

$$y=y_c+y_p=(C_1+C_2x)e^{3x}+\frac{1}{2}x^2e^{3x}$$

为所给方程之通解.

例 8.3.8　求方程 $y''+3y'+2y=e^{-x}\cos x$ 的一个特解.

解　由于方程

$$y''+3y'+2y=e^{-x}\cos x \qquad ①$$

的自由项 $f(x)=e^{-x}\cos x$ 为 $e^{(-1+i)x}$ 的实部,所以先求辅助方程

$$y''+3y'+2y=e^{(-1+i)x} \qquad ②$$

的解.

因为 $\lambda=-1+i$ 不是特征方程 $r^2+3r+2=0$ 的根,所以可设

$$y=Ae^{(-1+i)x}$$

为式②的一个解.将 $Q(x)=A$ 代入式(8.3.6')得

$$[(-1+i)^2+3(-1+i)+2]A=1,$$

即

$$(i-1)A=1,$$

也即

$$A=\frac{1}{i-1}=\frac{1+i}{-2}=-\frac{1}{2}-\frac{i}{2},$$

所以方程②的特解

$$y^*=\left(-\frac{1}{2}-\frac{1}{2}i\right)e^{(-1+i)x}$$

$$=\left(-\frac{1}{2}-\frac{1}{2}i\right)e^{-x}(\cos x+i\sin x)$$

$$=e^{-x}\left(-\frac{1}{2}\cos x+\frac{1}{2}\sin x\right)+ie^{-x}\left(-\frac{1}{2}\cos x-\frac{1}{2}\sin x\right).$$

因此,它的实部 $y_1^*=e^{-x}\left(-\frac{1}{2}\cos x+\frac{1}{2}\sin x\right)$ 就是所给方程的一个特解.

思考题 8.3

1. 齐次线性常微分方程有何共性?

2. 写出以 $r^5+6r^3-2r^2+r+5=0$ 为特征方程的常微分方程.

3. 写出以 $y=C_1e^{\frac{x}{3}}+C_2xe^{\frac{x}{3}}$ 为通解的微分方程.

练习 8.3A

求下列微分方程的通解:

1. $y''-2y'+y=0.$

2. $y'+8y=0.$

练习 8.3B

1. 求 $y'+8y=1$ 的通解.

2. 求微分方程 $y''+3y'+2y=1$ 满足初始条件 $y(0)=2,y'(0)=1$ 的特解.

3. 求微分方程 $y''+2y'-6y=e^{-3x}$ 的通解.

4. 求微分方程 $y''+2y=\sin x$ 的通解.

8.4 用数学软件求解常微分方程

文档
用数学软件求解
常微分方程

8.5 学习任务 8 解答　　物体散热规律

解

1.（1）设 t 时刻物体的温度为 $y(t)$,因为物体散热速度和它与周围环境温度之差成正比,所以,$\dfrac{\mathrm{d}y}{\mathrm{d}t}=-k(y-20)$,分离变量得,$\dfrac{\mathrm{d}y}{y-20}=-k\mathrm{d}t$,两边积分,$\displaystyle\int\dfrac{\mathrm{d}y}{y-20}=\int-k\mathrm{d}t$,

$\ln|y-20|=-kt+C_1$,$|y-20|=\mathrm{e}^{-kt+C_1}$,所以,

$$y=20+C\mathrm{e}^{-kt}. \qquad\qquad ①$$

又因为 $t=0$ 时,$y(0)=100$,代入①有

$$100=20+C\mathrm{e}^{-k\times0},$$

解之得 $C=80$,代入①得,

$$y=20+80\mathrm{e}^{-kt}. \qquad\qquad ②$$

又因为 $y(10)=80$,代入②有 $80=20+80\mathrm{e}^{-10k}$,解之得,$k=\dfrac{1}{10}(\ln 4-\ln 3)$,代入①,得该物体温度随时间变化的函数

$$y=20+80\mathrm{e}^{-\frac{1}{10}(\ln 4-\ln 3)t}. \qquad\qquad ③$$

（2）20 min 后该物体的温度:

$$y(20)=20+80\mathrm{e}^{-\frac{\ln 4-\ln 3}{10}\times20}=20+80\mathrm{e}^{2(\ln 3-\ln 4)}=\ 65,$$

即 20 min 后该物体的温度为 65 ℃.

（3）何时该物体的温度为 28 ℃？

令 $y=20+80\mathrm{e}^{-\frac{\ln 4-\ln 3}{10}t}=28$，解之得，$t=80.039\ 2(\mathrm{min})$.

即约 80 min 后物体的温度为 28 ℃.

2. 扫描下方二维码，查看学习任务 8 的 Mathematica 程序.

3. 扫描下方二维码，查看学习任务 8 的 MATLAB 程序.

扫一扫，看代码
Mathematica 程序

扫一扫，看代码
MATLAB 程序

复习题 8

A 级

1. 指出下列微分方程的阶数，并说明是否为线性微分方程：

（1）$xy'^2-2yy'+x=0$；　　　　　　　　（2）$y''+y'-10y=3x^2$；

（3）$y^{(5)}+\cos y+4x=0$；　　　　　　　（4）$y^{(4)}-5x^2y'=0$.

2. 验证下列各题中所给函数是否是所给微分方程的通解或特解：

（1）$y''+y'=1,y=x$；　　　　　　　　　（2）$y''+y'=0,y=C_1+C_2\mathrm{e}^{-x}$；

（3）$y''+y'=x,y=x^2$；　　　　　　　　（4）$\begin{cases}y'+y=1+x,\\y(0)=1,\end{cases}\ y=\mathrm{e}^{-x}+x.$

3. 验证下列函数是否均为 $\dfrac{\mathrm{d}^2y}{\mathrm{d}x^2}+\omega^2y=0$ 的解（ω 是常数）：

（1）$y=\cos \omega x$；

（2）$y=C_1\sin \omega x$ （C_1 是任意常数）；

（3）$y=A\sin(\omega x+B)$ （A,B 是任意常数）.

4. 给定一阶微分方程 $\dfrac{\mathrm{d}y}{\mathrm{d}x}=3x$，

（1）求它的通解；

（2）求过点 $(2,5)$ 的特解；

（3）求出与直线 $y=2x-1$ 相切的积分曲线方程.

5. 物体在空气中的冷却速度与物体和外界的温差成正比，如果物体在 20 min 内由 100 ℃ 冷却至 60 ℃，那么在多长时间内这个物体的温度降到 30 ℃（假设空气温度为 20 ℃）？

6. 试求以原点为圆心，R 为半径的圆所满足的微分方程.

7. 求微分方程 $\dfrac{\mathrm{d}y}{\mathrm{d}x}=\mathrm{e}^x$ 满足初始条件 $y(0)=2$ 的解.

8. 求所有二次多项式函数 $y=ax^2+bx+c$ 所满足的微分方程.

9. 一曲线上各点切线的斜率等于该点横纵坐标之积，且知该曲线过点 $(0,1)$，试写出该曲线所满足的微分方程和初始条件.

10. 求下列微分方程的通解:

(1) $3x^2+5x-5y'=0$;   (2) $y'=\dfrac{\cos x}{3y^2+e^y}$;

(3) $xy'=y\ln y$;   (4) $x^2y'=(x-1)y$;

(5) $y'=10^{x+y}$;   (6) $1+y'=e^y$.

11. 求下列微分方程满足初始条件的特解:

(1) $y'\sin x=y\ln y, y\left(\dfrac{\pi}{2}\right)=e$;   (2) $y'=e^{2x-y}, y(0)=0$;

(3) $xy'+y=y^2, y(1)=0.5$;   (4) $\dfrac{\mathrm{d}r}{\mathrm{d}\theta}=r, r(0)=2$.

12. 设跳伞员的质量为 m, 降落伞的浮力 F_0 与它下降的速度 v 成正比, 求下降速度 $v=v(t)$ 所满足的微分方程, 并在调查研究的基础上给出初始条件, 以及跳伞员的实际落地速度与理论值的差别.

13. 一电动机运转后每秒钟温度升高 10 ℃, 设室内温度恒为 15 ℃, 电动机温度升高后, 冷却速度和电动机与室内的温差成正比, 求电动机温度与时间的函数关系.

14. 求下列方程的通解:

(1) $y'+y=e^{-x}$;   (2) $y'\cos x+y\sin x=1$.

15. 求下列初值问题的解:

(1) $y'+\dfrac{1-2x}{x^2}y=1, y(1)=0$;   (2) $y'-y=2xe^{2x}, y(0)=1$.

16. 求一曲线, 使其每点处的切线斜率为 $2x+y$, 且通过点 $(0,0)$.

17. 下列已给函数组哪些是线性无关的? 哪些是线性相关的?

(1) $x, x+1$;   (2) $e^{2x}, 3e^{2x}$;

(3) $\sin x, \cos x$;   (4) $\ln x^3, \ln x^2$;

(5) e^x, xe^x;   (6) e^x, e^{2x}.

18. 求所给微分方程的通解:

(1) $y''-9y=0$;   (2) $y''-4y'=0$;

(3) $y''+4y'+13y=0$;   (4) $y''+ay=0$ (a 是实常数);

(5) $y'''+y'=0$;   (6) $2y''+y'+\dfrac{1}{8}y=0$.

19. 求下列方程满足初始条件的特解:

(1) $y''-4y'+3y=0, y(0)=6, y'(0)=10$;

(2) $4y''+4y'+y=0, y(0)=2, y'(0)=0$.

B 级

20. 方程 $y''+9y=0$ 的一条积分曲线通过点 $(\pi,-1)$, 且在该点和直线 $y+1=x-\pi$ 相切, 求这条曲线的方程(提示: 在切点处曲线切线的斜率和所给直线的斜率相等, 从而得另一个初始条件 $y'(\pi)=1$).

21. 求下列方程的通解:

(1) $y''-4y=2x+1$;   (2) $y''+5y'+4y=3-2x$;

(3) $2y''+y'-y=2e^x$;   (4) $y''+4y=x\cos x$.

C 级

22. 试建立呼吸道传染病模型.

第9章　向量与空间解析几何

9.0　学习任务9　空间三角形面积

文档
解析几何简史

已知某三角形的 3 个顶点分别位于空间 $A(1,2,3)$，$B(3,3,1)$，$C(2,3,2)$（长度单位：m），求 $\triangle ABC$ 的面积.

在空间直角坐标系下，利用向量的叉积可求解该问题.

在自然科学和工程技术中，我们经常要遇到一种既有大小又有方向的量，即向量，所遇到的几何图形经常为空间几何图形.在本章中我们将介绍向量的概念、向量的运算及空间解析几何的有关内容.

> **引例**　某日小明问老师：在平面直角坐标系 xOy 中，$x=1$ 表示与 y 轴平行的一条直线，在空间直角坐标系 $Oxyz$ 中，$x=1$ 是否也表示一条直线呀？
>
> 老师回答说：不是，$x=1$ 在空间表示一张平行于 yOz 坐标面的平面.因此，在学习空间解析几何时，一定要注意平面直角坐标系与空间直角坐标系的区别.

9.1　空间直角坐标系与向量的概念

微视频
空间直角坐标系

本节先介绍空间直角坐标系的有关概念，然后介绍向量的基本概念及线性运算，最后研究向量的坐标表示.

9.1.1　空间直角坐标系

在空间取三条相互垂直且相交于一点的数轴（一般讲它们的单位长度相同），其交点是这些数轴的原点，记作 O.这三条数轴分别叫做 x 轴，y 轴和 z 轴.一般是将 x 轴和 y 轴放置在水平面上，那么 z 轴就垂直于水平面.z 轴的正方向规定如下：从面对正 z 轴看，如果 x 轴的正方向以逆时针方向转 $90°$ 时，正好是 y 轴的正方向，那么这种放置法确定的坐标系称为右手直角坐标系（图 9.1.1（a））.这种确定右手直角坐标系的方法通常形象地称为右手螺旋法则，即伸出右手，让四指与大拇指垂直，并使四指先指向 x 轴，然后让四指沿握拳方向旋转 $90°$ 指向 y 轴，此时大拇指的方向即为 z 轴方向.在由此三条坐标轴组成的空间直角坐标系中，x 轴称为横轴，y 轴称为纵轴，z 轴称为竖轴，每两轴所确定的平面称为坐标平面，简称坐标面.具体地讲，x 轴与 y 轴所确定的坐标面称为 xOy 坐标面.类似地有 yOz 坐标面，zOx 坐标面.这些坐标面把空间分为八个部分，每一部分称为一个卦限.在 xOy 坐标面上方有四个卦限，下方有四个卦限.其中，在 xOy 面上方、yOz 面前方及 zOx 面右方的那个卦限，称为第 Ⅰ 卦限，然后逆着 z 轴正向看时，按逆时针顺序依次为 Ⅱ，Ⅲ，Ⅳ 卦限，对于分别位

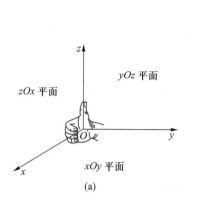
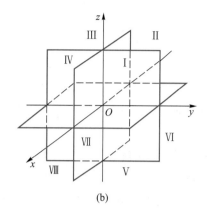

图 9.1.1

于 Ⅰ,Ⅱ,Ⅲ,Ⅳ 卦限下面的四个卦限,依次为第 Ⅴ,Ⅵ,Ⅶ,Ⅷ 卦限(图 9.1.1(b)).

注意　坐标面不属于任何一个卦限.

我们来建立点与有序数组的对应关系.

设 P 为空间的任意一点.过点 P 作垂直于 xOy 坐标面的直线得垂足 P',过 P' 分别作与 x 轴,y 轴垂直且相交的直线,过 P 作与 z 轴垂直且相交的直线,依次得 x,y,z 轴上的三个垂足 M,N,R.设 x,y,z 分别是 M,N,R 点在数轴上的坐标.这样空间内任一点 P 就确定了唯一的一组有序的数组 x,y,z,用 (x,y,z) 表示.反之,任给出一组有序数组 x,y 和 z,它们分别在 x 轴,y 轴和 z 轴上对应点 M,N 和 R.过 M,N 并在 xOy 坐标面内分别作 x 轴和 y 轴的垂线,交于 P'.过 P' 作 xOy 坐标面的垂线 $P'P$,过 R 作 $P'P$ 的垂直相交线得交点 P.这样一组有序数组就确定了空间内唯一的一个点 P,而 x,y 和 z 恰好是点 P 的坐标.根据上面的法则,我们建立了空间一点与一组有序数 (x,y,z) 之间的一一对应关系.有序数组 (x,y,z) 称为点 P 的坐标(图 9.1.2),x,y,z 分别称为 x 坐标,y 坐标和 z 坐标.

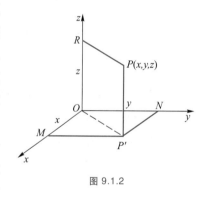

图 9.1.2

根据点的坐标的规定,可知点 $(0,0,c)$ 在 z 轴上,点 $(a,b,0)$ 在 xOy 坐标面上,而点 $(a,0,c)$ 在 zOx 坐标面上,点 $(1,2,3)$ 在第 Ⅰ 卦限,点 $(1,2,-3)$ 在第 Ⅳ 卦限.

9.1.2　向量的基本概念及线性运算

1. 向量的基本概念

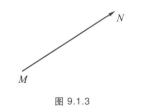

微视频
向量的基本概念
及线性运算

图 9.1.3

现实世界中,我们常见到两类量:一类是数量(如:温度、长度、质量等),这类量只有大小,没有方向(它们也称作标量);还有一类量,既有大小,又有方向(如:力、速度、加速度等),这类量称为向量(或矢量).一般地,用黑体小写字母表示向量,如 a,b,c 等,有时为了书写方便也用 $\vec{a},\vec{b},\vec{c}$ 等表示向量.几何上,也常用有向线段来表示向量,起点为 M,终点为 N 的向量记为 $\overrightarrow{MN}$(图 9.1.3).

向量的大小称为向量的模.用 $|a|,|b|,|c|,|\overrightarrow{AB}|,|\overrightarrow{MN}|$ 表示向量的模.

特别地,模为 1 的向量称为单位向量.模为 0 的向量称为零向量,记为 **0**.规定零向量的方向为任意方向.

在本书中,只关心向量的方向和大小,不关心其位置.因此,把大小相等、方向相同的向量视为同一个向量.

> **定义 9.1.1(相等向量)**　如果向量 **a** 和 **b** 的大小相等且方向相同,则称向量 **a** 与 **b** 相等,记为 **a** = **b**.

满足定义 9.1.1 的向量在空间平行移动后不变.因此,把按定义 9.1.1 规定相等的向量称为自由向量.

2. 向量的线性运算

(1) 加法　将向量 **a** 与 **b** 的起点放在一起,并以 **a** 和 **b** 为邻边作平行四边形,则从起点到对角顶点的向量称为向量 **a** 与 **b** 的和向量,记为 **a**+**b**,如图 9.1.4 所示.

这种求向量和的方法称为向量加法的平行四边形法则.由于向量可以平移,所以,若把 **b** 的起点放到向量 **a** 的终点上,则自 **a** 的起点到向量 **b** 的终点的向量亦为向量 **a**+**b**,如图 9.1.5 所示.这种求向量和的方法称为向量加法的三角形法则.

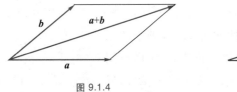
图 9.1.4
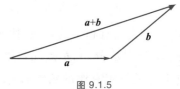
图 9.1.5

由向量加法的定义可知,向量的加法满足:

交换律: **a**+**b** = **b**+**a**;

结合律: (**a**+**b**)+**c** = **a**+(**b**+**c**).

(2) 向量与数的乘法

> **定义 9.1.2(数乘向量)**　设 λ 为一实数,向量 **a** 与数 λ 的乘积是一个向量,记为 λ**a**,并且规定:
>
> (a) $|\lambda \boldsymbol{a}| = |\lambda| |\boldsymbol{a}|$;
>
> (b) 如果 **a** 为非零向量,当 $\lambda > 0$ 时, λ**a** 与 **a** 同向;当 $\lambda < 0$ 时, λ**a** 与 **a** 反向;
>
> (c) 当 $\lambda = 0$ 或 **a** 为零向量时, λ**a** = **0** (零向量).

向量与数的乘法具有:

结合律: $\lambda(\mu \boldsymbol{a}) = (\lambda \mu)\boldsymbol{a} = \mu(\lambda \boldsymbol{a})$;

分配律: $(\lambda + \mu)\boldsymbol{a} = \lambda \boldsymbol{a} + \mu \boldsymbol{a}, \lambda(\boldsymbol{a}+\boldsymbol{b}) = \lambda \boldsymbol{a} + \lambda \boldsymbol{b}$;

交换律: $\lambda \boldsymbol{a} = \boldsymbol{a} \lambda$.

向量的加法运算及数与向量的乘法统称为向量的线性运算.

设 **a** 是一个非零向量,常把与 **a** 同向的单位向量记为 **a**°,那么

$$\boldsymbol{a}^{\circ} = \frac{\boldsymbol{a}}{|\boldsymbol{a}|},$$

这是求与非零向量 **a** 同向的单位向量的方法,而且 $\pm \dfrac{\boldsymbol{a}}{|\boldsymbol{a}|}$ 均是与 **a** 平行的单位向量.

定义 9.1.3(负向量)　当 $\lambda=-1$ 时,记 $(-1)\boldsymbol{a}=-\boldsymbol{a}$,如果 $\boldsymbol{a}$ 为非零向量,则 $-\boldsymbol{a}$ 与 $\boldsymbol{a}$ 的方向相反,模相等,称 $-\boldsymbol{a}$ 为 $\boldsymbol{a}$ 的负向量(也称其为 $\boldsymbol{a}$ 的逆向量);规定零向量的负向量(逆向量)仍为零向量.

引入负向量后,可以规定两向量的减法,即向量 $\boldsymbol{a}$ 与 $\boldsymbol{b}$ 的差规定为

$$\boldsymbol{a}-\boldsymbol{b}=\boldsymbol{a}+(-\boldsymbol{b}).$$

向量的减法也可按三角形法则进行,只要把 $\boldsymbol{a}$ 与 $\boldsymbol{b}$ 的起点放在一起, $\boldsymbol{a}-\boldsymbol{b}$ 即是以 $\boldsymbol{b}$ 的终点为起点,以 $\boldsymbol{a}$ 的终点为终点的向量(图 9.1.6).

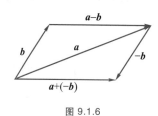

图 9.1.6

9.1.3　向量的坐标表示

1. 向径及其坐标表示

微视频
向量的坐标表示

起点在坐标原点 O,终点为 M 的向量 $\overrightarrow{OM}$ 称为点 M 的向径(也称为点 M 的位置向量),记为 $\boldsymbol{r}(M)$ 或 $\overrightarrow{OM}$ (图 9.1.7).

在坐标轴上分别与 x 轴, y 轴, z 轴方向相同的单位向量称为基本单位向量,分别用 $\boldsymbol{i},\boldsymbol{j},\boldsymbol{k}$ 表示.

若点 M 的坐标为 (x,y,z),则向量 $\overrightarrow{OA}=x\boldsymbol{i}$, $\overrightarrow{OB}=y\boldsymbol{j}$, $\overrightarrow{OC}=z\boldsymbol{k}$,由向量的加法法则(图 9.1.7)得

$$\begin{aligned}\overrightarrow{OM}&=\overrightarrow{OM'}+\overrightarrow{M'M}\\&=(\overrightarrow{OA}+\overrightarrow{OB})+\overrightarrow{OC}\\&=x\boldsymbol{i}+y\boldsymbol{j}+z\boldsymbol{k},\end{aligned}$$

即点 $M(x,y,z)$ 的向径 $\overrightarrow{OM}$ 的坐标表达式为

$$\overrightarrow{OM}=x\boldsymbol{i}+y\boldsymbol{j}+z\boldsymbol{k},$$

还可简记为 $\{x,y,z\}$,即

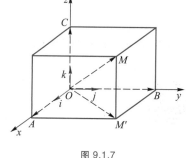

图 9.1.7

$$\overrightarrow{OM}=\{x,y,z\}.$$

例 9.1.1　求点 $A(1,2,3)$ 的向径 $\overrightarrow{OA}$ 的坐标表达式.

解　$\overrightarrow{OA}=1\boldsymbol{i}+2\boldsymbol{j}+3\boldsymbol{k}.$

2. 向量 $\overrightarrow{M_1M_2}$ 的坐标表达式

设 $M_1(x_1,y_1,z_1)$, $M_2(x_2,y_2,z_2)$,则以 M_1 为起点, M_2 为终点的向量

$$\overrightarrow{M_1M_2}=\overrightarrow{OM_2}-\overrightarrow{OM_1},$$

如图 9.1.8 所示, O 为坐标原点.

又因为 $\overrightarrow{OM_1}$, $\overrightarrow{OM_2}$ 均为向径,所以

$$\overrightarrow{OM_1}=x_1\boldsymbol{i}+y_1\boldsymbol{j}+z_1\boldsymbol{k},$$

$$\overrightarrow{OM_2}=x_2\boldsymbol{i}+y_2\boldsymbol{j}+z_2\boldsymbol{k},$$

于是

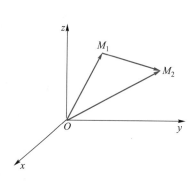

图 9.1.8

$$\overrightarrow{M_1 M_2} = (x_2\boldsymbol{i} + y_2\boldsymbol{j} + z_2\boldsymbol{k}) - (x_1\boldsymbol{i} + y_1\boldsymbol{j} + z_1\boldsymbol{k})$$
$$= (x_2 - x_1)\boldsymbol{i} + (y_2 - y_1)\boldsymbol{j} + (z_2 - z_1)\boldsymbol{k},$$

这就是说,以 $M_1(x_1, y_1, z_1)$ 为起点,$M_2(x_2, y_2, z_2)$ 为终点的向量 $\overrightarrow{M_1 M_2}$ 的坐标表达式为

$$\overrightarrow{M_1 M_2} = (x_2 - x_1)\boldsymbol{i} + (y_2 - y_1)\boldsymbol{j} + (z_2 - z_1)\boldsymbol{k}.$$

例 9.1.2　求以 $M_1(1, 0, 1)$ 为起点,$M_2(2, 3, 2)$ 为终点的向量的坐标表达式.

解　$\overrightarrow{M_1 M_2} = (2-1)\boldsymbol{i} + (3-0)\boldsymbol{j} + (2-1)\boldsymbol{k} = \boldsymbol{i} + 3\boldsymbol{j} + \boldsymbol{k}.$

3. 向量 $\boldsymbol{a} = a_1\boldsymbol{i} + a_2\boldsymbol{j} + a_3\boldsymbol{k}$ 的模

任给一向量 $\boldsymbol{a} = a_1\boldsymbol{i} + a_2\boldsymbol{j} + a_3\boldsymbol{k}$,都可将其视为以点 $M(a_1, a_2, a_3)$ 为终点的向径 $\overrightarrow{OM}$,由图 9.1.7 不难看出

$$|\overrightarrow{OM}|^2 = |\overrightarrow{OA}|^2 + |\overrightarrow{OB}|^2 + |\overrightarrow{OC}|^2,$$

即

$$|\boldsymbol{a}|^2 = a_1^2 + a_2^2 + a_3^2,$$

亦即向量 $\boldsymbol{a} = a_1\boldsymbol{i} + a_2\boldsymbol{j} + a_3\boldsymbol{k}$ 的模

$$|\boldsymbol{a}| = \sqrt{a_1^2 + a_2^2 + a_3^2}.$$

4. 空间两点间的距离公式

微视频
空间两点间的距离
公式

点 $M_1(x_1, y_1, z_1)$ 与点 $M_2(x_2, y_2, z_2)$ 间的距离记为 $d(M_1 M_2)$,则

$$d(M_1 M_2) = |\overrightarrow{M_1 M_2}|,$$

而

$$\overrightarrow{M_1 M_2} = (x_2 - x_1)\boldsymbol{i} + (y_2 - y_1)\boldsymbol{j} + (z_2 - z_1)\boldsymbol{k},$$

所以

$$d(M_1 M_2) = \sqrt{(x_2 - x_1)^2 + (y_2 - y_1)^2 + (z_2 - z_1)^2}.$$

该公式显然是平面上两点间距离公式的推广.

例 9.1.3　(1) 写出起点为 $A(1, 2, 1)$,终点为 $B(3, 3, 0)$ 的向量的坐标表达式;
(2) 计算 A, B 两点间的距离.

解　(1) $\overrightarrow{AB} = (3-1)\boldsymbol{i} + (3-2)\boldsymbol{j} + (0-1)\boldsymbol{k} = 2\boldsymbol{i} + \boldsymbol{j} - \boldsymbol{k}.$

(2) $d(AB) = |\overrightarrow{AB}| = \sqrt{2^2 + 1^2 + (-1)^2} = \sqrt{6}.$

例 9.1.4　求证以 $O(0, 0, 0), M_1(0, 1, 2), M_2(1, 2, 0)$ 为顶点的三角形是等腰三角形.

证　因为

$$|\overrightarrow{OM_1}| = \sqrt{0^2 + 1^2 + 2^2} = \sqrt{5},$$

$$|\overrightarrow{OM_2}| = \sqrt{1^2 + 2^2 + 0^2} = \sqrt{5},$$

所以 $|\overrightarrow{OM_1}| = |\overrightarrow{OM_2}|$,即 $\triangle M_1 O M_2$ 是等腰三角形.

微视频
坐标表示下的向量运算

5. 坐标表示下的向量运算

设 $a = a_1 i + a_2 j + a_3 k$，$b = b_1 i + b_2 j + b_3 k$，则有

（1）$a + b = (a_1 + b_1) i + (a_2 + b_2) j + (a_3 + b_3) k$.

（2）$\lambda a = \lambda a_1 i + \lambda a_2 j + \lambda a_3 k$.

（3）$a - b = (a_1 - b_1) i + (a_2 - b_2) j + (a_3 - b_3) k$.

（4）$a = b \Leftrightarrow a_1 = b_1, a_2 = b_2, a_3 = b_3$.

（5）$a /\!/ b \Leftrightarrow \dfrac{a_1}{b_1} = \dfrac{a_2}{b_2} = \dfrac{a_3}{b_3}$.

下面只就（5）给出证明.

证 若 $a /\!/ b$，则存在一个数 λ，使得 $a = \lambda b$，即

$$a_1 i + a_2 j + a_3 k = \lambda b_1 i + \lambda b_2 j + \lambda b_3 k,$$

所以

$$a_1 = \lambda b_1, \quad a_2 = \lambda b_2, \quad a_3 = \lambda b_3,$$

即

$$\frac{a_1}{b_1} = \frac{a_2}{b_2} = \frac{a_3}{b_3} = \lambda,$$

（对于上式，分母为零时，其分子也必为零）.

以上每步都是充分必要的，所以，结论（5）是成立的.

例 9.1.5 求与 $a = 2i + 2j + k$ 同向平行的单位向量.

解 因为 $a = 2i + 2j + k$，所以 $|a| = \sqrt{2^2 + 2^2 + 1^2} = \sqrt{9} = 3$.

故 $\dfrac{a}{|a|} = \dfrac{2}{3} i + \dfrac{2}{3} j + \dfrac{1}{3} k$ 是与 a 同向平行的单位向量.

例 9.1.6 已知向量 $a = \{1, 2, 4\}$ 与向量 $b = \{\lambda, t, 8\}$ 平行，求 λ 和 t 的值.

解 因为 $a /\!/ b$，所以 $\dfrac{1}{\lambda} = \dfrac{2}{t} = \dfrac{4}{8} = \dfrac{1}{2}$. 故

$$\lambda = 2, \quad t = 4.$$

思考题 9.1

1. 写出点 $M(x, y, z)$ 关于 x 轴，xOy 平面及原点的对称点坐标.

2. 下列向量哪个是单位向量？

（1）$r = i + j + k$；（2）$a = \dfrac{1}{\sqrt{2}} \{1, 0, -1\}$；（3）$b = \left\{\dfrac{1}{3}, \dfrac{1}{3}, \dfrac{1}{3}\right\}$.

3. 自由向量具有什么样的特征？

4. 试举几个现实生活中能用向量描述的量.

5. 与向量 $a = \{1, 1, 1\}$ 平行的单位向量有几个？如何去求？试举例说明.

练习 9.1A

1. 求平行于向量 $a = \{1, 1, 1\}$ 的单位向量.

2. 求起点为 $A(1,2,1)$,终点为 $B(-19,-18,1)$ 的向量 $\overrightarrow{AB}$ 的坐标表达式及 $|\overrightarrow{AB}|$.

3. 求点 $M_1(5,10,15)$ 到点 $M_2(25,35,45)$ 之间的距离.

练习 9.1B

1. 求 λ 使向量 $\boldsymbol{a}=\{\lambda,1,5\}$ 与向量 $\boldsymbol{b}=\{2,10,50\}$ 平行.

2. 求与 y 轴反向,模为 10 的向量 $\boldsymbol{a}$ 的坐标.

3. 求与向量 $\boldsymbol{a}=\{1,5,6\}$ 平行,模为 10 的向量 $\boldsymbol{b}$ 的坐标表达式.

9.2　向量的点积与叉积

微视频
向量的点积

本节分别研究向量的点积与叉积的概念、性质与计算方法.

9.2.1　向量的点积

1. 引例

已知力 $\boldsymbol{F}$ 与 x 轴正向夹角为 α,其大小为 F,在力 $\boldsymbol{F}$ 的作用下,一质点 M 沿 x 轴由 $x=a$ 移动到 $x=b$ 处(图 9.2.1),求力 $\boldsymbol{F}$ 所做的功.

解　力 $\boldsymbol{F}$ 在水平方向的分力大小为

$$F_x=F\cos\alpha,$$

所以,力 $\boldsymbol{F}$ 使质点 M 沿 x 轴方向(从 A 到 B)所做的功

$$W=F\cos\alpha|b-a|. \qquad ①$$

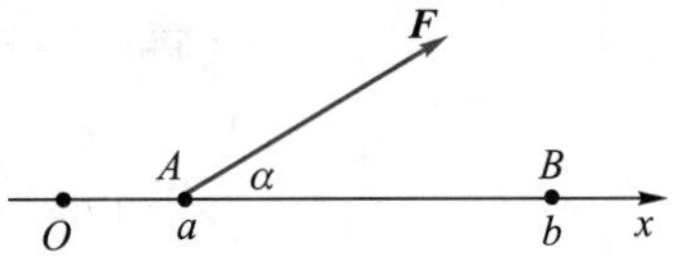

为了直接用向量间的运算描述这类问题,我们注意到

$$F=|\boldsymbol{F}|,\ |b-a|=|\overrightarrow{AB}|,$$

所以,式①可写成

$$W=|\boldsymbol{F}||\overrightarrow{AB}|\cos\alpha, \qquad ②$$

式②与式①本质上是一回事,但式②却明显地说明:力 $\boldsymbol{F}$ 使质点 M 沿 x 轴由点 A 移动到点 B 所做的功等于力 $\boldsymbol{F}$ 的模与位移的模及其夹角余弦的积.

现实生活中,还有许多量可以表示成"二向量之模与其夹角余弦之积",为此,我们引入向量点积的概念.

2. 点积的定义

定义 9.2.1(数量积)　设向量 $\boldsymbol{a}$ 与 $\boldsymbol{b}$ 之间夹角为 $\theta\ (0\leqslant\theta\leqslant\pi)$,则称

$$|\boldsymbol{a}||\boldsymbol{b}|\cos\theta$$

为 $\boldsymbol{a}$ 与 $\boldsymbol{b}$ 的点积(或数量积),并用记号 $\boldsymbol{a}\cdot\boldsymbol{b}$ 表示,即

$$\boldsymbol{a}\cdot\boldsymbol{b}=|\boldsymbol{a}||\boldsymbol{b}|\cos\theta.$$

图 9.2.1

例 9.2.1 已知基本单位向量 i, j, k 是三个相互垂直的单位向量,求证

$$i \cdot i = j \cdot j = k \cdot k = 1,$$

$$i \cdot j = j \cdot k = k \cdot i = 0.$$

证 因为

$$|i| = |j| = |k| = 1,$$

所以

$$i \cdot i = |i||i|\cos\theta = 1 \quad (\theta = 0).$$

同理可知,$j \cdot j = k \cdot k = 1$.

又因为 i, j, k 之间的夹角皆为 $\dfrac{\pi}{2}$,故有

$$i \cdot j = |i||j|\cos\frac{\pi}{2} = 1 \cdot 1 \cdot 0 = 0.$$

同理可知,$j \cdot k = k \cdot i = 0$.

由点积的定义不难发现,点积满足如下运算规律:

交换律:$a \cdot b = b \cdot a$;

分配律:$a \cdot (b + c) = a \cdot b + a \cdot c$;

结合律:$(\lambda a) \cdot b = \lambda(a \cdot b) = a \cdot (\lambda b)$,其中 λ 为常数.

3. 点积的坐标表示

设 $a = a_1 i + a_2 j + a_3 k, b = b_1 i + b_2 j + b_3 k$,则

$$\begin{aligned}
a \cdot b &= (a_1 i + a_2 j + a_3 k) \cdot (b_1 i + b_2 j + b_3 k) \\
&= a_1 b_1 i \cdot i + a_1 b_2 i \cdot j + a_1 b_3 i \cdot k + a_2 b_1 j \cdot i + a_2 b_2 j \cdot j + a_2 b_3 j \cdot k + a_3 b_1 k \cdot i + a_3 b_2 k \cdot j + a_3 b_3 k \cdot k \\
&= a_1 b_1 + a_2 b_2 + a_3 b_3,
\end{aligned}$$

故向量 $a = \{a_1, a_2, a_3\}$ 与 $b = \{b_1, b_2, b_3\}$ 的点积等于其相应坐标积的和.

应用点积可得两向量的夹角及向量垂直的条件.

由于 $a \cdot b = |a||b|\cos\theta$,所以

$$\cos\theta = \frac{a \cdot b}{|a||b|} \quad (0 \leqslant \theta \leqslant \pi),$$

此即为向量 a 与 b 的夹角余弦公式.若知

$$a = a_1 i + a_2 j + a_3 k, \quad b = b_1 i + b_2 j + b_3 k,$$

则

$$\cos\theta = \frac{a_1 b_1 + a_2 b_2 + a_3 b_3}{\sqrt{a_1^2 + a_2^2 + a_3^2}\sqrt{b_1^2 + b_2^2 + b_3^2}},$$

若向量 $a = \{a_1, a_2, a_3\}$ 与向量 $b = \{b_1, b_2, b_3\}$ 的夹角为 $\dfrac{\pi}{2}$,则称 a 与 b 正交(垂直).由上述公式可知:

定理 9.2.1(两向量垂直的充要条件) 向量 a 与 b 正交的充分必要条件是 $a \cdot b = 0$ 或 $a_1 b_1 + a_2 b_2 + a_3 b_3 = 0$.

例 9.2.2　试证向量 $a = \{1, 2, 3\}$，$b = \{3, 3, -3\}$ 是正交的.

证　因为 $\qquad\qquad a \cdot b = 1 \cdot 3 + 2 \cdot 3 + 3 \cdot (-3) = 0$，

所以 a 与 b 正交.

例 9.2.3　设向量 $a = a_1 i + a_2 j + a_3 k$ 与 x 轴，y 轴，z 轴正向的夹角分别为 α，β，γ，称其为向量 a 的三个方向角，并称 $\cos\alpha$，$\cos\beta$，$\cos\gamma$ 为向量 a 的方向余弦，试证

$$\cos\alpha = \frac{a_1}{\sqrt{a_1^2 + a_2^2 + a_3^2}},$$

$$\cos\beta = \frac{a_2}{\sqrt{a_1^2 + a_2^2 + a_3^2}},$$

$$\cos\gamma = \frac{a_3}{\sqrt{a_1^2 + a_2^2 + a_3^2}},$$

并且 $\qquad\qquad\qquad \cos^2\alpha + \cos^2\beta + \cos^2\gamma = 1.$

证　因为 $\alpha = (\widehat{a, i})$（$(\widehat{a, b})$ 表示向量 a 与 b 的夹角），$\beta = (\widehat{a, j})$，$\gamma = (\widehat{a, k})$，而单位向量 i, j, k 的坐标表达式分别为

$$i = \{1, 0, 0\}, \quad j = \{0, 1, 0\}, \quad k = \{0, 0, 1\},$$

于是有 $\qquad\qquad \cos\alpha = \dfrac{a \cdot i}{|a||i|} = \dfrac{a_1}{\sqrt{a_1^2 + a_2^2 + a_3^2}},$

$$\cos\beta = \frac{a \cdot j}{|a||j|} = \frac{a_2}{\sqrt{a_1^2 + a_2^2 + a_3^2}},$$

$$\cos\gamma = \frac{a \cdot k}{|a||k|} = \frac{a_3}{\sqrt{a_1^2 + a_2^2 + a_3^2}},$$

且 $\qquad\qquad \cos^2\alpha + \cos^2\beta + \cos^2\gamma = \dfrac{a_1^2 + a_2^2 + a_3^2}{\left(\sqrt{a_1^2 + a_2^2 + a_3^2}\right)^2} = 1.$

例 9.2.4　设有一质点开始位于点 $P(1, 2, -1)$ 处（坐标的长度单位为 m），今有一方向角分别为 $60°$，$60°$，$45°$，大小为 100 N 的力 F 作用于该质点，求此质点从点 P 作直线运动至点 $M(2, 5, -1 + 3\sqrt{2})$ 时，力 F 所做的功.

解　由于力 F 的方向角分别为 $60°$，$60°$，$45°$，所以，与力 F 同向的单位向量为

$$F° = \cos 60° i + \cos 60° j + \cos 45° k$$

$$= \frac{1}{2} i + \frac{1}{2} j + \frac{\sqrt{2}}{2} k.$$

又因为 $|F| = 100$，所以，力 F 的坐标表达式

$$F = |F| F° = 100\left(\frac{1}{2} i + \frac{1}{2} j + \frac{\sqrt{2}}{2} k\right)$$

$$= 50 i + 50 j + 50\sqrt{2} k,$$

质点从点 $P(1,2,-1)$ 移动到点 $M(2,5,-1+3\sqrt{2})$,其位移为

$$\overrightarrow{PM}=(2-1)\boldsymbol{i}+(5-2)\boldsymbol{j}+(-1+3\sqrt{2}-(-1))\boldsymbol{k}$$
$$=\boldsymbol{i}+3\boldsymbol{j}+3\sqrt{2}\boldsymbol{k},$$

力 $\boldsymbol{F}$ 使质点由点 P 移动到点 M 所做的功

$$W=\boldsymbol{F}\cdot\overrightarrow{PM}=\{50,50,50\sqrt{2}\}\cdot\{1,3,3\sqrt{2}\}$$
$$=50+150+300=500\ (\text{J})$$

即为所求.

9.2.2 向量的叉积

微视频
向量的叉积

1. 引例

设点 O 为一杠杆的支点,力 $\boldsymbol{F}$ 作用于杠杆上点 P 处(图 9.2.2),求力 $\boldsymbol{F}$ 对支点 O 的力矩.

解　根据物理学知识,力 $\boldsymbol{F}$ 对点 O 的力矩是向量 $\boldsymbol{M}$,其大小为

$$|\boldsymbol{M}|=|\boldsymbol{F}|d=|\boldsymbol{F}||\overrightarrow{OP}|\sin\theta,$$

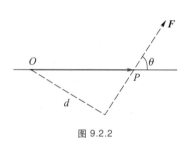

图 9.2.2

其中 d 为支点 O 到力 $\boldsymbol{F}$ 的作用线的距离,θ 为向量 $\boldsymbol{F}$ 与 $\overrightarrow{OP}$ 的夹角.

力矩 $\boldsymbol{M}$ 的方向规定为:伸出右手,让四指与大拇指垂直,并使四指先指向 $\overrightarrow{OP}$ 方向,然后让四指沿小于 π 的方向握拳转向力 $\boldsymbol{F}$ 的方向,这时拇指的方向就是力矩 $\boldsymbol{M}$ 的方向(即 $\overrightarrow{OP},\boldsymbol{F},\boldsymbol{M}$ 依次符合右手螺旋法则).

因此,力矩 $\boldsymbol{M}$ 是一个与向量 $\overrightarrow{OP}$ 和向量 $\boldsymbol{F}$ 有关的向量,其大小为 $|\overrightarrow{OP}||\boldsymbol{F}|\sin\theta$,其方向满足:(1) $\boldsymbol{M}$ 同时垂直于向量 $\overrightarrow{OP}$ 和 $\boldsymbol{F}$;(2) 向量 $\overrightarrow{OP},\boldsymbol{F},\boldsymbol{M}$ 依次符合右手螺旋法则.

在工程技术领域,有许多向量具有上述特征.

2. 叉积的定义

定义 9.2.2(叉积)　两个向量 $\boldsymbol{a}$ 和 $\boldsymbol{b}$ 的叉积(也称为向量积)是一个向量,记作 $\boldsymbol{a}\times\boldsymbol{b}$,并由下述规则确定:

(1) $|\boldsymbol{a}\times\boldsymbol{b}|=|\boldsymbol{a}||\boldsymbol{b}|\sin(\widehat{\boldsymbol{a},\boldsymbol{b}})$;

(2) $\boldsymbol{a}\times\boldsymbol{b}$ 的方向规定为:$\boldsymbol{a}\times\boldsymbol{b}$ 既垂直于 $\boldsymbol{a}$ 又垂直于 $\boldsymbol{b}$,并且按顺序 $\boldsymbol{a}$,$\boldsymbol{b}$,$\boldsymbol{a}\times\boldsymbol{b}$ 符合右手螺旋法则(图 9.2.3).

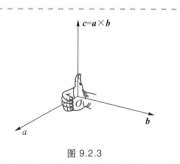

图 9.2.3

按上述定义,作用在点 P 的力 $\boldsymbol{F}$ 关于点 O 的力矩 $\boldsymbol{M}$ 可表示为

$$\boldsymbol{M}=\overrightarrow{OP}\times\boldsymbol{F}.$$

由于两向量的叉积是一个新的向量,因此,叉积也叫做向量积.

若把 a,b 的起点放在一起,并以 a,b 为邻边作一平行四边形,则向量 a 与 b 的叉积的模 $|a×b|=|a|\cdot|b|\sin\theta$ 即为该平行四边形的面积(图9.2.4).

叉积满足如下运算规律:

反交换律: $a×b=-b×a$;

左分配律: $a×(b+c)=a×b+a×c$;

右分配律: $(b+c)×a=b×a+c×a$;

与数因子的结合律与交换律: $(\lambda a)×b=\lambda(a×b)=a×(\lambda b)$.

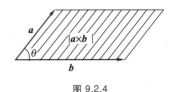

图 9.2.4

> 例 9.2.5　试证: $i×i=j×j=k×k=a×\lambda a=0$.
>
> 证　只证 $a×\lambda a=0$.
>
> 因为 a 与 λa 平行(即共线),所以其夹角 $\theta=0$ 或 π,从而 $\sin\theta=0$,因此
> $$|a×\lambda a|=|a||\lambda a|\sin\theta=0,$$
> 而模为 0 的向量为零向量,所以
> $$a×\lambda a=0.$$

定理 9.2.2(两向量平行的充要条件)　两个非零向量平行的充分必要条件是它们的叉积为零向量.

3. 叉积的坐标表示

为求得叉积的坐标表示,设 $a=a_1 i+a_2 j+a_3 k$, $b=b_1 i+b_2 j+b_3 k$.注意到 $i×i=j×j=k×k=0$, 及 $i×j=k$, $j×k=i$, $k×i=j$.应用叉积的运算规律可得

$$a×b=(a_1 i+a_2 j+a_3 k)×(b_1 i+b_2 j+b_3 k)$$
$$=a_1 b_1 i×i+a_1 b_2 i×j+a_1 b_3 i×k+a_2 b_1 j×i+a_2 b_2 j×j+a_2 b_3 j×k+a_3 b_1 k×i+a_3 b_2 k×j+a_3 b_3 k×k$$
$$=(a_2 b_3-a_3 b_2)i+(a_3 b_1-a_1 b_3)j+(a_1 b_2-a_2 b_1)k.$$

为了便于记忆,可将 $a×b$ 表示成一个三阶行列式,计算时只需将其按第一行展开即可.即

$$a×b=\begin{vmatrix} i & j & k \\ a_1 & a_2 & a_3 \\ b_1 & b_2 & b_3 \end{vmatrix}.$$

> 例 9.2.6　设 $a=i+2j-k$, $b=2j+3k$,求 $a×b$.
>
> 解
> $$a×b=\begin{vmatrix} i & j & k \\ 1 & 2 & -1 \\ 0 & 2 & 3 \end{vmatrix}$$
> $$=i(-1)^{1+1}\begin{vmatrix} 2 & -1 \\ 2 & 3 \end{vmatrix}+j(-1)^{1+2}\begin{vmatrix} 1 & -1 \\ 0 & 3 \end{vmatrix}+k(-1)^{1+3}\begin{vmatrix} 1 & 2 \\ 0 & 2 \end{vmatrix}$$
> $$=8i-3j+2k.$$

例 9.2.7 求同时垂直于向量 $a=3i+6j+8k$ 及 x 轴的单位向量.

解 因为 $a=3i+6j+8k$, $i=1i+0j+0k$, 所以, 同时垂直于 a 和 x 轴的单位向量

$$
\begin{aligned}
c &= \pm\frac{a\times i}{|a\times i|} = \pm\frac{(3i+6j+8k)\times i}{|a\times i|}\\
&= \pm\frac{0+(-6)k+8j}{|8j-6k|} = \pm\frac{8j-6k}{\sqrt{64+36}}\\
&= \pm\frac{1}{10}(8j-6k) = \pm\left(\frac{4}{5}j-\frac{3}{5}k\right),
\end{aligned}
$$

此即为所求的两个单位向量.

例 9.2.8 已知力 $F=2i-j+3k$ 作用于点 $A(3,1,-1)$ 处, 求此力关于杠杆上另一点 $B(1,-2,3)$ 的力矩.

解 因为

$$F=2i-j+3k,$$

从支点 B 到作用点 A 的向量

$$\overrightarrow{BA}=(3-1)i+(1-(-2))j+(-1-3)k=2i+3j-4k,$$

所以, 力 F 关于点 B 的力矩

$$
M=\overrightarrow{BA}\times F=\begin{vmatrix} i & j & k\\ 2 & 3 & -4\\ 2 & -1 & 3 \end{vmatrix}
$$

$$=(9-4)i-(6+8)j+(-2-6)k=5i-14j-8k.$$

思考题 9.2

1. 若 a 与 b 为单位向量, 则 $a\times b$ 是单位向量吗?

2. 向量 $a^2=a\cdot a$, 问 a^2 与 $|a|$ 有关系吗?

3. 如何求同时垂直于向量 a 与 b 的向量 c?

练习 9.2A

1. 已知 $a=\{1,1,2\}$, $b=\{2,2,1\}$, 求 $a\cdot b$.

2. 证明向量 $a=\{1,0,1\}$ 与向量 $b=\{-1,1,1\}$ 垂直.

3. 一物体在力 $F=5i+5j+6k$ 的作用下, 由点 $A(1,0,1)$ 移动到点 $B(3,2,4)$, 求力 F 所做的功.

练习 9.2B

1. 求同时垂直于向量 $a=\{-3,6,8\}$ 和 y 轴的单位向量.

2. 求与 $a=i+j+k$ 平行且满足 $a\cdot x=1$ 的向量 x.

3. 求点 $M(1,\sqrt{2},1)$ 的向径 $\overrightarrow{OM}$ 与坐标轴之间的夹角.

4. 已知力 $F=i+j+k$ 作用在点 $A(1,2,1)$ 处, 求此力关于杠杆上另一点 $B(1,2,-1)$ 的力矩.

5. 已知 $a=\{1,0,0\}$, $b=\{0,1,0\}$, $c=\{0,0,1\}$, 求 $a\cdot a$, $a\cdot b$, $a\cdot c$, $b\cdot c$, $a\times a$, $a\times b$, $a\times c$, $b\times c$.

9.3   平面与直线

从本节开始我们介绍空间解析几何的有关内容,在此我们先以向量为工具讨论空间平面与直线的方程.

9.3.1   平面的方程

微视频
平面的点法式方程

1. 平面的点法式方程

设非零向量 $\boldsymbol{n}$ 垂直于平面 π,则称 $\boldsymbol{n}$ 为平面 π 的法向量(也称为 π 的法矢).设平面 π 过点 $M_0(x_0,y_0,z_0)$, $\boldsymbol{n}=\{A,B,C\}$ 为其一法向量,现推导平面 π 的方程.

设点 $M(x,y,z)$ 是平面 π 上任一点(图 9.3.1),则 $\overrightarrow{M_0M}$ 在平面 π 上,由于 $\boldsymbol{n}\perp\pi$,所以,有

$$\boldsymbol{n}\cdot\overrightarrow{M_0M}=0,$$

而

$$\boldsymbol{n}=\{A,B,C\},$$

$$\overrightarrow{M_0M}=\{x-x_0,y-y_0,z-z_0\},$$

所以,有

$$A(x-x_0)+B(y-y_0)+C(z-z_0)=0, \tag{9.3.1}$$

由于平面 π 上任一点 M 的坐标都满足方程(9.3.1),而不在平面 π 上的点 M 的坐标都不满足方程(9.3.1).因此,方程(9.3.1)即是所求的平面 π 的方程.

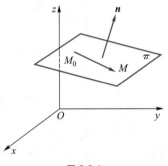

图 9.3.1

给定平面 π 上一点 $M_0(x_0,y_0,z_0)$ 及 π 的一个法向量,其平面方程可按式(9.3.1)写出.因此,式(9.3.1)称为平面的点法式方程.

例 9.3.1   求过点 $M_0(1,1,2)$,且以 $\{3,3,1\}$ 为法向量的平面方程.

解   设 (x,y,z) 为所求平面上任一点,则由点法式方程得

$$3(x-1)+3(y-1)+1\times(z-2)=0,$$

即

$$3x+3y+z=8$$

为所求的平面方程.

例 9.3.2   求由点 $A(1,0,0)$, $B(0,1,0)$, $C(0,0,1)$ 所确定的平面方程.

解   向量

$$\boldsymbol{n}=\overrightarrow{AB}\times\overrightarrow{AC}=\begin{vmatrix} \boldsymbol{i} & \boldsymbol{j} & \boldsymbol{k} \\ -1 & 1 & 0 \\ -1 & 0 & 1 \end{vmatrix}=\boldsymbol{i}+\boldsymbol{j}+\boldsymbol{k}$$

与平面垂直,是它的一个法向量.因此,过点 $A(1,0,$

$0)$,且以 $\boldsymbol{n}=\boldsymbol{i}+\boldsymbol{j}+\boldsymbol{k}$ 为法向量的平面方程为

$$1\cdot(x-1)+1\cdot(y-0)+1\cdot(z-0)=0,$$

整理得 $\qquad x+y+z=1$

为所求(图 9.3.2).

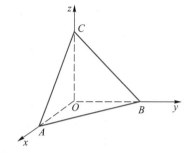

图 9.3.2

2. 平面的一般式方程

对过点 $M_0(x_0,y_0,z_0)$,且以 $\boldsymbol{n}=\{A,B,C\}$ 为法向量的点法式平面方程

$$A(x-x_0)+B(y-y_0)+C(z-z_0)=0,$$

整理得

$$Ax+By+Cz+(-Ax_0-By_0-Cz_0)=0,$$

令 $D=-Ax_0-By_0-Cz_0$,则有

微视频
平面的一般式方程

$$Ax+By+Cz+D=0, \tag{9.3.2}$$

即平面 π 的方程(9.3.1)可以写成形如式(9.3.2)的三元一次方程.反过来,任何一个三元一次方程

$$Ax+By+Cz+D=0 \quad (A,B,C \text{ 不同时为零})$$

是否都代表某一平面的方程呢?

设 (x_0,y_0,z_0) 为方程(9.3.2)的一组解,则有

$$Ax_0+By_0+Cz_0+D=0, \tag{9.3.3}$$

方程(9.3.2)减去方程(9.3.3)得

$$A(x-x_0)+B(y-y_0)+C(z-z_0)=0, \tag{9.3.4}$$

这正是过点 (x_0,y_0,z_0) 且以 $\{A,B,C\}$ 为法向量的平面方程.而式(9.3.4)与式(9.3.2)同解.所以,式(9.3.2)代表一平面方程.

总之,在空间直角坐标系 $Oxyz$ 下,平面方程为三元一次方程,并且任何一个三元一次方程都表示空间一平面,并称方程(9.3.2)为平面的一般式方程,并且方程(9.3.2)的法向量为

$$\boldsymbol{n}=\{A,B,C\}.$$

例 9.3.3 求过点 $O(0,0,0)$,$B_1(0,0,1)$,$B_2(0,1,1)$ 的平面方程.

解 点 $O(0,0,0)$,$B_1(0,0,1)$,$B_2(0,1,1)$ 不在一直线上,所以,这三点唯一确定一个平面,令其法向量 $\boldsymbol{n}=\{A,B,C\}$,所求平面方程为

$$Ax+By+Cz+D=0,$$

将三点坐标分别代入上式得

$$\begin{cases} A\cdot0+B\cdot0+C\cdot0+D=0, & ① \\ A\cdot0+B\cdot0+C\cdot1+D=0, & ② \\ A\cdot0+B\cdot1+C\cdot1+D=0, & ③ \end{cases}$$

由方程①得 $D=0$,再由②得 $C=0$,再将 $C=0$,$D=0$ 代入方程③知 $B=0$,于是得

$$Ax=0 \quad (A\neq0,\text{否则法向量 }\boldsymbol{n}=\boldsymbol{0}),$$

即 $x=0$ 为所求平面方程.

由于由 $O(0,0,0),B_1(0,0,1),B_2(0,1,1)$ 所确定的平面即为 yOz 面.那么,yOz 面的方程即为 $x=0$.
类似地,xOy 面的方程为 $z=0$,zOx 面的方程为 $y=0$.

例9.3.4　试写出与 yOz 面平行,且过 x 轴上的点 $(1,0,0)$ 的平面方程.

解　因为 x 轴垂直于 yOz 面,所以,x 轴上的单位向量 $\boldsymbol{i}$ 可作为与 yOz 面平行的平面的法向量 $\boldsymbol{n}$,即
$$\boldsymbol{n}=\boldsymbol{i}=\{1,0,0\},$$
所以,过点 $(1,0,0)$,且以 $\{1,0,0\}$ 为法向量的平面方程为
$$1\cdot(x-1)+0\cdot(y-0)+0\cdot(z-0)=0,$$
整理得
$$x=1,$$
即 $x=1$ 为过点 $(1,0,0)$ 且与 yOz 面平行的平面方程.

一般地,用三角形或平行四边形表示平面的图形.

例9.3.5　描绘出下列平面方程所代表的平面:

（1）$x=2$;　　（2）$z=1$;

（3）$x+y=1$;　　（4）$\dfrac{x}{a}+\dfrac{y}{b}+\dfrac{z}{c}=1$　（a,b,c 均不为 0）.

解　（1）方程 $x=2$ 表示过点 $(2,0,0)$ 且平行于 yOz 面的平面（图 9.3.3）.

（2）$z=1$ 表示过 z 轴上的点 $(0,0,1)$ 且与 xOy 面平行的平面（图 9.3.4）.

（3）$x+y=1$ 表示以 $\{1,1,0\}$ 为法向量的平面,由于法向量 $\{1,1,0\}$ 与 z 轴垂直,所以,该平面与 z 轴平行（图 9.3.5）.

（4）方程 $\dfrac{x}{a}+\dfrac{y}{b}+\dfrac{z}{c}=1$ 表示过坐标轴上的点 $A(a,0,0),B(0,b,0),C(0,0,c)$ 的平面（图 9.3.6）.

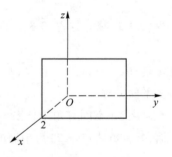

图 9.3.3

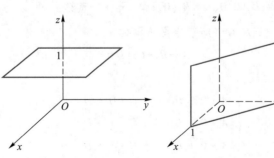

图 9.3.4　　　　　　　　　　　　图 9.3.5

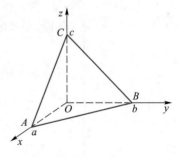

图 9.3.6

9.3.2　直线的方程

1. 直线的点向式方程

设非零向量 s 平行于直线 L,则称 s 为直线 L 的方向向量.设直线 L 过点 $M_0(x_0,y_0,z_0)$,并且 $s=\{m,n,p\}$ 为其方向向量,现推导直线 L 的方程.

设点 $M(x,y,z)$ 为直线 L 上任一点,由于 $\overrightarrow{M_0M}$ 在直线 L 上,所以 $\overrightarrow{M_0M}\ /\!/\ s$,即

$$\overrightarrow{M_0M}=ts \quad (t\ \text{为实数}),$$

微视频
直线的点向式方程

而

$$\overrightarrow{M_0M}=\{x-x_0,y-y_0,z-z_0\},$$

所以,$\{x-x_0,y-y_0,z-z_0\}=t\{m,n,p\}$,

因此,有

$$\begin{cases} x-x_0=tm,\\ y-y_0=tn,\\ z-z_0=tp, \end{cases}$$

于是,有

$$\begin{cases} x=x_0+mt,\\ y=y_0+nt,\\ z=z_0+pt. \end{cases} \tag{9.3.5}$$

因为直线 L 上任一点的坐标都满足式(9.3.5),而不在直线 L 上的点的坐标都不满足式(9.3.5),所以式(9.3.5)是直线 L 的方程,并称式(9.3.5)为直线 L 的参数方程,其中 t 为参数.

在式(9.3.5)中,消去参数 t,即有

$$\frac{x-x_0}{m}=\frac{y-y_0}{n}=\frac{z-z_0}{p}, \tag{9.3.6}$$

式(9.3.6)中 (x_0,y_0,z_0) 是直线 L 上已知点,$\{m,n,p\}$ 是 L 的方向向量,因此,式(9.3.6)称为直线 L 的点向式方程.

因为 $s\neq\mathbf{0}$,所以 m,n,p 不全为零,但当有一个为零,例如 $m=0$ 时,式(9.3.6)应理解为

$$\begin{cases} x-x_0=0,\\ \dfrac{y-y_0}{n}=\dfrac{z-z_0}{p}. \end{cases}$$

当有两个为零时,例如 $m=n=0$,式(9.3.6)应理解为

$$\begin{cases} x-x_0=0,\\ y-y_0=0. \end{cases}$$

例 9.3.6　求过两点 $M_1(1,1,1)$,$M_2(3,2,3)$ 的直线 L 的方程.

解　直线 L 的方向向量

$$s=\overrightarrow{M_1M_2}=\{3-1,2-1,3-1\}=\{2,1,2\},$$

因此,过点 $M_1(1,1,1)$,且以 $s=\{2,1,2\}$ 为方向向量的直线 L 的方程为

$$\frac{x-1}{2}=\frac{y-1}{1}=\frac{z-1}{2}.$$

微视频
直线的一般式方程

2. 直线的一般式方程

空间直线也可看作两平面的交线,所以可用这两个平面方程的联立方程组来表示直线方程,即

$$\begin{cases} A_1x+B_1y+C_1z+D_1=0, \\ A_2x+B_2y+C_2z+D_2=0. \end{cases} \tag{9.3.7}$$

由于两平面相交,故式(9.3.7)中的 A_1,B_1,C_1 与 A_2,B_2,C_2 不成比例(即法向量 $\boldsymbol{n}_1=\{A_1,B_1,C_1\}$ 与 $\boldsymbol{n}_2=\{A_2,B_2,C_2\}$ 不平行),称式(9.3.7)是直线 L 的一般式方程.

直线的一般式方程与直线的点向式方程可以相互转化.例如,已知直线的一般式方程(9.3.7),要把它化为点向式方程可先求出满足式(9.3.7)的任意一组解(x_0,y_0,z_0),则点$M_0(x_0,y_0,z_0)$即为直线 L 上的点;由于直线 L 的方向向量 $\boldsymbol{s}$ 与两平面的法向量 $\boldsymbol{n}_1,\boldsymbol{n}_2$ 都垂直,所以可选$\boldsymbol{s}=\boldsymbol{n}_1\times\boldsymbol{n}_2$.由点 M_0 及方向向量 $\boldsymbol{s}$ 可把直线的一般式方程化为点向式方程.

由直线的点向式方程写成直线的一般式方程,只需将点向式方程的两个等号所连接的式子写成两个平面方程,再联立即可,即

$$\begin{cases} \dfrac{x-x_0}{m}=\dfrac{y-y_0}{n}, \\[2mm] \dfrac{y-y_0}{n}=\dfrac{z-z_0}{p}, \end{cases}$$

变形后,得

$$\begin{cases} nx-my-nx_0+my_0=0, \\ py-nz-py_0+nz_0=0, \end{cases}$$

它为直线的一般式方程.

例 9.3.7　写出直线 $L: \begin{cases} x-2y+3z-3=0, \\ 3x+y-2z+5=0 \end{cases}$ 的点向式方程.

解　先在直线 $L: \begin{cases} x-2y+3z-3=0, \\ 3x+y-2z+5=0 \end{cases}$ 上选取一点,为此,令 $z=0$,得

$$\begin{cases} x-2y=3, \\ 3x+y=-5, \end{cases}$$

解之得 $x=-1,y=-2$,即点 $M_0(-1,-2,0)$ 为直线 L 上的一个点.

直线 L 的方向向量

$$\boldsymbol{s}=\{1,-2,3\}\times\{3,1,-2\}$$

$$=\begin{vmatrix} \boldsymbol{i} & \boldsymbol{j} & \boldsymbol{k} \\ 1 & -2 & 3 \\ 3 & 1 & -2 \end{vmatrix}=\boldsymbol{i}+11\boldsymbol{j}+7\boldsymbol{k},$$

所以,直线 L 的点向式方程为

$$\frac{x+1}{1}=\frac{y+2}{11}=\frac{z-0}{7}.$$

例 9.3.8　设平面 π_1 的方程为 $2x-y+2z+1=0$,平面 π_2 的方程为 $x-y+5=0$,求平面 π_1 与 π_2 的夹角.

解 两平面的夹角可由其法向量确定,设平面 π_1 的法向量为 $\boldsymbol{n}_1$,平面 π_2 的法向量为 $\boldsymbol{n}_2$,则

$$\boldsymbol{n}_1 = \{2,-1,2\}, \quad \boldsymbol{n}_2 = \{1,-1,0\},$$

所以

$$\cos\theta = \frac{|\boldsymbol{n}_1 \cdot \boldsymbol{n}_2|}{|\boldsymbol{n}_1||\boldsymbol{n}_2|} = \frac{|2\times1+(-1)\times(-1)+2\times0|}{\sqrt{2^2+(-1)^2+2^2}\sqrt{1^2+(-1)^2+0^2}} = \frac{3}{3\sqrt{2}} = \frac{\sqrt{2}}{2},$$

即

$$\theta = \arccos\frac{\sqrt{2}}{2} = \frac{\pi}{4}$$

为两平面 π_1,π_2 的夹角.

例 9.3.9 求点 $P_0(-1,-2,1)$ 到平面 $\pi : x+2y-2z-5=0$ 的距离.

解 为求点 P_0 到平面 π 的距离,在平面 π 上取定一点 P_1,则点 P_0 到平面 π 的距离即为向量 $\overrightarrow{P_0P_1}$ 在平面 π 的法向量 $\boldsymbol{n}$ 上的投影的绝对值 (图 9.3.7),点 P_0 到平面 π 的距离为

$$d = ||\overrightarrow{P_0P_1}|\cos\theta|,$$

其中 θ 为 $\overrightarrow{P_0P_1}$ 与 $\boldsymbol{n}$ 的夹角.注意到

$$\cos\theta = \frac{\overrightarrow{P_0P_1}\cdot\boldsymbol{n}}{|\overrightarrow{P_0P_1}||\boldsymbol{n}|},$$

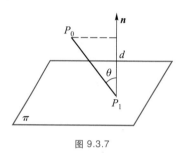

图 9.3.7

则

$$d = \left||\overrightarrow{P_0P_1}|\frac{\overrightarrow{P_0P_1}\cdot\boldsymbol{n}}{|\overrightarrow{P_0P_1}||\boldsymbol{n}|}\right| = \left|\frac{\overrightarrow{P_0P_1}\cdot\boldsymbol{n}}{|\boldsymbol{n}|}\right| = |\overrightarrow{P_0P_1}\cdot\boldsymbol{n}^\circ|,$$

其中 $\boldsymbol{n}^\circ$ 为平面 π 的单位法向量.

微视频
点到平面的距离

令 $z=0, y=0$,代入平面 π 的方程得 $x=5$,即点 $(5,0,0)$ 为平面 π 上的一个点 P_1,则由 $P_0(-1,-2,1)$, $P_1(5,0,0)$ 所确定的向量

$$\overrightarrow{P_0P_1} = \{5-(-1),0-(-2),0-1\} = \{6,2,-1\},$$

而平面 π 的法向量为 $\boldsymbol{n} = \{1,2,-2\}$,其单位法向量为

$$\boldsymbol{n}^\circ = \frac{\{1,2,-2\}}{\sqrt{1^2+2^2+(-2)^2}} = \left\{\frac{1}{3},\frac{2}{3},-\frac{2}{3}\right\},$$

所以,点 P_0 到平面 π 的距离

$$d = |\overrightarrow{P_0P_1}\cdot\boldsymbol{n}^\circ| = \left|6\times\frac{1}{3}+2\times\frac{2}{3}+(-1)\times\left(\frac{-2}{3}\right)\right| = \left|2+\frac{4}{3}+\frac{2}{3}\right| = 4$$

为所求.

　　两平面间的位置关系完全由其法向量决定,因此两平面平行(垂直)的充要条件是其法向量互相平行(垂直);同样两直线间的位置关系完全由其方向向量决定,因此,两直线平行(垂直)的充要条件是其方向向量互相平行(垂直).

　　例 9.3.10　试证直线 $L_1: \dfrac{x-1}{1} = \dfrac{y-2}{2} = \dfrac{z-3}{3}$ 与直线 $L_2: \dfrac{x-2}{-4} = \dfrac{y-3}{5} = \dfrac{z-2}{-2}$ 垂直.

　　证　因为 L_1 的方向向量为 $s_1 = \{1, 2, 3\}$,L_2 的方向向量为 $s_2 = \{-4, 5, -2\}$,而

$$s_1 \cdot s_2 = 1 \times (-4) + 2 \times 5 + 3 \times (-2) = -4 + 10 - 6 = 0,$$

所以,$s_1 \perp s_2$,即 $L_1 \perp L_2$,证毕.

　　例 9.3.11　试证平面 $\pi_1: 2x + 5y + 4z + 6 = 0$ 与平面 $\pi_2: 2x - 4y + 4z + 11 = 0$ 垂直,而平面 π_2 与平面 $\pi_3: x - 2y + 2z + 11 = 0$ 平行.

　　证　因为　　π_1 的法向量为 $n_1 = \{2, 5, 4\}$,

　　　　　　　　　　π_2 的法向量为 $n_2 = \{2, -4, 4\}$,

　　　　　　　　　　π_3 的法向量为 $n_3 = \{1, -2, 2\}$,

由于 $n_1 \cdot n_2 = 2 \times 2 + 5 \times (-4) + 4 \times 4 = 0$,所以 $n_1 \perp n_2$,即 $\pi_1 \perp \pi_2$.

　　又由于

$$n_2 = 2n_3,$$

所以 $n_2 /\!/ n_3$,即 $\pi_2 /\!/ \pi_3$.

思考题 9.3

1. 什么条件可以确定一个平面方程?

2. 什么条件可以确定一条直线方程?

3. 由直线的一般式方程化为直线的点向式方程的关键点及主要步骤是什么?

4. 在直线方程 $\dfrac{x-x_0}{m} = \dfrac{y-y_0}{n} = \dfrac{z-z_0}{p}$ 中有的分母为零时应如何理解?

5. 直线与平面平行的充要条件是什么?

练习 9.3A

1. 写出过点 $M_0(1, 2, 3)$ 且以 $n = \{2, 2, 1\}$ 为法向量的平面方程.

2. 求过三点 $A(1, 0, 0)$,$B(0, 1, 0)$,$C(0, 0, 1)$ 的平面方程.

3. 求过点 $(0, 0, 1)$ 且与平面 $3x + 4y + 2z = 1$ 平行的平面方程.

4. 写出过点 $M_0(1, 1, 1)$ 且以 $a = \{4, 3, 2\}$ 为方向向量的直线方程.

5. 求过两点 $A(1, 2, 1)$,$B(2, 1, 2)$ 的直线方程.

练习 9.3B

1. 写出下列平面方程:

（1）xOy 平面;　　　　　　（2）过 z 轴的平面;

（3）平行于 zOx 的平面；（4）与 x,y,z 轴正向的截距皆为 2 的平面.

2. 求过点 $(1,1,1)$ 且与直线 $\dfrac{x-1}{2}=\dfrac{y-2}{3}=\dfrac{z-3}{4}$ 平行的直线方程.

3. 求直线 $\begin{cases} x+y+z=1, \\ 2x-y+3z=0 \end{cases}$ 的点向式方程.

4. 设平面 π 的方程为 $Ax+By+Cz+D=0$，问 A,B,C,D 取何值时，下列位置关系成立：

（1）平面 π 与平面 $z=0$ 平行；

（2）平面 π 与平面 $z=0$ 垂直；

（3）平面 π 与平面 $x=0$ 垂直；

（4）平面 π 过坐标原点.

9.4　曲面与空间曲线

前面我们考察了最简单的曲面——平面以及最简单的空间曲线——直线，建立了它们的一些常见形式的方程.这一节，我们将讨论一般的曲面和空间曲线的方程，并介绍几种类型的曲面.

9.4.1　曲面方程的概念

微视频
曲面方程的概念

在平面解析几何中，我们把平面曲线看作是平面上按照一定规律运动的点的轨迹.类似地，在空间解析几何中，我们把曲面看作是空间中按照一定规律运动的点的轨迹.空间中的点按一定规律运动，它的坐标 (x,y,z) 就要满足 x,y,z 的某个关系式，这个关系式就是曲面的方程，记为 $F(x,y,z)=0$.于是有

> **定义 9.4.1（曲面方程）**　如果曲面 Σ 上每一点的坐标都满足方程 $F(x,y,z)=0$，而不在曲面 Σ 上的点的坐标都不满足这个方程，则称方程 $F(x,y,z)=0$ 为曲面 Σ 的方程，而称曲面 Σ 为此方程的图形.

根据定义 9.4.1，求空间曲线方程就是求该曲线上任一点的坐标所满足的关系式.

例 9.4.1　求与两定点 $M_1(x_1,y_1,z_1),M_2(x_2,y_2,z_2)$ 等距离的点的轨迹方程.

解　设 $M(x,y,z)$ 为轨迹上的任一点，按题意有 $|\overrightarrow{MM_1}|=|\overrightarrow{MM_2}|$，写成坐标形式，即

$$\sqrt{(x-x_1)^2+(y-y_1)^2+(z-z_1)^2}=\sqrt{(x-x_2)^2+(y-y_2)^2+(z-z_2)^2}.$$

化简，得

$$(x_2-x_1)x+(y_2-y_1)y+(z_2-z_1)z+\frac{1}{2}\left[x_1^2+y_1^2+z_1^2-(x_2^2+y_2^2+z_2^2)\right]=0.$$

因为在轨迹上的点的坐标满足上述方程，而不在轨迹上的点的坐标不满足该方程，所以它就是所求点的轨迹方程.该方程是 x,y,z 的一次方程，它表示一个平面，这与立体几何里"到线段两端等距离的点的轨迹是它的垂直平分面"的结论相符合.

例 9.4.2　求球心在 (x_0, y_0, z_0),半径为 R 的球面方程.

解　设定点 M_0 的坐标为 (x_0, y_0, z_0),则点 $M(x, y, z)$ 在以 M_0 为球心,以 R 为球半径的球面上的充要条件为

$$|\overrightarrow{M_0 M}| = R,$$

即

$$\sqrt{(x-x_0)^2 + (y-y_0)^2 + (z-z_0)^2} = R,$$

两边平方,得

$$(x-x_0)^2 + (y-y_0)^2 + (z-z_0)^2 = R^2, \tag{①}$$

显然,球面上的点的坐标满足方程①,不在球面上的点的坐标不满足方程①,所以方程①就是以 $M_0(x_0, y_0, z_0)$ 为球心,以 R 为球半径的球面方程.

当 $x_0 = y_0 = z_0 = 0$ 时,则得球心在坐标原点的球面方程为

$$x^2 + y^2 + z^2 = R^2.$$

9.4.2　母线平行于坐标轴的柱面

微视频
母线平行于坐标轴的柱面

定义 9.4.2(柱面)　在空间,直线 L 沿定曲线 C 平行移动所形成的曲面称为柱面.定曲线 C 称为柱面的准线,动直线 L 称为柱面的母线(图 9.4.1).

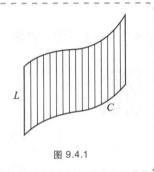

图 9.4.1

下面我们只讨论准线在坐标面上,而母线垂直于该坐标面的柱面,先看一个例子.

设一个圆柱面的母线平行于 z 轴,准线 C 是 xOy 平面上以原点为圆心,R 为半径的圆.在平面直角坐标系中,准线 C 的方程为 $x^2 + y^2 = R^2$,我们来求这个圆柱面的方程.

在圆柱面上任取一点 $M(x, y, z)$,过点 M 的母线与 xOy 平面的交点 $M_0(x, y, 0)$ 一定在准线 C 上(图 9.4.2),所以不论点 M 坐标中的 z 取什么值,它的横坐标 x 和纵坐标 y 必定满足方程 $x^2 + y^2 = R^2$.反之,不在圆柱面上的点,它的坐标不满足这个方程,于是所求柱面方程为 $x^2 + y^2 = R^2$.

必须注意,在平面直角坐标系中,方程 $x^2 + y^2 = R^2$ 表示一个圆周;在空间直角坐标系中,方程 $x^2 + y^2 = R^2$ 表示一个母线平行于 z 轴的圆柱面.

一般来说,如果柱面的准线是 xOy 面上的曲线 C,它在平面直角坐标系中的方程为 $f(x, y) = 0$,那么,在空间直角坐标系中,以 C 为准线,母线平行于 z 轴的柱面方程就是 $f(x, y) = 0$.

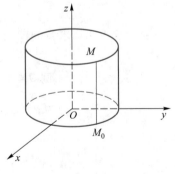

图 9.4.2

类似地,在空间直角坐标系中,方程 $g(y,z)=0$ 表示母线平行于 x 轴的柱面,方程 $h(x,z)=0$ 表示母线平行于 y 轴的柱面.

可见,在空间直角坐标系 $Oxyz$ 下,含两个变量的方程为柱面方程,并且方程中缺哪个变量,该柱面的母线就平行于哪一个坐标轴.

例 9.4.3　方程 $\dfrac{x^2}{a^2}+\dfrac{y^2}{b^2}=1$,$\dfrac{x^2}{a^2}-\dfrac{y^2}{b^2}=1$,$x^2-2py=0$ 分别表示母线平行于 z 轴的椭圆柱面、双曲柱面和抛物柱面,如图 9.4.3、图 9.4.4、图 9.4.5 所示.由于这些方程都是二次的,因此称为二次柱面.

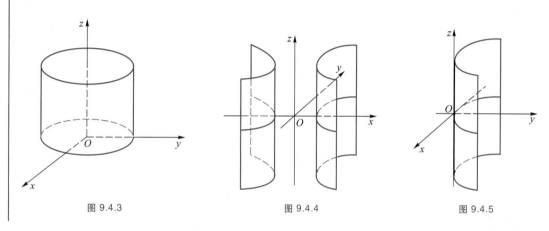

图 9.4.3　　　　　　　　　　　图 9.4.4　　　　　　　　　　　图 9.4.5

9.4.3　旋转曲面

定义 9.4.3(旋转曲面)　在空间,一平面曲线 C 绕同一平面上的一条定直线 L 旋转所形成的曲面称为旋转曲面.曲线 C 称为旋转曲面的母线,直线 L 称为旋转曲面的轴.

微视频
旋转轴为坐标轴的
旋转曲面

下面我们只讨论母线在某个坐标面上,它绕某个坐标轴旋转所形成的旋转曲面.

设在 yOz 平面上有一条已知曲线 C,它在平面直角坐标系中的方程是 $f(y,z)=0$,求此曲线 C 绕 z 轴旋转一周所形成的旋转曲面的方程(图 9.4.6).

在旋转曲面上任取一点 $M(x,y,z)$,设这点是由母线上点 $M_1(0,y_1,z_1)$ 绕 z 轴旋转一定角度而得到.由图 9.4.6 可知,点 M 与 z 轴的距离等于点 M_1 与 z 轴的距离,且有同一竖坐标,即 $\sqrt{x^2+y^2}=|y_1|$,$z=z_1$,又因为点 M_1 在母线 C 上,所以 $f(y_1,z_1)=0$,于是有

$$f(\pm\sqrt{x^2+y^2},z)=0.$$

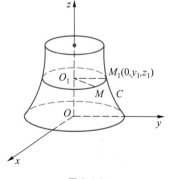

图 9.4.6

旋转曲面上的点都满足方程 $f(\pm\sqrt{x^2+y^2},z)=0$,而不在旋转曲面上的点都不满足该方程,故此方程是母线为 C,旋转轴为 z 轴的旋转曲面的方程.可

见,只要在 yOz 坐标面上曲线 C 的方程 $f(y,z)=0$ 中,将 y 换成 $\pm\sqrt{x^2+y^2}$,就得到曲线 C 绕 z 轴旋转的旋转曲面方程.

同理,曲线 C 绕 y 轴旋转的旋转曲面方程为 $f(y,\pm\sqrt{x^2+z^2})=0$.

对于其他坐标面上的曲线,绕该坐标面上任何一条坐标轴旋转所生成的旋转曲面,其方程可以用上述类似方法求得.

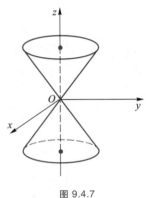

例 9.4.4 求由 yOz 平面上的直线 $z=ky$ $(k>0)$ 绕 z 轴旋转所形成的旋转曲面方程.

解 在 $z=ky$ 中,把 y 换成 $\pm\sqrt{x^2+y^2}$ 得所求方程为
$$z=\pm k\sqrt{x^2+y^2},$$
即
$$z^2=k^2(x^2+y^2),$$
此曲面为顶点在原点,对称轴为 z 轴的圆锥面(图 9.4.7).

图 9.4.7

9.4.4 二次曲面

微视频
二次曲面

在空间直角坐标系中,若 $F(x,y,z)=0$ 是一次方程,则它的图形是一个平面,平面也称为一次曲面.若它的方程是二次方程,则它的图形称为二次曲面.对于空间曲面方程的研究,我们一般地用一系列平行于坐标面的平面去截曲面,求得一系列的交线,对这些交线进行分析,就可看出曲面的轮廓,这种方法称为截痕法.

下面我们用截痕法讨论几个常见的二次方程所表示的二次曲面的形状.

1. 椭球面

方程
$$\frac{x^2}{a^2}+\frac{y^2}{b^2}+\frac{z^2}{c^2}=1 \quad (a>0,b>0,c>0)$$
所表示的曲面称为椭球面,a,b,c 称为椭球面的半轴.

由方程 $\dfrac{x^2}{a^2}+\dfrac{y^2}{b^2}+\dfrac{z^2}{c^2}=1$ 可知

$$\frac{x^2}{a^2}\leqslant 1, \quad \frac{y^2}{b^2}\leqslant 1, \quad \frac{z^2}{c^2}\leqslant 1,$$

即
$$|x|\leqslant a, \quad |y|\leqslant b, \quad |z|\leqslant c,$$
由此可见,曲面包含在 $x=\pm a,y=\pm b,z=\pm c$ 这六个平面所围成的长方体内.

现用截痕法来讨论这个曲面的形状.

用 xOy 坐标面 $z=0$ 和平行于 xOy 坐标面的平面 $z=h$ $(|h|\leqslant c)$ 去截曲面,其截痕分别为椭圆,且 $|h|$ 由 0 逐渐增大到 c 时,椭圆由大变小,逐渐缩为一点.

同样用 zOx 坐标面与平行于 zOx 坐标面的平面去截曲面和用 yOz 坐标面与平行于 yOz 坐标面的平面去截曲面,它们的交线与上述结果类同.

综合上述讨论,知方程 $\dfrac{x^2}{a^2}+\dfrac{y^2}{b^2}+\dfrac{z^2}{c^2}=1$ 所表示的曲面形状如图

9.4.8 所示.

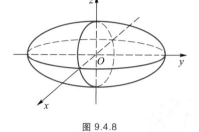

图 9.4.8

当 $a=b$ 时原方程化为

$$\frac{x^2+y^2}{a^2}+\frac{z^2}{c^2}=1,$$

它是一个椭圆绕 z 轴旋转而成的旋转椭球面.

当 $a=b=c$ 时,原方程化为

$$x^2+y^2+z^2=a^2,$$

它是一个球心在坐标原点,半径为 a 的球面.

2. 椭圆抛物面

方程 $\dfrac{x^2}{2p}+\dfrac{y^2}{2q}=z$ $(p>0,q>0)$ 所表示的曲面称为椭圆抛物面.

由方程 $\dfrac{x^2}{2p}+\dfrac{y^2}{2q}=z$ 知, $z\geqslant 0$,故曲面在 xOy 平面的下方无图形.

用 xOy 坐标面去截曲面,截痕是一点 $(0,0,0)$,称为椭圆抛物面的顶点.

用平行于 xOy 坐标面的平面 $z=h$ $(h>0)$ 截此曲面,其交线为 $z=h$ 平面上的椭圆,且当 h 增大时,椭圆的半轴也随之增大.

若用平面 $x=h$ 或 $y=h$ 截曲面,其交线分别为抛物线.

综合上面的讨论,椭圆抛物面的形状如图 9.4.9 所示.

当 $p=q$ 时,原方程化为 $x^2+y^2=2pz$,它是由抛物线绕 z 轴旋转而成,称为旋转抛物面.

作为练习,读者可用截痕法画出单叶双曲面 $\dfrac{x^2}{a^2}+\dfrac{y^2}{b^2}-\dfrac{z^2}{c^2}=1$ 及双叶双曲面 $\dfrac{x^2}{a^2}+\dfrac{y^2}{b^2}-\dfrac{z^2}{c^2}=-1$ 的图形.

方程 $\dfrac{x^2}{a^2}+\dfrac{y^2}{b^2}-\dfrac{z^2}{c^2}=1$ $(a>0,b>0,c>0)$ 所表示的曲面称为单叶双曲面,其图形如图 9.4.10 所示.

方程 $\dfrac{x^2}{a^2}+\dfrac{y^2}{b^2}-\dfrac{z^2}{c^2}=-1$ $(a>0,b>0,c>0)$ 所表示的曲面称为双叶双曲面,其图形如图 9.4.11 所示.

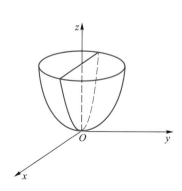

图 9.4.9

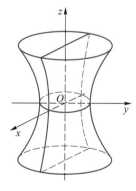

图 9.4.10

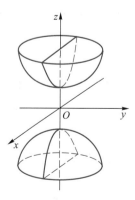

图 9.4.11

*9.4.5　空间曲线及其在坐标面上的投影

在前面我们曾经把空间直线看作是两平面的交线,类似地,也可以把空间曲线看作是两曲面的交线.

设曲面 Σ_1 的方程是 $F_1(x,y,z)=0$,曲面 Σ_2 的方程是 $F_2(x,y,z)=0$,则交线 C 上的点必定同时满足 Σ_1, Σ_2 的方程.不在 C 上的点一定不能同时满足这两个方程.因此,联立方程组

微视频
空间曲线及投影

$$\begin{cases} F_1(x,y,z)=0, \\ F_2(x,y,z)=0 \end{cases}$$

即为空间曲线 C 的方程,它称为空间曲线的一般式方程.

空间曲线除了可用一般式表示外,还常用参数方程

$$\begin{cases} x=x(t), \\ y=y(t), \quad \alpha \leqslant t \leqslant \beta, \\ z=z(t), \end{cases}$$

或其向量形式 $\boldsymbol{r}(t)=x(t)\boldsymbol{i}+y(t)\boldsymbol{j}+z(t)\boldsymbol{k}$ 来表示.

例如 $\begin{cases} x^2+y^2=R^2, \\ z=1 \end{cases}$ 表示由圆柱面与平面 $z=1$ 的交线,其交线为平面 $z=1$ 上的圆.

> **定义 9.4.4(投影柱面,投影曲线)**　设空间曲线 C 的方程为 $\begin{cases} F_1(x,y,z)=0, \\ F_2(x,y,z)=0, \end{cases}$ 过曲线 C 上的每一点作
>
> xOy 坐标面的垂线,这些垂线形成了一个母线平行于 z 轴且过 C 的柱面,称为曲线 C 关于 xOy 面的投影柱面.这个柱面与 xOy 面的交线称为曲线 C 在 xOy 面上的投影曲线,简称投影.

在方程组 $\begin{cases} F_1(x,y,z)=0, \\ F_2(x,y,z)=0 \end{cases}$ 中消去变量 z 得方程

$$F(x,y)=0,$$

上述方程缺变量 z,所以它是一个母线平行于 z 轴的柱面.又因为 C 上的点的坐标满足方程组 $\begin{cases} F_1(x,y,z)=0, \\ F_2(x,y,z)=0, \end{cases}$ 当然也满足方程 $F(x,y)=0$,所以 C 上的点都在此柱面上.方程 $F(x,y)=0$ 就是曲线 C 关于 xOy 面的投影柱面方程.它与 xOy 面的交线

$$\begin{cases} F(x,y)=0, \\ z=0 \end{cases}$$

就是 C 在 xOy 面上的投影曲线方程.

同理,若分别从方程组 $\begin{cases} F_1(x,y,z)=0, \\ F_2(x,y,z)=0 \end{cases}$ 中消去变量 x 或 y,分别得曲线 C 关于 yOz 面的投影柱面方程 $G(y,z)=0$ 或曲线 C 关于 xOz 面的投影柱面方程 $H(x,z)=0$,则曲线 C 在 yOz 面与 zOx 面的投影曲线方程分别为

$$\begin{cases} G(y,z)=0, \\ x=0 \end{cases}$$

与
$$\begin{cases} H(x,z)=0, \\ y=0. \end{cases}$$

例 9.4.5 求曲线 $C: \begin{cases} z=\sqrt{x^2+y^2}, \\ x^2+y^2+z^2=1 \end{cases}$ 在 xOy 面的投影曲线方程,并问它在 xOy 面上的投影曲线是怎样一条曲线?

解 消去变量 z 得

$$x^2+y^2=\frac{1}{2},$$

这是曲线 C 关于 xOy 坐标面的投影柱面方程,所以曲线 C 在 xOy 坐标面上的投影曲线方程为

$$\begin{cases} x^2+y^2=\dfrac{1}{2}, \\ z=0, \end{cases}$$

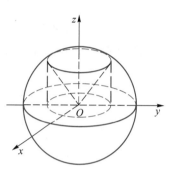

图 9.4.12

它是 xOy 坐标面上圆心在点 $(0,0)$,半径为 $\sqrt{\dfrac{1}{2}}$ 的一个圆(图 9.4.12).

思考题 9.4

1. 方程 $z^2=x^2+y^2$ 代表何曲面,分别与平面 $x=0$,$y=1$ 和 $z=2$ 的交线是什么?

2. 几种常见的二次曲面的名称及直角坐标系下的方程是什么?

练习 9.4A

1. 指出下列方程所表示的几何图形的名称,并画出其草图:

(1) $\begin{cases} x-5=0, \\ z+2=0; \end{cases}$ (2) $3x^2+4y^2=25$;

(3) $x^2+y^2=4z$; (4) $z^2-x^2=0$.

2. 分别求曲线 $\begin{cases} z=x^2+y^2, \\ z=1 \end{cases}$ 在 xOy 面及 yOz 面的投影.

练习 9.4B

1. 求 $z=y^2$ 绕 z 轴旋转所得旋转面的方程.

2. 求曲线 $\begin{cases} z^2=5x, \\ y=0 \end{cases}$ 绕 x 轴旋转所得旋转曲面方程,并指出其名称.

3. 画出曲面 $z=\sqrt{1-x^2-y^2}$ 与 $z=x^2+y^2$ 所围空间图形.

*9.5　向量函数的微分

微视频
向量函数

　　在 9.1 中我们介绍了向量的概念及其运算,其中我们讨论的向量均为常向量.对于向量而言,还有另外一类变向量(或变矢量),在此我们将介绍变向量及其微分的概念与运算.

9.5.1　向量函数

定义 9.5.1(向量函数)　设有一变向量 $\boldsymbol{\alpha}$ 和一变量 t,如果对于 t 在一定范围内的每一个数值,变向量 $\boldsymbol{\alpha}$ 都有确定的量(大小和方向都确定的一个向量)和它对应,则变向量 $\boldsymbol{\alpha}$ 称为变量 t 的向量函数(也称矢量函数,矢函数),记作

$$\boldsymbol{\alpha}=\boldsymbol{\alpha}(t).$$

　　当 t 取定后,$\boldsymbol{\alpha}(t)$ 是一个常向量,因此,向量函数可用坐标表示为

$$\boldsymbol{\alpha}(t)=\alpha_x(t)\boldsymbol{i}+\alpha_y(t)\boldsymbol{j}+\alpha_z(t)\boldsymbol{k},$$

其中 $\alpha_x(t),\alpha_y(t),\alpha_z(t)$ 都是 t 的数量函数(是指自变量和因变量均在各自的实数范围内变化的函数).

定义 9.5.2(矢端曲线)　若把向量函数表示成动点 M 的向径形式

$$\boldsymbol{r}=\boldsymbol{r}(t),$$

则当 t 变动时,点 M 在空间描出一条曲线,称该曲线为向量函数的矢端曲线(图 9.5.1),它的三个坐标由三个数量函数给定

$$x=x(t),\quad y=y(t),\quad z=z(t),$$
$$\boldsymbol{r}=x\boldsymbol{i}+y\boldsymbol{j}+z\boldsymbol{k}.$$

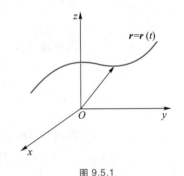

图 9.5.1

定义 9.5.3(向量函数的极限)　设 t_0 为一常数,随着 $t\to t_0$(t 可以不等于 t_0),如果向量函数 $\boldsymbol{r}(t)$ 变得无限接近于一个常向量 $\boldsymbol{r}_0$(要多近有多近),则称 $\boldsymbol{r}_0$ 为向量函数 $\boldsymbol{r}(t)$ 当 $t\to t_0$ 时的极限,记作

$$\lim_{t\to t_0}\boldsymbol{r}(t)=\boldsymbol{r}_0.$$

　　设 $\boldsymbol{r}(t)=x(t)\boldsymbol{i}+y(t)\boldsymbol{j}+z(t)\boldsymbol{k},\boldsymbol{r}_0=x_0\boldsymbol{i}+y_0\boldsymbol{j}+z_0\boldsymbol{k}$,则 $\lim\limits_{t\to t_0}\boldsymbol{r}(t)=\boldsymbol{r}_0$ 的充要条件为

$$\lim_{t\to t_0}x(t)=x_0,\quad \lim_{t\to t_0}y(t)=y_0,\quad \lim_{t\to t_0}z(t)=z_0.$$

定义 9.5.4(向量函数的连续)　若 $\lim\limits_{t\to t_0}\boldsymbol{r}(t)=\boldsymbol{r}(t_0)$,则称向量函数 $\boldsymbol{r}(t)$ 在 $t=t_0$ 处连续.

9.5.2 向量函数的导数与微分

定义 9.5.5(向量函数的导数) 设向量函数 $\boldsymbol{\alpha}(t)$ 在 t 处连续,并且极限 $\lim\limits_{\Delta t\to 0}\dfrac{\boldsymbol{\alpha}(t+\Delta t)-\boldsymbol{\alpha}(t)}{\Delta t}$ 存在,则

称向量函数在 t 处可导,且称此极限值为向量函数 $\boldsymbol{\alpha}(t)$ 的导数,记作 $\dfrac{\mathrm{d}\boldsymbol{\alpha}}{\mathrm{d}t}$ 或 $\boldsymbol{\alpha}'(t)$,向量函数的导数仍为

向量函数,若它仍可导,则其导数称为向量函数 $\boldsymbol{\alpha}=\boldsymbol{\alpha}(t)$ 的二阶导数,记为 $\dfrac{\mathrm{d}^2\boldsymbol{\alpha}}{\mathrm{d}t^2}$,$\boldsymbol{\alpha}''(t)$,称

$$\mathrm{d}\boldsymbol{\alpha}=\frac{\mathrm{d}\boldsymbol{\alpha}}{\mathrm{d}t}\mathrm{d}t$$

为向量函数 $\boldsymbol{\alpha}=\boldsymbol{\alpha}(t)$ 的微分.

微视频
向量函数的导数与
微分

若 $\boldsymbol{r}(t)=\{x(t),y(t),z(t)\}$ 可导,则其导数

$$\frac{\mathrm{d}\boldsymbol{r}}{\mathrm{d}t}=\left\{\frac{\mathrm{d}x(t)}{\mathrm{d}t},\frac{\mathrm{d}y(t)}{\mathrm{d}t},\frac{\mathrm{d}z(t)}{\mathrm{d}t}\right\}$$

或 $$\frac{\mathrm{d}\boldsymbol{r}}{\mathrm{d}t}=x'(t)\boldsymbol{i}+y'(t)\boldsymbol{j}+z'(t)\boldsymbol{k}.$$

下面讨论 $\dfrac{\mathrm{d}\boldsymbol{r}}{\mathrm{d}t}$ 的几何意义(图 9.5.2).

在矢端曲线 $\boldsymbol{r}=\boldsymbol{r}(t)$ 上点 M_0 附近任取一点 M,设其向径分别为 $\boldsymbol{r}(t_0)$ 及
$\boldsymbol{r}(t_0+\Delta t)$,$\Delta\boldsymbol{r}=\boldsymbol{r}(t_0+\Delta t)-\boldsymbol{r}(t_0)$,由于当点 M 沿曲线 $\boldsymbol{r}=\boldsymbol{r}(t)$ 无限趋近于 M_0
时,割线 $\overrightarrow{M_0M}$ 的极限位置 M_0T 即为该曲线在 M_0 处的切线.又因为 $\Delta\boldsymbol{r}=\overrightarrow{M_0M}$,
所以 $\dfrac{\Delta\boldsymbol{r}}{\Delta t}\,/\!/\,\overrightarrow{M_0M}$,因此,$\lim\limits_{\Delta t\to 0}\dfrac{\Delta\boldsymbol{r}}{\Delta t}\,/\!/\,\lim\limits_{M\to M_0}\overrightarrow{M_0M}$,即 $\boldsymbol{r}'(t_0)\,/\!/\,\overrightarrow{M_0T}$,于是,得

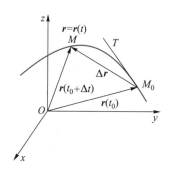

图 9.5.2

定理 9.5.1(向量函数导数的几何意义) $\boldsymbol{r}'(t_0)$ 为曲线 $\boldsymbol{r}=\boldsymbol{r}(t)$ 上点 $t=t_0$ 的对应点 M_0 处的切线的方
向向量,简称切向量.

向量函数与数量函数有着类似的求导法则,也有类似的求导公式:

定理 9.5.2(向量函数求导法则) 若如下所涉及的所有函数及导数均存在,则有

$\dfrac{\mathrm{d}\boldsymbol{c}}{\mathrm{d}t}=\boldsymbol{0}$ ($\boldsymbol{c}$ 为常向量),

$\dfrac{\mathrm{d}}{\mathrm{d}t}(k\boldsymbol{\alpha})=k\dfrac{\mathrm{d}\boldsymbol{\alpha}}{\mathrm{d}t}$ (k 为常数),

$\dfrac{\mathrm{d}}{\mathrm{d}t}(\boldsymbol{\alpha}+\boldsymbol{\beta}+\boldsymbol{\gamma})=\dfrac{\mathrm{d}\boldsymbol{\alpha}}{\mathrm{d}t}+\dfrac{\mathrm{d}\boldsymbol{\beta}}{\mathrm{d}t}+\dfrac{\mathrm{d}\boldsymbol{\gamma}}{\mathrm{d}t}$,

$\dfrac{\mathrm{d}}{\mathrm{d}t}(\psi\boldsymbol{\alpha})=\dfrac{\mathrm{d}\psi}{\mathrm{d}t}\boldsymbol{\alpha}+\psi\dfrac{\mathrm{d}\boldsymbol{\alpha}}{\mathrm{d}t}$ (ψ 是 t 的数量函数),

$$\frac{\mathrm{d}}{\mathrm{d}t}(\boldsymbol{\alpha}\cdot\boldsymbol{\beta})=\frac{\mathrm{d}\boldsymbol{\alpha}}{\mathrm{d}t}\cdot\boldsymbol{\beta}+\boldsymbol{\alpha}\cdot\frac{\mathrm{d}\boldsymbol{\beta}}{\mathrm{d}t},$$

$$\frac{\mathrm{d}}{\mathrm{d}t}(\boldsymbol{\alpha}\times\boldsymbol{\beta})=\frac{\mathrm{d}\boldsymbol{\alpha}}{\mathrm{d}t}\times\boldsymbol{\beta}+\boldsymbol{\alpha}\times\frac{\mathrm{d}\boldsymbol{\beta}}{\mathrm{d}t}\quad(\text{顺序不可以交换}),$$

$$\frac{\mathrm{d}}{\mathrm{d}t}\boldsymbol{\alpha}[\psi(t)]=\frac{\mathrm{d}\boldsymbol{\alpha}}{\mathrm{d}\psi}\cdot\frac{\mathrm{d}\psi}{\mathrm{d}t}\quad(\psi\text{ 是 }t\text{ 的数量函数,这是复合函数求导公式}).$$

例 9.5.1 已知圆锥螺线 $\boldsymbol{r}(t)=t\cos t\boldsymbol{i}-t\sin t\boldsymbol{j}+at\boldsymbol{k}$,求 $\boldsymbol{r}'(t)$ 及 $\boldsymbol{r}''(t)$.

解　$\boldsymbol{r}'(t)=(t\cos t)'\boldsymbol{i}-(t\sin t)'\boldsymbol{j}+(at)'\boldsymbol{k}$

$\qquad=(\cos t-t\sin t)\boldsymbol{i}-(\sin t+t\cos t)\boldsymbol{j}+a\boldsymbol{k},$

$\boldsymbol{r}''(t)=[(\cos t-t\sin t)\boldsymbol{i}-(\sin t+t\cos t)\boldsymbol{j}+a\boldsymbol{k}]'$

$\qquad=(\cos t-t\sin t)'\boldsymbol{i}-(\sin t+t\cos t)'\boldsymbol{j}+a'\boldsymbol{k}$

$\qquad=-(2\sin t+t\cos t)\boldsymbol{i}-(2\cos t-t\sin t)\boldsymbol{j}+0\boldsymbol{k}$

$\qquad=-(2\sin t+t\cos t)\boldsymbol{i}-(2\cos t-t\sin t)\boldsymbol{j}.$

向量函数 $\boldsymbol{r}(t)=x(t)\boldsymbol{i}+y(t)\boldsymbol{j}+z(t)\boldsymbol{k}$ 的导数

$$\boldsymbol{r}'(t)=x'(t)\boldsymbol{i}+y'(t)\boldsymbol{j}+z'(t)\boldsymbol{k},$$

从几何意义上讲,$\boldsymbol{r}'(t)$ 是曲线 $\boldsymbol{r}=\boldsymbol{r}(t)$ 在对应于参数 t 的点 $M(x(t),y(t),z(t))$ 处的切向量,而微分

$$\mathrm{d}\boldsymbol{r}=\boldsymbol{r}'(t)\mathrm{d}t$$

与 $\boldsymbol{r}'(t)$ 平行,因此 d$\boldsymbol{r}$ 也是曲线 $\boldsymbol{r}=\boldsymbol{r}(t)$ 在点 M 处的切线上的向量.

思考题 9.5

1. 只含一个自变量的向量函数在几何上表示一条曲线吗?

2. 向量函数的导数是否存在完全取决于其各分量的导数是否存在,对吗?

练习 9.5A

1. 设 $\boldsymbol{r}(t)=\{1,t,t^2\}$,求 $\boldsymbol{r}'(t)$.

2. 求曲线 $\boldsymbol{r}(t)=\{t,t^2,t^3\}$ 在 $t=1$ 对应点处的切向量.

练习 9.5B

求以曲线 $\boldsymbol{r}(t)=\{t,t^2,t^3\}$ 在点 $(1,1,1)$ 处的切向量为方向向量且过该点的直线方程.

9.6   用数学软件进行空间解析几何运算

文档
用数学软件
进行空间解析几何运算

9.7   学习任务 9 解答   空间三角形面积

解

1. 设 $\triangle ABC$ 的面积为 S，因为 $A(1,2,3),B(3,3,1),C(2,3,2)$，所以，向量 $\overrightarrow{AB}=\{3-1,3-2,1-3\}=\{2,1,-2\}$，向量 $\overrightarrow{AC}=\{2-1,3-2,2-3\}=\{1,1,-1\}$，则由叉积的几何意义知，以向量 $\overrightarrow{AB},\overrightarrow{AC}$ 为邻边的 $\triangle ABC$ 的面积

$$S=\frac{1}{2}|\overrightarrow{AB}\times\overrightarrow{AC}|=\frac{1}{2}\begin{vmatrix} i & j & k \\ 2 & 1 & -2 \\ 1 & 1 & -1 \end{vmatrix}=\frac{1}{2}|i+(-1)^{1+2}0j+1k|=\frac{\sqrt{2}}{2}(\mathrm{m}^2).$$

2. 扫描下方二维码，查看学习任务 9 的 Mathematica 源程序.

3. 扫描下方二维码，查看学习任务 9 的 MATLAB 源程序.

扫一扫，看代码
Mathematica 程序

扫一扫，看代码
MATLAB 程序

复习题 9

A 级

1. 在空间直角坐标系中，描出下列各点，并指出它们的位置特征：

$$A(0,1,-2),\quad B(3,0,1),\quad C(1,0,0),\quad D(0,0,-1),\quad E(3,3,3).$$

2. 已知点 $M_1(3,0,-1),M_2(-1,2,1)$，试求：

（1）向量 $\overrightarrow{M_1M_2},\overrightarrow{M_2M_1},\overrightarrow{OM_1}$ 的坐标表示；

（2）点 M_1 到点 M_2 的距离.

3. 求出向量 $a=i+j+k,b=2i-3j+5k$ 的单位向量 a°,b°，并分别用 a°,b° 表达 a,b.

4. 设向量 $a=\{1,0,3\},b=\{-2,1,0\}$，试求：

（1）$3a-b$；

（2）与 $3a-b$ 平行的单位向量.

5. 已知 $a=mi+5j-k$ 与 $b=3i+j+nk$ 平行，试求系数 m 和 n.

6. 设两力 $F_1=2i+3j+6k$ 和 $F_2=2i+4j+2k$ 都作用于点 $M(1,-2,3)$ 处，且点 $N(p,q,19)$ 在合力的作用线上，试求 p,q 的值.

7. 甲、乙两船在某瞬间分别位于 $P(18,7,0),Q(8,12,0)$, 假设两船均沿$\overrightarrow{PQ}$方向作等速直线运动, 且速率之比为 $3:2$, 问在何点两船将相遇?

8. 已知 $a=\{4,-2,4\},b=\{6,-3,2\}$, 试求:

(1) $a \cdot b$;

(2) $(\widehat{a,b})$;

(3) $(3a-2b) \cdot (a+2b)$.

9. 求与向量 $a=2i+j+2k$ 平行, 且满足 $a \cdot x=18$ 的向量 x.

10. 设力 $F=2i-3j+k$ 使一质点沿直线从点 $M_1(0,1,-1)$ 移动到点 $M_2(2,1,-2)$, 试求力 F 所做的功.

11. 设有一定点 $M_0(1,1,1)$ 和一动点 M, 已知向量 $\overrightarrow{M_0M}$ 和向量 $n=\{2,2,3\}$ 垂直, 试求动点 M 的轨迹.

12. 已知 $a=\{4,-2,4\},b=\{6,-3,2\}$, 试求:

(1) $a \times b$;

(2) $(a+b) \times b$.

B 级

13. 求同时垂直于向量 $a=i-3j-k$ 和 $b=2i-j+3k$ 的单位向量.

14. 已知三角形的顶点是 $A(1,-1,2),B(3,3,1)$ 和 $C(3,1,3)$, 求 $\triangle ABC$ 的面积.

15. 求过点 $P(1,-1,-1),Q(2,2,4)$ 且与平面 $x+y-z=0$ 垂直的平面方程.

16. 求过点 $P_0(1,4,-1)$ 且与 P_0 和原点连线相垂直的平面方程.

17. 设平面方程为 $Ax+By+Cz+D=0$, 问下列情形的平面位置有何特征:

(1) $D=0$;　　　　　　　　　　　(2) $A=0$;

(3) $A=0,D=0$;　　　　　　　　(4) $A=0,B=0,D=0$.

18. 写出下列平面的方程:

(1) 过三点 $(0,0,0),(1,0,1),(2,1,0)$;

(2) 平行于 y 轴, 且过点 $(1,-5,1)$ 与 $(3,2,-3)$;

(3) 平行于 zOx 平面且过点 $(3,2,-7)$;

(4) 通过 x 轴及点 $(4,-3,1)$.

19. 求过点 $A(3,1,0)$ 且垂直于平面 $x+3y-z=0$ 的直线方程.

20. 求下列直线方程:

(1) 通过点 $(2,-3,8)$ 且与 z 轴平行;

(2) 通过点 $(-1,2,6)$ 且平行于直线 $\begin{cases} x=2z-3, \\ y=3z-5. \end{cases}$

21. 求通过点 $(0,2,0)$ 且垂直于 y 轴和直线 $\begin{cases} x=z, \\ y=2z \end{cases}$ 的直线方程.

22. 求过直线 $\dfrac{x+3}{3}=\dfrac{y+2}{-2}=\dfrac{z}{1}$ 与 $\dfrac{x+3}{3}=\dfrac{y+4}{-2}=\dfrac{z+1}{1}$ 的平面方程.

23. 试确定下列各题中直线与平面的位置关系:

(1) $\dfrac{x+3}{2}=\dfrac{y+4}{7}=\dfrac{z-3}{-3}$ 和 $4x-2y-2z-3=0$;

(2) $\dfrac{x}{3}=\dfrac{y}{-2}=\dfrac{z}{7}$ 和 $3x-2y+7z-8=0$.

24. 求满足下列条件的动点轨迹方程:

(1) 到点 $(1,2,1)$ 与到点 $(2,0,1)$ 的距离分别等于 3 与 2;

(2) 到点 $(-4,3,4)$ 的距离等于到 xOy 平面的距离;

(3) y 轴到动点 P 的距离是 z 轴到动点 P 距离的 4 倍.

25. 求下列曲面方程:

(1) 曲线 $\begin{cases} z^2 = 5x, \\ y = 0 \end{cases}$ 绕 x 轴旋转所成的曲面方程;

(2) 以 $\begin{cases} y^2 = 2x, \\ z = 0 \end{cases}$ 为准线,母线平行于 z 轴的柱面.

26. 指出下列方程所表示的曲面名称:

(1) $x^2 + y^2 = 2x$;   (2) $2x + 4y - 3z = 12$;

(3) $x^2 + y^2 + 4z^2 - 1 = 0$;   (4) $2x^2 + 3y^2 - z^2 - 1 = 0$;

(5) $x^2 + y^2 + z = 1$;   (6) $2x^2 + 2y^2 - z^2 = 0$;

(7) $x^2 - z^2 = 0$;   (8) $2x^2 - y^2 - z^2 = 1$.

27. 方程 $\dfrac{x^2}{9} - \dfrac{y^2}{25} + \dfrac{z^2}{4} = 1$ 表示什么曲面? 并求它与下列平面的截线方程:

(1) $x = x_0$; (2) $y = y_0$; (3) $z = z_0$.

28. 求下列曲线在 xOy 平面上的投影曲线方程:

(1) $\begin{cases} 2x^2 + y^2 + z^2 = 16, \\ x^2 + y^2 - z^2 = 0; \end{cases}$ (2) $\begin{cases} x^2 + y^2 - z = 0, \\ z = x + 1; \end{cases}$

(3) $\begin{cases} z^2 = x^2 + y^2, \\ z^2 = 2y; \end{cases}$ (4) $\begin{cases} z = x^2 + y^2, \\ x^2 + 2x + y^2 = 0. \end{cases}$

29. 求曲线 $\boldsymbol{r} = t^2 \boldsymbol{i} + (1-t)\boldsymbol{j} + t^3 \boldsymbol{k}$ 在点 $(1,0,1)$ 处的切线与法平面方程.

30. 试求圆柱螺线 $\boldsymbol{r}(\theta) = \{a\cos\theta, a\sin\theta, b\theta\}$ $(-\infty < \theta < +\infty)$ 在 $\theta = \dfrac{\pi}{2}$ 时的切线方程(提示:所求切线的方向向量为 $\boldsymbol{r}'(\theta)$).

C 级

31. 世界上单口径最大、灵敏度最高的射电望远镜"中国天眼"为 500 m 口径球面射电望远镜,反射面的主体是一个旋转抛物面,请查找其详细信息,并建立该旋转抛物面方程.

第 10 章　多元函数微分学

10.0　学习任务 10　**厂房造价最小问题**

某工厂要建造一座长方体形状的厂房,其体积为 $10\,000$ m^3,已知前墙和屋顶的每单位面积的造价分别是其他墙身造价的 4 倍和 3 倍,问厂房的长、宽、高各为多少时,厂房的总造价最小.

利用求多元函数最值的方法可求解该问题.

自然科学和工程技术中所遇到的函数,不限于只有一个自变量,往往依赖于两个或更多个自变量.对于自变量多于一个的函数通常称为多元函数.多元函数的概念及其微分学是一元函数及其微分学的推广和发展,它们有着许多类似之处,但有的地方也有着重大差别.我们将发现,从一元函数推广到二元函数时会产生许多新问题,但由二元函数推广到三元函数或更多元函数时不会发生什么困难.因此,在本章中我们重点讲述二元函数的极限、连续等基本概念及其微分学.

> **引例**　某日小明问老师:"老师,二元函数也可以考虑变化率吗? 也是通过求导吗? 对二元函数如何求导,是否可以先把二元函数的两个自变量其中之一当作变量,另一个看作常量,然后利用一元函数的求导公式及求导法则求导?"
>
> 老师回答说:"你的问题非常好,求二元函数相对于其某个自变量的变化率就是求该二元函数关于该自变量的导数(通常叫做关于这个自变量的偏导数);求二元函数关于某个自变量的偏导数就是先把另一个自变量看作常量,把这个二元函数看作一元函数,然后,利用一元函数的求导公式及求导法则去求这个一元函数的导数即可."

10.1　多元函数的极限及连续性

本节以二元函数为例,研究多元函数的定义、极限及其连续性.

10.1.1　多元函数

在一元函数微积分中,讨论的是只有一个自变量和一个因变量的函数,而在自然现象和实际问题中所涉及的函数,并非都是一元函数,而往往依赖于两个或者更多个自变量.这里我们考察几个例子.

例 10.1.1　设矩形的边长分别为 x 和 y,则矩形的面积 S 为

$$S = xy.$$

在这里,当 x 和 y 每取定一组值时,就有一确定的面积值 S,即 S 依赖于 x 和 y 的变化而变化.如果 x 和 y 中有一个固定不变,则此时 S 只依赖于一个变量,也即为一元函数.

例 10.1.2　具有一定质量的理想气体,其体积 V,压强 p,热力学温度 T 之间具有下面依赖关系

$$p = \frac{RT}{V} \quad (R \text{ 是常数}).$$

在这一问题中有三个变量 p,V,T,当 V 和 T 每取定为某一组值时,按照上面的关系,就有一确定的压强 p.如果温度固定不变,即考虑等温过程,当 V 取定某一值时,就有一确定的压强 p,即对于等温过程,压强 p 是 V 的一元函数.

从这样一些问题中即可抽象出多元函数的概念.

在给出二元函数定义之前,首先明确一下:xOy 平面上的点与一对有序数组 (x,y) 是一一对应的.也就是说,在 xOy 平面上的非空点集 D 内取定一个点就等价于 x,y 取定了一对数值.

1. 二元函数的定义

定义 10.1.1(二元函数)　设 D 是一个 xOy 平面上的非空点集,x,y 和 z 是三个变量,如果当变量 x,y 在它们的变化范围 D 中任意取定一对值时,变量 z 按照一定的对应规律都有唯一确定的值与它们对应,则称 z 为变量 x,y 的二元函数,记为 $z=f(x,y)$,其中 x 与 y 称为自变量,函数 z 也叫因变量.自变量 x 与 y 的变化范围 D 称为函数 z 的定义域.对于确定的 (x_0,y_0),函数 z 有唯一确定的值 z_0 与之对应,则称 z_0 为函数 $f(x,y)$ 在点 (x_0,y_0) 处的函数值,记作 $f(x_0,y_0)$ 或 $z\big|_{(x_0,y_0)}$.

微视频
二元函数

类似于二元函数的定义,我们可以给出三元函数、四元函数甚至于更多元函数的定义.以后,我们把二元以上的函数统称为多元函数.

多元初等函数是由常数及具有不同自变量的一元基本初等函数经过有限次的四则运算和复合运算所得到的并且能用一个解析式表出的多元函数.

一元函数的定义域一般来说是一个或几个区间,二元函数的定义域通常是由平面上一条或几条光滑曲线所围成的具有连通性(如果一块部分平面内任意两点均可用完全属于此部分平面的折线联结起来,这样的部分平面称为具有连通性)的部分平面,这样的部分平面称为区域,即二元函数的定义域通常为平面区域,围成区域的曲线称为区域的边界,边界上的点称为边界点,包括边界在内的区域称为闭区域,不包括边界在内的区域称为开区域.

如果一个区域 D 内任意两点之间的距离都不超过某一常数 M,则称 D 为有界区域,否则称 D 为无界区域.

常见区域有矩形域 $a<x<b,c<y<d$ 及圆域 $(x-x_0)^2+(y-y_0)^2<\delta^2 (\delta>0)$.

圆域 $\{(x,y) \mid (x-x_0)^2+(y-y_0)^2<\delta^2\}$ 一般称为平面上点 $P_0(x_0,y_0)$ 的 δ 邻域,而称不包含点 P_0 的邻域为

去心邻域.

　　二元函数定义域的求法与一元函数类似,就是找使函数有意义的自变量的范围,不过画出定义域的图形要复杂一些.

　　例 10.1.3　设 $f(x,y)=\mathrm{e}^{x+y}$,求 $f(2,3)$.

　　解　因为 $f(x,y)=\mathrm{e}^{x+y}$,所以 $f(2,3)=\mathrm{e}^{2+3}=\mathrm{e}^5$.

　　例 10.1.4　设 $f(x,y)=x^2+y^2$,求 $f(t^2,1)$.

　　解　因为 $f(x,y)=x^2+y^2$,所以 $f(t^2,1)=(t^2)^2+1^2=t^4+1$.

　　例 10.1.5　求二元函数 $z=\sqrt{a^2-x^2-y^2}$ 的定义域.

　　解　由根式函数的要求容易知道,该函数的定义域为满足

$$x^2+y^2\leqslant a^2$$

的 x,y,即定义域为

$$D=\{(x,y)\mid x^2+y^2\leqslant a^2\},$$

这里 D 在 xOy 面上表示一个以原点为圆心,a 为半径的圆域.它为有界闭区域(图 10.1.1).

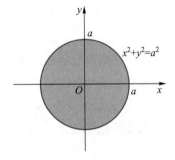

图 10.1.1

　　例 10.1.6　求二元函数 $z=\ln(x+y)$ 的定义域.

　　解　自变量 x,y 所取的值必须满足不等式

$$x+y>0,$$

即定义域为

$$D=\{(x,y)\mid x+y>0\},$$

点集 D 在 xOy 面上表示一个在直线上方的半平面(不包含边界 $x+y=0$),如图 10.1.2 所示,此时 D 为无界开区域.

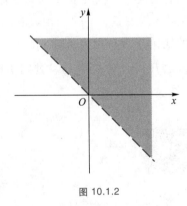

图 10.1.2

2. 二元函数的几何表示

　　把自变量 x,y 及因变量 z 当作空间点的直角坐标,先在 xOy 平面内作出函数 $z=f(x,y)$ 的定义域 D(图 10.1.3),再过域 D 中的任一点 $M(x,y)$ 作垂直于 xOy 平面的线段 MP,使点 P 的竖坐标等于 (x,y) 对应的函数值 z.当点 M 在 D 中变动时,对应的点 P 的轨迹就是函数 $z=f(x,y)$ 的几何图形,它通常是一张曲面,而其定义域 D 就是此曲面在 xOy 平面上的投影.

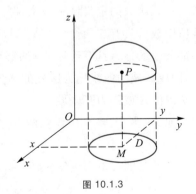

图 10.1.3

例 10.1.7 作二元函数 $z=x^2+y^2$ 的图形.

解 此函数的定义域为 xOy 面,且 $z \geqslant 0$,即曲面上的点都在 xOy 面上方.其图形为旋转抛物面,如图 10.1.4 所示.

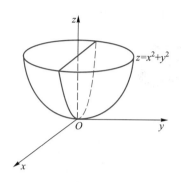

图 10.1.4

例 10.1.8 作二元函数 $z=\sqrt{R^2-x^2-y^2}$ $(R>0)$ 的图像.

解 此二元函数的定义域为 $D=\{(x,y) \mid x^2+y^2 \leqslant R^2\}$,即 xOy 坐标面上的以 O 为圆心,R 为半径的圆盘,且 $0 \leqslant z \leqslant R$.其图形为上半球面,如图 10.1.5 所示.

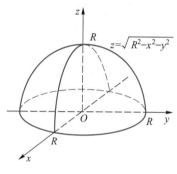

图 10.1.5

上面关于二元函数及平面区域的概念可以类似地推广到三元函数及空间区域上去,有三个自变量的函数就是三元函数,如 $u=f(x,y,z)$.三元函数的定义域通常是一空间区域.一般地,还可定义 n 元函数 $u=f(x_1,x_2,\cdots,x_n)$,它的定义域是 n 维空间的区域.

10.1.2 二元函数的极限与连续性

1. 二元函数的极限

在一元函数中,我们曾讨论过当自变量趋向于有限值时函数的极限.对于二元函数 $z=f(x,y)$,同样可以讨论当自变量 x 与 y 趋于有限值 x_0 和 y_0 时,函数 z 的变化状态.也就是说,研究当点 (x,y) 趋于 (x_0,y_0) 时,函数 $z=f(x,y)$ 的变化趋势.但是,二元函数的情况要比一元函数复杂得多.因为在坐标面 xOy 上,(x,y) 趋于 (x_0,y_0) 的方式可以是多种多样的.

定义 10.1.2(二元函数的极限) 设二元函数 $z=f(x,y)$ 在点 $P_0(x_0,y_0)$ 的任一去心邻域内都存在使 $f(x,y)$ 有定义的点,如果当点 $P(x,y)$ 以任意方式无限接近点 $P_0(x_0,y_0)$ 时[1],$f(x,y)$ 无限接近于唯一的常数[2] A,那么就称 A 是二元函数 $f(x,y)$ 当 $P(x,y) \to P_0(x_0,y_0)$ 时的极限,记为

$$\lim_{(x,y) \to (x_0,y_0)} f(x,y)=A \text{ 或 } \lim_{\substack{x \to x_0 \\ y \to y_0}} f(x,y)=A.$$

---

[1] 点 $P(x,y)$ 与点 $P_0(x_0,y_0)$ 无限接近是指 P 与 P_0 两点间的距离可以任意小,即 $d(PP_0)=\sqrt{(x-x_0)^2+(y-y_0)^2}$ 小于任意小的正数.

[2] 函数 $f(x,y)$ 与常数 A 无限接近是指 $|f(x,y)-A|$ 可以小于任意小的正数.

正像一元函数的极限一样,二元函数的极限也有类似的四则运算法则.

微视频
二元函数的极限

例 10.1.9　求 $\lim\limits_{\substack{x\to 0\\ y\to 10}}\dfrac{\sin xy}{x}$.

解　$\lim\limits_{\substack{x\to 0\\ y\to 10}}\dfrac{\sin xy}{x}=\lim\limits_{\substack{x\to 0\\ y\to 10}}\left(\dfrac{\sin xy}{xy}\cdot y\right)=\lim\limits_{\substack{x\to 0\\ y\to 10}}\dfrac{\sin xy}{xy}\lim\limits_{\substack{x\to 0\\ y\to 10}}y$

$\qquad\qquad =\lim\limits_{xy\to 0}\dfrac{\sin xy}{xy}\cdot 10=1\times 10=10.$

2. 二元函数的连续性

像一元函数一样,我们给出二元函数连续的定义.

> **定义 10.1.3(二元函数连续的定义)**　设函数 $z=f(x,y)$ 在点 $P_0(x_0,y_0)$ 的某邻域内有定义,如果
> $$\lim\limits_{\substack{x\to x_0\\ y\to y_0}}f(x,y)=f(x_0,y_0),\qquad\qquad(10.1.1)$$
> 则称二元函数 $z=f(x,y)$ 在点 $P_0(x_0,y_0)$ 处连续.如果 $f(x,y)$ 在区域 D 内的每一点都连续,则称 $f(x,y)$ 在区域 D 上连续.

若令 $x=x_0+\Delta x,y=y_0+\Delta y$,则定义 10.1.3 中的式(10.1.1)可写成
$$\lim\limits_{\substack{\Delta x\to 0\\ \Delta y\to 0}}[f(x_0+\Delta x,y_0+\Delta y)-f(x_0,y_0)]=0,$$
即
$$\lim\limits_{\substack{\Delta x\to 0\\ \Delta y\to 0}}\Delta z=0,$$
这里 Δz 为函数 $f(x,y)$ 在点 (x_0,y_0) 处的全增量,即
$$\Delta z=f(x_0+\Delta x,y_0+\Delta y)-f(x_0,y_0).$$

如果函数 $z=f(x,y)$ 在点 $P_0(x_0,y_0)$ 处不连续,则称点 $P_0(x_0,y_0)$ 为函数 $f(x,y)$ 的不连续点或间断点.

同一元函数一样,二元连续函数的和、差、积、商(分母不等于零)及复合函数在其有定义的区域内仍是连续函数.

由此还可得"多元初等函数在其有定义的区域内是连续函数".

思考题 10.1

1. 将二元函数与一元函数的极限、连续概念相比较,说明二者之间的区别.

2. 若二元函数 $z=f(x,y)$ 在区域 D 内分别对 x,y 都连续,试问 $z=f(x,y)$ 在区域 D 上是否必定连续?

3. 比照二元函数的定义,写出三元函数的定义,试述二元初等函数的定义.

练习 10.1A

1. 已知 $f(x,y)=x^2+xy+y^2$,求 $f(1,2)$.

2. 已知 $f(x,y)=3x+2y$,求 $f\left(xy,\dfrac{y}{x}\right)$.

练习 10.1B

1. 求 $\lim\limits_{\substack{x\to 0 \\ y\to 0}} \dfrac{\sin xy}{x}$.

2. 求函数 $z=\sqrt{4-x^2-y^2}$ 的定义域,并画出定义域的图形.

10.2 偏导数

本节以二元函数为例研究多元函数的偏导数及高阶偏导数.

10.2.1 偏导数

在研究二元函数时,有时需要计算当其中一个自变量固定不变时,函数关于另一个自变量的变化率.此时的二元函数实际上转化为了一元函数.因此可以利用一元函数的导数概念,得到二元函数对某一个自变量的变化率.

例如,我们知道一定量的理想气体的压强 p,体积 V,热力学温度 T 三者之间的关系为

$$p=\frac{RT}{V} \quad (R \text{ 为常量}),$$

微视频
二元函数的偏导数

当温度不变时(等温过程),压强 p 关于体积 V 的变化率就是

$$\left(\frac{\mathrm{d}p}{\mathrm{d}V}\right)_{T=\text{常数}} = -\frac{RT}{V^2},$$

这种形式的变化率称为二元函数的偏导数.

1. 偏导数的定义

定义 10.2.1(偏导数)   设函数 $z=f(x,y)$ 在点 (x_0,y_0) 的某一邻域内有定义,当 y 固定在 y_0,而 x 在 x_0 处有增量 Δx 时,相应地函数有增量

$$f(x_0+\Delta x,y_0)-f(x_0,y_0),$$

如果极限

$$\lim_{\Delta x\to 0}\frac{f(x_0+\Delta x,y_0)-f(x_0,y_0)}{\Delta x}$$

存在,则称此极限为函数 $z=f(x,y)$ 在点 (x_0,y_0) 处对 x 的偏导数,记为

$$\frac{\partial z}{\partial x}\bigg|_{\substack{x=x_0 \\ y=y_0}}, \quad \frac{\partial f}{\partial x}\bigg|_{\substack{x=x_0 \\ y=y_0}}, \quad z_x\bigg|_{\substack{x=x_0 \\ y=y_0}} \quad \text{或} \quad f_x(x_0,y_0).$$

类似地,当 x 固定在 x_0,而 y 在 y_0 处有增量 Δy,如果极限

$$\lim_{\Delta y\to 0}\frac{f(x_0,y_0+\Delta y)-f(x_0,y_0)}{\Delta y}$$

存在,则称此极限为函数 $z=f(x,y)$ 在点 (x_0,y_0) 处对 y 的偏导数,记为

$$\frac{\partial z}{\partial y}\bigg|_{\substack{x=x_0\\y=y_0}},\quad \frac{\partial f}{\partial y}\bigg|_{\substack{x=x_0\\y=y_0}},\quad z_y\bigg|_{\substack{x=x_0\\y=y_0}}\quad 或\quad f_y(x_0,y_0).$$

如果函数 $z=f(x,y)$ 在区域 D 内每一点 (x,y) 处对 x 的偏导数都存在,这个偏导数仍是 x,y 的函数,称为函数 $z=f(x,y)$ 对自变量 x 的偏导函数,简称偏导数,记为

$$\frac{\partial z}{\partial x},\quad \frac{\partial f}{\partial x},\quad z_x\quad 或\quad f_x(x,y).$$

类似地,可以定义函数 $z=f(x,y)$ 对自变量 y 的偏导数,记为

$$\frac{\partial z}{\partial y},\quad \frac{\partial f}{\partial y},\quad z_y\quad 或\quad f_y(x,y).$$

函数 $z=f(x,y)$ 的偏导数 $\dfrac{\partial z}{\partial x},\dfrac{\partial z}{\partial y}$ 也称为一阶偏导数.类似于二元函数 $z=f(x,y)$ 的定义,可定义三元及三元以上的多元函数对某个变量的偏导数.

例如,三元函数 $u=f(x,y,z)$ 在点 (x_0,y_0,z_0) 关于自变量 x 的偏导数 $\dfrac{\partial z}{\partial x}\bigg|_{(x_0,y_0,z_0)}$ 可由下式定义:

$$\frac{\partial u}{\partial x}\bigg|_{(x_0,y_0,z_0)}=\lim_{\Delta x\to 0}\frac{f(x_0+\Delta x,y_0,z_0)-f(x_0,y_0,z_0)}{\Delta x}.$$

从偏导数的定义中可以看到,求二元函数偏导数的实质就是把一个自变量固定,而将二元函数 $z=f(x,y)$ 看成是另一个自变量的一元函数的导数.因此,求二元函数的偏导数,不需引进新的方法,只需用一元函数的微分法,把一个自变量暂时视为常量,而对另一个自变量进行一元函数求导即可.举例说明如下:

例 10.2.1　设 $u=x^2+y^2$,求 $\dfrac{\partial u}{\partial x},\dfrac{\partial u}{\partial y}$.

解　(1) 把 y 看作常量,对 x 求导,得

$$\frac{\partial u}{\partial x}=2x\,;$$

(2) 把 x 看作常量,对 y 求导,得

$$\frac{\partial u}{\partial y}=2y.$$

例 10.2.2　求 $z=x^2\sin y$ 的偏导数.

解　把 y 看作常量对 x 求导数,得 $\dfrac{\partial z}{\partial x}=2x\sin y$,

把 x 看作常量对 y 求导数,得 $\dfrac{\partial z}{\partial y}=x^2\cos y$.

例 10.2.3　求 $z=\ln(1+x^2+y^2)$ 在点 $(1,2)$ 处的偏导数.

解　先求偏导数

$$\frac{\partial z}{\partial x}=\frac{2x}{1+x^2+y^2},\quad \frac{\partial z}{\partial y}=\frac{2y}{1+x^2+y^2},$$

在 $(1,2)$ 处的偏导数就是偏导数在 $(1,2)$ 处的值,所以

$$\frac{\partial z}{\partial x}\bigg|_{(1,2)}=\frac{1}{3},\quad \frac{\partial z}{\partial y}\bigg|_{(1,2)}=\frac{2}{3}.$$

应当指出,根据偏导数的定义,偏导数 $\dfrac{\partial z}{\partial x}\bigg|_{(1,2)}$ 是将函数 $z=\ln(1+x^2+y^2)$ 中的 y 固定在 $y=2$ 处,而求一元函数 $z=\ln(1+x^2+2^2)$ 的导数在 $x=1$ 处的值.因此,一般地,在求函数对某一变量在一点处的偏导数时,可先将函数中的其余变量用此点的相应坐标代入后再求导,这样有时会带来方便.

例 10.2.4 设 $f(x,y)=\mathrm{e}^{\arctan\frac{y}{x}}\ln(x^2+y^2)$,求 $f_x(1,0)$.

解 如果先求偏导数 $f_x(x,y)$,运算是比较繁杂的,但是若先把函数中的 y 固定在 $y=0$,则有

$$f(x,0)=\ln x^2,$$

从而 $f_x(x,0)=\dfrac{\mathrm{d}\ln x^2}{\mathrm{d}x}=\dfrac{1}{x^2}\cdot 2x=\dfrac{2}{x},f_x(1,0)=2.$

例 10.2.5 设由 R_1,R_2 组成的一个并联电路中,若 $R_1>R_2$,问改变哪一个电阻,对总电阻 R 的变化影响最大?

解 由并联电路可知

$$\frac{1}{R}=\frac{1}{R_1}+\frac{1}{R_2},$$

即

$$R=\frac{R_1R_2}{R_1+R_2},$$

所以

$$\frac{\partial R}{\partial R_1}=\frac{R_2(R_1+R_2)-R_1R_2}{(R_1+R_2)^2}=\frac{R_2^2}{(R_1+R_2)^2},$$

$$\frac{\partial R}{\partial R_2}=\frac{R_1^2}{(R_1+R_2)^2},$$

因为

$$R_1>R_2,$$

所以

$$\frac{\partial R}{\partial R_1}<\frac{\partial R}{\partial R_2},$$

因此在并联电路中改变电阻值较小的电阻 R_2,对总电阻 R 的变化影响最大,这个结论与实验结果完全一致.

二元函数偏导数的定义和求法可以类推到三元和三元以上的函数.

例 10.2.6 求 $u=x^2+y^2+z^2$ 关于 x,y,z 的三个偏导数 $\dfrac{\partial u}{\partial x},\dfrac{\partial u}{\partial y},\dfrac{\partial u}{\partial z}$.

解 因为 $u=x^2+y^2+z^2$,所以

$$\frac{\partial u}{\partial x} = \frac{\partial}{\partial x}(x^2 + y^2 + z^2) = \frac{\partial}{\partial x}(x^2) + \frac{\partial}{\partial x}(y^2) + \frac{\partial}{\partial z}(z^2)$$

$$= 2x + 0 + 0 = 2x.$$

同理,可得

$$\frac{\partial u}{\partial y} = 2y, \quad \frac{\partial u}{\partial z} = 2z.$$

2. 偏导数的几何意义

从偏导数的定义可知,二元函数 $z = f(x, y)$ 在点 (x_0, y_0) 处对 x 的偏导数 $f_x(x_0, y_0)$,就是一元函数 $z = f(x, y_0)$ 在 x_0 处的导数 $\dfrac{\mathrm{d}}{\mathrm{d}x}f(x, y_0)\Big|_{x=x_0}$.

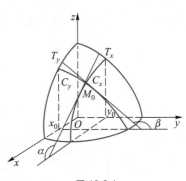

设 $M_0(x_0, y_0, f(x_0, y_0))$ 为曲面 $z = f(x, y)$ 上的一点,过 M_0 作平面 $y = y_0$,这个平面在曲面上截得一曲线 $\begin{cases} z = f(x, y), \\ y = y_0. \end{cases}$ 由一元函数的导数 $\dfrac{\mathrm{d}f(x, y_0)}{\mathrm{d}x}\Big|_{x=x_0}$ 的几何意义可知,$f_x(x_0, y_0)$ 就是这条曲线 C_x 在点 M_0 处的切线 $M_0 T_x$ 对 x 轴的斜率(图 10.2.1),即

$$f_x(x_0, y_0) = \tan \alpha.$$

图 10.2.1

同理,$f_y(x_0, y_0)$ 是曲面 $z = f(x, y)$ 与平面 $x = x_0$ 的交线 C_y 在点 M_0 处的切线 $M_0 T_y$ 对 y 轴的斜率,即

$$f_y(x_0, y_0) = \tan \beta.$$

10.2.2　高阶偏导数

微视频
高阶偏导数

在偏导数的计算中我们看到二元函数 $z = f(x, y)$ 的两个偏导数 $\dfrac{\partial z}{\partial x}, \dfrac{\partial z}{\partial y}$ 仍然是自变量 x, y 的函数.如果 $\dfrac{\partial z}{\partial x}, \dfrac{\partial z}{\partial y}$ 的偏导数存在,可以继续对 x 或 y 求偏导数,则称这两个偏导数的偏导数为函数 $z = f(x, y)$ 的二阶偏导数.这样的二阶偏导数共有四个,分别表示为

$$\frac{\partial}{\partial x}\left(\frac{\partial z}{\partial x}\right) = \frac{\partial^2 z}{\partial x^2} = f_{xx}(x, y),$$

$$\frac{\partial}{\partial y}\left(\frac{\partial z}{\partial x}\right) = \frac{\partial^2 z}{\partial x \partial y} = f_{xy}(x, y),$$

$$\frac{\partial}{\partial x}\left(\frac{\partial z}{\partial y}\right) = \frac{\partial^2 z}{\partial y \partial x} = f_{yx}(x, y),$$

$$\frac{\partial}{\partial y}\left(\frac{\partial z}{\partial y}\right) = \frac{\partial^2 z}{\partial y^2} = f_{yy}(x, y),$$

其中第二、第三两个偏导数称为混合偏导数.它们求偏导数的先后次序不同,前者是先对 x 后对 y 求导,后者是

先对 y 后对 x 求导.类似地可以定义三阶、四阶、……、n 阶偏导数.二阶及二阶以上的偏导数都称为高阶偏导数.

例 10.2.7　设函数 $z=x^3y-3x^2y^3$,求它的二阶偏导数.

解　函数的一阶偏导数为

$$\frac{\partial z}{\partial x}=3x^2y-6xy^3,\quad\frac{\partial z}{\partial y}=x^3-9x^2y^2,$$

二阶偏导数为

$$\frac{\partial^2 z}{\partial x^2}=\frac{\partial}{\partial x}\left(\frac{\partial z}{\partial x}\right)=\frac{\partial}{\partial x}\left(3x^2y-6xy^3\right)=6xy-6y^3,$$

$$\frac{\partial^2 z}{\partial x\partial y}=\frac{\partial}{\partial y}\left(\frac{\partial z}{\partial x}\right)=\frac{\partial}{\partial y}\left(3x^2y-6xy^3\right)=3x^2-18xy^2,$$

$$\frac{\partial^2 z}{\partial y\partial x}=\frac{\partial}{\partial x}\left(\frac{\partial z}{\partial y}\right)=\frac{\partial}{\partial x}\left(x^3-9x^2y^2\right)=3x^2-18xy^2,$$

$$\frac{\partial^2 z}{\partial y^2}=\frac{\partial}{\partial y}\left(\frac{\partial z}{\partial y}\right)=\frac{\partial}{\partial y}\left(x^3-9x^2y^2\right)=-18x^2y.$$

从上例看到,$z=x^3y-3x^2y^3$ 的两个二阶混合偏导数是相等的,但这个结论并不是对任意可求二阶偏导数的二元函数都成立,不过当两个二阶混合偏导数满足如下条件时,结论就成立.

定理 10.2.1(二阶混合偏导数相等的充分条件)　若 $z=f(x,y)$ 的两个二阶混合偏导数在点 (x,y) 处连续,则在该点有

$$\frac{\partial^2 z}{\partial x\partial y}=\frac{\partial^2 z}{\partial y\partial x}.$$

对于三元以上的函数也可以类似地定义高阶偏导数,而且在偏导数连续时,混合偏导数也与求偏导的次序无关.

思考题 10.2

1. 与一元函数比较,说明二元函数连续、偏导数之间的关系.

2. 若 $z=x^2+y^2$,试求 $\left.\dfrac{\partial z}{\partial x}\right|_{\substack{x=1\\y=1}}$,并说明其几何意义.

3. 举例说明:一元函数的复合函数求导法则对具体的二元函数求偏导数仍然适用.

练习 10.2A

1. 设 $f(x,y)=x^3+y^3$,求 $\dfrac{\partial f}{\partial x}$.

2. 设 $f(x,y)=x^3y^3$,求 $\dfrac{\partial f}{\partial y}$.

3. 已知 $f(x,y)=2x+3y-1$,求 $f_x(1,1)$,$f_y(1,1)$.

4. 已知 $f(x,y)=\mathrm{e}^{x+y}\cos(xy)+3y-1$,求 $f_x(0,1)$,$f_y(1,0)$.

练习 10.2B

1. 已知 $z=x^y$，求 $\dfrac{\partial z}{\partial x}$，$\dfrac{\partial z}{\partial y}$.

2. 已知 $z=x^8 e^y$，求 $z_x,z_y,z_{xy},z_{xx},z_{yy}$.

3. 已知 $u=(x+2y+3z)^{10}$，求 $\dfrac{\partial u}{\partial x}$，$\dfrac{\partial u}{\partial y}$，$\dfrac{\partial u}{\partial z}$，$\dfrac{\partial^2 u}{\partial y \partial z}$.

4. 若 $z=(1+x)^{xy}$，求 $\dfrac{\partial z}{\partial x}$，$\dfrac{\partial z}{\partial y}$.

5. 若 $f(x,y)=x+(y-1)\ln \sin \sqrt{\dfrac{x}{y}}$，求 $f_x(x,1)$.

10.3　全微分

本节以二元函数为例介绍多元函数的全微分及全微分在近似计算中的应用.

10.3.1　全微分的定义

二元函数的全微分是一元函数微分的推广，回顾一元函数的微分概念，如果一元函数 $y=f(x)$ 在点 x 处的增量 $\Delta y=f(x+\Delta x)-f(x)$，可以表示为关于 Δx 的线性函数与一个比 Δx 高阶的无穷小之和，即

$$\Delta y=f(x+\Delta x)-f(x)=A\Delta x+o(\Delta x),$$

微视频
二元函数的全微分

其中 A 与 Δx 无关，仅与 x 有关，$o(\Delta x)$ 是当 $\Delta x\to 0$ 时比 Δx 高阶的无穷小，则称一元函数 $y=f(x)$ 在点 x 处可微，并称 $A\Delta x$ 是 $y=f(x)$ 在点 x 处的微分，记为 $\mathrm{d}y=A\Delta x$，且 $A=f'(x)$.

类似地，有二元函数全微分的定义.

> **定义 10.3.1（全微分）**　设有二元函数 $z=f(x,y)$，如果在点 (x,y) 处函数的全增量 $\Delta z=f(x+\Delta x,y+\Delta y)-f(x,y)$ 可以表示为关于 $\Delta x,\Delta y$ 的线性函数与一个比 $\rho=\sqrt{(\Delta x)^2+(\Delta y)^2}$ 高阶的无穷小之和，即
> $$\Delta z=f(x+\Delta x,y+\Delta y)-f(x,y)=A\Delta x+B\Delta y+o(\rho),$$
> 其中 A,B 与 $\Delta x,\Delta y$ 无关，只与 x,y 有关，$o(\rho)$ 是当 $\rho\to 0$ 时比 ρ 高阶的无穷小，则称二元函数 $z=f(x,y)$ 在点 (x,y) 处可微，并称 $A\Delta x+B\Delta y$ 是 $z=f(x,y)$ 在点 (x,y) 处的全微分，记作
> $$\mathrm{d}z=A\Delta x+B\Delta y.$$

与一元函数类似，二元函数 $z=f(x,y)$ 在点 (x,y) 处可微，则 $z=f(x,y)$ 在点 (x,y) 处一定连续.

> **定理 10.3.1（可微必连续）**　若 $z=f(x,y)$ 在点 (x,y) 处可微，则它在该点一定连续.

证　因为 $z=f(x,y)$ 在点 (x,y) 处可微，即

$$\Delta z = f(x+\Delta x, y+\Delta y) - f(x,y) = A\Delta x + B\Delta y + o(\rho),$$

所以当 $\Delta x \to 0, \Delta y \to 0$ 时,有 $\Delta z \to 0$,即 $z=f(x,y)$ 在该点连续.

对于一元函数, $y=f(x)$ 在点 x 处可微与在点 x 处可导是等价的,且 $\mathrm{d}y=f'(x)\Delta x$,即 $A=f'(x)$,对于二元函数有

> **定理 10.3.2(可微必可导)** 若 $z=f(x,y)$ 在点 (x,y) 处可微,则 $z=f(x,y)$ 在点 (x,y) 处的两个偏导数存在,且 $A=\dfrac{\partial z}{\partial x}, B=\dfrac{\partial z}{\partial y}.$

证 因为 $z=f(x,y)$ 在点 (x,y) 处可微,有

$$\Delta z = f(x+\Delta x, y+\Delta y) - f(x,y)$$
$$= A\Delta x + B\Delta y + o(\rho),$$

若令上式中的 $\Delta y=0$,则

$$\Delta z = f(x+\Delta x, y) - f(x,y) = A\Delta x + o(|\Delta x|),$$

所以

$$\lim_{\Delta x \to 0} \frac{f(x+\Delta x, y) - f(x,y)}{\Delta x} = \lim_{\Delta x \to 0} \frac{A\Delta x + o(|\Delta x|)}{\Delta x} = A,$$

即 $\dfrac{\partial z}{\partial x}=A$,类似地可证 $\dfrac{\partial z}{\partial y}=B.$

一般地,记 $\Delta x=\mathrm{d}x, \Delta y=\mathrm{d}y$,则函数 $z=f(x,y)$ 的全微分可写成

$$\mathrm{d}z = \frac{\partial z}{\partial x}\mathrm{d}x + \frac{\partial z}{\partial y}\mathrm{d}y.$$

下面我们给出可微的充分条件.

> **定理 10.3.3(可微的充分条件)** 若 $z=f(x,y)$ 在点 (x,y) 处的两个偏导数连续,则 $z=f(x,y)$ 在该点一定可微.(证略)

全微分的概念也可以推广到三元或更多元的函数.例如若三元函数 $u=f(x,y,z)$ 具有连续偏导数,则其全微分的表达式为

$$\mathrm{d}u = \frac{\partial u}{\partial x}\mathrm{d}x + \frac{\partial u}{\partial y}\mathrm{d}y + \frac{\partial u}{\partial z}\mathrm{d}z.$$

例 10.3.1 求函数 $z=x^2y^2$ 在点 $(2,-1)$ 处,当 $\Delta x=0.02, \Delta y=-0.01$ 时的全增量与全微分.

解 由定义知,全增量

$$\Delta z = (2+0.02)^2(-1-0.01)^2 - 2^2 \times (-1)^2 = 0.162\,4.$$

函数 $z=x^2y^2$ 的两个偏导数

$$\frac{\partial z}{\partial x} = 2xy^2, \qquad \frac{\partial z}{\partial y} = 2x^2y$$

都是连续的,所以全微分存在,于是函数在点 $(2,-1)$ 处的全微分为

$$\mathrm{d}z = 4 \times 0.02 + (-8) \times (-0.01) = 0.16.$$

例 10.3.2　求 $z=\mathrm{e}^{x}\sin(x+y)$ 的全微分.

解　因为

$$\frac{\partial z}{\partial x}=\mathrm{e}^{x}\sin(x+y)+\mathrm{e}^{x}\cos(x+y),$$

$$\frac{\partial z}{\partial y}=\mathrm{e}^{x}\cos(x+y),$$

所以

$$\mathrm{d}z=\frac{\partial z}{\partial x}\mathrm{d}x+\frac{\partial z}{\partial y}\mathrm{d}y$$

$$=\mathrm{e}^{x}[\sin(x+y)+\cos(x+y)]\mathrm{d}x+\mathrm{e}^{x}\cos(x+y)\mathrm{d}y.$$

例 10.3.3　设 $u=xyz$，求 $\mathrm{d}u$.

解

$$\mathrm{d}u=\frac{\partial u}{\partial x}\mathrm{d}x+\frac{\partial u}{\partial y}\mathrm{d}y+\frac{\partial u}{\partial z}\mathrm{d}z$$

$$=yz\mathrm{d}x+xz\mathrm{d}y+xy\mathrm{d}z.$$

10.3.2　全微分在近似计算中的应用

微视频
全微分在近似
计算中的应用

设函数 $z=f(x,y)$ 在点 (x,y) 处可微，则函数的全增量与全微分之差是一个比 ρ 高阶的无穷小，因此当 $|\Delta x|$ 与 $|\Delta y|$ 都较小时，全增量可以近似地用全微分代替，即

$$\Delta z\approx\mathrm{d}z=f_{x}(x,y)\Delta x+f_{y}(x,y)\Delta y.$$

又因为 $\Delta z=f(x+\Delta x,y+\Delta y)-f(x,y)$，所以有

$$f(x+\Delta x,y+\Delta y)\approx f(x,y)+f_{x}(x,y)\Delta x+f_{y}(x,y)\Delta y.$$

例 10.3.4　一圆柱形的铁罐，内半径为 5 cm，内高为 12 cm，壁厚均为 0.2 cm，估计制作这个铁罐所需材料的体积大约是多少（包括上、下底）？

解　圆柱体体积 $V=\pi r^{2}h$，这个铁罐所需材料的体积则是

$$\Delta V=\pi(r+\Delta r)^{2}(h+\Delta h)-\pi r^{2}h.$$

因为 $\Delta r=0.2$ cm，$\Delta h=0.4$ cm 都比较小，所以可用全微分近似代替全增量，即

$$\Delta V\approx\mathrm{d}V=\frac{\partial V}{\partial r}\mathrm{d}r+\frac{\partial V}{\partial h}\mathrm{d}h=2\pi rh\mathrm{d}r+\pi r^{2}\mathrm{d}h=\pi r(2h\mathrm{d}r+r\mathrm{d}h),$$

所以

$$\Delta V\Big|_{\substack{r=5,h=12\\\Delta r=0.2,\Delta h=0.4}}\approx 5\pi(24\times0.2+5\times0.4)$$

$$=34\pi\approx106.8(\mathrm{cm}^{3}),$$

故所需材料的体积大约为 106.8 cm^{3}.

例 10.3.5　利用全微分近似计算 $(0.98)^{2.03}$ 的值.

解　设函数 $z=f(x,y)=x^{y}$，则要计算的数值就是函数在 $x+\Delta x=0.98$，$y+\Delta y=2.03$ 时的函数值 $f(0.98,2.03)$.

取 $x=1,y=2,\Delta x=-0.02,\Delta y=0.03$.由公式

$$f(x+\Delta x,y+\Delta y)\approx f(x,y)+f_x(x,y)\Delta x+f_y(x,y)\Delta y,$$

得 $\quad f(0.98,2.03)=f(1-0.02,2+0.03)$

$$\approx f(1,2)+f_x(1,2)(-0.02)+f_y(1,2)(0.03).$$

因为 $\quad f(1,2)=1,\quad f_x(x,y)=yx^{y-1},\quad f_x(1,2)=2,$

$$f_y(x,y)=x^y\ln x,\quad f_y(1,2)=0,$$

所以 $\quad (0.98)^{2.03}\approx 1+2\times(-0.02)+0\times 0.03=0.96.$

思考题 10.3

1. 偏导数、全微分与连续偏导数三者之间关系如何?

2. 举例说明如何利用微分形式不变性求全微分.

3. 利用全微分进行近似计算的理论依据是什么?主要步骤有哪些?

练习 10.3A

1. 设 $z=x^2y+y^2x$,求 $\mathrm{d}z$.

2. 设 $z=xy\ln y$,试用两种方法求 $\mathrm{d}z$.

3. 设 $z=\dfrac{y}{x}$,当 $x=2,y=1,\Delta x=0.1,\Delta y=-0.2$ 时,求 Δz 及 $\mathrm{d}z$.

练习 10.3B

1. 设 $u=\ln(xy+4z^4)$,求 $\mathrm{d}u$.

2. 利用全微分求 $1.01^{2.99}$ 的近似值.

10.4 多元复合函数微分法及偏导数的几何应用

本节先介绍复合函数的微分法,它主要用于多元抽象复合函数的求导,然后介绍偏导数的几何应用,在此,主要讨论空间曲面的法向量及其求法.

10.4.1 复合函数微分法

在一元函数中,我们介绍了一元复合函数的求导法则,这一求导方法在求导法中起着重要作用,对于多元函数来说,情况也是如此.

下面先就二元函数的复合函数进行讨论.

设函数 $z=f(u,v)$,而 u,v 都是 x,y 的函数 $u=\varphi(x,y),v=\psi(x,y)$,于是 $z=f[\varphi(x,y),\psi(x,y)]$ 是 x,y 的函数,称函数 $z=f[\varphi(x,y),\psi(x,y)]$ 为 $z=f(u,v)$ 与 $u=\varphi(x,y),v=\psi(x,y)$ 的复合函数.

为了更清楚地表示这些变量之间的关系,可用图表示,见图10.4.1,其中线段表示所连的两个变量有关系.图中表示出 z 是 u,v 的函数,而 u 和 v 又都是 x 和 y 的函数,

图 10.4.1

其中 x,y 是自变量,而 u,v 是中间变量.

微视频
多元复合函数微分法

现在讨论如何确定复合函数的偏导数 $\dfrac{\partial z}{\partial x},\dfrac{\partial z}{\partial y}$.从复合关系中可以看到多元复合函数要比一元复合函数更复杂,考虑 $\dfrac{\partial z}{\partial x}$ 时,y 不变,但 x 变化时,会影响到 u,v 都变,因此 z 的变化就有两部分,一部分是通过 u 而来的,一部分是通过 v 而来的.具体来说,可推导出下面的公式:

> **定理 10.4.1(复合函数的偏导数)** 设 $u=\varphi(x,y)$,$v=\psi(x,y)$ 在点 (x,y) 处有偏导数,$z=f(u,v)$ 在相应点 (u,v) 处有连续偏导数,则复合函数 $z=f[\varphi(x,y),\psi(x,y)]$ 在点 (x,y) 处有偏导数,且
>
> $$\frac{\partial z}{\partial x}=\frac{\partial z}{\partial u}\frac{\partial u}{\partial x}+\frac{\partial z}{\partial v}\frac{\partial v}{\partial x},$$
>
> $$\frac{\partial z}{\partial y}=\frac{\partial z}{\partial u}\frac{\partial u}{\partial y}+\frac{\partial z}{\partial v}\frac{\partial v}{\partial y}. \tag{10.4.1}$$

证明从略.

例 10.4.1 求函数 $z=e^{u\cos v}$,$u=xy$,$v=\ln(x-y)$ 的偏导数 $\dfrac{\partial z}{\partial x},\dfrac{\partial z}{\partial y}$.

解 因为

$$\frac{\partial z}{\partial u}=e^{u\cos v}\cos v,\qquad \frac{\partial z}{\partial v}=e^{u\cos v}u(-\sin v),$$

$$\frac{\partial u}{\partial x}=y,\qquad \frac{\partial u}{\partial y}=x,\qquad \frac{\partial v}{\partial x}=\frac{1}{x-y},\qquad \frac{\partial v}{\partial y}=\frac{-1}{x-y},$$

所以

$$\frac{\partial z}{\partial x}=\frac{\partial z}{\partial u}\frac{\partial u}{\partial x}+\frac{\partial z}{\partial v}\frac{\partial v}{\partial x}=e^{u\cos v}\left(y\cos v-\frac{u\sin v}{x-y}\right)$$

$$=e^{xy\cos(\ln(x-y))}\left[y\cos(\ln(x-y))-\frac{xy\sin(\ln(x-y))}{x-y}\right],$$

$$\frac{\partial z}{\partial y}=\frac{\partial z}{\partial u}\frac{\partial u}{\partial y}+\frac{\partial z}{\partial v}\frac{\partial v}{\partial y}$$

$$=e^{xy\cos(\ln(x-y))}\left[x\cos(\ln(x-y))+\frac{xy\sin(\ln(x-y))}{x-y}\right].$$

多元复合函数的复合关系是多种多样的,我们不可能把所有的公式都写出来,也没必要把所有的公式都写出来,只要我们把握住函数间的复合关系及函数对某个自变量求偏导时,应通过一切有关的中间变量,用复合函数微分法微到该自变量这一原则,就可以灵活地掌握复合函数求导法则.

例 10.4.2 设 $u=\varphi(x)$,$v=\psi(x)$,$w=w(x)$ 在点 x 处可导,$y=f(u,v,w)$ 在相应点 (u,v,w) 处有连续偏导数,则复合函数 $y=f[\varphi(x),\psi(x),w(x)]$(图 10.4.2)在点 x 处可导,且

图 10.4.2

$$\frac{\mathrm{d}y}{\mathrm{d}x} = \frac{\partial y}{\partial u}\frac{\mathrm{d}u}{\mathrm{d}x} + \frac{\partial y}{\partial v}\frac{\mathrm{d}v}{\mathrm{d}x} + \frac{\partial y}{\partial w}\frac{\mathrm{d}w}{\mathrm{d}x},$$

此公式的左端也称为全导数.

10.4.2　隐函数的微分法

微视频
隐函数微分法

在一元函数微积分学中,求由方程

$$F(x,y) = 0 \tag{10.4.2}$$

所确定的 y(是 x 的隐函数)的导数时,是通过形如式(10.4.2)的方程两边直接对 x 求导,并注意到 y 是 x 的函数即可.对由方程

$$F(x,y,z) = 0 \tag{10.4.3}$$

所确定的 z(是 x,y 的隐函数),我们也可以通过形如式(10.4.3)的方程两边对 x(或 y)求偏导,并注意到 z 是 x,y 的函数即可.

然而,对于任给的方程(10.4.2)(或方程(10.4.3)),自然有如下问题:

(1) 能不能从方程(10.4.2)确定 y 是 x 的隐函数(或能不能从方程(10.4.3)确定 z 是 x,y 的隐函数).

(2) 如果所给方程能够确定是隐函数,但不能表示成显式时,这个隐函数是否可微.

(3) 如果可微,如何计算隐函数的导数(或偏导数).

上述第(1),第(2)问题可由下述隐函数存在定理回答.

定理 10.4.2(一元隐函数存在定理)　设函数 $F(x,y)$ 在点 $P_0(x_0,y_0)$ 的某一邻域内连续且有连续的偏导数 $F_x(x,y)$,$F_y(x,y)$,又 $F(x_0,y_0)=0$,$F_y(x_0,y_0)\neq 0$,则存在唯一的函数 $y=f(x)$,它在 $x=x_0$ 的某个邻域内是单值连续的,且满足方程 $F(x,y)=0$,即

$$F(x,f(x))=0,$$

而且 $y_0=f(x_0)$,同时 $y=f(x)$ 在此邻域内有连续导数.

定理 10.4.3(多元隐函数存在定理)　设函数 $F(x,y,z)$ 在点 $P_0(x_0,y_0,z_0)$ 的某个邻域内连续且有连续的偏导数 $F_x(x,y,z)$,$F_y(x,y,z)$,$F_z(x,y,z)$,又 $F(x_0,y_0,z_0)=0$,$F_z(x_0,y_0,z_0)\neq 0$,则存在唯一的函数 $z=f(x,y)$ 在 (x_0,y_0) 的某个邻域内是单值连续的,并满足方程 $F(x,y,z)=0$,即

$$F(x,y,f(x,y))=0,$$

且 $z_0=f(x_0,y_0)$,同时 $z=f(x,y)$ 在此邻域内有连续的偏导数.

上述定理证明从略.下面的例子回答了第(3)个问题.

例 10.4.3　设 $F(x,y)=0$ 确定了 y 是 x 的函数 $y=y(x)$,且 $F_x(x,y)$,$F_y(x,y)$ 存在及 $F_y(x,y)\neq 0$,试求 $\dfrac{\mathrm{d}y}{\mathrm{d}x}$.

解　因为 $F(x,y(x))=0$,所以,此式两端对 x 求导得

$$\frac{\partial F}{\partial x}\frac{\mathrm{d}x}{\mathrm{d}x} + \frac{\partial F}{\partial y}\frac{\mathrm{d}y}{\mathrm{d}x} = 0,$$

$$F_x + F_y \frac{\mathrm{d}y}{\mathrm{d}x} = 0,$$

从上式解出 $\dfrac{\mathrm{d}y}{\mathrm{d}x}$,得

$$\frac{\mathrm{d}y}{\mathrm{d}x} = -\frac{F_x(x,y)}{F_y(x,y)}.$$

这就是一元隐函数的求导公式.

例 10.4.4 如果 $F(x,y,z)$ 满足定理 10.4.3 中的条件,则方程 $F(x,y,z) = 0$ 确定具有连续偏导数的二元函数 $z = z(x,y)$,试求 $\dfrac{\partial z}{\partial x}$ 及 $\dfrac{\partial z}{\partial y}$.

解 因为 $F(x,y,z(x,y)) = 0$,所以此式两端对 x 求导得

$$\frac{\partial F}{\partial x} + \frac{\partial F}{\partial z} \frac{\partial z}{\partial x} = 0,$$

所以

$$\frac{\partial z}{\partial x} = -\frac{\dfrac{\partial F}{\partial x}}{\dfrac{\partial F}{\partial z}}.$$

同理可得

$$\frac{\partial z}{\partial y} = -\frac{\dfrac{\partial F}{\partial y}}{\dfrac{\partial F}{\partial z}}.$$

更一般地,若已知由方程 $F(x_1,x_2,\cdots,x_n,u) = 0$ 确定了 u 是 $x_1,x_2,\cdots,x_n$ 的函数,且 $\dfrac{\partial F}{\partial x_k}(k = 1,2,\cdots,n)$,$\dfrac{\partial F}{\partial u}$ 存在及 $\dfrac{\partial F}{\partial u} \neq 0$,则有

$$\frac{\partial u}{\partial x_k} = -\frac{\dfrac{\partial F}{\partial x_k}}{\dfrac{\partial F}{\partial u}} \quad (k = 1,2,\cdots,n).$$

例 10.4.5 设方程 $F(x,y,z) = 0$ 可以确定任一变量为其余两个变量的函数,且知 F 的所有偏导数存在且不为零,求证:

$$\frac{\partial z}{\partial x} \frac{\partial x}{\partial y} \frac{\partial y}{\partial z} = -1.$$

证 由于

$$\frac{\partial z}{\partial x} = -\frac{\dfrac{\partial F}{\partial x}}{\dfrac{\partial F}{\partial z}}, \quad \frac{\partial x}{\partial y} = -\frac{\dfrac{\partial F}{\partial y}}{\dfrac{\partial F}{\partial x}}, \quad \frac{\partial y}{\partial z} = -\frac{\dfrac{\partial F}{\partial z}}{\dfrac{\partial F}{\partial y}},$$

所以

$$\frac{\partial z}{\partial x} \frac{\partial x}{\partial y} \frac{\partial y}{\partial z} = -1.$$

这说明偏导数 $\dfrac{\partial z}{\partial x}$ 是一个整体的符号, 不能像一元函数的导数那样, 看成 ∂z 与 ∂x 之商.

例 10.4.6 求由方程 $e^z - xyz = 0$ 所确定的隐函数 $z = z(x, y)$ 的两个偏导数 $\dfrac{\partial z}{\partial x}, \dfrac{\partial z}{\partial y}$.

解法 1 因为 $e^z - xyz = 0$ 确定了函数 $z(x, y)$, 所以方程两边对 x 求导得

$$e^z \frac{\partial z}{\partial x} - yz - xy \frac{\partial z}{\partial x} = 0,$$

所以

$$\frac{\partial z}{\partial x} = \frac{yz}{e^z - xy}.$$

类似可得

$$\frac{\partial z}{\partial y} = \frac{xz}{e^z - xy}.$$

解法 2 令 $F(x, y, z) = e^z - xyz$. 因为

$$F_x = -yz, \quad F_y = -xz, \quad F_z = e^z - xy,$$

于是由例 10.4.4 得

$$\frac{\partial z}{\partial x} = -\frac{F_x}{F_z} = \frac{yz}{e^z - xy},$$

$$\frac{\partial z}{\partial y} = -\frac{F_y}{F_z} = \frac{xz}{e^z - xy}.$$

10.4.3 偏导数的几何应用

1. 空间曲线的切线及法平面

微视频
偏导数的几何应用

如果点 $P_0(x_0, y_0, z_0), P(x, y, z)$ 为曲线

$$\boldsymbol{r} = \boldsymbol{r}(t) \quad (\alpha \le t \le \beta) \tag{10.4.4}$$

上的两个点, 则割线 $P_0 P$ 的极限 $(P \to P_0)$ 即为曲线 (10.4.4) 在点 P_0 处的切线.

若曲线 $\boldsymbol{r} = \boldsymbol{r}(t)$ 的坐标表达式为

$$\boldsymbol{r} = x(t)\boldsymbol{i} + y(t)\boldsymbol{j} + z(t)\boldsymbol{k},$$

或其参数方程式为

$$\begin{cases} x = x(t), \\ y = y(t), \alpha \le t \le \beta, \\ z = z(t), \end{cases} \tag{10.4.5}$$

割线 $P_0 P$ 的方向向量

$$\overrightarrow{P_0 P} = \{x - x_0, y - y_0, z - z_0\},$$

设 (X, Y, Z) 为割线 PP_0 上任一点, 则割线 $P_0 P$ 的方程为

$$\frac{X - x_0}{x - x_0} = \frac{Y - y_0}{y - y_0} = \frac{Z - z_0}{z - z_0},$$

各式分母除以 $t - t_0$ 得

$$\frac{X-x_0}{\dfrac{x-x_0}{t-t_0}}=\frac{Y-y_0}{\dfrac{y-y_0}{t-t_0}}=\frac{Z-z_0}{\dfrac{z-z_0}{t-t_0}},$$

这里 t_0 和 t 分别是点 P_0 和 P 所对应的参数值.若函数(10.4.5)在点 t_0 处的导数 $x'(t_0),y'(t_0),z'(t_0)$ 均不为零,则当 $t\to t_0$ 时,割线 P_0P 的极限(即曲线(10.4.5)在点 P_0 处的切线)方程为

$$\frac{X-x_0}{x'(t_0)}=\frac{Y-y_0}{y'(t_0)}=\frac{Z-z_0}{z'(t_0)},\qquad(10.4.6)$$

式(10.4.6)为曲线(10.4.5)(也就是曲线(10.4.4))在点 P_0 处的切线方程,其方向向量 $\{x'(t_0),y'(t_0),z'(t_0)\}$ 也就是该曲线在点 $M_0\{x(t_0),y(t_0),z(t_0)\}$ 处的切向量.

> **定义 10.4.1(曲线的切向量)**　曲线 $\boldsymbol{r}=\{x(t)\boldsymbol{i}+y(t)\boldsymbol{j}+z(t)\boldsymbol{k}\}$ 在 t_0 的对应点处的切向量即为
> $$\boldsymbol{r}'(t_0)=\{x'(t_0),y'(t_0),z'(t_0)\}.\qquad(10.4.7)$$

通过切点 P_0 垂直于切线的每一条直线都叫做曲线在点 P_0 处的法线,这些法线所在的平面称为曲线在点 P_0 处的法平面.曲线(10.4.5)在点 P_0 处的切向量即为该点法平面的法向量.因此,曲线(10.4.5)在该点的法平面方程为

$$x'(t_0)(x-x_0)+y'(t_0)(y-y_0)+z'(t_0)(z-z_0)=0.$$

例 10.4.7　求螺旋线 $x=\cos t,y=\sin t,z=t$ 在点 $M_0(1,0,0)$ 处的切线及法平面的方程.

解　曲线

$$\begin{cases}x=\cos t,\\ y=\sin t,\\ z=t\end{cases}$$

的向量形式为

$$\boldsymbol{r}=\cos t\boldsymbol{i}+\sin t\boldsymbol{j}+t\boldsymbol{k},$$

其切向量为

$$\boldsymbol{r}'(t)=-\sin t\boldsymbol{i}+\cos t\boldsymbol{j}+\boldsymbol{k}.$$

又因为 $t=0$ 对应于曲线上的点 $M_0(1,0,0)$,所以

$$\boldsymbol{r}'(0)=0\boldsymbol{i}+\boldsymbol{j}+\boldsymbol{k}.$$

因此,在点 $(1,0,0)$ 处的切线方程为

$$\begin{cases}x-1=0,\\ \dfrac{y-0}{1}=\dfrac{z-0}{1},\end{cases}$$

即

$$\begin{cases}x=1,\\ y=z.\end{cases}$$

在点 $(1,0,0)$ 处的法平面方程为

$$0\times(x-1)+1\times(y-0)+1\times(z-0)=0,$$

即

$$y+z=0.$$

2. 曲面的切平面与法线

通过曲面 Σ 上一点 $M_0(x_0,y_0,z_0)$，在曲面上可以作无穷多条曲线，若每条曲线在点 $M_0(x_0,y_0,z_0)$ 处都有一条切线，且可证明这些切线都在同一平面上，称该平面为曲面 Σ 在点 M_0 处的切平面.

设曲面 Σ 的方程为

$$F(x,y,z)=0, \tag{10.4.8}$$

$M_0(x_0,y_0,z_0)$ 是曲面 Σ 上的一点，曲线 L 是曲面 Σ 上通过点 M_0 的一条曲线.假设曲线 L 的参数方程为

$$\begin{cases} x=x(t), \\ y=y(t), \\ z=z(t), \end{cases} \tag{10.4.9}$$

且设 $t=t_0$ 对应于点 $M_0(x_0,y_0,z_0)$，并设曲线 L 在点 M_0 处的切向量

$$s=\{x'(t_0),y'(t_0),z'(t_0)\}$$

不为零向量.由于曲线 L 在曲面 Σ 上，所以，有

$$F(x(t),y(t),z(t))=0,$$

上式两边对 t 求导，得

$$\left.\frac{\mathrm{d}F}{\mathrm{d}t}\right|_{t=t_0}=0,$$

即

$$F_x(x_0,y_0,z_0)x'(t_0)+F_y(x_0,y_0,z_0)y'(t_0)+F_z(x_0,y_0,z_0)z'(t_0)=0,$$

将上式写成向量的点积形式为

$$\{F_x(x_0,y_0,z_0),F_y(x_0,y_0,z_0),F_z(x_0,y_0,z_0)\}\cdot s=0,$$

这说明向量

$$n=\{F_x(x_0,y_0,z_0),F_y(x_0,y_0,z_0),F_z(x_0,y_0,z_0)\}$$

是与曲面 Σ 上过点 $M_0(x_0,y_0,z_0)$ 的曲线 L 的切线垂直的向量.由于 L 为曲面上过点 $M_0(x_0,y_0,z_0)$ 的任一条曲线.所以，向量 n 与曲面 Σ 上过点 M_0 的所有曲线的切线均垂直.这说明 n 为曲面 Σ 在点 M_0 处的切平面的法向量（图 10.4.3）.

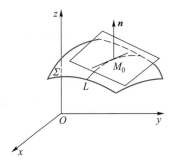

图 10.4.3

> **定义 10.4.2**（曲面切平面的法向量）　把 $n=\{F_x(x_0,y_0,z_0),F_y(x_0,y_0,z_0),F_z(x_0,y_0,z_0)\}$ 称为曲面 Σ：$F(x,y,z)=0$ 在点 $M_0(x_0,y_0,z_0)$ 处的法向量.

根据以上讨论，曲面 Σ 在点 M_0 处的切平面，就是过点 M_0 且与法向量 n 垂直的平面.因此，切平面方程为

$$F_x(x_0,y_0,z_0)(x-x_0)+F_y(x_0,y_0,z_0)(y-y_0)+F_z(x_0,y_0,z_0)(z-z_0)=0.$$

过点 $M_0(x_0,y_0,z_0)$ 与切平面垂直的直线称为曲面 Σ 在点 M_0 处的法线，其法线方程为

$$\frac{x-x_0}{F_x(x_0,y_0,z_0)}=\frac{y-y_0}{F_y(x_0,y_0,z_0)}=\frac{z-z_0}{F_z(x_0,y_0,z_0)}.$$

若曲面 Σ 的方程由显函数 $z=f(x,y)$ 表示，则其等价形式为

$$f(x,y)-z=0,$$

令 $F(x,y,z)=f(x,y)-z$,则

$$F_x=f_x, \quad F_y=f_y, \quad F_z=-1,$$

此时,曲面 $\Sigma:z=f(x,y)$ 在点 $M_0(x_0,y_0,z_0)$ 处的切平面方程为

$$f_x(x_0,y_0)(x-x_0)+f_y(x_0,y_0)(y-y_0)-(z-z_0)=0,$$

它又可写成

$$z-z_0=f_x(x_0,y_0)(x-x_0)+f_y(x_0,y_0)(y-y_0),$$

上式左端 $z-z_0$ 为曲面 $\Sigma:z=f(x,y)$ 在点 $M_0(x_0,y_0,z_0)$ 处,当自变量有增量 $\Delta x=x-x_0$ 及 $\Delta y=y-y_0$ 时,切平面竖坐标 z 的增量;而上式右端是函数 $z=f(x,y)$ 在 (x_0,y_0) 处,相对于自变量的增量 $\Delta x=x-x_0,\Delta y=y-y_0$ 时的全微分.因此,函数 $z=f(x,y)$ 在点 (x_0,y_0) 的全微分 $\mathrm{d}z$ 就是当自变量 x 有增量 Δx,自变量 y 有增量 Δy 时,切平面竖坐标 z 的增量.这就是全微分的几何意义(图 10.4.4).

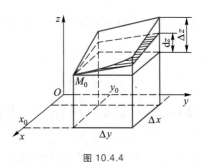

图 10.4.4

例 10.4.8   求球面 $x^2+y^2+z^2=14$ 在点 $(1,2,3)$ 处的切平面及法线方程.

解   令 $F(x,y,z)=x^2+y^2+z^2-14$,则

$$F_x=2x, \quad F_y=2y, \quad F_z=2z,$$

于是,该球面在点 $(1,2,3)$ 处的法向量为

$$\boldsymbol{n}=\{2x,2y,2z\}\Big|_{(1,2,3)}=\{2,4,6\},$$

所以在点 $(1,2,3)$ 处,此球面的切平面方程为

$$2(x-1)+4(y-2)+6(z-3)=0,$$

即

$$x+2y+3z-14=0.$$

法线方程为

$$\frac{x-1}{2}=\frac{y-2}{4}=\frac{z-3}{6},$$

即

$$\frac{x-1}{1}=\frac{y-2}{2}=\frac{z-3}{3}.$$

思考题 10.4

1. 在求复合函数的偏导数时,需要注意什么?求由可微函数 $z=f(x,u),u=\varphi(x,y)$ 复合而成的复合函数 $z=f[x,\varphi(x,y)]$ 的偏导数,并说明其符号的含义.

2. 求隐函数偏导数的常用方法有几种?举例说明.

3. 在什么情况下,必须用二元复合函数求导法则?

4. 求空间曲面切平面方程的主要步骤与关键点是什么?

练习 10.4A

求曲面 $z=xy$ 平行于平面 $x+3y+z+9=0$ 的切平面方程.

练习 10.4B

求空间曲线 $L:\begin{cases} x=t, \\ y=2t^2, \\ z=3t^3 \end{cases}$ 在点 $(1,2,3)$ 处的切线方程与法平面方程.

10.5　多元函数的极值

微视频
二元函数的极值

在一元函数中,我们已经看到,利用函数的导数可以求得函数的极值,从而进一步解决一些有关最大值、最小值的应用问题.在多元函数中也有类似问题,但我们着重讨论二元函数的情形.

10.5.1　多元函数的极值

> **定义 10.5.1**　设函数 $z=f(x,y)$ 在点 $P_0(x_0,y_0)$ 的某个邻域内有定义,如果对于此邻域内任何异于 $P_0(x_0,y_0)$ 的点 $P(x,y)$,都有 $f(x,y)<f(x_0,y_0)$（或 $f(x,y)>f(x_0,y_0)$）成立,则称函数 $f(x,y)$ 在点 $P(x_0,y_0)$ 取得极大值（或极小值）$f(x_0,y_0)$,极大值与极小值统称为极值,使函数取得极值的点 (x_0,y_0) 称为极值点.

例 10.5.1　函数 $f(x,y)=x^2+y^2-1$ 在点 $(0,0)$ 取得极小值 -1,因为当 $x\neq 0,y\neq 0$ 时,
$$f(x,y)=x^2+y^2-1>-1=f(0,0).$$
该函数的图形就是图 10.5.1 中的曲面,在此曲面上点 $(0,0,-1)$ 低于周围的点.

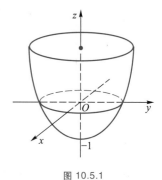

图 10.5.1

例 10.5.2　函数 $z=\sqrt{1-x^2-y^2}$ 在点 $(0,0)$ 处取得极大值 $f(0,0)=1$,因为在点 $(0,0)$ 附近的任意 (x,y),有
$$f(x,y)=\sqrt{1-x^2-y^2}<1=f(0,0),$$
其函数图形为上半球面（图 10.5.2）,显然点 $(0,0,1)$ 高于周围点.

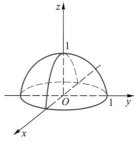

图 10.5.2

对于一元可导函数 $y=f(x)$ 来说,若 $f(x)$ 在点 x_0 取得极值,则有 $f'(x_0)=0$,利用这一性质,对于二元函

数 $z=f(x,y)$,若在 (x_0,y_0) 达到极大值,那么固定 $y=y_0$,函数 $z=f(x,y_0)$ 必也在 $x=x_0$ 达到极大值,这样就可由一元函数极值的必要条件得到二元函数极值的必要条件.

定理 10.5.1(极值存在的必要条件)　若函数 $z=f(x,y)$ 在点 $P_0(x_0,y_0)$ 达到极值,且函数在该点的一阶偏导数存在,则有

$$f_x(x_0,y_0)=0,\quad f_y(x_0,y_0)=0.$$

证　因为点 (x_0,y_0) 是函数 $f(x,y)$ 的极值点,若固定 $f(x,y)$ 中的变量 $y=y_0$,则 $z=f(x,y_0)$ 是一个一元函数,且在 $x=x_0$ 取得极值.由一元函数极值的必要条件知 $f_x(x_0,y_0)=0$,同理可证 $f_y(x_0,y_0)=0$.

使 $f_x(x,y)=0$,$f_y(x,y)=0$ 同时成立的点 (x,y) 称为函数的驻点.

由定理 10.5.1 可知,可导函数的极值点必为驻点,但是函数的驻点却不一定是极值点.

例 10.5.3　函数 $z=x^2-y^2$ 有偏导数

$$\frac{\partial z}{\partial x}=2x,\quad \frac{\partial z}{\partial y}=-2y,$$

两者在点 $(0,0)$ 均为零,所以点 $(0,0)$ 是此函数的驻点.因为 $z|_{(0,0)}=0$,而在点 $(0,0)$ 的任意一个邻域内函数既可取正值,也可取负值,所以点 $(0,0)$ 不是 $z=x^2-y^2$ 的极值点.函数 $z=x^2-y^2$ 的图形是双曲抛物面(图 10.5.3).

与一元函数一样,驻点虽不一定是极值点,但却为可导函数极值点的寻求划定了范围.下面给出一个判别极值点的充分条件.

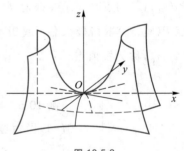

图 10.5.3

定理 10.5.2(极值存在的充分条件)　设函数 $z=f(x,y)$ 在点 $P_0(x_0,y_0)$ 的某个邻域内具有二阶连续偏导数,且点 $P_0(x_0,y_0)$ 是函数的驻点,即 $f_x(x_0,y_0)=f_y(x_0,y_0)=0$.若记 $A=f_{xx}(x_0,y_0)$,$B=f_{xy}(x_0,y_0)$,$C=f_{yy}(x_0,y_0)$,则

(1) 当 $B^2-AC<0$ 时,点 $P_0(x_0,y_0)$ 是极值点,且若 $A<0$(或 $C<0$)时,点 $P_0(x_0,y_0)$ 为极大值点;若 $A>0$(或 $C>0$)时,点 $P_0(x_0,y_0)$ 为极小值点.

(2) 当 $B^2-AC>0$ 时,点 $P_0(x_0,y_0)$ 非极值点.

(3) 当 $B^2-AC=0$ 时,点 $P_0(x_0,y_0)$ 可能是极值点也可能不是极值点.(证略)

例 10.5.4　求函数 $z=x^3+y^3-3xy$ 的极值.

解　设 $f(x,y)=x^3+y^3-3xy$.

先求 $f(x,y)$ 的偏导数

$$f_x(x,y)=3x^2-3y,\quad f_y(x,y)=3y^2-3x,$$

$$f_{xx}(x,y)=6x,\quad f_{xy}(x,y)=-3,\quad f_{yy}(x,y)=6y,$$

求函数 $f(x,y)$ 的驻点,即解方程组

$$\begin{cases}3x^2-3y=0,\\3y^2-3x=0,\end{cases}$$

得驻点分别为 $(0,0),(1,1)$.

关于驻点 $(1,1)$,有 $A=f_{xx}(1,1)=6,B=f_{xy}(1,1)=-3,C=f_{yy}(1,1)=6$,所以 $B^2-AC=(-3)^2-6\times6=-27<0$,且 $A=6>0$,因此,$f(x,y)$ 在点 $(1,1)$ 取得极小值 $f(1,1)=-1$.

关于驻点 $(0,0)$,有 $A=f_{xx}(0,0)=0,B=f_{xy}(0,0)=-3,C=f_{yy}(0,0)=0$,所以 $B^2-AC=(-3)^2-0\times0=9>0$,因此,$f(x,y)$ 在点 $(0,0)$ 不取得极值.

10.5.2　多元函数的最大值与最小值

微视频
二元函数的最大值与
最小值

　　与一元函数类似,有界闭区域上连续的二元函数,一定能在该区域上取得最大值和最小值.对于二元可微函数,如果该函数的最大值(最小值)在区域内部取得,这个最大值(最小值)点必在函数的驻点之中;若函数的最大值(最小值)在区域的边界上取得,那么它也一定是函数在边界上的最大值(最小值).因此,求函数的最大值和最小值的方法是:将函数在所讨论区域内的所有驻点处的函数值与函数在区域的边界上的最大值和最小值相比较,其中最大者就是函数在闭区域上的最大值,最小者就是函数在闭区域上的最小值.

> **定理 10.5.3(二元函数最值定理)**　若二元函数 $z=f(x,y)$ 在有界闭区域 D 上连续,则其最大(最小)值一定存在,将其在区域 D 的边界上的最大(最小)值和其在区域 D 的内部的可能极值点处的函数值比较,其中最大(最小)者即为该函数在闭区域 D 上最大(最小)值.(证略)

　　例 10.5.5　求函数 $z=x^2y(5-x-y)$ 在闭区域

$$D:x\geqslant0,y\geqslant0,x+y\leqslant4$$

上的最大值与最小值.

　　解　函数在 D 内处处可导,且

$$\frac{\partial z}{\partial x}=10xy-3x^2y-2xy^2=xy(10-3x-2y),$$

$$\frac{\partial z}{\partial y}=5x^2-x^3-2x^2y=x^2(5-x-2y),$$

解方程组 $\dfrac{\partial z}{\partial x}=0,\dfrac{\partial z}{\partial y}=0$,得 D 内驻点 $\left(\dfrac{5}{2},\dfrac{5}{4}\right)$ 及对应的函数值

$$z=\frac{625}{64}.$$

考虑函数在区域 D 边界上的情况（图 10.5.4），在边界 $x=0$ 及 $y=0$ 上函数 z 的值恒为 0.在边界 $x+y=4$ 上，函数 z 成为 x 的一元函数

$$z=x^2(4-x), \quad 0 \leqslant x \leqslant 4,$$

此函数求导有 $\dfrac{\mathrm{d}z}{\mathrm{d}x}=x(8-3x)$，所以 $z=x^2(4-x)$ 在开区间 $(0,4)$ 内的驻点为 $x=\dfrac{8}{3}$，相应的函数值为 $z=\dfrac{256}{27}$.

综上，函数在闭区域 D 上的最大值为 $z=\dfrac{625}{64}$，它在点 $\left(\dfrac{5}{2},\dfrac{5}{4}\right)$ 处取得；最小值为 $z=0$，它在 D 的边界 $x=0$ 及 $y=0$ 上取得.

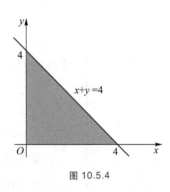

图 10.5.4

定理 10.5.4 设二元函数 $f(x,y)$ 在有界闭区域 D 上连续，在 D 内可微且只有有限个驻点，其函数在 D 内取得最大（最小）值，那么这个最大（最小）值也是函数的极大（极小）值. 如果知道函数在 D 内只有一个驻点，则该驻点处的函数值就是函数 $f(x,y)$ 在有界闭区域 D 上的最大（最小）值.

根据定理 10.5.4 知，对于实际问题中的最值问题，往往从问题本身能断定它的最大值或最小值一定存在，且在定义区域的内部取得，这时，如果函数在定义区域内有唯一的驻点，则该驻点的函数值就是函数的最大值或最小值.因此求实际问题中的最值问题的步骤是：

（1）根据实际问题建立函数关系，确定其定义域.

（2）求出驻点.

（3）结合实际意义判定最大值、最小值.

例 10.5.6 某工厂要用钢板制作一个容积为 $a^3\ \mathrm{m}^3$ 的无盖长方体的容器，若不计钢板的厚度，怎样制作材料最省？

解 从这个实际问题知材料最省的长方体容器一定存在，设容器的长为 $x\ \mathrm{m}$，宽为 $y\ \mathrm{m}$，高为 $z\ \mathrm{m}$（图 10.5.5），则无盖容器所需钢板的面积为

$$A=xy+2yz+2xz,$$

又已知 $V=xyz=a^3,$

于是把 $z=\dfrac{a^3}{xy}$ 代入 A 中，得 $A=xy+\dfrac{2a^3(x+y)}{xy}$ $(x>0,y>0)$.

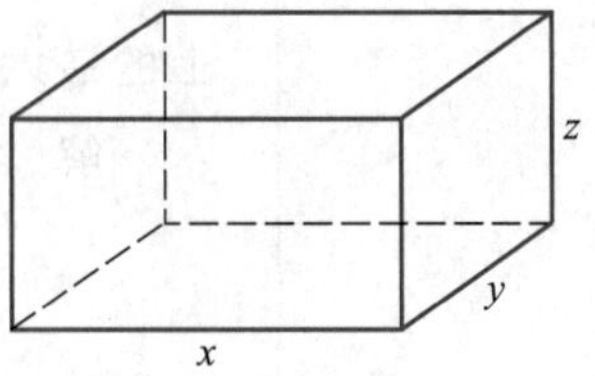

求 A 的偏导数

图 10.5.5

$$\frac{\partial A}{\partial x}=y-\frac{2a^3}{x^2},$$

$$\frac{\partial A}{\partial y}=x-\frac{2a^3}{y^2},$$

求驻点，即解方程组

$$\begin{cases} y - \dfrac{2a^3}{x^2} = 0, \\[2mm] x - \dfrac{2a^3}{y^2} = 0, \end{cases}$$

因为 $x>0,y>0$, 解方程组得 $x=y=\sqrt[3]{2}\,a$, 代入 $z=\dfrac{a^3}{xy}$ 中, 得 $z=\dfrac{\sqrt[3]{2}}{2}a$, 于是驻点唯一, 所以当长方体容器的长与宽取 $\sqrt[3]{2}\,a$ m, 高取 $\dfrac{\sqrt[3]{2}}{2}a$ m 时, 所需的材料最省.

例 10.5.7 某工厂生产甲与乙两种产品, 出售单价分别为 10 元与 9 元, 生产 x 单位的产品甲与生产 y 单位的产品乙的总费用是

$$400+2x+3y+0.01\left(3x^2+xy+3y^2\right) \ 元,$$

求取得最大利润时, 两种产品的产量各是多少.

解 设 $L(x,y)$ 表示产品甲与乙分别生产 x 与 y 单位时所得的总利润. 因为总利润等于总收入减去总费用, 所以

$$\begin{aligned} L(x,y) &= (10x+9y)-\left[400+2x+3y+0.01\left(3x^2+xy+3y^2\right)\right] \\ &= 8x+6y-0.01\left(3x^2+xy+3y^2\right)-400, \end{aligned}$$

由

$$L_x(x,y) = 8-0.01(6x+y) = 0,$$
$$L_y(x,y) = 6-0.01(x+6y) = 0,$$

得驻点 $(120,80)$. 再由

$$L_{xx}=-0.06<0, \quad L_{xy}=-0.01, \quad L_{yy}=-0.06,$$

得

$$B^2-AC = (-0.01)^2-(-0.06)^2 = -3.5\times10^{-3}<0,$$

所以, 当 $x=120$ 与 $y=80$ 时, $L(120,80)=320$ 是极大值. 由题意知, 生产 120 单位产品甲与 80 单位产品乙时所得利润最大.

10.5.3 条件极值

微视频
二元函数的条件极值

上面讨论的极值问题, 自变量在定义域内可以任意取值, 未受任何限制, 通常称为无条件极值. 在实际问题中, 求极值或最值时, 对自变量的取值往往要附加一定的约束条件. 这类附有约束条件的极值问题, 称为条件极值. 条件极值问题的约束条件分为等式约束条件和不等式约束条件两类, 这里仅讨论等式约束条件下的条件极值.

求函数 $z=f(x,y)$ 在满足约束条件 $\varphi(x,y)=0$ 时的条件极值的常用方法是拉格朗日乘数法.

拉格朗日乘数法的具体求解步骤如下:

(1) 构造辅助函数(称为拉格朗日函数)

$$L=L(x,y,\lambda)=f(x,y)+\lambda\varphi(x,y),$$

其中 λ 为待定常数, 称为拉格朗日乘数, 将原条件极值问题化为求三元函数 $L(x,y,\lambda)$ 的无条件极值问题.

(2) 由无条件极值问题的极值必要条件有

$$\begin{cases} \dfrac{\partial L}{\partial x} = f_x + \lambda \varphi_x = 0, \\[2mm] \dfrac{\partial L}{\partial y} = f_y + \lambda \varphi_y = 0, \\[2mm] \dfrac{\partial L}{\partial \lambda} = \varphi(x,y) = 0, \end{cases}$$

联立求解这三个方程,解出可能的极值点(x,y)和乘数λ.

（3）判别求出的(x,y)是否为极值点,通常由实际问题的实际意义判定.

对于多于两个自变量的函数或多于一个约束条件的情形也有类似的结果.

下面,利用拉格朗日乘数法求解例 10.5.6.

设拉格朗日函数为

$$L(x,y,z,\lambda) = xy + 2xz + 2yz + \lambda(xyz - a^3),$$

令

$$\begin{cases} \dfrac{\partial L}{\partial x} = y + 2z + \lambda yz = 0, & ① \\[2mm] \dfrac{\partial L}{\partial y} = x + 2z + \lambda xz = 0, & ② \\[2mm] \dfrac{\partial L}{\partial z} = 2x + 2y + \lambda xy = 0, & ③ \\[2mm] \dfrac{\partial L}{\partial \lambda} = xyz - a^3 = 0. & ④ \end{cases}$$

将上述方程组中方程①乘以x,方程②乘以y,方程③乘以z,然后,①-②,②-③得

$$\begin{cases} 2xz - 2yz = 0, \\ xy - 2xz = 0. \end{cases}$$

因为$x>0,z>0$,所以有$x=y=2z$.代入方程④得唯一的可能极值点

$$x = y = \sqrt[3]{2}\,a, \qquad z = \frac{\sqrt[3]{2}}{2}a,$$

由问题本身可知最小值一定存在,因此当$x = y = \sqrt[3]{2}\,a$ m$,z = \dfrac{\sqrt[3]{2}}{2}a$ m 时,容器所需材料最省.

例 10.5.8　某工厂生产两种商品的日产量分别为x和y（单位:件）,总成本函数$C(x,y) = 8x^2 - xy + 12y^2$（单位:元）,商品的限额为$x+y=42$,求最小成本.

解　约束条件为$\varphi(x,y) = x + y - 42 = 0$.设拉格朗日函数

$$F(x,y,\lambda) = 8x^2 - xy + 12y^2 + \lambda(x+y-42),$$

求其对x,y,λ的一阶偏导数,并使之为零,得方程组

$$\begin{cases} F_x = 16x - y + \lambda = 0, \\ F_y = -x + 24y + \lambda = 0, \\ F_\lambda = x + y - 42 = 0, \end{cases}$$

解得$x=25$件$,y=17$件,故唯一驻点$(25,17)$也是最小值点,它使成本为最小,最小成本为

$$C(25,17) = 8 \cdot 25^2 - 25 \cdot 17 + 12 \cdot 17^2 = 8\,043（元）.$$

思考题 10.5

1. 二元函数的可能极值点有哪些？举例说明驻点不一定为极值点.反之,若 (x_0, y_0) 为极值点是否一定为驻点？

2. 二元函数的极值与条件极值的几何意义是什么？若二元函数无极值,是否一定无条件极值,举例说明.

练习 10.5A

求：(1) $z = 1 - x^2 - y^2$ 的极值；　　　(2) $z = 1 - x^2 - y^2$ 在条件 $y = 2$ 下的极值.

练习 10.5B

1. 求 $f(x, y) = e^{2x}(x + y^2 + 2y)$ 的极值.

2. 某工厂要用钢板制作一个容积为 $64\ \text{cm}^3$ 的有盖长方体容器,若不计钢板的厚度,怎样的尺寸才能使用料最省？

10.6　用数学软件进行多元函数微分运算

文档
用数学软件
进行多元函数微分运算

10.7　学习任务 10 解答　厂房造价最小问题

解

1. 该座长方体形状的厂房如图 10.7.1 所示,设其长为 x,宽为 y,高为 z,则有

$$xyz = 10\ 000 \quad (x > 0, y > 0, z > 0),　　①$$

又设后墙及侧墙每单位面积的造价为 k 元,则前墙造价为 $4kxz$,后墙造价为 kxz,两侧墙造价分别为 kyz,屋顶造价为 $3kxy$,厂房总造价为

$$s = 4kxz + kxz + 2kyz + 3kxy \quad (x > 0, y > 0, z > 0).　　②$$

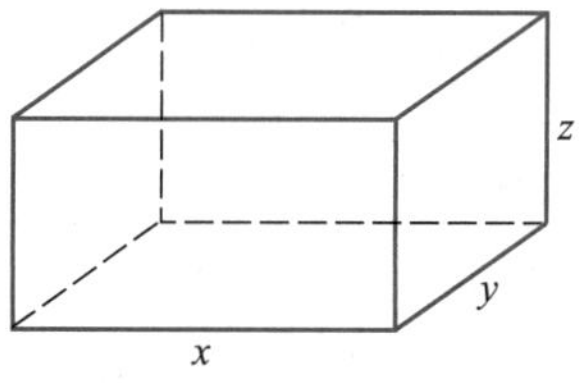

图 10.7.1

由①得 $z = \dfrac{10\ 000}{xy}$, 代入②得

$$s = \frac{50\ 000k}{y} + \frac{20\ 000k}{x} + 3kxy \quad (x > 0, y > 0, z > 0),$$

$$\diamondsuit \begin{cases} \dfrac{\partial s}{\partial x} = \left(\dfrac{50\ 000k}{y} + \dfrac{20\ 000k}{x} + 3kxy \right)'_x = 3ky - \dfrac{20\ 000k}{x^2} = 0, \\ \dfrac{\partial s}{\partial z} = \left(\dfrac{50\ 000k}{y} + \dfrac{20\ 000k}{x} + 3kxy \right)'_y = 3kx - \dfrac{50\ 000k}{y^2} = 0, \end{cases}$$

解之得 $x \approx 13.87$ m, $y \approx 34.67$ m, 将其代入 (1) 得 $z \approx 20.8$ m.

因此, 当厂房的长为 13.87 m、宽为 34.67 m、高为 20.8 m 时, 厂房的总造价最小.

2. 扫描下方二维码, 查看学习任务 10 的 Mathematica 程序.

3. 扫描下方二维码, 查看学习任务 10 的 MATLAB 程序.

 扫一扫, 看代码
Mathematica 程序

 扫一扫, 看代码
MATLAB 程序

复习题 10

A 级

1. 设函数 $f(x,y) = \dfrac{2xy}{x^2+y^2}$, 求 $f(1,1)$.

2. 设函数 $f(x,y) = x^2 + y^2 - xy\tan\dfrac{x}{y}$, 求 $f(tx, ty)$.

3. 求下列函数的定义域并画出定义域图形:

(1) $z = \ln(y^2 - 2x + 1)$;   (2) $z = \ln(1 - x^2 - y^2)$.

4. 求下列极限:

(1) $\displaystyle\lim_{\substack{x \to 0 \\ y \to 5}} \dfrac{\sin(xy)}{x}$;   (2) $\displaystyle\lim_{\substack{x \to 0 \\ y \to 0}} \dfrac{2 - \sqrt{xy+4}}{xy}$.

5. 求下列函数的偏导数:

(1) $z = x^3 y - y^3 x$;   (2) $z = \dfrac{x}{\sqrt{x^2+y^2}}$;

(3) $z = \ln\sin(x - 2y)$.

6. 设 $f(x,y) = x + y - \sqrt{x^2+y^2}$, 求 $f_x(3,4)$ 及 $f_y(3,4)$.

7. 设 $f(x,y,z) = xy^2 + yz^2 + zx^2$, 求 $f_{xx}(0,0,1), f_{xz}(1,0,2), f_{yz}(0,-1,0), f_{zx}(2,0,1)$.

8. 证明 $u = x^3 - 3xy^2, v = 3x^2 y - y^3$ 满足柯西-黎曼方程

$$\begin{cases} \dfrac{\partial u}{\partial x} = \dfrac{\partial v}{\partial y}, \\ \dfrac{\partial u}{\partial y} = -\dfrac{\partial v}{\partial x}. \end{cases}$$

9. 证明 $z = \ln(x^2 + y^2)$ 满足拉普拉斯方程

$$\dfrac{\partial^2 z}{\partial x^2} + \dfrac{\partial^2 z}{\partial y^2} = 0.$$

10. 某工厂生产的甲、乙两种产品,当产量分别为 x 和 y 时,这两种产品的总成本(单位:元)是

$$z(x,y)=400+2x+3y+0.01(3x^2+xy+3y^2).$$

(1) 求每种产品的边际成本;

(2) 当出售两种产品的单价分别为 10 元和 9 元时,试求每种产品的边际利润.

11. 质量为 m,速率为 v 的物体的动能为 $E=\dfrac{1}{2}mv^2$,证明

$$\frac{\partial E}{\partial m}\cdot\frac{\partial^2 E}{\partial v^2}=E.$$

B 级

12. 设 m_1 和 m_2 为两物体的质量,$m_1\geq m_2$,又假设它们连接在一个叫做阿特伍德的机械设备上(图 10.f.1),质量 m_1 向下的加速度为

$$a=\frac{m_1-m_2}{m_1+m_2}g \quad (g\text{ 是重力加速度}),$$

证明 $m_1\dfrac{\partial a}{\partial m_1}+m_2\dfrac{\partial a}{\partial m_2}=0.$

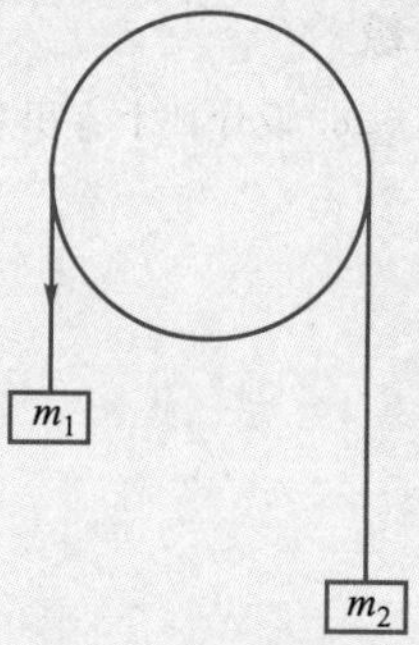

13. 试求当 $x=2,y=1,\Delta x=0.01,\Delta y=0.03$ 时,函数

$$z=\frac{xy}{x^2-y^2}$$

的全增量和全微分.

图 10.f.1

14. 求下列函数的全微分:

(1) $z=xy+\dfrac{x}{y}$;   (2) $z=\dfrac{xy}{\sqrt{x^2+y^2}}$.

15. 利用全微分计算近似值:

(1) $\sin 29°\tan 46°$;   (2) $1.002\times2.003^2\times3.004^3$.

16. 设有一无盖圆柱形容器,容器的壁与底的厚度均为 0.1 cm,内高为 20 cm,半径为 4 cm,求容器外壳体积的近似值.

17. 有一批半径 $R=5$ cm,高 $H=20$ cm 的金属圆柱体 100 个,现要在圆柱体的表面镀一层厚度为 0.05 cm 的镍,试估计大约需要多少 kg 的镍(镍的密度为 8.9 g/cm³).

18. 当圆锥体形变时,它的底面半径 R 由 30 cm 增到 30.1 cm,高 H 由 60 cm 减到 59.5 cm,试求体积变化的近似值.

19. 求下列复合函数的偏导数(或全导数):

(1) 设 $z=u^2v-uv^2$,而 $u=x\cos y,v=x\sin y$,求 $\dfrac{\partial z}{\partial x},\dfrac{\partial z}{\partial y}$;

(2) 设 $z=e^{x-2y}$,而 $x=\sin t,y=t^3$,求 $\dfrac{dz}{dt}$.

20. 求下列方程所确定的隐函数的导数或偏导数:

(1) 设 $\sin y+e^x-xy^2=0$,求 $\dfrac{dy}{dx}$;   (2) 设 $\dfrac{x}{z}=\ln\dfrac{z}{y}$,求 $\dfrac{\partial z}{\partial x},\dfrac{\partial z}{\partial y}$.

21. 求下列曲面在指定点的切平面与法线方程:

(1) $e^z-z+xy=3$ 在点 $(2,1,0)$ 处;

(2) $z=\ln(1+x^2+2y^2)$ 在点 $(1,1,2\ln 2)$ 处.

22. 求椭球面 $x^2+2y^2+z^2=1$ 上平行于平面 $x-y+2z=0$ 的切平面方程.

23. 在曲面 $z=xy$ 上求一点,使该点处的切平面平行于平面 $x+3y+z+9=0$.

24. 求函数 $z=2xy-3x^2-2y^2$ 的极值.

25. 某工厂要建造一座长方体形状的厂房,其体积为 150 万 m^3,已知前墙和屋顶的每单位面积的造价分别是其他墙身造价的 3 倍和 1.5 倍,问厂房前墙的长度和厂房的高度为多少时,厂房的造价最小.

26. 有一块铁皮,宽为 24 cm,要把它的两边折起来作成一个梯形断面水槽,如图 10.f.2 所示,为使此槽中水的流量最大,即槽的横截面积最大,求倾角 α 及 x.

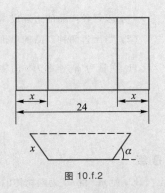

图 10.f.2

27. 某工厂在生产某种产品中要使用甲、乙两种原料,已知甲和乙两种原料分别使用 x 单位和 y 单位可生产 u 单位的产品,$u=8xy+32x+40y-4x^2-6y^2$,且甲种原料单价为 10 元,乙种原料单价为 4 元,单位产品的售价为 40 元,求该工厂在生产这个产品上的最大利润.

C 级

28. 设计一个容积为 250 mL 的易拉罐,使之既美观又用料最省.

第 11 章 多元函数积分学

11.0 学习任务 11 平面薄板的质量

设平面薄板所占有的平面区域 D 由螺线 $r=2\theta\left(0\leqslant\theta\leqslant\dfrac{\pi}{3}\right)$（单位：m）上的一段弧与

直线 $\theta=\dfrac{\pi}{3}$ 所围成，它的面密度 $\rho(x,y)=x^2+y^2$（单位：kg/m²），求该薄板的质量.

解决该问题需要二重积分的知识.

本章将在一元函数定积分微元法的基础上，引入重积分、曲线积分的概念，重点讲解它们的性质、计算方法和一些应用.这两种积分解决问题的基本思想方法与定积分是一致的，并且它们的计算最终都归结为定积分.学习过程中要抓住它们与定积分之间的联系，注意比较它们的共同点与不同点.

> **引例** 某日小明在课前预习了二重积分，发现二重积分在求曲顶柱体的体积，密度不均匀分布的平面薄板的质量等问题上都非常有用，可他对将二重积分 $\iint\limits_{D}f(x,y)\mathrm{d}x\mathrm{d}y$ 转换成二次定积分计算时，下限小于上限的规定有些不清楚，于是他问老师：为什么将二重积分化成定积分后要求下限小于上限呀？
>
> 老师回答：首先要注意到在二重积分 $\iint\limits_{D}f(x,y)\mathrm{d}x\mathrm{d}y$ 中的 $\mathrm{d}x\mathrm{d}y$ 表示区域 D 中代表性小区域的面积，$\mathrm{d}x,\mathrm{d}y$ 分别代表小区域的长和宽，因此，必须要保证 $\mathrm{d}x>0,\mathrm{d}y>0$；另一方面，$\mathrm{d}x$ 作为自变量 x 的微分，$\mathrm{d}y$ 作为自变量 y 的微分，只有它们由小变大时，才能保证 $\mathrm{d}x>0,\mathrm{d}y>0$.因此，只有下限小于上限，才能保证 $\mathrm{d}x>0,\mathrm{d}y>0$.

11.1 二重积分的概念与计算

本节先通过曲顶柱体的体积引入二重积分的概念，同时简单介绍二重积分的性质，然后，分别介绍二重积分在直角坐标系下和极坐标系下的计算方法，其关键是在不同坐标系下面积元素的形式和积分限的确定.

11.1.1 二重积分的概念与性质

首先我们以曲边梯形面积为例（图 11.1.1）复习一下微元法.

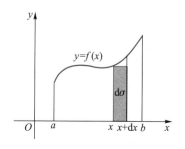

图 11.1.1

第一步:将$[a,b]$无限细分成若干个微小区间,在其代表性小区间$[x,x+\mathrm{d}x]$上"以直代曲",求得面积微元为

$$\mathrm{d}\sigma = f(x)\mathrm{d}x,$$

这一步即局部线性化.

第二步:将微元$\mathrm{d}\sigma$在$[a,b]$上无限累积,即得面积为

$$A = \int_a^b f(x)\mathrm{d}x.$$

简言之,"$\displaystyle\int_a^b$"代表了对微元$f(x)\mathrm{d}x$的无限累积,即"$\displaystyle\lim_{\lambda\to 0}\sum_{i=1}^n$".

下面我们把这种思想推广到平面区域D上的二元函数$f(x,y)$.

1. 引例:曲顶柱体的体积

所谓曲顶柱体是指这样的立体:它的底是xOy平面上的有界闭区域D,它的侧面是以D的边界线为准线,而母线平行z轴的柱面,它的顶是由二元函数$z=f(x,y)$所表示的曲面.

求当$f(x,y)\geqslant 0$时上述曲顶柱体(图 11.1.2)的体积.

我们知道:平顶柱体体积=底面积×高,那么,如何化曲顶柱体为平顶柱体呢?类似于求曲边梯形面积一样,可以通过局部线性化来实现,然后再累加求出总体.据此,有如下步骤:

第一步:将区域D无限细分,在微小区域$\mathrm{d}\sigma$上任取一点(x,y),用以$f(x,y)$为高,$\mathrm{d}\sigma$为底的平顶柱体体积$f(x,y)\mathrm{d}\sigma$(这里$\mathrm{d}\sigma$也表示小区域$\mathrm{d}\sigma$的面积)近似代替$\mathrm{d}\sigma$上小曲顶柱体体积,即得体积微元

$$\mathrm{d}v = f(x,y)\mathrm{d}\sigma.$$

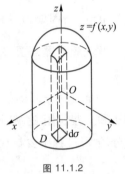

图 11.1.2

第二步:将体积微元$\mathrm{d}v=f(x,y)\mathrm{d}\sigma$在区域$D$上无限累加$\left(\text{这一步记为“}\displaystyle\iint_D\text{”}\right)$,则得所求曲顶柱体体积为

$$V = \iint_D f(x,y)\mathrm{d}\sigma.$$

说明　第二步中,$f(x,y)\mathrm{d}\sigma$在D上无限累加,它的内涵是指总和极限"$\displaystyle\lim_{\lambda\to 0}\sum$",其中,$\sum$是在区域$D$范围内求和,求极限过程$\lambda\to 0$中的$\lambda$是小区域$\mathrm{d}\sigma$的最大直径[①].今后在实用上我们总是用"$\displaystyle\iint_D$"来代替运算"$\displaystyle\lim_{\lambda\to 0}\sum$".

2. 二重积分的概念

如果抽去上述问题的几何意义可得如下二重积分定义:

---

① 一个小闭区域的直径是指该区域上任意两点间的距离的最大者.

定义 11.1.1(微元法意义下二重积分定义) 设 $z=f(x,y)$ 为定义在有界闭区域 D 上的连续函数,Q 为分布在有界闭区域上的待求量.首先将区域 D 无限细分为若干个小区域.在其代表性小区域 $\widetilde{\mathrm{d}\sigma}$ 上任取一点 (x,y).如果量 Q 分布在该小区域上的部分量的近似值(即量 Q 的微元)$\mathrm{d}q=f(x,y)\mathrm{d}\sigma$(这里的 $\mathrm{d}\sigma$ 表示小区域 $\widetilde{\mathrm{d}\sigma}$ 的面积);其次,将微元 $f(x,y)\mathrm{d}\sigma$ 在区域 D 上无限累加,记为 $\iint\limits_{D}f(x,y)\mathrm{d}\sigma$,得到量 Q,即 $Q=\iint\limits_{D}f(x,y)\mathrm{d}\sigma$.称上述两步后所得的表达式 $\iint\limits_{D}f(x,y)\mathrm{d}\sigma$ 为函数 $f(x,y)$ 在区域 D 上的二重积分,其中 $f(x,y)$ 称为被积函数,D 为积分区域,$f(x,y)\mathrm{d}\sigma$ 称为被积式,$\mathrm{d}\sigma$ 为面积元素,x 与 y 称为积分变量.

由上述讨论可知,二重积分的几何意义是当 $f(x,y)\geqslant 0$ 时曲顶柱体的体积.特别地,当 $f(x,y)=1$ 时,$\iint\limits_{D}\mathrm{d}\sigma$ 表示以区域 D 为底,1 为高的平顶柱体的体积,也等于区域 D 的面积.

关于二重积分更精确的定义如下:

定义 11.1.2(二重积分) 设 $f(x,y)$ 是有界闭区域 D 上的有界函数.将闭区域 D 任意分成 n 个小闭区域

$$\Delta\sigma_1,\quad \Delta\sigma_2,\quad \cdots,\quad \Delta\sigma_n,$$

其中 $\Delta\sigma_i$ 表示第 i 个小闭区域,也表示它的面积.在每个 $\Delta\sigma_i$ 上任取一点(ξ_i,η_i),作乘积

$$f(\xi_i,\eta_i)\Delta\sigma_i \quad (i=1,2,\cdots,n),$$

并作和 $\sum\limits_{i=1}^{n}f(\xi_i,\eta_i)\Delta\sigma_i$,如果当各小闭区域的直径中的最大值 λ 趋于零时,这和式的极限存在,且与闭区域 D 的分法和点(ξ_i,η_i)的取法无关,则称此极限值为函数$f(x,y)$在闭区域 D 上的二重积分,记作 $\iint\limits_{D}f(x,y)\mathrm{d}\sigma$,即

$$\iint\limits_{D}f(x,y)\mathrm{d}\sigma=\lim_{\lambda\to 0}\sum_{i=1}^{n}f(\xi_i,\eta_i)\Delta\sigma_i.$$

其中$f(x,y)$称为被积函数,D 为积分区域,$f(x,y)\mathrm{d}\sigma$ 称为被积式,$\mathrm{d}\sigma$ 为面积元素,x 与 y 称为积分变量.

可以证明:当$f(x,y)$在闭区域 D 上连续时,上述和式极限$\lim\limits_{\lambda\to 0}\sum\limits_{i=1}^{n}f(\xi_i,\eta_i)\Delta\sigma_i$ 必定存在. 即若函数 $f(x,y)$在闭区域 D 上连续,则$f(x,y)$在 D 上的二重积分必存在.

3. 二重积分的性质

二重积分具有与定积分完全类似的性质,现叙述如下:

性质 1 常数因子可提到积分号外面,即

$$\iint\limits_{D}kf(x,y)\mathrm{d}\sigma = k\iint\limits_{D}f(x,y)\mathrm{d}\sigma.$$

性质 2 两个函数和与差的积分等于各函数积分的和与差,即

$$\iint\limits_{D} [f(x,y) \pm g(x,y)] \mathrm{d}\sigma = \iint\limits_{D} f(x,y)\mathrm{d}\sigma \pm \iint\limits_{D} g(x,y)\mathrm{d}\sigma.$$

性质 3　若积分区域 D 分割为 D_1 与 D_2 两部分,则有

$$\iint\limits_{D} f(x,y)\mathrm{d}\sigma = \iint\limits_{D_1} f(x,y)\mathrm{d}\sigma + \iint\limits_{D_2} f(x,y)\mathrm{d}\sigma.$$

微视频
在直角坐标系下
二重积分的计算

性质 4(中值定理)　设 $f(x,y)$ 在有界闭域 D 上连续,A 是区域 D 的面积,则在 D 上至少有一点 (ξ,η) 使得下式成立

$$\iint\limits_{D} f(x,y)\mathrm{d}\sigma = f(\xi,\eta)A.$$

11.1.2　在直角坐标系中计算二重积分

在直角坐标系中我们采用平行于 x 轴和 y 轴的直线把区域 D 分成许多小矩形,于是面积元素 $\mathrm{d}\sigma = \mathrm{d}x\mathrm{d}y$(图 11.1.3(a)),二重积分可以写成

$$\iint\limits_{D} f(x,y)\mathrm{d}x\mathrm{d}y.$$

下面用二重积分的几何意义来导出化二重积分为二次积分的方法.

设 D 可表示为不等式(图 11.1.3(b))

$$y_1(x) \leqslant y \leqslant y_2(x), \quad a \leqslant x \leqslant b.$$

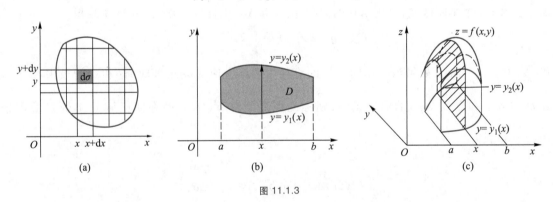

图 11.1.3

下面我们用定积分的"切片法"来求这个曲顶柱体体积.

在 $[a,b]$ 上任意固定一点 x_0,过 x_0 作垂直于 x 轴的平面与柱体相交,截出的面积设为 $S(x_0)$,由定积分可知

$$S(x_0) = \int_{y_1(x_0)}^{y_2(x_0)} f(x_0,y)\mathrm{d}y.$$

一般地,过 $[a,b]$ 上任意一点 x,且垂直于 x 轴的平面与柱体相交得到的截面面积为

$$S(x) = \int_{y_1(x)}^{y_2(x)} f(x,y)\mathrm{d}y,$$

见图 11.1.3(c),由定积分的"求平行截面面积为已知的立体的体积"的方法可知,所求曲顶柱体体积为

$$V = \int_a^b S(x)\mathrm{d}x = \int_a^b \left[\int_{y_1(x)}^{y_2(x)} f(x,y)\mathrm{d}y \right] \mathrm{d}x,$$

所以

$$\iint\limits_{D} f(x,y)\mathrm{d}x\mathrm{d}y = \int_a^b \left[\int_{y_1(x)}^{y_2(x)} f(x,y)\mathrm{d}y \right] \mathrm{d}x,$$

上式也可简记为

$$\iint\limits_{D} f(x,y)\,\mathrm{d}x\mathrm{d}y = \int_{a}^{b}\mathrm{d}x\int_{y_1(x)}^{y_2(x)}f(x,y)\,\mathrm{d}y. \qquad (11.1.1)$$

公式(11.1.1)就是二重积分化为二次定积分的计算方法,该方法也称为累次积分法.计算第一次积分时,视 x 为常量,对变量 y 由下限 $y_1(x)$ 积到上限 $y_2(x)$,这时计算结果是一个关于 x 的函数,计算第二次积分时,x 是积分变量,积分限是常数,计算结果是一个定值.

设积分区域 D 可表示为不等式(图11.1.4)

$$x_1(y)\leqslant x\leqslant x_2(y), c\leqslant y\leqslant d,$$

完全类似地可得

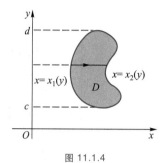

图 11.1.4

$$\iint\limits_{D} f(x,y)\,\mathrm{d}x\mathrm{d}y = \int_{c}^{d}\mathrm{d}y\int_{x_1(y)}^{x_2(y)}f(x,y)\,\mathrm{d}x. \qquad (11.1.2)$$

例 11.1.1 计算二重积分 $\iint\limits_{D}\mathrm{e}^{x+y}\mathrm{d}\sigma$,其中积分区域 $D=\{(x,y)\mid 0\leqslant x\leqslant 1,0\leqslant y\leqslant 1\}$

解 积分区域 D 的图形如图11.1.5所示.

在直角坐标系下计算该积分,取面积元素 $\mathrm{d}\sigma=\mathrm{d}x\mathrm{d}y$,先对 x 积分,后对 y 积分.则 x 由 $0\to1$,y 也由 $0\to1$.于是

$$\iint\limits_{D}\mathrm{e}^{x+y}\mathrm{d}\sigma = \int_{0}^{1}\left[\int_{0}^{1}\mathrm{e}^{x+y}\mathrm{d}x\right]\mathrm{d}y$$

$$= \int_{0}^{1}\mathrm{e}^{y}\left[\int_{0}^{1}\mathrm{e}^{x}\mathrm{d}x\right]\mathrm{d}y = \int_{0}^{1}\mathrm{e}^{y}\mathrm{e}^{x}\Big|_{0}^{1}\mathrm{d}y$$

$$= \int_{0}^{1}\mathrm{e}^{y}(\mathrm{e}-1)\mathrm{d}y = (\mathrm{e}-1)\int_{0}^{1}\mathrm{e}^{y}\mathrm{d}y = (\mathrm{e}-1)^{2}.$$

化二重积分为累次积分时,需注意以下几点:

(1) 累次积分的下限必须小于上限.

(2) 用公式(11.1.1)或(11.1.2)时,要求 D 分别满足:平行于 y 轴或 x 轴的直线与 D 的边界相交不多于两点.如果 D 不满足这个条件,则需把 D 分割成几块(图11.1.6),然后分块计算.

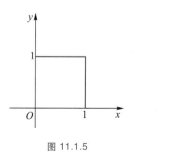

图 11.1.5

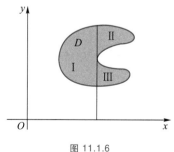

图 11.1.6

（3）一个重积分常常是既可以先对 y 积分（公式（11.1.1）），又可以先对 x 积分（公式（11.1.2）），而这两种不同的积分次序，往往导致计算的繁简程度差别很大，有时甚至积不出来，那么，该如何恰当地选择积分次序呢？我们结合下述各例加以说明.

例 11.1.2 计算 $\iint\limits_{D} xy\mathrm{d}x\mathrm{d}y$，其中 $D: x^2+y^2 \leqslant 1, x \geqslant 0$，$y \geqslant 0$.

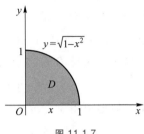
图 11.1.7

解 作 D 的图形（图 11.1.7）. 先对 y 积分（固定 x），y 的变化范围由 0 到 $\sqrt{1-x^2}$，然后再在 x 的最大变化范围 $[0,1]$ 内对 x 积分，于是得到

$$\iint\limits_{D} xy\mathrm{d}x\mathrm{d}y = \int_0^1 \mathrm{d}x \int_0^{\sqrt{1-x^2}} xy\mathrm{d}y = \int_0^1 x\left(\frac{1}{2}y^2\right)\Bigg|_0^{\sqrt{1-x^2}}\mathrm{d}x$$

$$= \int_0^1 \frac{1}{2}x(1-x^2)\mathrm{d}x = \frac{1}{2}\left(\frac{x^2}{2}-\frac{x^4}{4}\right)\Bigg|_0^1 = \frac{1}{8}.$$

本题若先对 x 积分，解法类似.

例 11.1.3 计算 $\iint\limits_{D} 2xy^2\mathrm{d}x\mathrm{d}y$，其中 D 由抛物线 $y^2 = x$ 及直线 $y = x - 2$ 所围成.

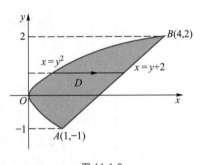
图 11.1.8

解 画 D 的图形（图 11.1.8）. 选择先对 x 积分，这时 D 的表示式为

$$\begin{cases} y^2 \leqslant x \leqslant y+2, \\ -1 \leqslant y \leqslant 2, \end{cases}$$

从而 $\iint\limits_{D} 2xy^2\mathrm{d}x\mathrm{d}y$

$$= \int_{-1}^2 \mathrm{d}y \int_{y^2}^{y+2} 2xy^2\mathrm{d}x$$

$$= \int_{-1}^2 y^2(x^2)\Bigg|_{y^2}^{y+2}\mathrm{d}y = \int_{-1}^2 (y^4 + 4y^3 + 4y^2 - y^6)\mathrm{d}y$$

$$= \left(\frac{y^5}{5} + y^4 + \frac{4}{3}y^3 - \frac{y^7}{7}\right)\Bigg|_{-1}^2 = 15\frac{6}{35}.$$

注意 本题也可先对 y 积分后对 x 积分，但是，这时就必须用直线 $x = 1$ 将 D 分成 D_1 和 D_2 两块（图 11.1.9），其中

$$D_1: \begin{cases} -\sqrt{x} \leqslant y \leqslant \sqrt{x}, \\ 0 \leqslant x \leqslant 1, \end{cases} \qquad D_2: \begin{cases} x-2 \leqslant y \leqslant \sqrt{x}, \\ 1 \leqslant x \leqslant 4, \end{cases}$$

由此得 $\iint\limits_{D} 2xy^2 \mathrm{d}x\mathrm{d}y = \iint\limits_{D_1} 2xy^2 \mathrm{d}x\mathrm{d}y + \iint\limits_{D_2} 2xy^2 \mathrm{d}x\mathrm{d}y$

$$= \int_0^1 \mathrm{d}x \int_{-\sqrt{x}}^{\sqrt{x}} 2xy^2 \mathrm{d}y + \int_1^4 \mathrm{d}x \int_{x-2}^{\sqrt{x}} 2xy^2 \mathrm{d}y,$$

计算起来要比先对 x 后对 y 积分麻烦得多, 所以恰当地选择积分次序是化二重积分为二次积分的关键步骤.

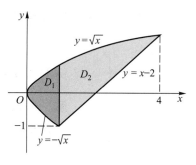

图 11.1.9

例 11.1.4 更换 $I = \int_0^1 \mathrm{d}y \int_y^1 x^2 \sin xy \mathrm{d}x$ 的积分次序.

解 若按所给的次序计算积分 I, 需要进行两次分部积分, 如果我们设想交换一下积分次序, 先对 y 积分, 这时因子 x^2 则可移出, 求积分就简单多了. 为此先将积分区域 D 用不等式表示出, 并画出 D 的图形 (图 11.1.10(a)).

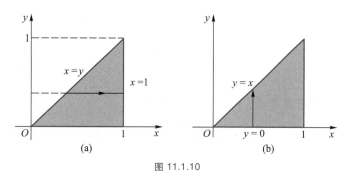

图 11.1.10

$$D: \begin{cases} y \leqslant x \leqslant 1, \\ 0 \leqslant y \leqslant 1, \end{cases}$$

按照先对 y 积分的考虑, 重新将 D (图 11.1.10(b)) 表示为

$$D: \begin{cases} 0 \leqslant y \leqslant x, \\ 0 \leqslant x \leqslant 1, \end{cases}$$

于是, I 的积分次序可以交换为

$$I = \int_0^1 \mathrm{d}x \int_0^x x^2 \sin xy \mathrm{d}y \quad (\text{这时 } x^2 \text{ 可移出, 计算就简便多了})$$

$$= \int_0^1 x^2 \mathrm{d}x \int_0^x \sin xy \mathrm{d}y$$

$$= \int_0^1 x \mathrm{d}x \int_0^x \sin xy \mathrm{d}(xy)$$

$$= \int_0^1 x(-\cos xy) \Big|_0^x \mathrm{d}x$$

$$= \int_0^1 x(1 - \cos x^2) \mathrm{d}x = \frac{1}{2}(x^2 - \sin x^2) \Big|_0^1$$

$$= \frac{1}{2}(1 - \sin 1).$$

以上例 11.1.3、例 11.1.4 显示出选择积分次序的重要及应该考虑的因素.

例 11.1.5 求椭圆抛物面 $z = 4 - x^2 - \dfrac{y^2}{4}$ 与平面 $z = 0$ 所围成的立体体积.

解 画出所围立体的示意图(图 11.1.11(a)),考虑到图形的对称性,只需计算第一卦限部分再乘以 4 即可,即

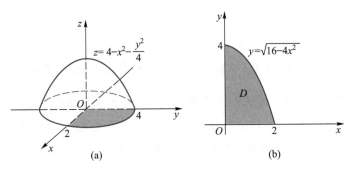

图 11.1.11

$$V = 4 \iint\limits_{D} \left(4 - x^2 - \frac{y^2}{4} \right) \mathrm{d}x\mathrm{d}y,$$

其中 D 如图 11.1.11(b) 所示.故

$$V = 4 \iint\limits_{D} \left(4 - x^2 - \frac{y^2}{4} \right) \mathrm{d}x\mathrm{d}y$$

$$= 4 \int_0^2 \mathrm{d}x \int_0^{\sqrt{16-4x^2}} \left(4 - x^2 - \frac{y^2}{4} \right) \mathrm{d}y$$

$$= 4 \int_0^2 \left(4y - x^2 y - \frac{1}{12} y^3 \right) \Bigg|_0^{\sqrt{16-4x^2}} \mathrm{d}x$$

$$= \frac{16}{3} \int_0^2 (4 - x^2)^{\frac{3}{2}} \mathrm{d}x = 16\pi.$$

11.1.3　在极坐标系中计算二重积分

对于圆形、扇形、环形等区域上的二重积分,利用直角坐标计算往往是很困难的,而在极坐标系下计算则比较简单.下面介绍这种计算方法.

首先,分割积分区域 D,我们用 r 取一系列常数(得到一族圆心在极点的同心圆)和 θ 取一系列常数(得到一族过极点的射线)的两组曲线,将 D 分成许多小区域(图 11.1.12),于是得到了极坐标系下的面积元素为

$$\mathrm{d}\sigma = (r\mathrm{d}\theta) \cdot \mathrm{d}r = r\mathrm{d}r\mathrm{d}\theta,$$

再分别用 $x = r\cos\theta, y = r\sin\theta$ 代换被积函数 $f(x,y)$ 中的 x, y,这样二重积分在极坐标系下表达形式为

$$\iint\limits_{D} f(x,y) \mathrm{d}\sigma = \iint\limits_{D} f(r\cos\theta, r\sin\theta) r\mathrm{d}r\mathrm{d}\theta.$$

实际计算时,与直角坐标情况类似,还是化成累次积分来进行.

设 D(图 11.1.13)位于两条射线 $\theta=\alpha$ 和 $\theta=\beta$ 之间,D 的两段边界线极坐标方程分别为

$$r=r_1(\theta), \quad r=r_2(\theta),$$

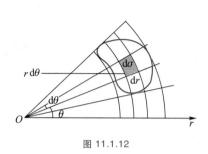

图 11.1.12

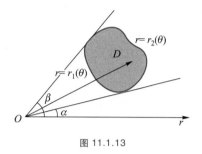

图 11.1.13

则二重积分就可化为如下的累次积分

$$\iint\limits_{D} f(x,y)\mathrm{d}\sigma = \int_{\alpha}^{\beta}\mathrm{d}\theta \int_{r_1(\theta)}^{r_2(\theta)} f(r\cos\theta,r\sin\theta)r\mathrm{d}r.$$

如果极点 O 在 D 内部(图 11.1.14),则有

$$\iint\limits_{D} f(x,y)\mathrm{d}\sigma = \int_{0}^{2\pi}\mathrm{d}\theta \int_{0}^{r(\theta)} f(r\cos\theta,r\sin\theta)r\mathrm{d}r.$$

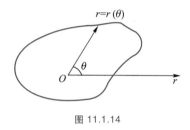

图 11.1.14

例 11.1.6 将二重积分 $\iint\limits_{D} f(x,y)\mathrm{d}\sigma$ 化为极坐标系下的累次积分,其中 $D:x^2+y^2 \leqslant 2Rx, y \geqslant 0$.

解 画出 D 的图形(图 11.1.15),D 可表示为

$$0 \leqslant \theta \leqslant \frac{\pi}{2}, \quad 0 \leqslant r \leqslant 2R\cos\theta,$$

于是得到

$$\iint\limits_{D} f(x,y)\mathrm{d}\sigma = \int_{0}^{\frac{\pi}{2}}\mathrm{d}\theta \int_{0}^{2R\cos\theta} f(r\cos\theta,r\sin\theta)r\mathrm{d}r.$$

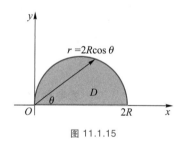

图 11.1.15

例 11.1.7 计算 $\iint\limits_{D} \mathrm{e}^{-(x^2+y^2)}\mathrm{d}x\mathrm{d}y, D:x^2+y^2 \leqslant a^2$.

解 选用极坐标系计算,D 表示为 $0 \leqslant r \leqslant a, 0 \leqslant \theta \leqslant 2\pi$,故有

$$\iint\limits_{D} \mathrm{e}^{-(x^2+y^2)}\mathrm{d}x\mathrm{d}y = \iint\limits_{D} \mathrm{e}^{-r^2}r\mathrm{d}r\mathrm{d}\theta = \int_{0}^{2\pi}\mathrm{d}\theta \int_{0}^{a} \mathrm{e}^{-r^2}r\mathrm{d}r$$

$$= \int_{0}^{2\pi}\left(-\frac{1}{2}\mathrm{e}^{-r^2}\right)\Big|_{0}^{a}\mathrm{d}\theta = \pi(1-\mathrm{e}^{-a^2}).$$

例 11.1.8 求由圆锥面 $z=4-\sqrt{x^2+y^2}$ 与旋转抛物面 $2z=x^2+y^2$ 所围立体的体积(图11.1.16).

解 选用极坐标计算.

$$V = \iint\limits_{D} \left[\left(4 - \sqrt{x^2 + y^2} \right) - \frac{1}{2} \left(x^2 + y^2 \right) \right] \mathrm{d}x\mathrm{d}y$$

$$= \iint\limits_{D} \left(4 - r - \frac{r^2}{2} \right) r\mathrm{d}r\mathrm{d}\theta.$$

求立体在 xOy 面上的投影区域 D.由

$$\begin{cases} z = 4 - \sqrt{x^2 + y^2}, \\ 2z = x^2 + y^2 \end{cases}$$

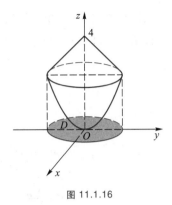

图 11.1.16

消去 x, y 得

$$(z-4)^2 = 2z,$$

即

$$z^2 - 10z + 16 = 0,$$

亦即

$$(z-2)(z-8) = 0,$$

得

$$z_1 = 2, \quad z_2 = 8 \ (舍去).$$

因此, D 由 $x^2 + y^2 = 4$, 即 $r = 2$ 围成.故得

$$V = \int_0^{2\pi} \mathrm{d}\theta \int_0^2 \left(4r - r^2 - \frac{r^3}{2} \right) \mathrm{d}r = 2\pi \left(2r^2 - \frac{r^3}{3} - \frac{r^4}{8} \right) \Big|_0^2 = \frac{20}{3}\pi.$$

以上我们讨论了二重积分在两种坐标系中的计算方法.十分明显,选取适当的坐标系对计算二重积分是至关重要的.一般说来,当积分区域为圆形、扇形、环形区域,而被积函数中含有 $x^2 + y^2$ 的项时,采用极坐标计算往往比较简便.

思考题 11.1

1. 试述二重积分的几何意义.

2. 在直角坐标系下,计算二重积分的主要步骤有哪些,其关键点是什么?

3. 在极坐标系下,计算二重积分的主要步骤有哪些,其关键点是什么?

4. 就二重积分的积分域而言,当积分域有什么样的特征时,选择在直角坐标系(或极坐标系)下计算该二重积分更方便.

5. 当被积函数具有什么样的特征时,选择在直角坐标系(或极坐标系)下计算该二重积分方便.

练习 11.1A

1. 计算 $\iint\limits_{D} (100 + x + y)\mathrm{d}\sigma$,其中 $D = \{(x, y) \mid 0 \leqslant x \leqslant 1, -1 \leqslant y \leqslant 1\}$.

2. 计算 $\iint\limits_{D} \mathrm{e}^{6x+y}\mathrm{d}\sigma$,其中 D 由 xOy 面上的直线 $y = 1, y = 2$ 及 $x = -1, x = 2$ 所围成.

练习 11.1B

1. 计算 $\iint\limits_{D} \ln(100 + x^2 + y^2)\mathrm{d}\sigma$,其中 $D = \{(x, y) \mid x^2 + y^2 \leqslant 1\}$.

2. 计算 $\iint\limits_{D} y^2 \mathrm{d}\sigma$,其中 D 是由圆周 $x^2 + y^2 = 1, x^2 + y^2 = 4\pi^2$ 所围成的平面区域.

3. 画出二次积分

$$\int_0^2 \mathrm{d}y \int_{2-\sqrt{4-y^2}}^{2+\sqrt{4-y^2}} f(x,y)\,\mathrm{d}x$$

的积分区域 D 并交换积分次序.

4. 利用二重积分求下列几何体的体积:

（1）由平面 $x=0,y=0,z=0,x+y+z=1$ 所围成的几何体;

（2）由平面 $z=0$ 及抛物面 $x^2+y^2=6-z$ 所围成的几何体.

11.2　二重积分应用举例

本节我们通过对平面薄板的质量和平面薄板的转动惯量的讨论,来简单介绍二重积分在物理方面的应用.

11.2.1　平面薄板的质量

微视频
平面薄板的质量

例 11.2.1　设一薄板的占有区域为中心在原点半径为 R 的圆域,面密度为 $\rho=x^2+y^2$,求薄板的质量.

解　应用微元法（图 11.2.1）,在圆域 D 上任取一个面积微元 $\mathrm{d}\sigma$,视其面密度为点 (x,y) 处的面密度,则得质量微元

$$\mathrm{d}m=\rho(x,y)\,\mathrm{d}\sigma=(x^2+y^2)\,\mathrm{d}\sigma,$$

将上述微元在区域 D 上积分,即得薄板的质量

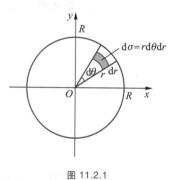

图 11.2.1

$$M=\iint\limits_D (x^2+y^2)\,\mathrm{d}\sigma,\quad D:x^2+y^2\leqslant R^2.$$

用极坐标计算,有

$$M=\int_0^{2\pi}\mathrm{d}\theta\int_0^R r^2\cdot r\mathrm{d}r=\frac{1}{2}\pi R^4.$$

一般地,面密度为 $\rho(x,y)$ 的平面薄板 D 的质量是

$$M=\iint\limits_D \rho(x,y)\,\mathrm{d}\sigma.$$

11.2.2　平面薄板的转动惯量

微视频
平面薄板的转动惯量

应用微元法可求得薄板关于 x 轴,y 轴以及原点 O 的转动惯量.

例 11.2.2 求内半径为 R_1,外半径为 R_2,密度均匀的圆环形薄板关于圆心的转动惯量.

解 建坐标系如图 11.2.2 所示.

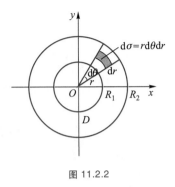

图 11.2.2

在图 11.2.2 的圆环形区域中,任取一个面积微元 $d\sigma$,其质量为 dm,视该小块薄板质量集中于一点 (x,y),到坐标原点的距离为 r,且 $r=\sqrt{x^2+y^2}$,则转动惯量微元

$$di_O = r^2 dm = (x^2+y^2)\rho d\sigma \quad (\rho \text{ 为薄板的面密度}),$$

将微元在圆环域内积分,则得

$$I_O = \rho \iint\limits_D (x^2 + y^2) d\sigma ,$$

用极坐标计算,D 表示为 $R_1 \leqslant r \leqslant R_2, 0 \leqslant \theta \leqslant 2\pi$,于是

$$I_O = \rho \int_0^{2\pi} d\theta \int_{R_1}^{R_2} r^2 r dr = \frac{1}{2}\pi\rho(R_2^4 - R_1^4).$$

思考题 11.2

1. 何为面密度?

2. 质量微元一定大于零吗?

练习 11.2A

一边长为 a 的正方形钢板,其上各点的密度等于该点到其中心距离的平方,求该正方形钢板的质量.

练习 11.2B

1. 一半径为 R 的圆形薄板,其各点的面密度等于该点到圆心的距离,求该圆盘的质量.

2. 求上题中的圆形薄板关于圆心的转动惯量.

*11.3 三重积分的概念与计算

前两节,我们已经把定积分思想由直线区域 $[a,b]$ 推广到了平面区域 D.在这一节,我们将进一步推广到空间区域 Ω,从而完成重积分概念的建立.这样,凡是具有可加性的连续分布的非均匀量的求和问题,都可用积分获得解决.

设有一质量非均匀分布的物体,占有空间区域 Ω,在 Ω 的每一点 (x,y,z) 处的体密度为 $\rho=\rho(x,y,z)$,求该物体质量.

微视频
用微元法表示物体的质量

类似于前面求薄板质量的方法,首先将区域 Ω 无限细分,在代表性小区域 $\widetilde{dv}$(用 dv 表示该小区域的体积)上任取一点 (x,y,z),并把该点密度 $\rho(x,y,z)$ 视为这一小块物体的密度(局部以常代变),这样得到该小区域所对应的小块物体的质量近似值,即质量微元为

$$dm = \rho(x,y,z)\,dv,$$

然后将质量微元 $dm = \rho(x,y,z)\,dv$ 在区域 Ω 上无限累加$\left(\text{这一步记为"} \iiint\limits_{\Omega} \text{"}\right)$,于是得物体质量为

$$M = \iiint\limits_{\Omega} \rho(x,y,z)\,dv.$$

11.3.1　三重积分的概念

微视频
三重积分的概念

抽去上述问题的物理意义,设 $f(x,y,z)$ 是定义在空间有界闭区域 Ω 上的连续函数,则经上述"取微元"及"无限累加"两步,所得的表达式 $\iiint\limits_{\Omega} f(x,y,z)\,dv$ 称为函数 $f(x,y,z)$ 在区域 Ω 上的三重积分,其中 $f(x,y,z)$ 称为被积函数,Ω 称为积分区域,dv 称为体积微元.

三重积分的基本性质和二重积分类似,这里不再重述.

另外,利用三重积分,可以很方便地将空间区域 Ω 的体积表示为

$$V = \iiint\limits_{\Omega} dv.$$

11.3.2　在直角坐标系中计算三重积分

微视频
在直角坐标系中计算
三重积分

若对区域 Ω 用平行于三个坐标面的平面去分割,则体积微元 dv 为小长方体的体积,于是体积微元 $dv = dxdydz$,从而

$$\iiint\limits_{\Omega} f(x,y,z)\,dv = \iiint\limits_{\Omega} f(x,y,z)\,dxdydz.$$

三重积分的计算可以化为一个定积分和一个二重积分,方法叙述如下:

设 Ω 由上、下两个曲面 $z = z_2(x,y)$ 和 $z = z_1(x,y)$ 所围成 $(z_1 \leqslant z_2)$,又 Ω 在 xOy 坐标面上的投影区域为 D(图 11.3.1),则计算公式为

$$\iiint\limits_{\Omega} f(x,y,z)\,dxdydz = \iint\limits_{D} \left[\int_{z_1(x,y)}^{z_2(x,y)} f(x,y,z)\,dz \right] dxdy.$$

在作第一个积分时,视 x,y 为常数,将 $f(x,y,z)$ 对 z 积分(由 $z_1(x,y)$ 积到 $z_2(x,y)$),积分的结果是 (x,y) 的一个函数,然后再将这个函数在 D 上作二重积分计算.

如果 D 可表示为 $y_1(x) \leqslant y \leqslant y_2(x)$,$a \leqslant x \leqslant b$(图 11.3.1),则三重积分就化为了三个定积分的累次积分

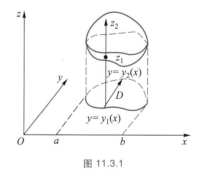

图 11.3.1

$$\iiint\limits_{\Omega} f(x,y,z)\,dxdydz = \int_a^b dx \int_{y_1(x)}^{y_2(x)} dy \int_{z_1(x,y)}^{z_2(x,y)} f(x,y,z)\,dz.$$

例 11.3.1　计算三重积分 $\iiint\limits_{\Omega} xyz\,dxdydz$,其中积分域 $\Omega = \{ (x,y,z) \mid 0 \leqslant x \leqslant 1,\ 0 \leqslant y \leqslant 1, 0 \leqslant z \leqslant 1\}$.

解　画出积分域 Ω,如图 11.3.2 所示.

先对 x 积分,再对 y 积分,最后对 z 积分,则

$$x : 0 \to 1,$$
$$y : 0 \to 1,$$
$$z : 0 \to 1,$$

于是,

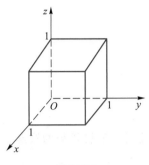

图 11.3.2

$$\iiint\limits_{\Omega} xyz\,\mathrm{d}x\mathrm{d}y\mathrm{d}z = \int_0^1 \mathrm{d}z \int_0^1 \mathrm{d}y \int_0^1 xyz\,\mathrm{d}x = \int_0^1 z\mathrm{d}z \int_0^1 y\mathrm{d}y \int_0^1 x\mathrm{d}x$$

$$= \frac{z^2}{2}\bigg|_0^1 \cdot \frac{y^2}{2}\bigg|_0^1 \cdot \frac{x^2}{2}\bigg|_0^1 = \frac{1}{8}.$$

例 11.3.2　计算三重积分 $I = \iiint\limits_{\Omega} x\,\mathrm{d}x\mathrm{d}y\mathrm{d}z$,其中 Ω 为三坐标平面及平面 $x + 2y + z = 1$ 所围成的区域(图 11.3.3).

解　Ω 在 xOy 面上投影区域 D 为 $\triangle OAB$,其中直线 AB 是平面 $x+2y+z = 1$ 与平面 $z = 0$ 的交线,其在 xOy 面上的方程为 $x+2y = 1$.先对 z 积分,z 的变化范围从 0 到 $1-x-2y$,再对 y 积分,y 由 0 变到 $\frac{1}{2}(1-x)$,最后对 x 积分,x 由 0 变到 1,于是

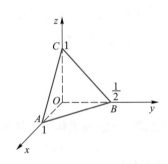

图 11.3.3

$$I = \iint\limits_{D} \mathrm{d}x\mathrm{d}y \int_0^{1-x-2y} x\,\mathrm{d}z = \int_0^1 \mathrm{d}x \int_0^{\frac{1}{2}(1-x)} \mathrm{d}y \int_0^{1-x-2y} x\,\mathrm{d}z$$

$$= \int_0^1 x\mathrm{d}x \int_0^{\frac{1}{2}(1-x)} (1 - x - 2y)\,\mathrm{d}y$$

$$= \frac{1}{4} \int_0^1 (x - 2x^2 + x^3)\,\mathrm{d}x = \frac{1}{48}.$$

例 11.3.3　一个物体由旋转抛物面 $z = x^2 + y^2$ 及平面 $z = 1$ 所围成(图 11.3.4),已知其任一点处的体密度 ρ 与到 z 轴距离成正比,求其质量 m.

解　据题意,密度 $\rho = k\sqrt{x^2 + y^2}$,于是物体的质量为

$$m = \iiint\limits_{\Omega} k\sqrt{x^2 + y^2}\,\mathrm{d}x\mathrm{d}y\mathrm{d}z,$$

其中 Ω 为由曲面 $z = x^2 + y^2$ 及平面 $z = 1$ 所围成的区域.

Ω 在坐标面 xOy 上的投影区域为圆域 $D : x^2 + y^2 \leqslant 1$,过 D 内的任意点 M 引平行于 z 轴的直线,其与 Ω 表面相交两点的竖坐标 z 分别是 $z = x^2 + y^2$ 与 $z = 1$,于是

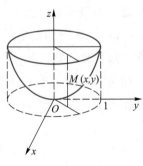

图 11.3.4

$$m = \iiint_{\Omega} k\sqrt{x^2 + y^2}\,\mathrm{d}x\mathrm{d}y\mathrm{d}z = k\iint_D \mathrm{d}x\mathrm{d}y\int_{x^2+y^2}^1 \sqrt{x^2 + y^2}\,\mathrm{d}z$$

$$= k\iint_D \left[1 - (x^2 + y^2)\right]\sqrt{x^2 + y^2}\,\mathrm{d}x\mathrm{d}y$$

$$= k\int_0^{2\pi} \mathrm{d}\theta\int_0^1 r^2(1 - r^2)\,\mathrm{d}r$$

$$= \frac{4}{15}k\pi,$$

上面在圆域 D 上的二重积分是用极坐标计算的.

11.3.3　在柱面坐标系中计算三重积分

微视频
在柱面坐标系中计算
三重积分

在直角坐标系中,空间任一点 P 和数组 (x,y,z) 是一一对应的,其中 (x,y) 就是点 P 在 xOy 面上的投影点 M 在 xOy 面上的直角坐标.如果用极坐标 (r,θ) 来表示点 M,则空间一点 P 与数组 (r,θ,z) 也是一一对应的(限定 $0 \leqslant r < +\infty$, $0 \leqslant \theta \leqslant 2\pi$, $-\infty < z < +\infty$),这样所确定的坐标系称为柱面坐标系,称 (r,θ,z) 为点 P 的柱面坐标,记作 $P(r,\theta,z)$,如图 11.3.5 所示.十分明显,柱面坐标和直角坐标的关系为

$$\begin{cases} x = r\cos\theta, \\ y = r\sin\theta, \\ z = z. \end{cases} \tag{11.3.1}$$

在柱面坐标系中的三族坐标面为

$r =$ 常数,表示以 z 轴为中心轴的圆柱面族;

$\theta =$ 常数,表示过 z 轴的半平面族;

$z =$ 常数,表示平行于 xOy 面的平面族.

为了应用柱面坐标来计算 $f(x,y,z)$ 在 Ω 上的三重积分,我们考虑

积分区域 Ω 被柱面坐标的三族坐标面分割后的小区域 Δv 的体积,由图 11.3.6 可看出,小柱体 Δv 可以近似地被看作为小长方体,其三边长分别为 Δr, $r\Delta\theta$, Δz,因此

$$\Delta v \approx r\Delta r\Delta\theta\Delta z,$$

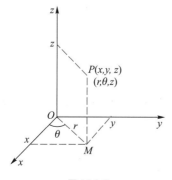

图 11.3.5

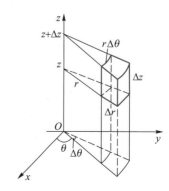

图 11.3.6

于是,在柱面坐标系中的体积元素为

$$\mathrm{d}v = r\mathrm{d}r\mathrm{d}\theta\mathrm{d}z,$$

再将关系式(11.3.1)代入被积函数 $f(x,y,z)$ 中,便得到三重积分在柱面坐标系中的表达式

$$\iiint\limits_{\Omega} f(x,y,z)\,\mathrm{d}v = \iiint\limits_{\Omega} f(r\cos\theta, r\sin\theta, z)\,r\mathrm{d}r\mathrm{d}\theta\mathrm{d}z. \tag{11.3.2}$$

在计算时,再进一步将(11.3.2)式化为累次积分.

例 11.3.4　计算三重积分 $\iiint\limits_{\Omega}(x^2+y^2)\,\mathrm{d}v$,其中 Ω 是以 z

轴为对称轴,a 为半径的圆柱体位于 $0 \leqslant z \leqslant h$ 间的部分($h>0$)

(图 11.3.7).

解　采用柱面坐标,则所给的积分区域 Ω 可用不等式组

$$0 \leqslant r \leqslant a, \quad 0 \leqslant \theta \leqslant 2\pi, \quad 0 \leqslant z \leqslant h$$

表示,因此

$$\iiint\limits_{\Omega}(x^2+y^2)\,\mathrm{d}v = \iiint\limits_{\Omega} r^2 r\mathrm{d}r\mathrm{d}\theta\mathrm{d}z$$

$$= \int_0^{2\pi}\mathrm{d}\theta\int_0^a r^3\mathrm{d}r\int_0^h \mathrm{d}z = \frac{1}{2}\pi ha^4.$$

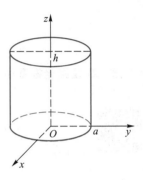

图 11.3.7

11.3.4　在球面坐标系中计算三重积分

微视频
在球面坐标系中计算
三重积分

设 P 为空间中的一点,M 为 P 在 xOy 面上的投影,ρ 表示 P 到原点 O 的距离,θ 为从面对正 z 轴看,自 Ox 轴正向按逆时针方向转到 OM 的夹角,φ 为从 Oz 轴正向转到 OP 的夹角,并规定 $0 \leqslant \rho < +\infty$,$0 \leqslant \theta \leqslant 2\pi$,$0 \leqslant \varphi \leqslant \pi$,于是空间任一点 P 就与有序数组 (ρ, θ, φ) 成一一对应,这样所确定的坐标系称为球面坐标系,称 (ρ, θ, φ) 为点 P 的球面坐标(图 11.3.8).容易看出,点 P 的球面坐标和直角坐标的关系为

$$\begin{cases} x = \rho\sin\varphi\cos\theta, \\ y = \rho\sin\varphi\sin\theta, \\ z = \rho\cos\varphi. \end{cases} \tag{11.3.3}$$

在球面坐标系中的三族坐标面为

ρ =常数,表示以原点为球心的球面族;

θ =常数,表示通过 z 轴的半平面族;

φ =常数,表示顶点在原点,以 z 轴为轴的圆锥面族.

为了应用球面坐标来计算 $f(x,y,z)$ 在 Ω 上的三重积分,我们来考虑积分区域 Ω 被球面坐标的三族坐标面分割后的小区域 $\widetilde{\Delta v}$ 的体积 Δv,由图 11.3.9 可看出 Δv 可以近似地看作为以 $\rho\sin\varphi\Delta\theta, \rho\Delta\varphi, \Delta\rho$ 为棱长的小长方体,因此

$$\Delta v \approx \rho^2\sin\varphi\Delta\rho\Delta\theta\Delta\varphi,$$

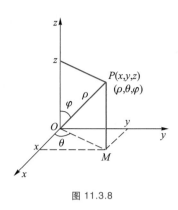

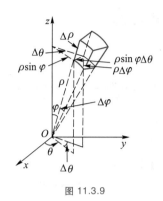

图 11.3.8　　　　　　　　　　　　　　图 11.3.9

　　于是,在球面坐标系中的体积元素为

$$\mathrm{d}v = \rho^2 \sin \varphi \mathrm{d}\rho \mathrm{d}\theta \mathrm{d}\varphi,$$

再将关系式(11.3.3)代入被积函数 $f(x,y,z)$ 中,便得到三重积分在球面坐标系中的表达式

$$\iiint\limits_{\Omega} f(x,y,z)\,\mathrm{d}v$$

$$= \iiint\limits_{\Omega} f(\rho\sin\varphi\cos\theta,\rho\sin\varphi\sin\theta,\rho\cos\varphi)\rho^2\sin\varphi\mathrm{d}\rho\mathrm{d}\theta\mathrm{d}\varphi, \tag{11.3.4}$$

在计算时,再进一步将(11.3.4)式化为累次积分.

　　例 11.3.5　将三重积分 $\iiint\limits_{\Omega} f(x,y,z)\,\mathrm{d}v$ 化为球面坐标系中的累次积分,其中 Ω 是 $x^2 + y^2 + z^2 \leqslant 2Rz$ (图 11.3.10).

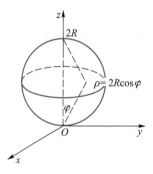

图 11.3.10

　　解　采用球面坐标,将变换式(11.3.3)代入,则区域 Ω 边界的球面方程为

$$\rho = 2R\cos \varphi,$$

于是,Ω 可用不等式组

$$0 \leqslant \rho \leqslant 2R\cos \varphi,\quad 0 \leqslant \varphi \leqslant \frac{\pi}{2},\quad 0 \leqslant \theta \leqslant 2\pi$$

给出,故

$$\iiint\limits_{\Omega} f(x,y,z)\,\mathrm{d}v$$

$$= \iiint\limits_{\Omega} f(\rho\sin\varphi\cos\theta,\rho\sin\varphi\sin\theta,\rho\cos\varphi)\rho^2\sin\varphi\mathrm{d}\rho\mathrm{d}\theta\mathrm{d}\varphi$$

$$= \int_0^{2\pi} \mathrm{d}\theta \int_0^{\frac{\pi}{2}} \sin\varphi\mathrm{d}\varphi \int_0^{2R\cos\varphi} f(\rho\sin\varphi\cos\theta,\rho\sin\varphi\sin\theta,\rho\cos\varphi)\rho^2\mathrm{d}\rho.$$

思考题 11.3

　　1. 试述计算三重积分的步骤.

　　2. 总结出在不同的坐标系下,空间区域 Ω 的表达式和相应的积分表达式.

练习 11.3A

1. 计算三重积分 $\iiint\limits_{\Omega}(x+y+z)\mathrm{d}v$，其中 $\Omega=\left\{(x,y,z)\,\middle|\,0\leqslant x\leqslant 1,0\leqslant y\leqslant 1,0\leqslant z\leqslant 1\right\}$.

2. 计算 $\iiint\limits_{\Omega}(4x+5y+z)\mathrm{d}x\mathrm{d}y\mathrm{d}z$，其中 Ω 是由平面 $x+2y+z=1,x=0,y=0,z=0$ 所围成的空间区域.

练习 11.3B

1. 选适当的坐标系计算

$$\iiint\limits_{\Omega}xy\mathrm{d}x\mathrm{d}y\mathrm{d}z,$$

其中 Ω 是由柱面 $x^2+y^2=1$ 及平面 $z=1,z=0,x=0,y=0$ 所围成且在第一卦限内的区域.

2. 利用三重积分计算曲面 $x^2+y^2+z^2=R^2$ 与曲面 $x^2+y^2+z^2=4R^2$ 所围成的立体的体积.

*11.4　对坐标的曲线积分

本节先通过变力沿曲线做功问题引入了对坐标的曲线积分的概念，同时给出了对坐标的曲线积分的性质，最后，结合实例介绍了对坐标曲线积分的计算方法.

11.4.1　对坐标的曲线积分的概念及性质

1. 引例——变力沿曲线做功

我们知道恒力 $\boldsymbol{F}$ 沿直线做功为

$$W=\boldsymbol{F}\cdot\boldsymbol{s},$$

其中 $\boldsymbol{s}$ 表示位移向量.

我们现在的问题是，质点在 xOy 平面内，受到变力

$$\boldsymbol{F}(x,y)=P(x,y)\boldsymbol{i}+Q(x,y)\boldsymbol{j}$$

的作用，沿有向曲线 L（图 11.4.1）从点 A 运动到点 B，求力 $\boldsymbol{F}$ 所做的功.

我们仍用微元法思想解决这个问题.

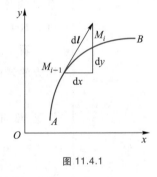

图 11.4.1

第一步：求功的微元，将曲线 L 任意分成若干小段，在 L 上任取一微小弧段 $\overparen{M_{i-1}M_i}$，在这小弧段上，我们设想力 $\boldsymbol{F}$ 保持不变，并用有向线段

$$\mathrm{d}\boldsymbol{l}=\mathrm{d}x\boldsymbol{i}+\mathrm{d}y\boldsymbol{j}$$

微视频
用微元法表示变力
沿曲线做功

来代替弧 $\overparen{M_{i-1}M_i}$，于是得功的微元为

$$\mathrm{d}w=\boldsymbol{F}\cdot\mathrm{d}\boldsymbol{l}=P(x,y)\mathrm{d}x+Q(x,y)\mathrm{d}y.$$

第二步：将上述微元沿曲线弧 L 无限累加 $\left(\text{这一运算记为 “}\displaystyle\int_L\text{”}\right)$，则得所求功为

$$W=\int_L\boldsymbol{F}\cdot\mathrm{d}\boldsymbol{l}=\int_L P(x,y)\mathrm{d}x+Q(x,y)\mathrm{d}y.$$

说明 第二步中, $F \cdot dl$ 在 L 上无限累加" $\int_L$ " 的含义是一种总和极限" $\lim\limits_{\lambda \to 0} \sum$ "(其中 $\sum$ 是在 L 范围内求和, λ 是指小弧段的最大长度), 这一点与定积分和重积分在理解上是一样的.

2. 对坐标的曲线积分的概念

抽去上述问题的力学意义, 设有向量函数

$$F(x,y) = P(x,y)\boldsymbol{i} + Q(x,y)\boldsymbol{j},$$

L 为有向光滑曲线弧[①], 且 $P(x,y), Q(x,y)$ 在 L 上连续, 则上述两步所得的表达式

$$\int_L F \cdot dl = \int_L P(x,y)\,dx + Q(x,y)\,dy$$

称为函数 $F(x,y)$ 在有向曲线弧 L 上对坐标的曲线积分.

微视频
对坐标的曲线积分的
概念、性质与计算

等式左边是曲线积分的向量形式(物理意义明显), 等式右边是曲线积分的坐标形式(便于计算).

有时我们会遇到 $P(x,y), Q(x,y)$ 中一个是零的情况, 这时曲线积分形式为

$$\int_L P(x,y)\,dx \quad 或 \quad \int_L Q(x,y)\,dy,$$

曲线 L 也可以是封闭曲线, 该积分称为沿闭回路的曲线积分, 记为

$$\oint_L P\,dx + Q\,dy.$$

3. 性质

(1) 若改变积分路径 L 的方向为其逆向 L^-, 则积分改变符号, 即

$$\int_{L^-} P\,dx + Q\,dy = -\int_L P\,dx + Q\,dy.$$

(2) 若 $L = L_1 + L_2$, 则

$$\int_L P\,dx + Q\,dy = \int_{L_1} P\,dx + Q\,dy + \int_{L_2} P\,dx + Q\,dy.$$

11.4.2 对坐标的曲线积分的计算

设曲线 L 由参数方程

$$L: \begin{cases} x = \varphi(t), \\ y = \psi(t), \end{cases}$$

给出, $t = \alpha$ 对应 L 的起点, $t = \beta$ 对应 L 的终点(这里 α 不一定要小于 β), 当参数 t 由 α 变到 β 时, 点 $M(x,y)$ 就描出有向弧段 L. 又函数 $P(x,y), Q(x,y)$ 在 L 上连续, 则有

$$\int_L P(x,y)\,dx + Q(x,y)\,dy$$

$$= \int_\alpha^\beta \{P[\varphi(t), \psi(t)]\varphi'(t) + Q[\varphi(t), \psi(t)]\psi'(t)\}\,dt,$$

即曲线积分仍是化为定积分计算, 这里有三个"替换": 被积函数中的 x, y 分别用积分路径 L 的方程中的 x, y 替换; dx, dy 用 L 的方程中的 x, y 求微分后替换; 积分路径 L 被 L 的起点和终点所对应的参数值来替换.

---

① 所谓光滑曲线弧, 是指其上各点都有切线, 且当切点连续移动时, 切线也连续转动.

设曲线 L 的方程由 $y=f(x)$ 给出,它可视为参数方程的特殊情况,此时有

$$\int_L P(x,y)\,\mathrm{d}x + Q(x,y)\,\mathrm{d}y$$

$$= \int_a^b \{P[x,f(x)] + Q[x,f(x)]f'(x)\}\,\mathrm{d}x\,,$$

下限 a 对应 L 的起点,上限 b 对应 L 的终点.

完全类似,若曲线 L 由方程 $x=\varphi(y)$ 给出时,则可将曲线积分化为对 y 的定积分.

例 11.4.1　计算 $\displaystyle\int_L x\mathrm{d}y - y\mathrm{d}x$,其中 L 为

(1) 从点 $A(a,0)$ 到点 $B(0,b)$ 的一段椭圆 $\dfrac{x^2}{a^2}+\dfrac{y^2}{b^2}=1$ 弧;

(2) 直线段 AB (图 11.4.2).

解　(1) 椭圆参数方程为

$$\begin{cases} x = a\cos t, \\ y = b\sin t, \end{cases}$$

起点 A 对应于 $t=0$,终点 B 对应于 $t=\dfrac{\pi}{2}$,化为定积分为

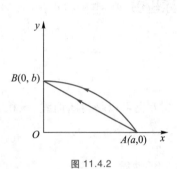

图 11.4.2

$$\int_L x\mathrm{d}y - y\mathrm{d}x = \int_0^{\frac{\pi}{2}} [a\cos t(b\cos t) - b\sin t(-a\sin t)]\,\mathrm{d}t$$

$$= ab\int_0^{\frac{\pi}{2}} \mathrm{d}t = \frac{1}{2}\pi ab.$$

(2) 直线段 AB 的方程为 $y=-\dfrac{b}{a}x+b$,起点 $x=a$,终点 $x=0$,化为对 x 的定积分为

$$\int_L x\mathrm{d}y - y\mathrm{d}x = \int_a^0 \left[x\left(-\frac{b}{a}\right) - \left(-\frac{b}{a}x + b\right) \right]\mathrm{d}x = -b\int_a^0 \mathrm{d}x = ab.$$

该例说明,曲线积分的值是与积分路径有关的,虽然两个被积函数相同,起点与终点也相同,但是沿不同的路径积分,积分值却不同.

例 11.4.2　计算 $\displaystyle\int_L 2xy\mathrm{d}x + x^2\mathrm{d}y$,其中 L 为

(1) 抛物线 $y=x^2$ 上从点 $O(0,0)$ 到点 $B(1,1)$;

(2) 抛物线 $x=y^2$ 上从点 $O(0,0)$ 到点 $B(1,1)$;

(3) 有向折线 OAB (图 11.4.3).

解　(1) 化为对 x 的定积分. $L:y=x^2$,x 从 0 变到 1,所以

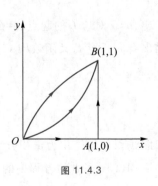

图 11.4.3

$$\int_L 2xy\mathrm{d}x + x^2\mathrm{d}y = \int_0^1 (2xx^2 + x^2 2x)\,\mathrm{d}x = 4\int_0^1 x^3\mathrm{d}x = 1.$$

(2) 化为对 y 的定积分. $L:x=y^2$,y 从 0 变到 1,所以

$$\int_L 2xy\mathrm{d}x + x^2\mathrm{d}y = \int_0^1 (2y^2 \cdot 2y + y^4)\,\mathrm{d}y = 5\int_0^1 y^4\mathrm{d}y = 1.$$

（3）$\displaystyle\int_{OAB} 2xy\mathrm{d}x + x^2\mathrm{d}y = \int_{OA} 2xy\mathrm{d}x + x^2\mathrm{d}y + \int_{AB} 2xy\mathrm{d}x + x^2\mathrm{d}y.$

在 OA 上，$y = 0, \mathrm{d}y = 0, x$ 从 0 变到 1，所以

$$\int_{OA} 2xy\mathrm{d}x + x^2\mathrm{d}y = \int_{OA} 2x \cdot 0 \cdot \mathrm{d}x + \int_{OA} x^2 \cdot 0 = 0,$$

在 AB 上，$x = 1, \mathrm{d}x = 0, y$ 从 0 变到 1，所以

$$\int_{AB} 2xy\mathrm{d}x + x^2\mathrm{d}y = \int_{AB} 2 \cdot 1 \cdot y \cdot 0 + \int_{AB} 1^2\mathrm{d}y = \int_0^1 1\mathrm{d}y = 1,$$

从而

$$\int_{OAB} 2xy\mathrm{d}x + x^2\mathrm{d}y = 0 + 1 = 1.$$

该例说明，对有些函数 $P(x,y), Q(x,y)$，它们的曲线积分值只与积分路径的起点和终点有关，而与联结起点与终点的路径本身无关.下一节我们专门讨论这个问题.

> **思考题 11.4**
>
> 1. 对坐标的曲线积分 $\displaystyle\int_L P\mathrm{d}x + Q\mathrm{d}y$ 如何化为一元定积分来计算？
>
> 2. 为什么对坐标的曲线积分化为定积分计算时，下限对应起点，上限对应终点？

> **练习 11.4A**
>
> 1. 计算曲线积分 $\displaystyle\int_L y\mathrm{d}x + x\mathrm{d}y$，$L$ 是曲线 $x = R\cos\theta, y = R\sin\theta$ 上 θ 由 0 至 $\dfrac{\pi}{4}$ 的一段弧.
>
> 2. 计算曲线积分 $\displaystyle\int_L xy\mathrm{d}x$，其中 L 为抛物线 $y^2 = x$ 上从点 $A(1, -1)$ 到点 $B(1,1)$ 的一段弧.

> **练习 11.4B**
>
> 计算曲线积分 $\displaystyle\int_L x\mathrm{d}y - y\mathrm{d}x$，其中 L 为椭圆 $\dfrac{x^2}{2^2} + y^2 = 1$ 上从点 $A(2,0)$ 到点 $B(0,1)$ 的一段弧.

*11.5　格林公式及其应用

文档
格林

平面区域上的二重积分和曲线积分是两个不同的概念，但通过格林（Green, 1793—1841）公式可以建立区域 D 上的二重积分与沿区域 D 边界的曲线积分之间的联系，这种联系不论在理论上还是实际计算中，对曲线积分都有着重要作用.

11.5.1　格林公式

首先规定区域 D 的边界曲线 L 的正方向:当观察者沿 L 的某个方向行走时,区域 D 总在其左侧,则该方向即为 L 的正向.

定理 11.5.1(格林公式)　设平面区域是由分段光滑曲线 L 所围成,函数 $P(x,y)$,$Q(x,y)$ 在 D 上具有一阶连续偏导数,则有

$$\oint_L P\mathrm{d}x + Q\mathrm{d}y = \iint_D \left(\frac{\partial Q}{\partial x} - \frac{\partial P}{\partial y} \right) \mathrm{d}x\mathrm{d}y \tag{11.5.1}$$

成立,这里曲线积分是按正向取的,称(11.5.1)为格林公式.

证明时,只要按曲线积分和二重积分的计算方法,分别将它们化为定积分即可得证,这里从略.

例 11.5.1　设 L 是由曲线 $y^3 = x^2$ 与直线 $y = x$ 连接起来的正向闭曲线,计算 $\oint_L x^2 y\mathrm{d}x + y^3\mathrm{d}y$.

解　这是闭回路曲线积分,可用格林公式化为二重积分计算(图 11.5.1).设 $P = x^2 y$,$Q = y^3$,则

$$\frac{\partial Q}{\partial x} - \frac{\partial P}{\partial y} = -x^2.$$

又

$$D:\begin{cases} 0 \leqslant x \leqslant 1, \\ x \leqslant y \leqslant x^{\frac{2}{3}}, \end{cases}$$

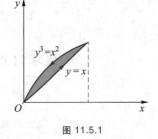

图 11.5.1

所以,由格林公式得

$$\oint_L x^2 y\mathrm{d}x + y^3\mathrm{d}y = \iint_D -x^2\mathrm{d}x\mathrm{d}y$$

$$= \int_0^1 \mathrm{d}x \int_x^{x^{\frac{2}{3}}} (-x^2)\mathrm{d}y = -\frac{1}{44}.$$

11.5.2　平面上曲线积分与路径无关的条件

先介绍单连通域的概念.如果区域 D 内任意一条闭曲线所围成的部分完全属于 D,就说 D 是单连通域.直观地说,单连通域就是不含有"洞"的区域.

下面讨论曲线积分 $\int_L P\mathrm{d}x + Q\mathrm{d}y$ 与路径无关的条件,这个问题在许多物理场中有着重要意义.

首先,我们再明确一个曲线积分 $\int_L P\mathrm{d}x + Q\mathrm{d}y$ 与路径无关的具体意义.

定义 11.5.1(曲线积分与路径无关) 设 D 是一单连通域, C_1, C_2 是 D 内的有相同起点和终点的任意两条曲线(图11.5.2),如果

$$\int_{C_1} P\mathrm{d}x + Q\mathrm{d}y = \int_{C_2} P\mathrm{d}x + Q\mathrm{d}y,$$

则称曲线积分 $\int_L P\mathrm{d}x + Q\mathrm{d}y$ 在 D 内与路径无关.

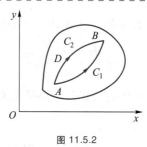

图 11.5.2

由 $\int_{C_1} P\mathrm{d}x + Q\mathrm{d}y = \int_{C_2} P\mathrm{d}x + Q\mathrm{d}y$ 可知,

$$\int_{C_1} P\mathrm{d}x + Q\mathrm{d}y - \int_{C_2} P\mathrm{d}x + Q\mathrm{d}y = 0,$$

再推得 $\int_{C_1} P\mathrm{d}x + Q\mathrm{d}y + \int_{-C_2} P\mathrm{d}x + Q\mathrm{d}y = 0$,即

$$\oint_{C_1+(-C_2)} P\mathrm{d}x + Q\mathrm{d}y = 0 \quad (-C_2 \text{ 为 } B \text{ 到 } A \text{ 的方向}).$$

上述推理,反之也成立.故得如下重要结论:

定理 11.5.2(与路径无关的曲线积分沿任一闭曲线的积分为零) 在单连通域 D 内曲线积分与路径无关,等价于在 D 内沿任一闭曲线的积分为零.

定理 11.5.3(曲线积分与路径无关的充要条件) 设函数 $P(x,y), Q(x,y)$ 在单连通域 D 上有一阶连续偏导数,则在 D 内曲线积分 $\int_L P\mathrm{d}x + Q\mathrm{d}y$ 与路径无关(或沿着 D 内任意闭曲线的曲线积分为零)的充分必要条件是等式

$$\frac{\partial Q}{\partial x} = \frac{\partial P}{\partial y}$$

在 D 内恒成立.

证 先证充分性.设 $\dfrac{\partial Q}{\partial x} = \dfrac{\partial P}{\partial y}$ 成立,对于 D 内的任意一条闭曲线 L,应用格林公式(L 围成区域为 D_1)

$$\oint_L P\mathrm{d}x + Q\mathrm{d}y = \iint_{D_1}\left(\frac{\partial Q}{\partial x} - \frac{\partial P}{\partial y}\right)\mathrm{d}x\mathrm{d}y = 0,$$

于是得到曲线积分与路径无关.

再证必要性,用反证法.设对 D 内任一闭曲线 L,有 $\oint_L P\mathrm{d}x + Q\mathrm{d}y = 0$,而在 D 内至少有一点 M_0,使得 $\dfrac{\partial Q}{\partial x} - \dfrac{\partial P}{\partial y} = b \neq 0$(不妨设 > 0),则由 $\dfrac{\partial Q}{\partial x}, \dfrac{\partial P}{\partial y}$ 的连续性,在 D 内必有一个以 M_0 为中心的小圆形闭区域 K,使得 $\dfrac{\partial Q}{\partial x} - \dfrac{\partial P}{\partial y} > r(0 < r < b)$,从而有 $\oint_C P\mathrm{d}x + Q\mathrm{d}y = \iint_K\left(\dfrac{\partial Q}{\partial x} - \dfrac{\partial P}{\partial y}\right)\mathrm{d}x\mathrm{d}y \geqslant r\sigma > 0$($C$ 为小圆形闭区域 K 的正向边界曲线, $\sigma > 0$ 是闭区域 K 的面积),这与 $\oint_L P\mathrm{d}x + Q\mathrm{d}y = 0$ 相矛盾,所以在 D 内必有 $\dfrac{\partial Q}{\partial x} - \dfrac{\partial P}{\partial y} = 0$.

本章例 11.4.2 中的曲线积分 $\int_L 2xy\mathrm{d}x + x^2\mathrm{d}y$ 沿三条不同的路径积分值相等,由该定理看来,并非偶然,因

其满足条件 $\dfrac{\partial Q}{\partial x} = \dfrac{\partial P}{\partial y} = 2x.$

如果曲线积分与路径无关,计算时常取与积分路径有相同起点和终点的简便路径来计算.

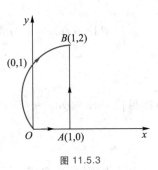

图 11.5.3

例 11.5.2　计算曲线积分 $I = \int_L (\mathrm{e}^y + x)\mathrm{d}x + (x\mathrm{e}^y - 2y)\mathrm{d}y$,其中 L 为通过三点 $(0,0),(0,1)$ 和 $(1,2)$ 的圆周弧段(图 11.5.3).

解　设 $P = \mathrm{e}^y + x, Q = x\mathrm{e}^y - 2y$,则

$$\frac{\partial Q}{\partial x} = \mathrm{e}^y = \frac{\partial P}{\partial y},$$

故曲线积分 $\int_L P\mathrm{d}x + Q\mathrm{d}y$ 与路径无关.为计算简便,可取图

11.5.3 中的折线 OAB 为积分路径,于是

$$I = \int_{OA} P\mathrm{d}x + Q\mathrm{d}y + \int_{AB} P\mathrm{d}x + Q\mathrm{d}y,$$

在 OA 上 $y = 0, \mathrm{d}y = 0$,在 AB 上 $x = 1, \mathrm{d}x = 0$,故有

$$I = \int_{(0,0)}^{(1,2)} (\mathrm{e}^y + x)\mathrm{d}x + (x\mathrm{e}^y - 2y)\mathrm{d}y$$

$$= \int_{(0,0)}^{(1,0)} (\mathrm{e}^0 + x)\mathrm{d}x + (x\mathrm{e}^0 - 2\times 0)0 + \int_{(1,0)}^{(1,2)} (\mathrm{e}^y + 1)0 + (1\times \mathrm{e}^y - 2y)\mathrm{d}y$$

$$= \int_0^1 (1 + x)\mathrm{d}x + \int_0^2 (\mathrm{e}^y - 2y)\mathrm{d}y = \mathrm{e}^2 - \frac{7}{2}.$$

思考题 11.5

1. 曲线积分 $\int_L P\mathrm{d}x + Q\mathrm{d}y$ 与路径无关的条件是什么?若与路径无关,则 $\int_{(x_0,y_0)}^{(x,y)} P\mathrm{d}x + Q\mathrm{d}y$ 如何积分

最简便?

2. 曲线积分 $\int_L P\mathrm{d}x + Q\mathrm{d}y$ 能否化为二重积分来求?

练习 11.5A

利用格林公式计算 $\oint_L xy^2\mathrm{d}y - x^2y\mathrm{d}x$,其中 L 是圆周 $x^2 + y^2 = a^2$(按逆时针方向).

练习 11.5B

利用曲线积分与路径无关的条件,计算

$$\int_L (1 + x\mathrm{e}^{2y})\mathrm{d}x + (x^2\mathrm{e}^{2y} - y^2)\mathrm{d}y,$$

其中 L 是圆周 $x^2 + y^2 = R^2$ 上从点 $A(R,0)$ 到点 $B(-R,0)$ 的上半部分.

*11.6 对坐标的曲面积分及其应用

这一节,我们讨论的曲面总假定是光滑的或分片光滑的.所谓曲面是光滑的,就是指曲面在每一点都有切平面,并且切平面随着曲面上点的连续移动而连续转动.曲面是分片光滑的,是指曲面是由有限片光滑曲面合成的.

11.6.1 对坐标的曲面积分的概念与性质

微视频
用微元法表示液体
通过曲面的流量

1. 引例——流量的数学模型

设稳定流动(在各点的流速只与该点的位置有关而与时间无关)的不可压缩流体(密度为常数,为简单起见设密度为1),若以速度

$$v = P(x,y,z)i + Q(x,y,z)j + R(x,y,z)k$$

流过曲面 Σ,求流体在单位时间内流过曲面 Σ 一侧的流量.

若 Σ 为平面,其面积为 S,流体的速度 v 为常向量,且与该平面法向量的夹角 $\theta = (\widehat{n, v})$(如图 11.6.1 所示),则该流体在单位时间内沿平面 Σ 法向量方向一侧的流量

$$\Phi = |v| \cos \theta \cdot S.$$

若 Σ 为曲面,如图 11.6.2 所示,此时 $v = v(x,y,z)$ 是变向量,且 Σ 上各点法向量的方向不一样.将曲面 Σ 任意分成若干块小曲面,其代表性小曲面记为 $\mathrm{d}S^*$,记小曲面 $\mathrm{d}S^*$ 上任一点 (x,y,z) 处的单位法向量 $n^\circ = \{\cos \alpha, \cos \beta, \cos \gamma\}$,把该小块曲面视为以 n° 为法向量的平面,其面积记为 $\mathrm{d}S$(曲面面积微元),并把流过该小曲面各点的流速均视为该点的流速,即把流过该小曲面的流速 v 视为常向量,于是得,流体在单位时间内流过该小曲面的流量近似值,即流量微元

$$\mathrm{d}q = |v| \cos \theta \mathrm{d}S = (v \cdot n^\circ) \mathrm{d}S = v \cdot \mathrm{d}S \quad (\mathrm{d}S = n^\circ \mathrm{d}S),$$

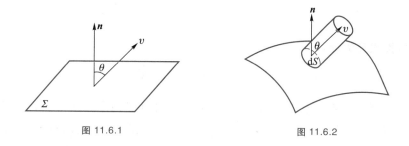

图 11.6.1   图 11.6.2

因此,流体在单位时间内流过曲面 Σ 的流量

$$\Phi = \iint_{\Sigma} \mathrm{d}q = \iint_{\Sigma} v \cdot \mathrm{d}S,$$

其中 $\mathrm{d}S = \{\cos \alpha \mathrm{d}S, \cos \beta \mathrm{d}S, \cos \gamma \mathrm{d}S\}$(称其为小有向曲面),故

$$\Phi = \iint_{\Sigma} P\cos \alpha \mathrm{d}S + Q\cos \beta \mathrm{d}S + R\cos \gamma \mathrm{d}S.$$

而 $\cos \alpha \mathrm{d}S$ 是小有向曲面 $\mathrm{d}S$ 在 yOz 坐标面上的投影,记为 $\mathrm{d}y\mathrm{d}z$;$\cos \beta \mathrm{d}S$ 是小有向曲面 $\mathrm{d}S$ 在 zOx 坐标面上的投影,记为 $\mathrm{d}z\mathrm{d}x$;$\cos \gamma \mathrm{d}S$ 是小有向曲面 $\mathrm{d}S$ 在 xOy 坐标面上的投影,记为 $\mathrm{d}x\mathrm{d}y$,即 $\mathrm{d}S = \{\mathrm{d}y\mathrm{d}z, \mathrm{d}z\mathrm{d}x, \mathrm{d}x\mathrm{d}y\}$.因此,所求流量的数学模型为

$$\Phi = \iint\limits_{\Sigma} P\mathrm{d}y\mathrm{d}z + Q\mathrm{d}z\mathrm{d}x + R\mathrm{d}x\mathrm{d}y .$$

2. 对坐标的曲面积分的概念

> **定义 11.6.1**（对坐标的曲面积分）　设函数 $P(x,y,z),Q(x,y,z),R(x,y,z)$ 是定义在分片光滑曲面 Σ 上的连续函数, 分别称 $\iint\limits_{\Sigma} P\mathrm{d}y\mathrm{d}z, \iint\limits_{\Sigma} Q\mathrm{d}z\mathrm{d}x, \iint\limits_{\Sigma} R\mathrm{d}x\mathrm{d}y$ 为 P,Q,R 在曲面 Σ 上对坐标的曲面积分, 其中 $\mathrm{d}y\mathrm{d}z$, $\mathrm{d}z\mathrm{d}x, \mathrm{d}x\mathrm{d}y$ 是曲面 Σ 上的微小有向曲面 $\mathrm{d}\boldsymbol{S}$ 分别在 yOz, zOx, xOy 坐标面上的投影.

微视频
对坐标的曲面积分

实际中常把 $\iint\limits_{\Sigma} P\mathrm{d}y\mathrm{d}z + \iint\limits_{\Sigma} Q\mathrm{d}z\mathrm{d}x + \iint\limits_{\Sigma} R\mathrm{d}x\mathrm{d}y$, 简记为

$$\iint\limits_{\Sigma} P\mathrm{d}y\mathrm{d}z + Q\mathrm{d}z\mathrm{d}x + R\mathrm{d}x\mathrm{d}y.$$

如同对坐标的曲线积分要规定曲线的方向一样, 我们也要规定曲面的侧. 如果我们规定了曲面上一点的法线正方向, 当此点沿曲面上任一条不越过曲面边界的闭曲线连续移动, 而回到原位置时, 法线正方向保持不变, 就说此曲面是双侧曲面. 我们以后讨论的曲面都假定是双侧的, 当认定其一侧是正向时, 则另一侧就为负向.

通常用 $-\Sigma$ 表示与曲面 Σ 的正向相反的同一曲面, 由于 Σ 与 $-\Sigma$ 的法线方向相反, 它们的方向余弦也都差一个符号, 因而有

$$\iint\limits_{-\Sigma} P\mathrm{d}y\mathrm{d}z + Q\mathrm{d}z\mathrm{d}x + R\mathrm{d}x\mathrm{d}y = -\iint\limits_{\Sigma} P\mathrm{d}y\mathrm{d}z + Q\mathrm{d}z\mathrm{d}x + R\mathrm{d}x\mathrm{d}y ,$$

也可记为

$$\iint\limits_{\Sigma^-} P\mathrm{d}y\mathrm{d}z + Q\mathrm{d}z\mathrm{d}x + R\mathrm{d}x\mathrm{d}y = -\iint\limits_{\Sigma^+} P\mathrm{d}y\mathrm{d}z + Q\mathrm{d}z\mathrm{d}x + R\mathrm{d}x\mathrm{d}y.$$

11.6.2　对坐标的曲面积分的计算

我们以 $\iint\limits_{\Sigma} R(x,y,z)\mathrm{d}x\mathrm{d}y$ 为例来讨论对坐标的曲面积分的计算方法.

设光滑曲面 Σ 的方程是单值函数 $z=f(x,y)$, 也就是光滑曲面 Σ 与平行于 z 轴的直线的交点只有一个, 以 D_{xy} 表示 Σ 在 xOy 坐标面上的投影区域, 被积函数虽然是三元函数, 但是动点 $M(x,y,z)$ 是限制在曲面 $\Sigma: z=f(x,y)$ 上变动的, 所以 $R(x,y,z)$ 实质上仅依赖于变量 x,y, 这就提供了曲面积分可化为二重积分来计算的可能性. 分两种情况考虑:

（1）当指定沿 Σ 上侧积分（即法向量 $\boldsymbol{n}$ 与 z 轴夹角为锐角）, 此时小有向曲面 $\mathrm{d}\boldsymbol{S}$ 在 xOy 坐标面的投影 $\mathrm{d}x\mathrm{d}y>0$, 即

$$\iint\limits_{\Sigma^+} R(x,y,z)\mathrm{d}x\mathrm{d}y = \iint\limits_{D_{xy}} R[x,y,f(x,y)]\mathrm{d}x\mathrm{d}y. \tag{11.6.1}$$

（2）当指定沿 Σ 下侧积分（即法向量 $\boldsymbol{n}$ 与 z 轴夹角为钝角）, 此时小有向曲面 $\mathrm{d}\boldsymbol{S}$ 在 xOy 坐标面的投影 $\mathrm{d}x\mathrm{d}y<0$, 即

$$\iint\limits_{\Sigma^-} R(x,y,z)\mathrm{d}x\mathrm{d}y = -\iint\limits_{D_{xy}} R[x,y,f(x,y)]\mathrm{d}x\mathrm{d}y. \tag{11.6.2}$$

注意 在式(11.6.1),式(11.6.2)中,等式左边的 $\mathrm{d}x\mathrm{d}y$ 是小有向曲面 $\mathrm{d}\boldsymbol{S}$ 在 xOy 坐标面上的投影,而右边的 $\mathrm{d}x\mathrm{d}y$ 是区域 D_{xy} 的面积元素. $\iint\limits_{\Sigma} P(x,y,z)\mathrm{d}y\mathrm{d}z$, $\iint\limits_{\Sigma} Q(x,y,z)\mathrm{d}z\mathrm{d}x$ 的情况类似,不再重述.

例 11.6.1 计算 $\iint\limits_{\Sigma} xyz\mathrm{d}x\mathrm{d}y$,其中 Σ 是球面 $x^2+y^2+z^2=1$ 在 $x\geqslant 0, y\geqslant 0$ 部分的外侧.

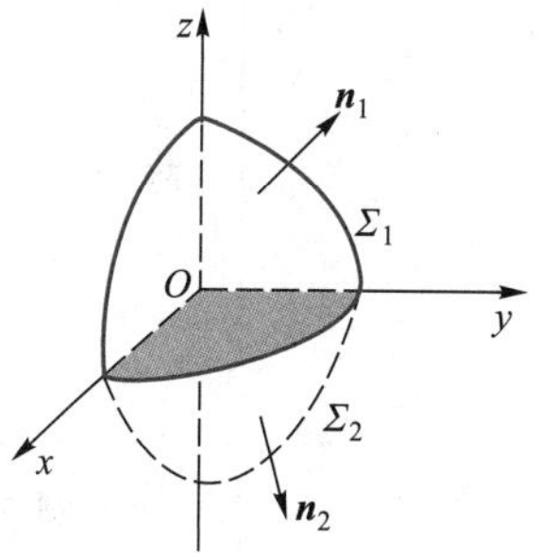

图 11.6.3

解 把 Σ 分成 Σ_1 与 Σ_2,见图 11.6.3.

Σ_1 的方程是 $z=\sqrt{1-x^2-y^2}$, Σ_2 的方程是 $z=-\sqrt{1-x^2-y^2}$,于是

$$\begin{aligned}
\iint\limits_{\Sigma} xyz\mathrm{d}x\mathrm{d}y &= \iint\limits_{\Sigma_1^+} xyz\mathrm{d}x\mathrm{d}y + \iint\limits_{\Sigma_2^-} xyz\mathrm{d}x\mathrm{d}y \\
&= \iint\limits_{D_{xy}} xy\sqrt{1-x^2-y^2}\,\mathrm{d}x\mathrm{d}y - \iint\limits_{D_{xy}} xy(-\sqrt{1-x^2-y^2})\,\mathrm{d}x\mathrm{d}y \\
&= 2\iint\limits_{D_{xy}} xy\sqrt{1-x^2-y^2}\,\mathrm{d}x\mathrm{d}y \\
&= 2\int_0^{\frac{\pi}{2}}\mathrm{d}\theta\int_0^1 r^3\sqrt{1-r^2}\cos\theta\sin\theta\,\mathrm{d}r \\
&= \frac{2}{15}.
\end{aligned}$$

11.6.3 高斯公式

文档
高斯

微视频
高斯公式

高斯(Gauss,1777—1855)公式表达了空间区域上三重积分与其边界曲面上的曲面积分之间的关系,这个关系用定理陈述如下:

定理 11.6.1(高斯公式) 设空间区域 Ω 是由分片光滑的闭曲面 Σ 所围成的,函数 $P(x,y,z)$, $Q(x,y,z)$, $R(x,y,z)$ 在 Ω 上具有一阶连续偏导数,则有公式

$$\iiint\limits_{\Omega}\left(\frac{\partial P}{\partial x}+\frac{\partial Q}{\partial y}+\frac{\partial R}{\partial z}\right)\mathrm{d}V=\oint\!\!\!\oint\limits_{\Sigma} P\mathrm{d}y\mathrm{d}z+Q\mathrm{d}z\mathrm{d}x+R\mathrm{d}x\mathrm{d}y,$$

其中曲面积分取在闭曲面 Σ 的外侧.

证略.

高斯公式把空间区域 Ω 上的三重积分与其边界曲面 Σ 上的曲面积分联系起来,其作用与格林公式及牛顿-莱布尼茨公式相仿.

由高斯公式很容易推出

$$V=\iiint\limits_{\Omega}\mathrm{d}x\mathrm{d}y\mathrm{d}z=\frac{1}{3}\oint\!\!\!\oint\limits_{\Sigma} x\mathrm{d}y\mathrm{d}z+y\mathrm{d}z\mathrm{d}x+z\mathrm{d}x\mathrm{d}y.$$

例 11.6.2　计算 $\oint\!\!\!\oint_{\Sigma} x\mathrm{d}y\mathrm{d}z + y\mathrm{d}z\mathrm{d}x + z\mathrm{d}x\mathrm{d}y$，$\Sigma$ 为球面 $x^2+y^2+z^2=R^2$ 的外侧.

解　$\oint\!\!\!\oint_{\Sigma} x\mathrm{d}y\mathrm{d}z + y\mathrm{d}z\mathrm{d}x + z\mathrm{d}x\mathrm{d}y = 3\iiint_{\Omega} \mathrm{d}x\mathrm{d}y\mathrm{d}z$，其中 Ω 为球体 $x^2+y^2+z^2 \leqslant R^2$，由于

$$\iiint_{\Omega} \mathrm{d}x\mathrm{d}y\mathrm{d}z = \frac{4}{3}\pi R^3,$$

故

$$\oint\!\!\!\oint_{\Sigma} x\mathrm{d}y\mathrm{d}z + y\mathrm{d}z\mathrm{d}x + z\mathrm{d}x\mathrm{d}y = 4\pi R^3.$$

例 11.6.3　计算曲面积分

$$\iint_{\Sigma} x^2\mathrm{d}y\mathrm{d}z + y^2\mathrm{d}z\mathrm{d}x + z^2\mathrm{d}x\mathrm{d}y,$$

Σ 是锥面 $x^2+y^2=z^2(0\leqslant z\leqslant h)$ 的外侧.

解　作辅助平面 $z=h$，它与锥面 $x^2+y^2=z^2(0\leqslant z\leqslant h)$ 围成一个锥体 Ω（图 11.6.4），Ω 的边界面由锥面 Σ 及锥体底面 $\Sigma_1: z=h$ 所组成.设 $P=x^2, Q=y^2, R=z^2$，则

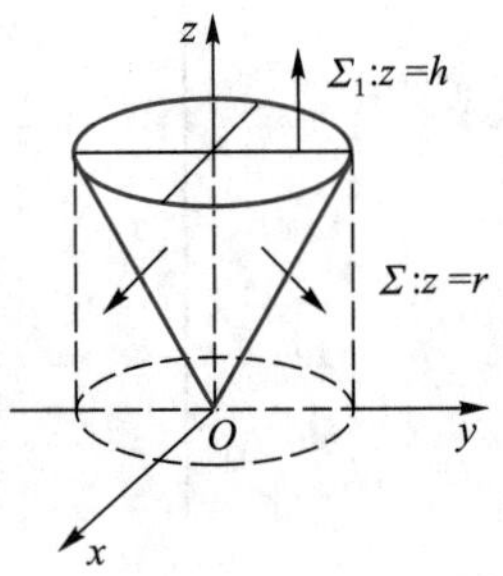

图 11.6.4

$$\frac{\partial P}{\partial x}+\frac{\partial Q}{\partial y}+\frac{\partial R}{\partial z}=2(x+y+z),$$

由高斯公式得

$$\begin{aligned}&\oint\!\!\!\oint_{\Sigma+\Sigma_1} x^2\mathrm{d}y\mathrm{d}z + y^2\mathrm{d}z\mathrm{d}x + z^2\mathrm{d}x\mathrm{d}y\\&=2\iiint_{\Omega}(x+y+z)\mathrm{d}V\\&=2\int_0^{2\pi}\mathrm{d}\theta\int_0^h r\mathrm{d}r\int_r^h[r(\cos\theta+\sin\theta)+z]\mathrm{d}z=\frac{\pi}{2}h^4,\end{aligned}$$

而

$$\iint_{\Sigma_1} x^2\mathrm{d}y\mathrm{d}z + y^2\mathrm{d}z\mathrm{d}x + z^2\mathrm{d}x\mathrm{d}y = \iint_{D_{xy}} h^2\mathrm{d}x\mathrm{d}y = \pi h^4,$$

从而

$$\begin{aligned}&\iint_{\Sigma} x^2\mathrm{d}y\mathrm{d}z + y^2\mathrm{d}z\mathrm{d}x + z^2\mathrm{d}x\mathrm{d}y\\&=\oint\!\!\!\oint_{\Sigma+\Sigma_1} x^2\mathrm{d}y\mathrm{d}z + y^2\mathrm{d}z\mathrm{d}x + z^2\mathrm{d}x\mathrm{d}y - \iint_{\Sigma_1} x^2\mathrm{d}y\mathrm{d}z + y^2\mathrm{d}z\mathrm{d}x + z^2\mathrm{d}x\mathrm{d}y\\&=\frac{\pi}{2}h^4-\pi h^4=-\frac{\pi}{2}h^4.\end{aligned}$$

思考题 11.6

1. 双侧曲面有正向有负向,方向不同的同一块曲面投影到坐标面上的面积就带有不同的符号,所以在对坐标的曲面积分中,就要考虑曲面的侧.既然只考虑双侧曲面,说明存在单侧曲面,你可以将长方形的纸条的一端扭转 180°,再与另一端粘起来,你一定能说明你所做的曲面是单侧曲面,这就是著名的默比乌斯(Möbius,1790—1868)带.

2. 小有向曲面 dS 在 xOy 坐标平面上投影的面积微元是 dxdy,它在什么情况下为正,在什么情况下为负?

练习 11.6A

1. 计算曲面积分

$$\oiint_{\Sigma} x^2 \mathrm{d}y\mathrm{d}z + y^2 \mathrm{d}z\mathrm{d}x + z^2 \mathrm{d}x\mathrm{d}y,$$

其中曲面 Σ 是由 $x=0, y=0, z=0, x=1, y=1, z=1$ 所围封闭曲面的外侧.

2. 计算曲面积分 $\oiint_{\Sigma} x\mathrm{d}y\mathrm{d}z + y\mathrm{d}z\mathrm{d}x$,其中 Σ 为位于第一卦限的且有一个顶点在坐标原点的边长为 2 的立方体表面的外侧.

练习 11.6B

1. 计算积分 $I = \oiint_{\Sigma} x^3\mathrm{d}y\mathrm{d}z + y^3\mathrm{d}z\mathrm{d}x + z^3\mathrm{d}x\mathrm{d}y$,其中 Σ 为球面 $x^2+y^2+z^2=R^2$ 的外侧.

2. 计算 $\iint_{\Sigma} \dfrac{e^z \mathrm{d}x\mathrm{d}y}{\sqrt{x^2+y^2}}$,其中 Σ 为由锥面 $z=\sqrt{x^2+y^2}$,平面 $z=1, z=2$ 所围成的立体整个边界的外侧.

11.7　用数学软件计算重积分

文档
用数学软件
计算重积分

11.8　学习任务 11 解答　平面薄板的质量

解

1. 将平面薄板所占有的平面区域 D(图 11.8.1),任意分割成若干个小区域,其中位于点 (x,y) 处的代表性小区域的面积记为 $\mathrm{d}\sigma$,其所对应的质量微元

$$\mathrm{d}m = \rho(x,y)\mathrm{d}\sigma = (x^2+y^2)\mathrm{d}\sigma,$$

将 $\mathrm{d}m$ 在区域 D 上无限累加,即得该薄板的质量

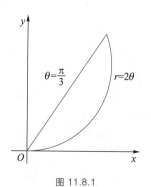

图 11.8.1

$$m = \iint_D (x^2 + y^2) \, d\sigma = \iint_D r^2 \frac{1}{2} r dr d\theta = \int_0^{\frac{\pi}{3}} \left(\int_0^{2\theta} \frac{1}{2} r^3 dr \right) d\theta$$

$$= \int_0^{\frac{\pi}{3}} \frac{1}{2} \cdot \frac{r^4}{4} \bigg|_0^{2\theta} d\theta = \int_0^{\frac{\pi}{3}} 2\theta^4 d\theta = \frac{2}{5} \theta^5 \bigg|_0^{\frac{\pi}{3}} = \frac{2\pi^5}{1\ 215} \text{ kg.}$$

2. 扫描下方二维码,查看学习任务 11 的 Mathematica 程序.

3. 扫描下方二维码,查看学习任务 11 的 MATLAB 程序.

扫一扫,看代码
Mathematica 程序

扫一扫,看代码
MATLAB 程序

复习题 11

A 级

1. 设有一平面薄板,占有 xOy 面上的区域 D,薄板上分布有面密度为 $\rho = \rho(x,y)$ 的电荷,且 $\rho(x,y)$ 在 D 上连续,试用二重积分表达该薄板上的全部电荷 Q.

2. 用二重积分表示出以下列曲面为顶,区域 D 为底的曲顶柱体的体积:

(1) $z = x + y + 1$,区域 D 是 xOy 面上的长方形:$0 \le x \le 1, 0 \le y \le 2$;

(2) $z = \sqrt{R^2 - x^2 - y^2}$,区域 D 由 xOy 面上的圆 $x^2 + y^2 = R^2$ 所围成.

3. 画出下列积分区域,并计算二重积分:

(1) $\iint_D x e^{xy} dx dy$,D 为由不等式 $0 \le x \le 1$ 和 $-1 \le y \le 0$ 所确定的区域;

(2) $\iint_D x\sqrt{y} \, dx dy$,$D$ 为由 xOy 面上的曲线 $y = \sqrt{x}$,$y = x^2$ 所围成的区域;

(3) $\iint_D \cos(x + y) dx dy$,$D$ 为由 xOy 面上的直线 $x = 0, y = \pi$ 及 $y = x$ 所围成的区域.

4. 求由曲面 $z = 4 - x^2$,$2x + y = 4$,$x = 0, y = 0, z = 0$ 所围成的立体在第一卦限部分的体积.

5. 利用极坐标计算下列积分:

(1) $\iint_D e^{x^2 + y^2} d\sigma$,$D: x^2 + y^2 \le 4$;

(2) $\iint_D y d\sigma$,$D: x^2 + y^2 \le a^2, x \ge 0, y \ge 0$.

6. 设平面薄板所占有的平面区域 D 是由螺线 $r = 2\theta$ 上的一段弧 $\left(0 \le \theta \le \frac{\pi}{2} \right)$ 与直线 $\theta = \frac{\pi}{2}$ 所围成,它的面密度 $\rho(x,y) = x^2 + y^2$,求该薄板的质量.

7. 求由 xOy 面上的抛物线 $y^2 = ax$ 及直线 $x = a (a > 0)$ 所围成的均匀薄板(面密度为常数 ρ)关于直线 $y = -a$ 的转动惯量.

8. 交换积分

$$\int_0^1 dx \int_1^{x+1} f(x,y) dy + \int_1^2 dx \int_x^2 f(x,y) dy$$

的积分次序.

B 级

9. 计算下列三重积分:

(1) $\iiint\limits_{\Omega} xy\mathrm{d}x\mathrm{d}y\mathrm{d}z$, Ω 是由 $1 \leqslant x \leqslant 2$, $-2 \leqslant y \leqslant 1$, $0 \leqslant z \leqslant \dfrac{1}{2}$ 所围成的区域;

(2) $\iiint\limits_{\Omega} y\cos(z + x)\mathrm{d}x\mathrm{d}y\mathrm{d}z$, Ω 是由 $y = \sqrt{x}$, $y = 0$, $z = 0$, $x + z = \dfrac{\pi}{2}$ 所围成的区域.

10. 利用柱面坐标计算下列三重积分:

(1) $\iiint\limits_{\Omega} z\sqrt{x^2 + y^2}\,\mathrm{d}v$, Ω 是由柱面 $y = \sqrt{2x - x^2}$ 及平面 $z = 0$, $z = a\,(a > 0)$, $y = 0$ 所围成的区域;

(2) $\iiint\limits_{\Omega} (x^2 + y^2)\,\mathrm{d}v$, Ω 是由曲面 $x^2 + y^2 = 2z$ 及平面 $z = 2$ 所围成的区域.

11. 利用球面坐标计算下列三重积分:

(1) $\iiint\limits_{\Omega} (x^2 + y^2 + z^2)\,\mathrm{d}v$, Ω 是由 $x^2 + y^2 + z^2 = 1$ 所围成的区域;

(2) $\iiint\limits_{\Omega} z\mathrm{d}v$, Ω 由 $x^2 + y^2 + (z - a)^2 \leqslant a^2$, $x^2 + y^2 \leqslant z^2$ 所确定.

12. 计算 $\int_L 2xy\mathrm{d}x + x^2\mathrm{d}y$, 其中 L 为曲线 $x = a\cos t$, $y = b\sin t\,\left(0 \leqslant t \leqslant \dfrac{\pi}{4}\right)$（依参数增大的方向）.

13. 计算 $\int_{OA} (x^2 - y^2)\mathrm{d}x + xy\mathrm{d}y$, 其中 O 为坐标原点, A 的坐标为 $(1,1)$:

(1) OA 为直线段 $y = x$;

(2) OA 为抛物线段 $y = x^2$;

(3) OA 为 $y = 0$, $x = 1$ 的折线段.

14. 方向为纵轴的负方向, 大小等于作用点的横坐标平方的力构成一个力场, 求质量为 m 的质点沿抛物线 $1 - x = y^2$ 从点 $(1,0)$ 移到点 $(0,1)$ 时场力所做的功.

15. 利用格林公式计算下列曲线积分:

(1) $\oint_L (x^2 y - 2y)\mathrm{d}x + \left(\dfrac{x^3}{3} - x\right)\mathrm{d}y$, L 为以直线 $x = 1$, $y = x$, $y = 2x$ 为边的三角形的正向边界;

(2) $\oint_L \mathrm{e}^x[(1 - \cos y)\mathrm{d}x - (y - \sin y)\mathrm{d}y]$, L 为区域 $0 \leqslant x \leqslant \pi$, $0 \leqslant y \leqslant \sin x$ 的正向边界.

16. 证明下列曲线积分在整个 xOy 面内与路径无关, 并计算积分值:

(1) $\int_{(1,1)}^{(2,3)} (x + y)\mathrm{d}x + (x - y)\mathrm{d}y$;

(2) $\int_{(1,0)}^{(2,1)} (2xy - y^4 + 3)\mathrm{d}x + (x^2 - 4xy^3)\mathrm{d}y$.

17. 计算 $\int_L (\mathrm{e}^x\sin y - my)\mathrm{d}x + (\mathrm{e}^x\cos y - m)\mathrm{d}y$, 其中 L 为由点 $A(a,0)$ 到点 $O(0,0)$ 的上半圆周 $x^2 + y^2 = ax$.

18. 设 xOy 面上的变力在 x 与 y 坐标轴上的投影分别为 $P = x + y^2$, $Q = 2xy - 8$, 证明质点在此变力作用下运动时, 变力所做的功与运动路径无关.

19. 计算 $\iint\limits_{\Sigma} (x^2 + y^2)\mathrm{d}y\mathrm{d}z$, Σ 为由锥面 $z = \sqrt{x^2 + y^2}$, 平面 $z = 1$, yOz 坐标面所围成的闭曲面在第一和第四卦限的外侧.

20. 利用高斯公式计算曲面积分 $\iint\limits_{\Sigma} x^2 \mathrm{d}y\mathrm{d}z + y^2 \mathrm{d}z\mathrm{d}x + z^2 \mathrm{d}x\mathrm{d}y$，$\Sigma$ 为由平面 $x=0,y=0,z=0,x=a,y=a,z=a\,(a>0)$ 所围成的立体整个边界的外侧.

21. 利用高斯公式计算曲面积分 $\iint\limits_{\Sigma} (x-y)\mathrm{d}x\mathrm{d}y + (y-z)x\mathrm{d}y\mathrm{d}z$，$\Sigma$ 为由柱面 $x^2+y^2=1$ 及平面 $z=0,z=3$ 所围成的立体的整个边界的外侧.

C 级

22. 要建造容积一定的粮仓，试讨论采用如下哪种形状用料最省，并给出材料最省的设计方案：(1) 正方体；(2) 长方体；(3) 圆柱体；(4) 上半球体，上半椭球体；(5) 侧面为圆柱面，顶为上半球面；(6) 侧面为椭圆柱面，顶为上半椭球面？

第 12 章 级数

12.0 学习任务 12 永续奖学金现值

文档
级数简史

某校拟筹集一笔资金作为永续奖学金,并将这笔资金从第一年初按固定年利率存入银行,要求每年末都能拿出一定金额奖励三好学生,且能一直持续下去.请完成如下任务:

1. 若所筹集的资金按 5% 的年利率存入银行,且在每年末都要拿出 10 万元奖励三好学生,问该笔资金应为多少万元.

2. 若所筹集的资金按 2.5% 的年利率存入银行,且在每年末都要拿出 10 万元奖励三好学生,问该笔资金应为多少万元.

由于每年都要提取奖学金,且一直持续下去,故涉及无穷多项如何求和,解决此问题需要用到级数.

级数是研究无限个离散量之和的数学模型,它分为数项级数与函数项级数,函数项级数是表示函数,特别是表示非初等函数的一个重要工具,又是研究函数性质的一个重要手段,在数值计算上有着不可替代的作用,数项级数是函数项级数的特殊情况,它又是函数项级数的基础.我们首先讨论数项级数的基本理论.

引例 1 大于 2 吗?小明经过运算,得出了 1 大于 2 的结论,下面是他的运算过程:

设全体正整数的和为 S,即 $S = 1+2+3+4+\cdots$,由于

$$S = 1+2+3+4+\cdots = 1+3+5+\cdots+2+4+6+8+\cdots > 2+4+6+8+\cdots$$
$$= 2(1+2+3+4+\cdots) = 2S,$$

即 $S > 2S$,从而得 $1 > 2$.

小明的结论显然是错的!要想知道错在哪里,必须搞清楚无穷多个数相加应该如何进行.

12.1 数项级数及其敛散性

本节先给出数项级数的概念及其性质.然后重点讨论正项级数及其判敛方法.最后介绍交错级数及其判别方法和绝对收敛与条件收敛的概念.

12.1.1　数项级数及其性质

1. 数项级数的概念

> **定义 12.1.1（数项级数）**　给定一个数列 $u_1, u_2, \cdots, u_n, \cdots$，则式子
>
> $$\sum_{n=1}^{\infty} u_n = u_1 + u_2 + u_3 + \cdots + u_n + \cdots \tag{12.1.1}$$
>
> 称为常数项无穷级数，简称数项级数，其中第 n 项 u_n 称为该级数的一般项或通项.

微视频
数项级数与几何
级数的敛散性

简言之，数列的和式称为级数.

下面是一些级数的例子：

等差数列各项的和

$$a_1 + (a_1 + d) + (a_1 + 2d) + \cdots + (a_1 + (n-1)d) + \cdots \tag{12.1.2}$$

称为算术级数.

等比数列各项的和

$$a_1 + a_1 q + a_1 q^2 + \cdots + a_1 q^{n-1} + \cdots \tag{12.1.3}$$

称为等比级数，也称为几何级数.

小数也可以表示为无穷级数，例如

$$\pi = 3.141\ 59\cdots = 3 + \frac{1}{10} + \frac{4}{10^2} + \frac{1}{10^3} + \frac{5}{10^4} + \frac{9}{10^5} + \cdots. \tag{12.1.4}$$

$$\sum_{n=1}^{\infty} \frac{1}{n^p} = 1 + \frac{1}{2^p} + \frac{1}{3^p} + \cdots + \frac{1}{n^p} + \cdots \tag{12.1.5}$$

称为 p-级数，当 $p = 1$ 时，称为调和级数.

恩格斯说：在数学上，为了达到不确定的、无限的东西，必须从确定有限的东西出发. 我们先把级数的前 n 项加起来，再应用极限就可给出级数和的定义.

> **定义 12.1.2（级数的部分和与级数的和）**　设级数（12.1.1）的前 n 项之和为
>
> $$S_n = u_1 + u_2 + \cdots + u_n = \sum_{k=1}^{n} u_k,$$
>
> 称 S_n 为级数 $\sum\limits_{n=1}^{\infty} u_n$ 的前 n 项部分和. 当 n 依次取 $1, 2, 3, \cdots$ 时，得到一个新的数列
>
> $$S_1 = u_1, S_2 = u_1 + u_2, \cdots, S_n = u_1 + u_2 + \cdots + u_n, \cdots,$$
>
> 数列 $\{S_n\}$ 称为级数 $\sum\limits_{n=1}^{\infty} u_n$ 的部分和数列. 若此数列的极限存在，即 $\lim\limits_{n \to \infty} S_n = S$（常数），则称 S 为级数 $\sum\limits_{n=1}^{\infty} u_n$ 的和，记作
>
> $$\sum_{n=1}^{\infty} u_n = S,$$

此时称级数 $\displaystyle\sum_{n=1}^{\infty} u_n$ 收敛.如果数列 $\{S_n\}$ 没有极限,则称级数 $\displaystyle\sum_{n=1}^{\infty} u_n$ 发散,这时级数没有和.

当级数收敛时,其部分和 S_n 是级数 S 的近似值,称 $S-S_n$ 为级数的余项,记作 r_n,即

$$r_n = S-S_n = u_{n+1}+u_{n+2}+\cdots.$$

例 12.1.1 考察级数 $\displaystyle\sum_{n=1}^{\infty} \ln\frac{n+1}{n}$ 的敛散性.

解 注意到 $u_n = \ln\dfrac{n+1}{n} = \ln(n+1) - \ln n$,得

$$S_n = u_1+u_2+\cdots+u_n = (\ln 2 - \ln 1)+(\ln 3 - \ln 2)+\cdots+(\ln(n+1)-\ln n) = \ln(n+1),$$

所以

$$\lim_{n\to\infty} S_n = \lim_{n\to\infty} \ln(n+1) = +\infty,$$

由定义知级数 $\displaystyle\sum_{n=1}^{\infty} \ln\frac{n+1}{n}$ 是发散的.

例 12.1.2 考察级数 $\displaystyle\sum_{n=1}^{\infty} \frac{(n+1)^\alpha - n^\alpha}{[n(n+1)]^\alpha}$ $(\alpha>0)$ 的敛散性.

解 注意 $u_n = \dfrac{(n+1)^\alpha - n^\alpha}{[n(n+1)]^\alpha} = \dfrac{1}{n^\alpha} - \dfrac{1}{(n+1)^\alpha}$,得

$$S_n = \left(\frac{1}{1^\alpha}-\frac{1}{2^\alpha}\right)+\left(\frac{1}{2^\alpha}-\frac{1}{3^\alpha}\right)+\cdots+\left(\frac{1}{n^\alpha}-\frac{1}{(n+1)^\alpha}\right) = 1-\frac{1}{(n+1)^\alpha},$$

所以

$$\lim_{n\to\infty} S_n = \lim_{n\to\infty}\left(1-\frac{1}{(n+1)^\alpha}\right) = 1,$$

由定义知级数 $\displaystyle\sum_{n=1}^{\infty} \frac{(n+1)^\alpha - n^\alpha}{[n(n+1)]^\alpha}$ 是收敛的,并且此级数的和就是 1.

例 12.1.3 考察级数 $1+2+4+8+\cdots+2^{n-1}+\cdots$ 的敛散性.

解 这是公比为 2 的几何级数,$S_n = \dfrac{2^n-1}{2-1}$,所以

$$\lim_{n\to\infty} S_n = \lim_{n\to\infty}(2^n-1) = +\infty,$$

级数是发散的.

例 12.1.4 考察级数 $\displaystyle\sum_{n=1}^{\infty} (-1)^{n-1}$ 的敛散性.

解 这是公比为 -1 的几何级数,即

$$1-1+1-1+1-\cdots,$$

它的部分和数列是 $1,0,1,0,\cdots$，显然 $\lim\limits_{n\to\infty} S_n$ 不存在，所以级数是发散的.

例 12.1.5   把循环小数 $0.\overset{\cdot\cdot}{36}$ 化为分数.

解   把 $0.\overset{\cdot\cdot}{36}$ 化为无穷级数

$$0.\overset{\cdot\cdot}{36}=\frac{36}{100}+\frac{36}{100^2}+\frac{36}{100^3}+\cdots+\frac{36}{100^n}+\cdots,$$

这是公比为 $\dfrac{1}{100}$ 的几何级数，由等比数列求和公式

$$S_n=\frac{\dfrac{36}{100}\left(1-\dfrac{1}{100^n}\right)}{1-\dfrac{1}{100}},$$

所以

$$\lim_{n\to\infty} S_n=\lim_{n\to\infty}\frac{\dfrac{36}{100}\left(1-\dfrac{1}{100^n}\right)}{1-\dfrac{1}{100}}=\frac{\dfrac{36}{100}}{1-\dfrac{1}{100}}=\frac{36}{99}=\frac{4}{11},$$

这个无穷级数的和为 $\dfrac{4}{11}$，即 $0.\overset{\cdot\cdot}{36}=\dfrac{4}{11}$.

更一般地，有几何级数 $\sum\limits_{n=0}^{\infty} ar^n$（也称其为等比级数，$r$ 称为公比）的敛散性如下：

重要结论一（几何级数的敛散性）   当 $|r|<1$ 时，$\sum\limits_{n=0}^{\infty} ar^n$ 收敛，且有 $\sum\limits_{n=0}^{\infty} ar^n=\dfrac{a}{1-r}$；当 $|r|\geqslant 1$ 时，$\sum\limits_{n=0}^{\infty} ar^n$ 发散.

注意   几何级数 $\sum\limits_{n=0}^{\infty} ar^n$ 的敛散性非常重要.无论是用比较判敛法判别级数的敛散性，还是用间接法将函数展开为幂级数，都经常以几何级数的敛散性为基础.

例 12.1.6   判定下列级数的敛散性：

（1）$\sum\limits_{n=0}^{\infty}\left(\dfrac{2}{7}\right)^n$；   （2）$\sum\limits_{n=0}^{\infty}\left(\dfrac{5}{4}\right)^n$.

解   （1）$\sum\limits_{n=0}^{\infty}\left(\dfrac{2}{7}\right)^n$ 为公比等于 $\dfrac{2}{7}<1$ 的几何级数，所以该级数收敛.

（2）$\sum\limits_{n=0}^{\infty}\left(\dfrac{5}{4}\right)^n$ 为公比等于 $\dfrac{5}{4}>1$ 的几何级数，所以该级数发散.

2. 数项级数的基本性质

微视频
数项级数的
基本性质

因为发散级数没有和,如果使用了发散级数的和,会导致错误的结果,所以判别级数是否收敛是非常重要的.应用数列极限的有关性质可推得级数的一系列重要性质.

性质 1 级数 $\sum_{n=1}^{\infty} u_n$ 与级数 $\sum_{n=1}^{\infty} ku_n$(常数 $k \neq 0$)敛散性相同,且若 $\sum_{n=1}^{\infty} u_n$ 收敛于 S,则 $\sum_{n=1}^{\infty} ku_n$ 收敛于 kS.

性质 2 若级数 $\sum_{n=1}^{\infty} u_n$ 与 $\sum_{n=1}^{\infty} v_n$ 分别收敛于 β 与 α,则级数 $\sum_{n=1}^{\infty} (u_n \pm v_n)$ 收敛于 $\beta \pm \alpha$.

性质 3 添加、去掉或改变级数的有限项,级数的敛散性不变.

性质 4(两边夹定理) 如果 $u_n \leqslant v_n \leqslant w_n$ 且 $\sum_{n=1}^{\infty} u_n$ 和 $\sum_{n=1}^{\infty} w_n$ 都收敛,则 $\sum_{n=1}^{\infty} v_n$ 也收敛.

上面这四个性质用于判定级数的敛散性时,都需要把判定级数与已知敛散性的级数作比较,可统称之为比较判别法.下面再给出几个通过级数本身即可判定其敛散性的方法.

性质 5(级数收敛的必要条件) 若级数 $\sum_{n=1}^{\infty} u_n$ 收敛,则 $\lim_{n \to \infty} u_n = 0$.

证 设级数 $\sum_{k=1}^{\infty} u_k$ 的前 n 项和 $S_n = \sum_{k=1}^{n} u_k$,因为级数 $\sum_{k=1}^{\infty} u_k$ 收敛于 S,所以 $\lim_{n \to \infty} S_n = S$,由于 $u_n = S_n - S_{n-1}$,所以

$$\lim_{n \to \infty} u_n = \lim_{n \to \infty} (S_n - S_{n-1}) = \lim_{n \to \infty} S_n - \lim_{n \to \infty} S_{n-1} = S - S = 0.$$

由级数收敛的必要条件可知,如果级数一般项不趋于零,则该级数必定发散.

> **例 12.1.7** 判别级数 $\sum_{n=1}^{\infty} \dfrac{n}{2n+1}$ 的敛散性.
>
> **解** 由于 $\lim_{n \to \infty} \dfrac{n}{2n+1} = \dfrac{1}{2} \neq 0$,由性质 5 可知此级数是发散的.

注意 级数一般项趋于零并不是级数收敛的充分条件.例如调和级数 $\sum_{n=1}^{\infty} \dfrac{1}{n}$ 的通项趋于零,但调和级数 $\sum_{n=1}^{\infty} \dfrac{1}{n}$ 是发散的.

> **例 12.1.8** 证明调和级数 $\sum_{n=1}^{\infty} \dfrac{1}{n}$ 是发散级数.
>
> **证** 我们利用定积分的几何意义加以证明.
>
> 调和级数部分和 $S_n = \sum_{k=1}^{n} \dfrac{1}{k}$,如图 12.1.1 所示.考察曲线 $y = \dfrac{1}{x}$,$x = 1$,$x = n+1$ 和 $y = 0$ 所围成的曲边梯形 D 的面积 S 与阴影表示的阶梯形面积 S_n

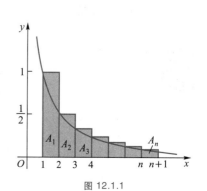

图 12.1.1

之间的关系,可以看到阴影部分的第一个矩形面积 $A_1 = 1$,第二个矩形面积 $A_2 = \dfrac{1}{2}$,第三

个矩形面积 $A_3 = \dfrac{1}{3}$,……,第 n 个矩形面积 $A_n = \dfrac{1}{n}$,所以阴影部分的总面积为

$$S_n = \sum_{k=1}^{n} A_k = 1 + \frac{1}{2} + \frac{1}{3} + \cdots + \frac{1}{n} = \sum_{k=1}^{n} \frac{1}{k},$$

它显然大于曲边梯形 D 的面积 S,即有

$$S_n = \sum_{k=1}^{n} A_k > \int_{1}^{n+1} \frac{1}{x} \mathrm{d}x = \ln x \Big|_{1}^{n+1} = \ln(n+1),$$

而 $\lim\limits_{n \to \infty} \ln(n+1) = +\infty$,表明 S_n 的极限不存在,所以该级数发散.

完全类似可得 p - 级数 $\displaystyle\sum_{n=1}^{\infty} \frac{1}{n^p}$ $(p > 0)$ 的敛散性如下:

重要结论二(p - 级数的敛散性)　当 $p \leqslant 1$ 时,$\displaystyle\sum_{n=1}^{\infty} \frac{1}{n^p}$ 发散;当 $p > 1$ 时,$\displaystyle\sum_{n=1}^{\infty} \frac{1}{n^p}$ 收敛.

注意　在用比较判敛法判别级数的敛散性时,经常要用 p-级数的敛散性作为判别标准.

例 12.1.9　判断下列级数的敛散性:

(1) $\displaystyle\sum_{n=1}^{\infty} \frac{3}{n}$;　　　　(2) $\displaystyle\sum_{n=1}^{\infty} \frac{8}{n^5}$;　　　　(3) $\displaystyle\sum_{n=1}^{\infty} \frac{1}{n^{2/3}}$.

解　(1) 因为 $\displaystyle\sum_{n=1}^{\infty} \frac{3}{n} = 3 \sum_{n=1}^{\infty} \frac{1}{n}$,而 $\displaystyle\sum_{n=1}^{\infty} \frac{1}{n}$ 是调和级数,发散.所以 $\displaystyle\sum_{n=1}^{\infty} \frac{3}{n}$ 亦发散.

(2) $\displaystyle\sum_{n=1}^{\infty} \frac{8}{n^5} = 8 \sum_{n=1}^{\infty} \frac{1}{n^5}$,而 $\displaystyle\sum_{n=1}^{\infty} \frac{1}{n^5}$ 是 $p = 5 > 1$ 的 p-级数,收敛.因此,$\displaystyle\sum_{n=1}^{\infty} \frac{8}{n^5}$ 亦收敛.

(3) $\displaystyle\sum_{n=1}^{\infty} \frac{1}{n^{\frac{2}{3}}}$ 为 $p = \dfrac{2}{3} < 1$ 的 p-级数,所以,它发散.

12.1.2　正项级数及其敛散性

微视频
正项级数及
其敛散性

级数 $\displaystyle\sum_{n=1}^{\infty} u_n$ $(u_n \geqslant 0, n = 1, 2, \cdots)$ 称为正项级数.正项级数比较简单而且重要,在研究其他类型的级数时,常常要用到正项级数的有关结果.

对于正项级数,由于 $u_n \geqslant 0$,因而

$$S_{n+1} = S_n + u_{n+1} \geqslant S_n,$$

即正项级数的部分和数列 $\{S_n\}$ 是单调增加的.若它的部分和数列 $\{S_n\}$ 有界,则 $\lim\limits_{n \to \infty} S_n$ 存在,从而级数 $\displaystyle\sum_{n=1}^{\infty} u_n$ 收

敛;若 $\{S_n\}$ 无界,则 $\lim\limits_{n\to\infty} S_n = +\infty$,从而级数 $\sum\limits_{n=1}^{\infty} u_n$ 发散.由此得

定理 12.1.1(正项级数收敛的充要条件) 正项级数 $\sum\limits_{n=1}^{\infty} u_n$ 收敛的充分必要条件是它的部分和数列有界.

例 12.1.10 证明正项级数 $\sum\limits_{n=0}^{\infty} \dfrac{1}{n!} = 1 + \dfrac{1}{1!} + \dfrac{1}{2!} + \cdots + \dfrac{1}{n!} + \cdots$ 是收敛的.

证 因为

$$\frac{1}{n!} = \frac{1}{1 \cdot 2 \cdot 3 \cdot \cdots \cdot n} \leqslant \frac{1}{1 \cdot 2 \cdot 2 \cdot \cdots \cdot 2} = \frac{1}{2^{n-1}} \quad (n = 2,3,4,\cdots),$$

于是对任意的 n,有

$$S_n = 1 + \frac{1}{1!} + \frac{1}{2!} + \cdots + \frac{1}{(n-1)!}$$

$$< 1 + 1 + \frac{1}{2} + \frac{1}{2^2} + \cdots + \frac{1}{2^{n-2}} = 1 + \frac{1 - \dfrac{1}{2^{n-1}}}{1 - \dfrac{1}{2}} = 3 - \frac{1}{2^{n-2}} < 3,$$

即正项级数的部分和数列有界,故级数 $\sum\limits_{n=0}^{\infty} \dfrac{1}{n!}$ 收敛.

根据定理 12.1.1,可建立一个判定正项级数敛散性的法则.

定理 12.1.2(比较判别法) 设 $\sum\limits_{n=1}^{\infty} u_n$ 和 $\sum\limits_{n=1}^{\infty} v_n$ 是两个正项级数,且 $u_n \leqslant v_n$,

(1) 若级数 $\sum\limits_{n=1}^{\infty} v_n$ 收敛,则级数 $\sum\limits_{n=1}^{\infty} u_n$ 也收敛;

(2) 若级数 $\sum\limits_{n=1}^{\infty} u_n$ 发散,则级数 $\sum\limits_{n=1}^{\infty} v_n$ 也发散.

证明略.

例 12.1.11 判定级数 $\dfrac{1}{2 \cdot 5} + \dfrac{1}{3 \cdot 6} + \cdots + \dfrac{1}{(n+1)(n+4)} + \cdots$ 的敛散性.

解 因为级数的一般项 $u_n = \dfrac{1}{(n+1)(n+4)}$ 满足

$$0 < \frac{1}{(n+1)(n+4)} < \frac{1}{n^2},$$

而级数 $\sum\limits_{n=1}^{\infty} \dfrac{1}{n^2}$ 是 $p = 2$ 的 p-级数,它是收敛的,所以原级数也是收敛的.

例 12.1.12　判定级数 $\sum\limits_{n=1}^{\infty} \dfrac{1}{\sqrt{n+1}}$ 的敛散性.

解　由于 $\dfrac{1}{\sqrt{n+1}} > \dfrac{1}{\sqrt{n+n}} = \dfrac{1}{\sqrt{2}\sqrt{n}}$，而 $\sum\limits_{n=1}^{\infty} \dfrac{1}{\sqrt{n}}$ 为 $p = \dfrac{1}{2}$ 的 p-级数，是发散的，因此，

$\sum\limits_{n=1}^{\infty} \dfrac{1}{\sqrt{2}\sqrt{n}}$ 亦是发散的. 所以，$\sum\limits_{n=1}^{\infty} \dfrac{1}{\sqrt{n+1}}$ 发散.

上面介绍了比较判别法，它的基本思想是把某个已知敛散性的级数作为比较对象，通过比较对应项的大小，来判断给定级数的敛散性，但有时不易找到作比较的已知级数，这样就提出一个问题，能否从级数本身就能判定级数的敛散性呢？达朗贝尔(d'Alembert,1717—1783)找到了比值判别法，柯西找到了根值判别法，我们只介绍达朗贝尔比值判别法.

定理 12.1.3(达朗贝尔比值判别法)　设 $\sum\limits_{n=1}^{\infty} u_n$ 是一个正项级数，并且 $\lim\limits_{n \to \infty} \dfrac{u_{n+1}}{u_n} = q$，则

（1）当 $q < 1$ 时，级数收敛；

（2）当 $q > 1$ 时，级数发散；

（3）当 $q = 1$ 时，级数可能收敛，也可能发散.

证明从略.

如果正项级数的一般项中含有乘方或阶乘因式时，可试用比值判别法.

例 12.1.13　判别下列级数的敛散性：

（1）$\sum\limits_{n=1}^{\infty} \dfrac{3^n}{n^2 2^n}$;　　　（2）$\sum\limits_{n=1}^{\infty} \dfrac{1}{(n-1)!}$.

解　（1）因为 $\lim\limits_{n \to \infty} \dfrac{u_{n+1}}{u_n} = \lim\limits_{n \to \infty} \dfrac{3^{n+1}}{(n+1)^2 2^{n+1}} \cdot \dfrac{n^2 2^n}{3^n} = \lim\limits_{n \to \infty} \dfrac{3n^2}{2(n+1)^2} = \lim\limits_{n \to \infty} \dfrac{3}{2}\left(\dfrac{1}{1+\dfrac{1}{n}}\right)^2 = \dfrac{3}{2} > 1.$

所以级数 $\sum\limits_{n=1}^{\infty} \dfrac{3^n}{n^2 2^n}$ 发散.

（2）因为 $\lim\limits_{n \to \infty} \dfrac{u_{n+1}}{u_n} = \lim\limits_{n \to \infty} \dfrac{(n-1)!}{n!} = \lim\limits_{n \to \infty} \dfrac{1}{n} = 0 < 1.$

所以级数 $\sum\limits_{n=1}^{\infty} \dfrac{1}{(n-1)!}$ 收敛.

12.1.3 交错级数及其敛散性

微视频
交错级数及
其敛散性

级数 $\sum\limits_{n=1}^{\infty}(-1)^{n-1}u_n$ $(u_n>0,n=1,2,\cdots)$ 称为交错级数.关于交错级数敛散性的判定,有下面的重要定理.

> **定理 12.1.4(莱布尼茨判别法)** 如果交错级数 $\sum\limits_{n=1}^{\infty}(-1)^{n-1}u_n$ $(u_n>0,n=1,2,\cdots)$ 满足莱布尼茨 (Leibniz,1646—1716)条件:
>
> (1) $u_n \geqslant u_{n+1}$ $(n=1,2,\cdots)$,
>
> (2) $\lim\limits_{n\to\infty}u_n=0$,
>
> 则交错级数 $\sum\limits_{n=1}^{\infty}(-1)^{n-1}u_n$ 收敛,且其和 $S \leqslant u_1$,其余项 $|r_n| \leqslant u_{n+1}$.

证明从略.

例 12.1.14 判定交错级数 $1-\dfrac{1}{2}+\dfrac{1}{3}-\dfrac{1}{4}+\cdots+(-1)^{n-1}\dfrac{1}{n}+\cdots$ 的敛散性.

解 此交错级数 $u_n=\dfrac{1}{n}$,$u_{n+1}=\dfrac{1}{n+1}$满足

(1) 因为 $\dfrac{1}{n}>\dfrac{1}{n+1}$,所以,$u_n>u_{n+1}$,

(2) $\lim\limits_{n\to\infty}u_n=\lim\limits_{n\to\infty}\dfrac{1}{n}=0$,

因此,由定理 12.1.4 知此交错级数是收敛的.

12.1.4 绝对收敛与条件收敛

对于任意项级数 $\sum\limits_{n=1}^{\infty}u_n$,我们有

> **定义 12.1.3(绝对收敛与条件收敛)** 若 $\sum\limits_{n=1}^{\infty}|u_n|$ 收敛,则称 $\sum\limits_{n=1}^{\infty}u_n$ 是绝对收敛的;若 $\sum\limits_{n=1}^{\infty}u_n$ 收敛而 $\sum\limits_{n=1}^{\infty}|u_n|$ 发散,则称 $\sum\limits_{n=1}^{\infty}u_n$ 是条件收敛的.

如果 $\sum\limits_{n=1}^{\infty}|u_n|$ 收敛,由于

$$-|u_n| \leqslant u_n \leqslant |u_n|,$$

故从性质 1 及性质 4 知 $\sum_{n=1}^{\infty} u_n$ 也是收敛的. 所以有

定理 12.1.5(绝对收敛级数的收敛性) 绝对收敛的级数必是收敛的. 即, 若级数 $\sum_{k=1}^{\infty} |u_k|$ 收敛, 则级数 $\sum_{k=1}^{\infty} u_k$ 也收敛.

利用定理 12.1.5 可以判定某些任意项级数的敛散性.

例 12.1.15 判定级数 $\sum_{n=1}^{\infty} \dfrac{\sin na}{2^n}$ 的敛散性.

解 考虑级数 $\sum_{n=1}^{\infty} \dfrac{|\sin na|}{2^n}$, 由于

$$0 \leqslant \frac{|\sin na|}{2^n} \leqslant \frac{1}{2^n},$$

而级数 $\sum_{n=1}^{\infty} \dfrac{1}{2^n}$ 收敛, 由两边夹定理知级数 $\sum_{n=1}^{\infty} \dfrac{|\sin na|}{2^n}$ 是收敛的. 根据定义 12.1.3, $\sum_{n=1}^{\infty} \dfrac{\sin na}{2^n}$ 是绝对收敛的, 由定理 12.1.5 知它也是收敛的.

读者容易看出例 12.1.14 的级数是条件收敛的.

思考题 12.1

1. 级数收敛的必要条件所起的作用是什么?

2. 判定一个级数是否收敛, 有哪几种方法?

练习 12.1A

1. 判别下列数项级数是否收敛:

(1) $\sum_{n=1}^{\infty} (\sqrt{n+1} - \sqrt{n})$; (2) $\sum_{n=1}^{\infty} \dfrac{1}{3^n}$; (3) $\sum_{n=1}^{\infty} \dfrac{3}{n^2}$; (4) $\sum_{n=1}^{\infty} \dfrac{1}{\sqrt{n+1}}$.

(5) $\sum_{n=1}^{\infty} \left(\dfrac{1}{n^3} + \dfrac{1}{8^n} \right)$; (6) $\sum_{n=1}^{\infty} \dfrac{n}{n+1}$; (7) $\sum_{n=1}^{\infty} \dfrac{n!}{n^n}$; (8) $\sum_{n=1}^{\infty} \dfrac{1}{n(n+1)}$.

2. 判别下列级数的敛散性:

(1) $\sum_{n=1}^{\infty} \dfrac{(-1)^{n+1}}{n+1}$; (2) $\sum_{n=1}^{\infty} (-1)^n n$.

练习 12.1B

1. 证明级数 $\dfrac{\sin \theta}{1^2} + \dfrac{\sin 2\theta}{2^2} + \dfrac{\sin 3\theta}{3^2} + \cdots + \dfrac{\sin n\theta}{n^2} + \cdots$ 对任何 θ 都收敛.

2. 将 $0.\dot{4}\dot{8}$ 表成分数.

12.2 幂级数

本节先介绍幂级数的概念及性质,然后重点研究如何把函数展开成幂级数,对此,记住$\dfrac{1}{1-x}$,e^x,$\sin x$这三个函数的幂级数展开式是非常重要的.

12.2.1 幂级数的概念

1. 函数项级数

如果级数

$$u_1(x)+u_2(x)+\cdots+u_n(x)+\cdots \tag{12.2.1}$$

微视频
幂级数的概念

的各项都是定义在某个区间 I 上的函数,则称级数(12.2.1)为函数项级数,$u_n(x)$ 称为一般项或通项.

当 x 在区间 I 中取某个特定值 x_0 时,级数(12.2.1)就是一个数项级数.如果这个数项级数收敛,则称 x_0 为级数(12.2.1)的收敛点,如果发散,则称 x_0 为这个级数的发散点.一个级数的收敛点的全体称为它的收敛域.

对于收敛域内的任意一个数 x,函数项级数成为一个收敛域内的数项级数,因此有一个确定的和 S.这样,在收敛域上,函数项级数的和是 x 的函数 $S(x)$,通常称 $S(x)$ 为函数项级数的和函数,即

$$S(x)=u_1(x)+u_2(x)+\cdots+u_n(x)+\cdots,$$

其中 x 是收敛域内的任意一点.

将函数项级数的前 n 项和记作 $S_n(x)$,则在收敛域上有

$$\lim_{n\to\infty}S_n(x)=S(x).$$

下面讨论各项都是幂函数的函数项级数,即所谓幂级数.

2. 幂级数的概念

形如

$$\sum_{n=0}^{\infty}a_n(x-x_0)^n=a_0+a_1(x-x_0)+a_2(x-x_0)^2+\cdots+a_n(x-x_0)^n+\cdots \tag{12.2.2}$$

的函数项级数,称为 $x-x_0$ 的幂级数,其中常数 $a_0,a_1,a_2,\cdots,a_n,\cdots$ 称为幂级数的系数.

当 $x_0=0$ 时,(12.2.2)式变为

$$\sum_{n=0}^{\infty}a_nx^n=a_0+a_1x+a_2x^2+\cdots+a_nx^n+\cdots, \tag{12.2.3}$$

称为 x 的幂级数,如果作变换 $y=x-x_0$,则级数(12.2.2)就变为级数(12.2.3).因此,下面只讨论形如(12.2.3)的幂级数.

(1)幂级数的收敛半径

由于级数(12.2.3)的各项可能符号不同,将级数(12.2.3)的各项取绝对值,则得到正项级数

$$\sum_{n=0}^{\infty}|a_nx^n|=|a_0|+|a_1x|+|a_2x^2|+\cdots+|a_nx^n|+\cdots,$$

设当 n 充分大时, $a_n \neq 0$,且

$$\lim_{n \to \infty} \left| \frac{a_{n+1}}{a_n} \right| = \rho,$$

则

$$\lim_{n \to \infty} \left| \frac{u_{n+1}}{u_n} \right| = \lim_{n \to \infty} \left| \frac{a_{n+1} x^{n+1}}{a_n x^n} \right| = \lim_{n \to \infty} \left| \frac{a_{n+1}}{a_n} \right| \cdot |x| = |x| \cdot \rho,$$

于是,由比值判别法,可知

当 $\rho \neq 0$ 时,若 $|x| \cdot \rho < 1$,即 $|x| < \dfrac{1}{\rho} = R$,则级数(12.2.3)收敛;若 $|x| \cdot \rho > 1$,即 $|x| > \dfrac{1}{\rho} = R$,则级数 (12.2.3)发散.

这个结果表明,只要 $0 < \rho < +\infty$,就会有一个对称开区间 $(-R, R)$,在这个区间内幂级数绝对收敛,在这个区间外幂级数发散,当 $x = \pm R$ 时,级数可能收敛也可能发散.

称 $R = \dfrac{1}{\rho}$ 为幂级数(12.2.3)的收敛半径.

当 $\rho = 0$ 时, $|x| \cdot \rho = 0 < 1$,级数(12.2.3)对一切实数 x 都绝对收敛,这时收敛半径 $R = +\infty$.

如果幂级数仅在 $x = 0$ 一点处收敛,则收敛半径 $R = 0$,由此可得

定理 12.2.1 如果幂级数(12.2.3)的系数满足

$$\lim_{n \to \infty} \left| \frac{a_{n+1}}{a_n} \right| = \rho,$$

则 (1) 当 $0 < \rho < +\infty$ 时,收敛半径 $R = \dfrac{1}{\rho}$;

(2) 当 $\rho = 0$ 时,收敛半径 $R = +\infty$;

(3) 当 $\rho = +\infty$ 时,收敛半径 $R = 0$.

例 12.2.1 求幂级数 $\displaystyle\sum_{n=0}^{\infty} \frac{x^n}{n!}$ 的收敛半径.

解 因为

$$\lim_{n \to \infty} \left| \frac{a_{n+1}}{a_n} \right| = \lim_{n \to \infty} \frac{n!}{(n+1)!} = \lim_{n \to \infty} \frac{1}{1+n} = 0,$$

所以所给幂级数的收敛半径 $R = +\infty$.

例 12.2.2 求幂级数 $\displaystyle\sum_{n=1}^{\infty} \frac{x^n}{n}$ 的收敛半径.

解 因为

$$\lim_{n \to \infty} \left| \frac{a_{n+1}}{a_n} \right| = \lim_{n \to \infty} \frac{n}{n+1} = \lim_{n \to \infty} \frac{1}{1 + \dfrac{1}{n}} = 1,$$

所以所给幂级数的收敛半径 $R = 1$.

例 12.2.3 求幂级数 $\sum\limits_{n=1}^{\infty} n^n x^n$ 的收敛半径.

解 因为

$$\lim_{n\to\infty} \left| \frac{a_{n+1}}{a_n} \right| = \lim_{n\to\infty} \frac{(n+1)^{n+1}}{n^n} = \lim_{n\to\infty} \left(1+\frac{1}{n}\right)^n (n+1) = +\infty,$$

所以所给幂级数的收敛半径 $R=0$.

（2）幂级数的收敛区间

若幂级数（12.2.3）的收敛半径为 R,则开区间 $(-R,R)$ 称为幂级数（12.2.3）的收敛区间,幂级数在收敛区间内绝对收敛.我们把收敛区间的端点 $x=\pm R$ 代入级数中,判定数项级数的敛散性后,就可得到幂级数的收敛域.

例 12.2.4 求下列幂级数的收敛域:

（1） $\sum\limits_{n=0}^{\infty} \frac{x^n}{n!}$; （2） $\sum\limits_{n=1}^{\infty} \frac{x^n}{n}$; （3） $\sum\limits_{n=1}^{\infty} n^n x^n$.

解 （1）由例 12.2.1 知,该级数的收敛半径 $R=+\infty$,所以该级数的收敛域为 $(-\infty,+\infty)$.

（2）由例 12.2.2 知,该级数的收敛半径 $R=1$,所以该级数的收敛区间为 $(-1,1)$.

当 $x=1$ 时,级数为调和级数 $\sum\limits_{n=1}^{\infty} \frac{1}{n}$,发散.

当 $x=-1$ 时,级数为交错级数 $\sum\limits_{n=1}^{\infty} \frac{(-1)^n}{n}$,收敛.

所以该级数的收敛域为 $[-1,1)$.

（3）由例 12.2.3 知该级数的收敛半径 $R=0$,所以没有收敛区间,收敛域为单点集 $\{x \mid x=0\}$,即该级数只在 $x=0$ 处收敛.

例 12.2.5 求幂级数 $\sum\limits_{n=0}^{\infty} 2^n x^{2n-1}$ 的收敛半径.

解 所给幂级数缺少偶数次幂的项,不属于级数（12.2.3）的标准形式,因此不能直接应用定理 12.2.1,这时可以根据比值法求其收敛半径.

$$\lim_{n\to\infty} \left| \frac{u_{n+1}}{u_n} \right| = \lim_{n\to\infty} \left| \frac{2^{n+1} x^{2n+1}}{2^n x^{2n-1}} \right| = \lim_{n\to\infty} 2 |x|^2 = 2|x|^2,$$

当 $2|x|^2 < 1$,即 $|x| < \frac{\sqrt{2}}{2}$ 时,所给级数绝对收敛;当 $2|x|^2 > 1$,即 $|x| > \frac{\sqrt{2}}{2}$ 时,所给级数发散.

因此所给幂级数的收敛半径 $R = \frac{\sqrt{2}}{2}$.

12.2.2 幂级数的性质

在解决某种问题时,往往要对幂级数进行加、减、乘以及求导数和求积分运算,这就要了解幂级数的运算法则和一些基本性质.

微视频
幂级数的性质

幂级数在收敛区间内,其运算法则和某些性质与多项式相似,本书不加证明,仅叙述如下:

性质 1　幂级数的和函数在收敛区间内连续,即若 $\sum\limits_{n=0}^{\infty} a_n x^n = f(x)$, $x \in (-R, R)$,则 $f(x)$ 在收敛区间内 $(-R, R)$ 连续.

设 $\sum\limits_{n=0}^{\infty} a_n x^n = f(x)$, $x \in (-R_1, R_1)$, $\sum\limits_{n=0}^{\infty} b_n x^n = g(x)$, $x \in (-R_2, R_2)$,记 $R = \min\{R_1, R_2\}$,则在 $(-R, R)$ 内有如下运算法则:

性质 2(加法运算)

$$\sum_{n=0}^{\infty} a_n x^n \pm \sum_{n=0}^{\infty} b_n x^n = \sum_{n=0}^{\infty} (a_n \pm b_n) x^n = f(x) \pm g(x).$$

性质 3(乘法运算)

$$\left(\sum_{n=0}^{\infty} a_n x^n \right) \cdot \left(\sum_{n=0}^{\infty} b_n x^n \right)$$

$$= a_0 b_0 + (a_0 b_1 + a_1 b_0) x + (a_0 b_2 + a_1 b_1 + a_2 b_0) x^2 + \cdots + (a_0 b_n + a_1 b_{n-1} + \cdots + a_n b_0) x^n + \cdots$$

$$= f(x) \cdot g(x).$$

注意　在上面幂级数乘积表达式中,x^k 的系数中每一项 $a_i b_j$ 的下标之和等于 k,即 $i+j=k$.

设 $\sum\limits_{n=0}^{\infty} a_n x^n = S(x)$,收敛半径为 R,则在 $(-R, R)$ 内有如下运算法则:

性质 4(微分运算)

$$\left(\sum_{n=0}^{\infty} a_n x^n \right)' = \sum_{n=0}^{\infty} (a_n x^n)' = \sum_{n=0}^{\infty} n a_n x^{n-1} = S'(x),$$

且收敛半径仍为 R.

即幂级数在其收敛区间内可逐项求导,且收敛半径不变.

性质 5(积分运算)

$$\int_0^x \left(\sum_{n=0}^{\infty} a_n x^n \right) dx = \sum_{n=0}^{\infty} \int_0^x a_n x^n dx = \sum_{n=0}^{\infty} \frac{a_n}{n+1} x^{n+1} = \int_0^x S(x) dx,$$

且收敛半径仍为 R.

例 12.2.6　求 $\sum\limits_{n=0}^{\infty} (-1)^n \dfrac{1}{2n+1} x^{2n+1}$ 的和函数.

解　设　　　　　　　　$S(x) = \sum\limits_{n=0}^{\infty} (-1)^n \dfrac{1}{2n+1} x^{2n+1},$

两端求导得　$S'(x) = \sum\limits_{n=0}^{\infty} (-1)^n x^{2n} = \sum\limits_{n=0}^{\infty} (-x^2)^n = \dfrac{1}{1+x^2}, x \in (-1, 1),$

两端积分得　$S(x) = \int_0^x \dfrac{1}{1+x^2} dx = \arctan x, x \in (-1, 1),$

即　　　　　　$\sum\limits_{n=0}^{\infty} (-1)^n \dfrac{1}{2n+1} x^{2n+1} = \arctan x, x \in (-1, 1).$

又因为,当 $x=-1$ 时,$\sum\limits_{n=0}^{\infty} (-1)^n \dfrac{-1}{2n+1}$ 收敛;$x=1$ 时,$\sum\limits_{n=0}^{\infty} (-1)^n \dfrac{1}{2n+1}$ 收敛,所以

$$\sum_{n=0}^{\infty}(-1)^n\frac{1}{2n+1}x^{2n+1}=\arctan x,x\in[-1,1].$$

例 12.2.7 求幂级数 $\sum\limits_{n=0}^{\infty}\dfrac{x^n}{n!}$ 的和函数.

解 由例 12.2.4 知此级数的收敛域是 $(-\infty,+\infty)$,设其和函数为 $y=f(x)$,即 $y=\sum\limits_{n=0}^{\infty}\dfrac{x^n}{n!}$.

$$y'=\sum_{n=1}^{\infty}\frac{x^{n-1}}{(n-1)!}=\sum_{n=0}^{\infty}\frac{x^n}{n!}=y,$$

从而有微分方程

$$y'-y=0,$$

解此微分方程得 $y=Ce^x$,再注意到 $f(0)=1$,即得 $C=1$,所以和函数 $y=e^x$,即

$$e^x=1+x+\frac{x^2}{2!}+\cdots+\frac{x^n}{n!}+\cdots,x\in(-\infty,+\infty).$$

12.2.3 将函数展开成幂级数

学习数学的人,总会养成一种思考问题的习惯,即每当给出一个新定理,总要问一下它的逆命题是否成立.前面我们讨论了幂级数在收敛区间内求和函数的问题,自然会提出一个相反的问题,给出一个函数 $f(x)$,能否在一个区间上展开为 x 的幂级数呢? 如果把基本初等函数、复杂的初等函数、非初等函数都展开成幂级数,无论认识性质还是进行代数运算、解析运算,都会变得容易,这也是幂级数发展的源泉之一,也就是本节所要研究的"函数的幂级数展开"问题.

文档
泰勒

1. 泰勒公式与麦克劳林公式

为了弄清楚一个函数 $f(x)$ 在什么样的条件下才能表示成幂级数,下面先介绍两个用多项式来表达函数的公式——泰勒(Taylor,1685—1731)公式及麦克劳林(Maclaurin,1698—1746)公式.

（1）泰勒公式

定理 12.2.2（泰勒中值定理） 如果函数 $f(x)$ 在点 x_0 的某邻域内有直至 $n+1$ 阶导数,则对此邻域内任意点 x,有 $f(x)$ 的 n 阶泰勒公式

$$f(x)=f(x_0)+\frac{f'(x_0)}{1!}(x-x_0)+\frac{f''(x_0)}{2!}(x-x_0)^2+\cdots+$$

$$\frac{f^{(n)}(x_0)}{n!}(x-x_0)^n+R_n(x) \tag{12.2.4}$$

成立,其中 $R_n(x)$ 为 n 阶泰勒公式(12.2.4)的余项,当 $x\to x_0$ 时,它是比 $(x-x_0)^n$ 高阶的无穷小,故一般将其写为 $o(|x-x_0|^n)$.余项 $R_n(x)$ 有多种形式,一种常用的形式为拉格朗日型余项,其表达式为

$$R_n(x)=\frac{f^{(n+1)}(\xi)}{(n+1)!}(x-x_0)^{n+1} \quad (\xi \text{ 在 } x_0 \text{ 与 } x \text{ 之间}). \tag{12.2.5}$$

文档
麦克劳林

（2）麦克劳林公式

在泰勒公式（12.2.4）中，当 $x_0 = 0$ 时，则有麦克劳林公式

$$f(x) = f(0) + \frac{f'(0)}{1!}x + \frac{f''(0)}{2!}x^2 + \cdots + \frac{f^{(n)}(0)}{n!}x^n + R_n(x), \qquad (12.2.6)$$

其中余项 $R_n(x) = o(\,|x|^n\,)$ 或 $R_n(x) = \dfrac{x^{n+1}}{(n+1)!}f^{(n+1)}(\xi)$（$\xi$ 在 0 与 x 之间）.

2. 泰勒级数与麦克劳林级数

由泰勒中值定理知道，若函数 $f(x)$ 在点 $x = x_0$ 的某一邻域内具有直至 $n+1$ 阶的导数 $f'(x)$，$f''(x)$，$\cdots$，$f^{(n+1)}(x)$，则 $f(x)$ 的 n 阶泰勒公式为（12.2.4）.若记

$$S_n(x) = f(x_0) + f'(x_0)(x - x_0) + \frac{f''(x_0)}{2!}(x - x_0)^2 + \cdots + \frac{f^{(n)}(x_0)}{n!}(x - x_0)^n,$$

则有

$$f(x) = S_n(x) + R_n(x), \qquad (12.2.7)$$

于是 $f(x) \approx S_n(x)$，误差 $|f(x) - S_n(x)| = |R_n(x)|$.

如果 $|R_n(x)|$ 随着 n 的增大而减小，那么，我们可以用增加泰勒多项式 $S_n(x)$ 项数的办法来提高用多项式 $S_n(x)$ 代替 $f(x)$ 的精度，如果 n 无限制地增大，那么这时 n 阶泰勒多项式 $S_n(x)$ 就成为一个幂级数了.我们把

$$f(x_0) + f'(x_0)(x - x_0) + \frac{f''(x_0)}{2!}(x - x_0)^2 + \cdots + \frac{f^{(n)}(x_0)}{n!}(x - x_0)^n + \cdots \qquad (12.2.8)$$

称为 $f(x)$ 在 $x = x_0$ 处的泰勒级数.下面我们分析 $f(x)$ 的泰勒级数在什么样的条件下才收敛于 $f(x)$.

首先，我们注意到：如果当 $n \to \infty$ 时，有 $R_n \to 0$，则对（12.2.7）式令 $n \to \infty$ 取极限，得 $\lim\limits_{n \to \infty} S_n(x) = f(x)$，即

$$f(x) = f(x_0) + f'(x_0)(x - x_0) + \frac{f''(x_0)}{2!}(x - x_0)^2 + \cdots + \frac{f^{(n)}(x_0)}{n!}(x - x_0)^n + \cdots, \qquad (12.2.9)$$

反之，若（12.2.9）式成立，则必有 $\lim\limits_{n \to \infty} R_n(x) = 0$.另外，还需要注意，为使（12.2.9）式成立，$f(x)$ 在 $x = x_0$ 的某邻域内必须有任意阶导数.

> 定理 12.2.3　如果在 $x = x_0$ 的某个邻域内，函数 $f(x)$ 具有任意阶导数，则函数 $f(x)$ 的泰勒级数（12.2.8）收敛于 $f(x)$ 的充要条件是：当 $n \to \infty$ 时泰勒余项 $R_n(x) \to 0$.

如果 $f(x)$ 在 $x = x_0$ 处的泰勒级数收敛于 $f(x)$，就说 $f(x)$ 在 $x = x_0$ 处可展开成泰勒级数，则称（12.2.9）式为 $f(x)$ 在 $x = x_0$ 处的泰勒展开式，也称为 $f(x)$ 关于 $x - x_0$ 的幂级数，即

$$f(x) = \sum_{n=0}^{\infty} \frac{f^{(n)}(x_0)}{n!}(x - x_0)^n.$$

当 $x_0 = 0$ 时，（12.2.9）式成为

$$f(x) = f(0) + f'(0)x + \frac{f''(0)}{2!}x^2 + \cdots + \frac{f^{(n)}(0)}{n!}x^n + \cdots, \qquad (12.2.10)$$

称为函数 $f(x)$ 的麦克劳林展开式，也称为 $f(x)$ 关于 x 的幂级数，即

$$f(x) = \sum_{n=0}^{\infty} \frac{f^{(n)}(0)}{n!}x^n.$$

如果函数能展开成关于 x 的幂级数,则这个幂级数一定就是函数的麦克劳林级数,即函数的幂级数展开式是唯一的.

事实上,如果函数 $f(x)$ 可展开为 x 的幂级数,即

$$f(x) = a_0 + a_1 x + a_2 x^2 + \cdots + a_n x^n + \cdots, \tag{12.2.11}$$

将其在收敛区间内逐项求导,得

$$f'(x) = a_1 + 2a_2 x + \cdots + na_n x^{n-1} + \cdots,$$

$$f''(x) = 2 \cdot 1 a_2 + 3 \cdot 2 a_3 x + \cdots + n(n-1) a_n x^{n-2} + \cdots,$$

$$\cdots\cdots\cdots\cdots$$

$$f^{(n)}(x) = n! \, a_n + (n+1)n(n-1) \cdot \cdots \cdot 2 \cdot 1 a_{n+1} x + \cdots,$$

把 $x = 0$ 代入以上各式,得

$$a_0 = f(0), a_1 = f'(0), a_2 = \frac{f''(0)}{2!}, a_3 = \frac{f'''(0)}{3!}, \cdots, a_n = \frac{f^{(n)}(0)}{n!}.$$

这就是说(12.2.11)式中幂级数的系数恰是 $f(x)$ 的麦克劳林级数的系数,这就证明了 $f(x)$ 关于 x 的幂级数展开式的唯一性.

下面结合例子研究如何将函数展开成幂级数.

3. 将函数展开成幂级数的方法

(1)直接展开法

微视频
将函数展开成幂级数的直接方法

直接展开法是指先利用公式(12.2.6)来讨论是否有 $\lim\limits_{n \to \infty} R_n(x) = 0$,若 $\lim\limits_{n \to \infty} R_n(x) = 0$,再用公式 $a_k = \frac{f^{(k)}(0)}{k!}$ $(k = 1, 2, \cdots)$ 求出幂级数系数的方法.

例 12.2.8 用直接展开法求 $f(x) = \mathrm{e}^x$ 的幂级数展开式.

解 因为 $f(x) = \mathrm{e}^x$,所以

$$f(x) = f'(x) = f''(x) = \cdots = f^{(n)}(x) = f^{(n+1)}(x) = \mathrm{e}^x,$$

故

$$f^{(n)}(0) = 1 \quad (n = 0, 1, 2, \cdots),$$

这里 $f^{(0)}(0) = f(0)$.写出级数

$$1 + x + \frac{x^2}{2!} + \cdots + \frac{x^n}{n!} + \frac{x^{n+1}}{(n+1)!} + \cdots,$$

易知该级数的收敛半径 $R = +\infty$.

由于余项 $R_n(x) = \frac{x^{n+1}}{(n+1)!}\mathrm{e}^{\xi}$ (ξ 在 0 与 x 之间),所以有 $|R_n(x)| = \left| \frac{x^{n+1}}{(n+1)!}\mathrm{e}^{\xi} \right| <$

$\mathrm{e}^{|x|} \cdot \frac{|x|^{n+1}}{(n+1)!} \to 0$ (因 $\mathrm{e}^{|x|}$ 是有限数,$\frac{|x|^{n+1}}{(n+1)!}$ 是级数 $\sum\limits_{n=0}^{\infty} \frac{|x|^{n+1}}{(n+1)!}$ 的一般项,所以

$\frac{|x|^{n+1}}{(n+1)!} \to 0$ $(n \to \infty)$,从而 $\mathrm{e}^{|x|} \cdot \frac{|x|^{n+1}}{(n+1)!} \to 0$).于是得展开式

$$\mathrm{e}^x = 1 + x + \frac{x^2}{2!} + \cdots + \frac{x^n}{n!} + \cdots \quad (-\infty < x < +\infty).$$

例 12.2.9 用直接展开法求 $f(x)=\sin x$ 的幂级数展开式.

解 因为 $f(x)=\sin x$,所以

$$f'(x)=\cos x=\sin\left(x+\frac{\pi}{2}\right),$$

$$f''(x)=\cos\left(x+\frac{\pi}{2}\right)=\sin\left(x+\frac{2\pi}{2}\right),$$

$$f'''(x)=\cos\left(x+\frac{2\pi}{2}\right)=\sin\left(x+\frac{3\pi}{2}\right),$$

$$\cdots\cdots\cdots\cdots$$

$$f^{(n)}(x)=\sin\left(x+\frac{n\pi}{2}\right),$$

故 $f(0)=0,f'(0)=1,f''(0)=0,f'''(0)=-1,\cdots$,顺次循环取得四个数 $0,1,0,-1$.写出级数

$$x-\frac{x^3}{3!}+\frac{x^5}{5!}-\cdots,$$

它的收敛半径 $R=+\infty$.

对于任何有限的数 x,ξ $(\xi$ 在 0 与 x 之间$)$余项的绝对值

$$|R_n(x)|=\left|\sin\left(\xi+\frac{(n+1)\pi}{2}\right)\cdot\frac{x^{n+1}}{(n+1)!}\right|\leqslant\frac{|x|^{n+1}}{(n+1)!}\to0\quad(n\to\infty\text{ 时}),$$

于是得展开式

$$\sin x=x-\frac{x^3}{3!}+\frac{x^5}{5!}+\cdots+(-1)^n\frac{x^{2n+1}}{(2n+1)!}+\cdots\quad(-\infty<x<+\infty).\qquad(12.2.12)$$

用同样的办法可以推得牛顿$(\text{Newton},1642\text{—}1727)$二项展开式

$$(1+x)^m=1+mx+\frac{m(m-1)}{2!}x^2+\cdots+\frac{m(m-1)\cdot\cdots\cdot(m-n+1)}{n!}x^n+\cdots\quad(-1<x<1),\qquad(12.2.13)$$

这里 m 为任意实常数.当 m 为正整数时,就退化成中学所学的二项式定理.最常用的是 $m=\dfrac{1}{2}$ 和 $m=-\dfrac{1}{2}$ 的情形,请读者自己写出这两个式子.

微视频
将函数展开成幂
级数的间接方法

（2）间接展开法

间接展开法是指从已知函数的展开式出发,利用幂级数的运算规则得到所求函数的展开式的方法.

例 12.2.10 用间接展开法求 $\cos x$ 的幂级数展开式.

解 对式$(12.2.12)$逐项微分便得

$$\cos x=1-\frac{x^2}{2!}+\frac{x^4}{4!}-\cdots+(-1)^n\frac{x^{2n}}{(2n)!}+\cdots\quad(-\infty<x<+\infty).\qquad(12.2.14)$$

例 12.2.11 将函数 $f(x)=\ln(1+x)$ 展开成的幂级数.

解　因为 $\displaystyle\sum_{n=0}^{\infty} x^n = \frac{1}{1-x}$（$-1 < x < 1$），所以

$$\sum_{n=0}^{\infty} (-1)^n x^n = \frac{1}{1+x} \quad (-1 < x < 1).$$

因此有　　$\displaystyle\int_0^x \left(\sum_{n=0}^{\infty} (-1)^n x^n \right) \mathrm{d}x = \int_0^x \frac{1}{1+x} \mathrm{d}x \quad (-1 < x < 1),$

即　　　　　　　　$\displaystyle\sum_{n=0}^{\infty} (-1)^n \frac{1}{n+1} x^{n+1} = \ln(1+x) \quad (-1 < x < 1).$

又因为当 $x = 1$ 时,级数 $\displaystyle\sum_{n=0}^{\infty} (-1)^n \frac{1}{n+1} x^{n+1}$ 收敛,函数 $\ln(1+x)$ 连续,所以上式对 $x = 1$ 也成立.即

$$\ln(1+x) = \sum_{n=0}^{\infty} (-1)^n \frac{1}{n+1} x^{n+1} \quad (-1 < x \leqslant 1).$$

$\mathrm{e}^x, \sin x, \cos x, \ln(1+x), (1+x)^m$ 这五个函数的展开式比较重要,应将其记住.

12.2.4　幂级数应用于近似计算

微视频
幂级数应用
于近似计算

前面我们介绍了把函数展开成幂级数的方法.这是一个有限转化为无限的过程.从形式上看,似乎复杂化了,其实不然,因为幂级数的部分和是个多项式,它在进行数值计算时比较简便,所以经常用这个多项式来近似表达复杂的函数.这样所产生的误差可以用余项来估计.

例 12.2.12　计算 e 的近似值.

解　e 的值就是函数 e^x 的展开式在 $x=1$ 时的函数值,即

$$\mathrm{e} = \sum_{n=0}^{\infty} \frac{1}{n!} = 1 + 1 + \frac{1}{2!} + \cdots + \frac{1}{n!} + \cdots,$$

取

$$\mathrm{e} = \sum_{n=0}^{\infty} \frac{1}{n!} \approx 1 + 1 + \frac{1}{2!} + \cdots + \frac{1}{n!},$$

则误差

$$|R_n| = \frac{1}{(n+1)!} + \frac{1}{(n+2)!} + \cdots + \frac{1}{(n+k)!} + \cdots < \frac{1}{(n+1)!} + \frac{1}{(n+1)!(n+1)} + \cdots + \frac{1}{(n+1)!(n+1)^{k-1}} + \cdots$$

$$= \frac{1}{(n+1)!} \left[1 + \frac{1}{n+1} + \frac{1}{(n+1)^2} + \cdots + \frac{1}{(n+1)^{k-1}} + \cdots \right] = \frac{1}{(n+1)!} \frac{1}{1 - \frac{1}{n+1}} = \frac{1}{n!n},$$

故若要求精确到 10^{-k},则只需 $\dfrac{1}{n!n} < 10^{-k}$,即 $n!n > 10^k$ 即可.例如要精确到 10^{-10},由于 $13! \cdot 13 > 8 \times 10^{10} > 10^{10}$,所以取 $n = 13$,即 $\mathrm{e} \approx 1 + 1 + \dfrac{1}{2!} + \dfrac{1}{3!} + \cdots + \dfrac{1}{13!}$.读者可以在计算机上求此值($\mathrm{e} \approx 2.718\ 281\ 828\ 4$).

思考题 12.2

　　1. 在收敛区间内幂级数有哪些性质？

　　2. 如何将一个函数展开成幂级数？间接展开法有哪些优点？

练习 12.2A

　　1. 求幂级数 $\displaystyle\sum_{n=0}^{\infty} 3^n x^n$ 的收敛半径.

　　2. 求幂级数 $\displaystyle\sum_{n=0}^{\infty} n^2 x^n$ 的收敛区间.

　　3. 求下列幂级数的收敛域：

　　（1）$\displaystyle\sum_{n=1}^{\infty} n!\, x^n$；　　（2）$\displaystyle\sum_{n=1}^{\infty} \frac{x^n}{2n}$.

练习 12.2B

　　1. 求幂级数 $\displaystyle\sum_{n=0}^{\infty} (-1)^n (n+1) x^n$ 的和函数.

　　2. 将 $f(x) = \dfrac{1}{x}$ 展开成 $x-3$ 的幂级数，并求其收敛域.

*12.3　傅里叶级数

文档
傅里叶

　　除了幂级数，还有一类重要的函数项级数，就是三角级数.三角级数的一般形式是

$$\frac{a_0}{2} + \sum_{n=1}^{\infty} (a_n \cos nx + b_n \sin nx),$$

其中 a_0, a_n, b_n（$n = 1, 2, \cdots$）都是常数，称为系数.特别当 $a_n = 0$（$n = 0, 1, 2, \cdots$）时，级数只含正弦项，称为正弦级数.当 $b_n = 0$（$n = 1, 2, \cdots$）时，级数只含常数项和余弦项，称为余弦级数.对于三角级数，我们主要讨论它的收敛性以及如何把一个函数展开为三角级数的问题.

12.3.1　以 2π 为周期的函数展开成傅里叶级数

　　由于正弦函数和余弦函数都是周期函数，显然周期函数更适合于展开成三角级数.设 $f(x)$ 是以 2π 为周期的函数，所谓 $f(x)$ 能展开成三角级数，也就是说能把 $f(x)$ 表示成

微视频
三角函数系的
正交性

$$f(x) = \frac{a_0}{2} + \sum_{k=1}^{\infty} (a_k \cos kx + b_k \sin kx), \tag{12.3.1}$$

求 $f(x)$ 的三角级数展开式，也就是求（12.3.1）式中的系数 $a_0, a_1, b_1, a_2, b_2, \cdots$.为了求出这些系数，我们先介绍下列内容.

1. 三角函数系的正交性

　　如同幂级数 $\displaystyle\sum_{k=0}^{\infty} a_k x^k$ 可看成是幂函数系 $\{1, x, x^2, x^3, \cdots\}$ 的线性组合一样，三角级数（12.3.1）可看作是三

角函数系

$$\{1, \cos x, \sin x, \cos 2x, \sin 2x, \cdots\} \qquad (12.3.2)$$

的线性组合.

三角函数系(12.3.2)有一个重要的性质,就是

定理 12.3.1(三角函数系的正交性[①]) 三角函数系(12.3.2)的正交性是指其中任意两个不同函数的乘积在$[-\pi, \pi]$上的积分等于 0,具体地说就是有

$$\int_{-\pi}^{\pi} \cos nx\,\mathrm{d}x = 0 \quad (n = 1, 2, 3, \cdots),$$

$$\int_{-\pi}^{\pi} \sin nx\,\mathrm{d}x = 0 \quad (n = 1, 2, 3, \cdots),$$

$$\int_{-\pi}^{\pi} \sin kx\cos nx\,\mathrm{d}x = 0 \quad (k, n = 1, 2, 3, \cdots),$$

$$\int_{-\pi}^{\pi} \cos kx\cos nx\,\mathrm{d}x = 0 \quad (k, n = 1, 2, 3, \cdots, k \neq n),$$

$$\int_{-\pi}^{\pi} \sin kx\sin nx\,\mathrm{d}x = 0 \quad (k, n = 1, 2, 3, \cdots, k \neq n).$$

这个定理的证明很容易,只要把这五个积分实际求出来即可验证,请读者自己进行.

2. $f(x)$ 的傅里叶级数

微视频
以 2π 为周期的函数
展开成傅里叶级数

为了求式(12.3.1)中的系数,我们利用三角函数系的正交性,假设(12.3.1)式是可逐项积分的,把它从 $-\pi$ 到 π 逐项积分

$$\int_{-\pi}^{\pi} f(x)\,\mathrm{d}x = \int_{-\pi}^{\pi} \frac{a_0}{2}\,\mathrm{d}x + \sum_{k=1}^{\infty} \left(a_k \int_{-\pi}^{\pi} \cos kx\,\mathrm{d}x + b_k \int_{-\pi}^{\pi} \sin kx\,\mathrm{d}x \right),$$

由定理 12.3.1,右端除第一项外均为 0,所以

$$\int_{-\pi}^{\pi} f(x)\,\mathrm{d}x = \int_{-\pi}^{\pi} \frac{a_0}{2}\,\mathrm{d}x = a_0\pi,$$

于是得 $a_0 = \dfrac{1}{\pi} \int_{-\pi}^{\pi} f(x)\,\mathrm{d}x.$

为求 a_n,先用 $\cos nx$ 乘以(12.3.1)式两端,再从 $-\pi$ 到 π 逐项积分,得

$$\int_{-\pi}^{\pi} f(x)\cos nx\,\mathrm{d}x = \int_{-\pi}^{\pi} \frac{a_0}{2}\cos nx\,\mathrm{d}x + \sum_{k=1}^{\infty} \left(a_k \int_{-\pi}^{\pi} \cos kx\cos nx\,\mathrm{d}x + b_k \int_{-\pi}^{\pi} \sin kx\cos nx\,\mathrm{d}x \right),$$

由定理 12.3.1,右端除 $k=n$ 的一项外均为 0,所以

$$\int_{-\pi}^{\pi} f(x)\cos nx\,\mathrm{d}x = a_n \int_{-\pi}^{\pi} \cos^2 nx\,\mathrm{d}x = a_n\pi,$$

于是得

$$a_n = \frac{1}{\pi} \int_{-\pi}^{\pi} f(x)\cos nx\,\mathrm{d}x \quad (n = 1, 2, 3, \cdots).$$

[①] 若 $\int_a^b \varphi(x)g(x)\,\mathrm{d}x = 0$,则称函数 $\varphi(x)$ 与 $g(x)$ 在区间 $[a, b]$ 上是正交的.

类似地,用 $\sin nx$ 乘(12.3.1)式两端,再从 $-\pi$ 到 π 逐项积分,可得

$$\int_{-\pi}^{\pi} f(x)\sin nx\mathrm{d}x = b_n \int_{-\pi}^{\pi} \sin^2 nx\mathrm{d}x = b_n\pi,$$

于是得

$$b_n = \frac{1}{\pi}\int_{-\pi}^{\pi} f(x)\sin nx\mathrm{d}x \quad (n=1,2,3,\cdots).$$

用这种办法求得的系数称为 $f(x)$ 的傅里叶(Fourier,1768—1830)系数.

综上所述,我们有

定理 12.3.2(傅里叶系数)　设 $f(x)$ 是以 2π 为周期的函数,且 $f(x)\cos nx, f(x)\sin nx (n=0,1,2,\cdots)$ 在 $[-\pi,\pi]$ 上的积分都存在,则 $f(x)$ 的傅里叶系数公式是

$$\begin{cases} a_n = \dfrac{1}{\pi}\displaystyle\int_{-\pi}^{\pi} f(x)\cos nx\mathrm{d}x \quad (n=0,1,2,\cdots), \\[3mm] b_n = \dfrac{1}{\pi}\displaystyle\int_{-\pi}^{\pi} f(x)\sin nx\mathrm{d}x \quad (n=1,2,3,\cdots). \end{cases} \tag{12.3.3}$$

定义 12.3.1(傅里叶级数)　由 $f(x)$ 的傅里叶系数公式(12.3.3)所确定的三角级数

$$\frac{a_0}{2} + \sum_{n=1}^{\infty}(a_n\cos nx + b_n\sin nx),$$

称为 $f(x)$ 的傅里叶级数.

显然,当 $f(x)$ 为奇函数时,公式(12.3.3)中的 $a_n=0$,当 $f(x)$ 为偶函数时,公式(12.3.3)中的 $b_n=0$.所以有

推论　当 $f(x)$ 是周期为 2π 的奇函数时,它的傅里叶级数为正弦级数 $\displaystyle\sum_{n=1}^{\infty} b_n\sin nx$,其中系数

$$b_n = \frac{2}{\pi}\int_0^{\pi} f(x)\sin nx\mathrm{d}x \quad (n=1,2,3,\cdots),$$

当 $f(x)$ 是周期为 2π 的偶函数时,它的傅里叶级数为余弦级数 $\dfrac{a_0}{2} + \displaystyle\sum_{n=1}^{\infty} a_n\cos nx$,其中系数

$$a_n = \frac{2}{\pi}\int_0^{\pi} f(x)\cos nx\mathrm{d}x \quad (n=0,1,2,\cdots).$$

3. 傅里叶级数的收敛性

对于给定的 $f(x)$,只要 $f(x)$ 能使公式(12.3.3)的积分可积,就可计算出 $f(x)$ 的傅里叶系数,从而得到 $f(x)$ 的傅里叶级数.但是这个傅里叶级数却不一定收敛,即使收敛也不一定收敛于 $f(x)$.为了确保得出的傅里叶级数收敛于 $f(x)$,还需给 $f(x)$ 附加一些条件.下面的定理就是这方面的一个结论.

定理 12.3.3(以 2π 为周期的函数之傅里叶级数展开式收敛定理)　设以 2π 为周期的函数 $f(x)$ 在 $[-\pi,\pi]$ 上满足狄利克雷条件:

(1) 没有间断点或仅有有限个第一类间断点,

(2) 至多只有有限个极值点,

则 $f(x)$ 的傅里叶级数收敛,且有

（1）当 x 是 $f(x)$ 的连续点时,级数收敛于 $f(x)$;

（2）当 x_0 是 $f(x)$ 的间断点时,级数收敛于这一点左右极限的算术平均数 $\dfrac{f(x_0^-)+f(x_0^+)}{2}$.

例 12.3.1 正弦交流电 $I(x)=\sin x$ 经二极管整流后(图 12.3.1)变为

$$f(x)=\begin{cases}0, & (2k-1)\pi\leqslant x<2k\pi, \\ \sin x, & 2k\pi\leqslant x<(2k+1)\pi,\end{cases} k \text{ 为整数},$$

把 $f(x)$ 展开为傅里叶级数.

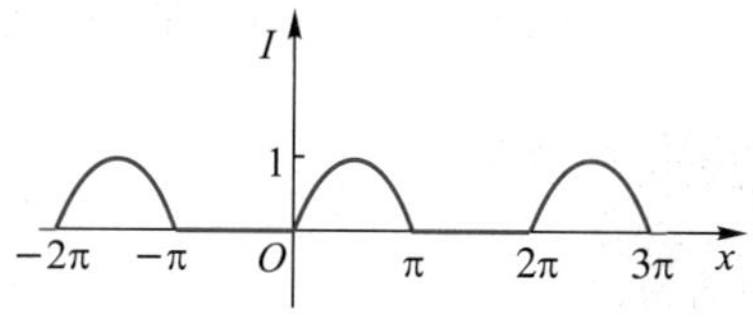

图 12.3.1

解 由收敛定理可知,$f(x)$ 的傅里叶级数处处收敛于 $f(x)$.计算傅里叶系数

$$a_0=\frac{1}{\pi}\int_{-\pi}^{\pi}f(x)\,\mathrm{d}x=\frac{1}{\pi}\int_0^{\pi}\sin x\mathrm{d}x=\frac{2}{\pi},$$

$$a_n=\frac{1}{\pi}\int_{-\pi}^{\pi}f(x)\cos nx\mathrm{d}x$$

$$=\frac{1}{\pi}\int_0^{\pi}\sin x\cos nx\mathrm{d}x=\begin{cases}0, & n \text{ 为奇数}, \\ -\dfrac{2}{(n^2-1)\pi}, & n \text{ 为偶数},\end{cases}$$

$$b_n=\frac{1}{\pi}\int_{-\pi}^{\pi}f(x)\sin nx\mathrm{d}x=\frac{1}{\pi}\int_0^{\pi}\sin x\sin nx\mathrm{d}x=\begin{cases}0, & n\neq 1, \\ \dfrac{1}{2}, & n=1,\end{cases}$$

所以,$f(x)$ 的傅里叶展开式为

$$f(x)=\frac{1}{\pi}+\frac{1}{2}\sin x-\frac{2}{\pi}\left(\frac{\cos 2x}{3}+\frac{\cos 4x}{15}+\frac{\cos 6x}{35}+\cdots+\frac{\cos 2kx}{4k^2-1}+\cdots\right) \quad (-\infty<x<+\infty).$$

例 12.3.2 一矩形波的表达式为

$$f(x)=\begin{cases}-1, & (2k-1)\pi\leqslant x<2k\pi, \\ 1, & 2k\pi\leqslant x<(2k+1)\pi,\end{cases} k \text{ 为整数},$$

求 $f(x)$ 的傅里叶级数展开式.

解 由收敛定理知,当 $x\neq k\pi$ (k 为整数)时,$f(x)$ 的傅里叶级数收敛于 $f(x)$.当 $x=k\pi$ 时,级数收敛于 $\dfrac{1+(-1)}{2}=0$.又因 $f(x)$ 为奇函数,由定理 12.3.2 的推论可知展开式必为正弦级数,只需按推论的公式求 b_n 即可.

$$b_n=\frac{2}{\pi}\int_0^{\pi}f(x)\sin nx\mathrm{d}x=\frac{2}{\pi}\int_0^{\pi}1\cdot\sin nx\mathrm{d}x=\begin{cases}\dfrac{4}{n\pi}, & \text{当 } n \text{ 为奇数}, \\ 0, & \text{当 } n \text{ 为偶数},\end{cases}$$

所以,$f(x)$ 的傅里叶展开式为

$$f(x)=\frac{4}{\pi}\left(\sin x+\frac{\sin 3x}{3}+\frac{\sin 5x}{5}+\cdots+\frac{\sin(2k-1)x}{2k-1}+\cdots\right) \quad (x\neq k\pi, k \text{ 为整数}).$$

该例中 $f(x)$ 的展开式说明:如果把 $f(x)$ 理解为矩形波的波函数,则矩形波是由一系列的不同频率的正弦波叠加而成的.

读者可以把这两个例题中的展开式截取前 n 项得部分和函数 $S_n(x)$,同时作 $f(x)$ 和 $S_n(x)$ 的图像加以比较(建议利用数学软件在计算机上实现).

4. $[-\pi,\pi]$ 或 $[0,\pi]$ 上的函数展开成傅里叶级数

微视频
$[-\pi,\pi]$ 或 $[0,\pi]$ 上的函数展开成傅里叶级数

若函数 $f(x)$ 只在 $[-\pi,\pi]$ 上有定义,则我们可以将其延拓成一个新的函数 $F(x)$,使 $F(x)$ 是在 $(-\infty,+\infty)$ 上有定义,以 2π 为周期的周期函数,且当 $x \in [-\pi,\pi]$ 时,恒有 $F(x)=f(x)$(这种延拓称为周期延拓).

只要 $f(x)$ 在 $[-\pi,\pi]$ 上满足收敛条件,则 $F(x)$ 就可以在 $(-\infty,+\infty)$ 上展开成傅里叶级数并且当 $x \in [-\pi,\pi]$ 时,该傅里叶级数就是 $f(x)$ 的傅里叶级数.我们仍可用公式(12.3.3)求 $f(x)$ 的傅里叶系数,而且如果 $f(x)$ 在 $[-\pi,\pi]$ 上满足收敛定理条件,则其傅里叶级数至少在 $(-\pi,\pi)$ 内的连续点上是收敛于 $f(x)$ 的,而在 $x=\pm\pi$ 处,级数收敛于 $\dfrac{f(\pi^-)+f(-\pi^+)}{2}$.

若函数 $f(x)$ 定义在区间 $[0,\pi]$ 上,并且满足收敛定理的条件,我们先在开区间 $(-\pi,0)$ 内补充函数 $f(x)$ 的定义,得到定义在 $(-\pi,\pi]$ 上的函数 $F(x)$,使它在 $(-\pi,\pi)$ 上为奇函数①(偶函数).按这种方式拓广函数定义域的过程称为奇延拓(偶延拓).然后将奇延拓(偶延拓)后的函数展开成傅里叶级数,该级数必定是正弦级数(余弦级数),当 $x \in (0,\pi)$ 时.便有 $F(x)\equiv f(x)$.这样便得到 $f(x)$ 的正弦级数(余弦级数)展开式.这一展开式至少在 $(0,\pi)$ 内的连续点上是收敛到 $f(x)$ 的.常用的两种延拓办法是把 $f(x)$ 延拓成偶函数或奇函数,这样做的好处是可以利用定理 12.3.3 中的傅里叶系数公式把 $f(x)$ 展成正弦级数或余弦级数.

例 12.3.3　将函数 $f(x)=x, x\in[0,\pi]$ 分别展开成正弦级数和余弦级数.

解　为把 $f(x)$ 展开成正弦级数,把 $f(x)$ 延拓为奇函数 $f^*(x)=x, x\in[-\pi,\pi]$,再用推论的公式计算

$$b_n = \frac{2}{\pi}\int_0^\pi f(x)\sin nx\,dx = \frac{2}{\pi}\int_0^\pi x\sin nx\,dx = (-1)^{n+1}\frac{2}{n},$$

由此得 $f^*(x)$ 在 $(-\pi,\pi)$ 上的展开式也即 $f(x)$ 在 $[0,\pi]$ 上的展开式为

$$x = 2\left(\sin x - \frac{\sin 2x}{2} + \frac{\sin 3x}{3} - \cdots + (-1)^{n+1}\frac{\sin nx}{n} + \cdots\right) \quad (0\leqslant x<\pi),$$

在 $x=\pi$ 处,上述正弦级数收敛于 $\dfrac{f(-\pi^+)+f(\pi^-)}{2}=\dfrac{-\pi+\pi}{2}=0.$

为把 $f(x)$ 展开成余弦级数,把 $f(x)$ 延拓为以 2π 为周期的偶函数 $f^*(x)=|x|, x\in[-\pi,\pi]$,然后用定理 12.3.3 中的公式求出

$$a_0 = \frac{2}{\pi}\int_0^\pi f(x)\,dx = \frac{2}{\pi}\int_0^\pi x\,dx = \pi,$$

---

①　补充定义,使 $F(x)$ 成为奇函数时,若 $f(0)\neq 0$,规定 $F(0)=0$.

$$a_n = \frac{2}{\pi} \int_0^\pi f(x) \cos nx \mathrm{d}x = \frac{2}{\pi} \int_0^\pi x \cos nx \mathrm{d}x = \begin{cases} \dfrac{-4}{n^2 \pi}, & n \text{ 为奇数时}, \\[3mm] 0, & n \text{ 为偶数时}, \end{cases}$$

于是得到 $f(x)$ 在 $[0, \pi]$ 上的余弦级数展开式

$$x = \frac{\pi}{2} - \frac{4}{\pi} \left(\cos x + \frac{\cos 3x}{3^2} + \frac{\cos 5x}{5^2} + \cdots + \frac{\cos (2k-1) x}{(2k-1)^2} + \cdots \right) \quad (0 \leqslant x \leqslant \pi).$$

由此例可见,$f(x)$ 在 $[0, \pi]$ 上进行不同的延拓,其延拓后的周期函数不同,其傅里叶级数展开式就不同.

12.3.2 以 $2l$ 为周期的函数展开成傅里叶级数

微视频
以 $2l$ 为周期的函数
展开成傅里叶级数

设 $f(x)$ 是以 $2l$ 为周期的函数,且在 $[-l, l]$ 上满足收敛定理的条件,作代换 $x = \dfrac{l}{\pi} t$,即 $t = \dfrac{\pi}{l} x, f(x) = f\left(\dfrac{l}{\pi} t \right) = F(t)$,则 $F(t)$ 是以 2π 为周期的函数且在 $[-\pi, \pi]$ 上满足收敛定理条件.于是可用前面的办法得到 $F(t)$ 的傅里叶级数展开式

$$F(t) = \frac{a_0}{2} + \sum_{n=1}^\infty (a_n \cos nt + b_n \sin nt),$$

然后再把 t 换回 x 就得到 $f(x)$ 的傅里叶级数展开式

$$f(x) = \frac{a_0}{2} + \sum_{n=1}^\infty \left(a_n \cos \frac{n\pi}{l} x + b_n \sin \frac{n\pi}{l} x \right).$$

定理 12.3.4（以 $2l$ 为周期的周期函数之傅里叶展开式收敛定理） 设周期为 $2l$ 的周期函数 $f(x)$ 满足收敛定理的条件,则它的傅里叶级数展开式为

$$\frac{a_0}{2} + \sum_{n=1}^\infty \left(a_n \cos \frac{n\pi x}{l} + b_n \sin \frac{n\pi x}{l} \right),$$

其中

$$a_n = \frac{1}{l} \int_{-l}^l f(x) \cos \frac{n\pi x}{l} \mathrm{d}x \quad (n = 0, 1, 2, \cdots),$$

$$b_n = \frac{1}{l} \int_{-l}^l f(x) \sin \frac{n\pi x}{l} \mathrm{d}x \quad (n = 1, 2, 3, \cdots).$$

且有

（1）当 x 是 $f(x)$ 的连续点时,级数收敛于 $f(x)$;

（2）当 x 是 $f(x)$ 的间断点时,级数收敛于该点的左右极限的算术平均值 $\dfrac{f(x^-) + f(x^+)}{2}$.

例 12.3.4 如图 12.3.2 所示的三角波的波形函数是以 2 为周期的函数 $f(x)$,$f(x)$ 在 $[-1, 1]$ 上的表达式是 $f(x) = |x|$,$|x| \leqslant 1$.求 $f(x)$ 的傅里叶展开式.

解 因为 $f(x) = |x|$ 在 $[-1, 1]$ 上满足收敛定理

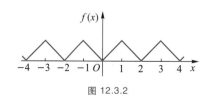

图 12.3.2

的条件,且以 2×1 为周期,根据定理 12.3.4 有,

$$a_n = \frac{1}{1}\int_{-1}^{1}|x|\cos\frac{n\pi x}{1}dx = 2\int_0^1 x\cos n\pi x dx = \frac{2(-1+(-1)^n)}{n^2\pi^2} = \begin{cases} -\dfrac{4}{n^2\pi^2}, & n=1,3,5,\cdots \\ 0, & n=2,4,6,\cdots \end{cases}$$

$$a_0 = \frac{1}{1}\int_{-1}^{1}|x|dx = \frac{2}{1}\int_0^1 x dx = 2\times\frac{x^2}{2}\Big|_0^1 = 1.$$

于是得 $f(x)$ 的展开式

$$f(x) = \frac{1}{2} - \frac{4}{\pi^2}\left(\cos\pi x + \frac{\cos 3\pi x}{3^2} + \frac{\cos 5\pi x}{5^2} + \cdots\right) \quad (-\infty < x < +\infty).$$

仿照例 12.3.3 的做法,也可把 $[0,l]$ 上的函数 $f(x)$ 展开成正弦级数或余弦级数.

思考题 12.3

1. $f(x)$ 是定义在 $[a,b]$ 上的函数,且满足收敛定理的条件,如何将其展开成以 $b-a$ 为周期的傅里叶级数?

2. 函数 $f(x)$ 的傅里叶展开式是否唯一? 设以 $2l$ 为周期的函数 $f(x)$,将它在 $[-l,l]$ 上展开和在 $[0,2l]$ 上展开的以 $2l$ 为周期的傅里叶级数是否相同? 为什么?

练习 12.3A

将周期为 1 的函数 $f(x) = 1-x^2\left(-\frac{1}{2}\leq x\leq\frac{1}{2}\right)$ 展开成傅里叶级数.

练习 12.3B

把 $f(x) = 1-x\ (0\leq x\leq 1)$ 展开成正弦级数和余弦级数.

12.4　用数学软件进行级数运算

文档
用数学软件进行级数
运算

12.5　学习任务 12 解答　永续奖学金的资金现值

解

1. 当年利率为 5% 时,设第 1 年末提取的 10 万元奖学金在第一年初的资金现值为 a_1,则有 $a_1\left(1+\frac{5}{100}\right) =$

10,于是 $a_1 = 10(1+0.05)^{-1}$;

设第 2 年末提取的 10 万元奖学金在第一年初的资金现值为 a_2,则有 $a_2(1+0.05) + a_2(1+0.05)0.05 = a_2(1+0.05)^2 = 10$,于是,$a_2 = 10(1+0.05)^{-2}$;

设第 3 年末提取的 10 万元奖学金在第一年初的资金现值为 a_3,则有 $a_3(1+0.05)^3 = 10$,于是,$a_3 = 10(1+0.05)^{-3}$;

…………

设第 n 年末提取的 10 万元奖学金在第一年初的资金现值为 a_n,则有 $a_n(1+0.05)^n = 10$,于是,$a_n = 10(1+0.05)^{-n}$;

因此,每年末提取 10 万元作为奖学金,一直持续下去所需资金在第一年初的资金现值为

$$s_1 = a_1 + a_2 + \cdots + a_n + \cdots = 10(1+0.05)^{-1} + 10(1+0.05)^{-2} + \cdots + 10(1+0.05)^{-n} + \cdots$$

$$= \sum_{n=1}^{\infty} 10\left(\frac{1}{1.05}\right)^n = \frac{10 \cdot \frac{1}{1.05}}{1 - \frac{1}{1.05}} = \frac{10}{0.05} = 200(\text{万元}).$$

2. 同理,当年利率为 2.5% 时,每年提取 10 万元作为奖学金,一直持续下去所需资金在第一年初的资金现值为

$$s_2 = 10(1+0.025)^{-1} + 10(1+0.025)^{-2} + \cdots + 10(1+0.025)^{-n} + \cdots$$

$$= \sum_{n=1}^{\infty} 10\left(\frac{1}{1.025}\right)^n = \frac{10 \cdot \frac{1}{1.025}}{1 - \frac{1}{1.025}} = \frac{10}{0.025} = 400(\text{万元}).$$

3. 扫描下方二维码,查看学习任务 12 的 Mathematica 程序.

4. 扫描下方二维码,查看学习任务 12 的 MATLAB 程序.

 扫一扫,看代码
Mathematica 程序

 扫一扫,看代码
MATLAB 程序

复习题 12

A 级

1. 判定下列级数的敛散性:

(1) $\dfrac{5}{6} + \dfrac{2^2+3^2}{6^2} + \dfrac{2^3+3^3}{6^3} + \cdots + \dfrac{2^n+3^n}{6^n} + \cdots$;   (2) $\dfrac{1}{2} + \dfrac{3}{4} + \dfrac{7}{8} + \cdots + \dfrac{2^n-1}{2^n} + \cdots$.

2. 判定下列级数的敛散性:

(1) $\displaystyle\sum_{n=1}^{\infty} \frac{3+(-1)^n}{3^n}$;   (2) $\displaystyle\sum_{n=1}^{\infty} \frac{10^{10}}{a^n}$ $(a>0)$;   (3) $\displaystyle\sum_{n=1}^{\infty} \frac{n}{10n+1}$;   (4) $\displaystyle\sum_{n=1}^{\infty} (-1)^n$.

3. 用比较判别法判定下列级数的敛散性.

(1) $\displaystyle\sum_{n=1}^{\infty} \sin \frac{\pi}{4^n}$;　　　　　(2) $\displaystyle\sum_{n=1}^{\infty} \frac{1}{n\sqrt{n+1}}$.

4. 用比值判别法判定下列级数的敛散性:

(1) $\displaystyle\sum_{n=1}^{\infty} \frac{n+2}{3^n}$;　　　　　(2) $\displaystyle\sum_{n=1}^{\infty} \frac{n!}{2^n+1}$.

5. 判别下列交错级数是否收敛,如果收敛,指出是绝对收敛还是条件收敛:

(1) $\displaystyle\sum_{n=1}^{\infty} \frac{(-1)^{n-1}}{\sqrt{n}}$;　　　　　(2) $\displaystyle\sum_{n=1}^{\infty} (-1)^{n-1}\frac{n^2}{2^n}$.

6. 求下列幂级数的收敛半径和收敛区间:

(1) $\displaystyle\sum_{n=1}^{\infty} \frac{x^n}{n\cdot 2^n}$;　　　　　(2) $\displaystyle\sum_{n=1}^{\infty} \frac{n!}{n^n}x^n$.

7. 把下列函数展开为麦克劳林级数,并写出收敛区间:

(1) $y=\ln(5+x)$;　　　(2) $y=2^x$.

8. 利用逐项求导或逐项积分,求下列幂级数的和函数:

(1) $\displaystyle\sum_{n=1}^{\infty} \frac{x^{2n-1}}{2n-1}$, $|x|<1$;　　　(2) $\displaystyle\sum_{n=1}^{\infty} (n+1)x^n$, $|x|<1$;　　　(3) $\displaystyle\sum_{n=0}^{\infty} \frac{x^{2n}}{2^n n!}$, $|x|<+\infty$.

9. 求下列函数在指定点处的泰勒级数:

(1) $y=\dfrac{1}{3-x}$ 在 $x_0=1$ 处;　　　(2) $y=\cos x$ 在 $x_0=\dfrac{\pi}{4}$ 处.

B 级

10. 设 $P(x)=a+bx+cx^2$ 是函数 f 关于 $x=0$ 的二次泰勒多项式,若 f 有如图 12.f.1 所给出的图像,关于多项式系数 a,b,c 的符号,你能说些什么吗(提示:先根据所给图像的单调性质、凹凸性确定出 f 的一、二阶导数符号,根据图像的位置确定出 $f(0)$ 的符号,然后根据泰勒多项式系数公式确定出 a,b,c 的符号)?

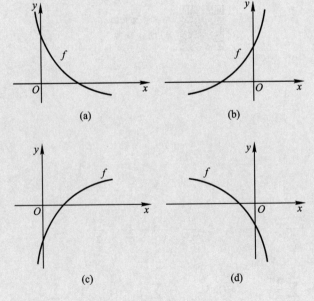

图 12.f.1

利用函数的幂级数展开式,求解 11—12 题:

11. 利用 $\dfrac{1}{1-x}=\sum\limits_{n=0}^{\infty}x^n(-1<x<1)$,将函数 $f(x)=\dfrac{1}{4-x}$ 展开成 $x-3$ 的幂级数,并求 $f^{(5)}(3)$.

12. 求 π 的近似值,精确到 10^{-3} $\left(\text{提示:在 arctan } x \text{ 的幂级数展开式中令} x=\dfrac{1}{\sqrt{3}}\right)$.

13. 设 $f(x)$ 以 2π 为周期,且当 $x\in[-\pi,\pi]$ 时,$f(x)=x^2$,将 $f(x)$ 展开成傅里叶级数,并用此级数求数项级数 $\sum\limits_{n=1}^{\infty}\dfrac{1}{n^2}$ 的和.

14. 设 $f(x)=\mathrm{e}^x\ (-\pi<x<\pi)$,把 $f(x)$ 展开成傅里叶级数,并问此级数当 $x=-\pi$ 及 $x=\pi$ 时收敛于何值.

15. 设 $f(x)$ 为以 4 为周期的周期函数,它在 $[-2,2)$ 上的表达式为
$$f(x)=\begin{cases}0, & -2\leqslant x<0,\\1, & 0\leqslant x<2,\end{cases}$$
将 $f(x)$ 展开成傅里叶级数.

C 级

16. 一对夫妻计划从其孩子出生时开始,每年向金融机构存入一笔钱,直到孩子 18 岁进入大学时这笔钱本利和能达到 20 万元,请向该对夫妻提供理财建议.

第 13 章　行列式与矩阵

文档

行列式与
矩阵

第 14 章　线性方程组

文档

线性方程组

附录 A 初等数学常用公式

文档

初等数学常
用公式

附录 B　常用平面曲线及其方程

文档

常用平面曲
线及其方程

复习题1答案

1. $[2,3]$.　　2. $(-2,1]$.　　3. $(10,+\infty)$.　　4. $[-1,1]$.　　5. $[0,1)$.　　6. $\pi,\dfrac{\pi}{2},0$.　　7. $\dfrac{1}{2},\dfrac{\sqrt{2}}{2},0$.

8. $f(x+1)=\begin{cases}x+1,&x<-1,\\x+2,&x\geqslant-1;\end{cases}$ $f(x-1)=\begin{cases}x-1,&x<1,\\x,&x\geqslant1.\end{cases}$　　9. $y=\sqrt{u}$，$u=2-x^2$.

10. $y=\tan u,u=\sqrt{v},v=1+x$.　　　　　　11. $y=u^2,u=\sin v,v=1+2x$.

12. $y=u^3,u=\arcsin v,v=1-x^2$.　　　　　13. $y=\sin u,u=2x$.

14. $y=\cos u,u=\dfrac{1}{x-1}$.　　　　　　15. $y=\begin{cases}0.3x,&x\leqslant50,\\0.45x-7.5,&x>50,\end{cases}$ 图略.

16. $\sqrt{(80-15t)^2+(20t)^2}$，$t\geqslant0$.　　　　17. 略.

18. （1）$\dfrac{x^2}{(x+1)^2}$;　　（2）$\dfrac{1}{(x-1)^2+1}$;　　（3）$(x^2-1)^2$;　　（4）$\dfrac{1}{x}$.

19. （1）100;　　（2）3;　　（3）x;　　（4）x.　　　　20. $2x+1$.

21. $2hx+h^2$.　　　　　　　　　　　　　　22. $2hx-h^2$.

23. $4hx$.　　　　　　　　　　　　　　　　24. $\dfrac{x}{\sqrt{1+nx^2}}$.

25. （1）$(3,0)$;　　（2）$(1.5,11.25)$.

复习题2答案

1. （1）略;　　（2）0,0;　　（3）存在,极限为0.　　　　2. $0,3,\dfrac{27}{4}$.

3. （1）无穷大;　　（2）无穷小;　　（3）无穷小;　　（4）无穷小;　　（5）无穷小;　　（6）无穷小.

4. （1）0;　　（2）0;　　（3）0.

5. （1）1;　　（2）3;　　（3）$\dfrac{1}{2}$;　　（4）$-\dfrac{1}{2}$;　　（5）1;　　（6）1;　　（7）0;　　（8）$\dfrac{1}{2\sqrt{3}}$.

6. e^2.

7. （1）1;　　（2）1;　　（3）0;　　（4）e^{-2};　　（5）e^2;　　（6）e^{-1}.

8. 略.　　　　　　　　　　　　　　　　9. （1）$\dfrac{1}{2}$;　　（2）$\sqrt{2}a$.

10. （1）$x=2$ （无穷间断点），$x=1$ （可去间断点）;

（2）$x=0$ （可去间断点），$x=\dfrac{\pi}{4}+\dfrac{k}{2}\pi$ （k 为整数）（第二类间断点）;

（3）$x=0$ （可去间断点）;

（4）$x=0$ （跳跃间断点）.

11. （1）a; （2）$\dfrac{1}{4}$.　　　　　　12. $a=0,b=15$.

13. $a=2,b=-4$.　　　　　　　　14. $\dfrac{1}{2}$.

15. $(-\infty,-1),(1,+\infty)$.　　　　16. $\lim\limits_{x\to0^+}f(x)=0,\lim\limits_{x\to0^-}f(x)=-2,\lim\limits_{x\to0}f(x)$ 不存在.

17. 略.　　　　　　　　　　　　18. 1.

19. $a=1$.　　　　　　　　　　　20. 提示:考虑函数 $f(x)=x-2\sin x-1$ 在 $(0,3)$ 内的根.

21. 提示:证明 $\lim\limits_{\alpha\to0}\dfrac{\overline{AB}}{\overparen{AB}}=1$.

复习题 3 答案

1. （1）$f'(5)=\dfrac{1}{3}$;　　　　　　　（2）$f'(x)=-\sin x$.

2. （1）$-f'(x_0)$;　　　　　　　　　（2）$(\alpha-\beta)f'(x_0)$.

3. （1）切线方程 $x+y-2=0$,法线方程 $x-y=0$;　　（2）切线方程 $12x-y-16=0$,法线方程 $x+12y-98=0$.

4. $\dfrac{\mathrm{d}A}{\mathrm{d}t}=2\pi\alpha r_0^2(1+\alpha t)$.　　　　5. $C'(40)=32$ 元/kg.

6. （1）$y'=4x+3\dfrac{1}{x^4}+5$;　　　　　　（2）$y'=\dfrac{2}{\sqrt[3]{x}}+\dfrac{3}{x^4}$;

（3）$y'=2x\sin x+x^2\cos x$;　　　　　（4）$y'=1+\ln x+\dfrac{1}{x^2}(1-\ln x)$;

（5）$y'=\left(\dfrac{1}{x}+\ln x\right)\sin x-\left(\dfrac{1}{x}-\ln x\right)\cos x$;　　（6）$y'=\dfrac{1}{1+\cos x}$;

（7）$y'=\dfrac{(1-x^2)\tan x+x(1+x^2)\sec^2 x}{(1+x^2)^2}$.　　（8）$y'=\sec^2 x+2\cos x$.

7. （1）2; （2）$\dfrac{8}{(\pi+2)^2}$; （3）16; （4）$-\dfrac{4}{12+\pi^3}$.

8. $\left(-\dfrac{1}{2},-\dfrac{9}{4}\right),\left(\dfrac{3}{2},\dfrac{7}{4}\right),\left(\dfrac{\sqrt{3}-1}{2},-\dfrac{3}{2}\right)$.

9. $x=-8,0,2$.　　　　　　　　　10. （1）v_0-gt; （2）v_0/g.

11. （1）πr^2; （2）25π.

12. （1）$y'=6(x^3-x)^5(3x^2-1)$;　　　　（2）$y'=\dfrac{\ln x}{x\sqrt{1+\ln^2 x}}$;

（3）$y'=\dfrac{1}{x^2}\csc^2\dfrac{1}{x}$;　　　　　（4）$y'=2x\sin\dfrac{1}{x}-\cos\dfrac{1}{x}$;

（5）$y' = \dfrac{1}{x(1-x)}$；

（6）$y' = -3\sin 3x \sin(2\cos 3x)$；

（7）$y' = \dfrac{1}{x\ln x\ln(\ln x)}$；

（8）$y' = \dfrac{1}{\sin^2 x^2}(\sin 2x \sin x^2 - 2x\sin^2 x\cos x^2)$；

（9）$y' = \dfrac{-1}{\sqrt{1-(1-x)^2}}$；

（10）$y' = \dfrac{1}{x\left[1+(\ln x)^2\right]}$.

13. $i(t) = cu_m\omega\cos\omega t$.

14. $\dfrac{\mathrm{d}m}{\mathrm{d}t} = -m_0 k\mathrm{e}^{-kt}$.

15. $10\ \mathrm{cm}^2/\mathrm{s}$.

16. （1）$30x^4 + 12x$；

（2）$12\cos 2x - 24x\sin 2x - 8x^2\cos 2x$.

17. （1）$(n+x)\mathrm{e}^x$；

（2）$2^{n-1}\sin\left[2x + (n-1)\dfrac{\pi}{2}\right]$.

18. （1）$y' = \dfrac{y-x^2}{y^2-x}$；

（2）$y' = \dfrac{x+y}{x-y}$.

19. （1）$y\left[\dfrac{2}{2x+3} + \dfrac{1}{4(x-6)} - \dfrac{1}{3(x+1)}\right]$；

（2）$(\sin x)^{\cos x}(-\sin x\ln\sin x + \cos x\cot x)$.

20. （1）$\dfrac{\mathrm{d}y}{\mathrm{d}x} = \dfrac{t-1}{t+1}$；

（2）$\left.\dfrac{\mathrm{d}y}{\mathrm{d}x}\right|_{t=\frac{\pi}{2}} = -1$.

21. 切线方程为 $x = 0$.

22. （1）$\mathrm{d}y = \dfrac{1}{2}\cot\dfrac{x}{2}\mathrm{d}x$；

（2）$\mathrm{d}y = \dfrac{xy-y^2}{x^2+xy}\mathrm{d}x$.

23. （1）0.795； （2）0.507 6； （3）0.01； （4）2.005 2.

24. $2\pi R_0 h$.

25. $565.5\ \mathrm{cm}^3$.

26. 2.23 cm.

复习题 4 答案

1. （1）存在,0； （2）不能,因为它不属于"$\dfrac{0}{0}$"或"$\dfrac{\infty}{\infty}$"未定型.

2. （1）$\xi = \dfrac{9}{4}$； （2）$\xi = \sqrt{\dfrac{4-\pi}{\pi}}$.

3. 提示:先造函数 $f(x) = \arctan x + \operatorname{arccot} x$,再证 $f'(x) = 0$.

4. （1）$\left(-\infty, \dfrac{1}{2}\right]$ 为单增区间,$\left[\dfrac{1}{2}, +\infty\right)$ 为单减区间；

  （2）$(-\infty, -1]$ 及 $[1, +\infty)$ 为单减区间,$[-1, 1]$ 为单增区间.

5. 略.

6. （1）$\dfrac{a}{b}$； （2）∞； （3）0.

7. （1）极小值 $y(-3) = -14$；

（2）极大值 $y(0) = 1$.

8. $a = -\dfrac{2}{3}, b = -\dfrac{1}{6}, x_1 = 1$ 处取得极小值,$x_2 = 2$ 处取得极大值.

9. （1）$f_{\min}=2,f_{\max}=32$;　　　　（2）$f_{\min}=1,f_{\max}=3$.　10. 边长为$\sqrt{A}$的正方形.

11. $r=\sqrt[3]{\dfrac{V}{2\pi}},h=2\sqrt[3]{\dfrac{V}{2\pi}},r:h=1:2$.　　　　12. 所求矩形的底 $b=\dfrac{d}{\sqrt{3}}$,高 $h=d\sqrt{\dfrac{2}{3}}$.

13. $r=h=\sqrt[3]{\dfrac{3V}{5\pi}}$.　　　　　　　　　14. $\left(\dfrac{1}{\sqrt{2}},-\dfrac{\ln 2}{2}\right)$.

15. （1）$(-\infty,0)$为下凹区间,$(0,+\infty)$为上凹区间,$(0,0)$为拐点坐标;

　　（2）上凹区间为$(-\infty,+\infty)$,无拐点.

16. （1）斜渐近线:$y=x-3$,垂直渐近线:$x=-1$;　　（2）垂直渐近线:$x=1$,水平渐近线:$y=1$.

17. $f(-1)=\dfrac{2}{3}$为极大值,$f(1)=-\dfrac{2}{3}$为极小值,曲线与 x 轴的交点有$(-\sqrt{3},0),(0,0),(\sqrt{3},0)$.

18. $C'(x)=\dfrac{x^2+2cx+bc}{(x+c)^2}$.　　　　　19. （1）$\varepsilon_p=-\dfrac{p}{3}$;　（2）$-\dfrac{2}{3},-1,-2$.

20. 提示:由于本题所给罐体为下细上粗,且下部为倒圆台形,上部为圆柱体,故以常速注入水后,水面上升的速度先快后慢,即曲线$h=h(t)$的斜率先大后小,且自水面到柱体后,开始匀速上升,即此时曲线$h=h(t)$的斜率为常数.

复习题 5 答案

1. 略.

2. （1）$-\dfrac{4}{x}+\dfrac{4}{3}x+\dfrac{x^3}{27}+C$;　　　（2）$-\dfrac{2}{3}x^{-\frac{3}{2}}+C$;　　　（3）$2\sin x+3\cos x+4\mathrm{e}^x+\pi x+C$;

　　（4）$-\cot x-x+C$;　　　　　（5）$\mathrm{e}^{x-3}+C$;　　　　　（6）$x-\arctan x+C$.

3. $y=1+\ln x$.　　　　　4. 略.

5. （1）$-\dfrac{3}{4}\sqrt[3]{(3-2x)^2}+C$;　　（2）$-\dfrac{1}{5}\ln|\cos 5x|+C$;　　（3）$-\dfrac{1}{2}\mathrm{e}^{-x^2}+C$;

　　（4）$-\dfrac{1}{3}(1-x^2)^{\frac{3}{2}}+C$;　　（5）$\ln|\ln x|+C$;　　　　（6）$2\sqrt{\tan x}+C$;

　　（7）$-\dfrac{1}{2x}-\dfrac{1}{4}\sin\dfrac{2}{x}+C$;　　（8）$\sin x-\dfrac{1}{3}\sin^3 x+C$;　　（9）$\dfrac{1}{3}\arcsin\dfrac{3}{2}x+C$.

6. （1）$(\arctan\sqrt{x})^2+C$;　　　　（2）$\arctan f(x)+C$.

7. （1）$\sqrt{2-x}\left(-\dfrac{64}{15}-\dfrac{16}{15}x-\dfrac{2}{5}x^2\right)+C$;　　（2）$(x+1)-4\sqrt{x+1}+4\ln(\sqrt{x+1}+1)+C$.

8. （1）$x\arctan x-\dfrac{1}{2}\ln(1+x^2)+C$;　　（2）$2\sqrt{x}\,\mathrm{e}^{\sqrt{x}}-2\mathrm{e}^{\sqrt{x}}+C$;　　（3）$\dfrac{1}{10}x\mathrm{e}^{10x}-\dfrac{1}{100}\mathrm{e}^{10x}+C$;

　　（4）$xf'(x)-f(x)+C$.

9. （1）$(10-5\cos t,2\sin t)$;　　　（2）$4(10-x)^2+25y^2=100$.

10. $y=x^3-3x+2$.

复习题 6 答案

1. $m=\displaystyle\int_{t_0}^{t_1}v(t)\,\mathrm{d}t$.　　　　　2. 略.　　　　　3. $\cos^2 1,0,\pi$.

4.（1）$\dfrac{8}{7}$； （2）$e+\pi-1$； （3）2； （4）-4； （5）$\dfrac{17}{2}$； （6）0；

（7）$1-\dfrac{1}{\sqrt{3}}+\dfrac{\pi}{12}$； （8）$\dfrac{4}{3}$； （9）$\dfrac{1}{2}$； （10）$\dfrac{7}{3}$； （11）2； （12）$\dfrac{11}{6}$.

5.（1）$2g$； （2）$2g$.   6. $\dfrac{-\cos x}{e^y}$.

7.（1）$\dfrac{1}{6}$； （2）$\sqrt{3}-\dfrac{\pi}{3}$； （3）$\dfrac{3}{16}\pi$； （4）e^e-e；

（5）$\ln\dfrac{\sqrt{2}+1}{\sqrt{3}}$； （6）$7+2\ln 2$； （7）$\dfrac{\pi}{4}+\dfrac{1}{2}$； （8）$\dfrac{47}{6}$.

8. 略.   9. 略.

10.（1）$\dfrac{1}{2}$； （2）$3\ln 3-2$； （3）$\dfrac{1}{2}(e^{\frac{\pi}{2}}-1)$.

11. 略.   12.（1）1； （2）1； （3）$\dfrac{\pi}{2}$； （4）$-\dfrac{\ln 2}{2}$.

13.（1）发散； （2）$\dfrac{\pi^2}{8}$.   14. $0<p<1$ 收敛，$p\geqslant 1$ 发散.   15. $k>1$ 收敛.

16.（1）0； （2）0； （3）0； （4）0.

复习题 7 答案

1.（1）$\dfrac{4}{3}$； （2）$\dfrac{2}{3}(2-\sqrt{2})$； （3）$2(\sqrt{2}-1)$.

2. $4\ln 2$.   3. $\dfrac{3}{2}\pi a^2$.   4. $\dfrac{1\,000\sqrt{3}}{3}$.

5. $V_x=\dfrac{\pi}{2}$，$V_y=2\pi$.   6. $\dfrac{\pi}{2}$.   7. $\dfrac{13\sqrt{13}-8}{27}$.

8. $\dfrac{9}{5}k$ （k 为比例常数）.   9. $0.001\,8k$ J （k 为比例常数）.

10. 6.23×10^5 J.   11. 3.93×10^5 J.   12. 2.06×10^5 N.

13. 1.65×10^6 N.   14. $\dfrac{5}{24}\pi R^2 H\rho_0$.   15. $\dfrac{1-e^{-4}}{2}$.

16. 50 单位，100 单位.

17. 总成本函数为 $-12x+0.2x^2$，总利润函数为 $32x-0.2x^2$，最大利润 $L(80)=1\,280$.

18. 3 年，最大值为 $10e^{-1}$ 单位/年.   19. 最大利润 $L(11)=\dfrac{1\,999}{3}$.

复习题 8 答案

1.（1）一阶，非线性； （2）二阶，线性； （3）五阶，非线性； （4）四阶，线性.

2.（1）是特解； （2）是通解； （3）不是解； （4）是满足初始条件的特解.

3.（1）是解；　（2）是解；　（3）是解.

4.（1）$y=\dfrac{3}{2}x^2+C$；　（2）$y=\dfrac{3}{2}x^2-1$；　（3）$y=\dfrac{3}{2}x^2-\dfrac{1}{3}$.

5. 1 h.　　　　　　　　　　6. $x\mathrm{d}x+y\mathrm{d}y=0$.　　　　　　　7. $y=\mathrm{e}^x+1$.

8. $y'''=0$.　　　　　　　　9. $\dfrac{\mathrm{d}y}{\mathrm{d}x}=xy,y(0)=1$.

10.（1）$y=\dfrac{x^3}{5}+\dfrac{x^2}{2}+C$；　（2）$y^3+\mathrm{e}^y=\sin x+C$；　（3）$y=\mathrm{e}^{Cx}$；

　　（4）$y=Cx\mathrm{e}^{\frac{1}{x}}$；　（5）$10^x+10^{-y}=C$；　（6）$\mathrm{e}^x=C(1-\mathrm{e}^{-y}),y=0$.

11.（1）$\ln y=\csc x-\cot x$；　（2）$y=\ln\dfrac{\mathrm{e}^{2x}+1}{2}$；　（3）$y=\dfrac{1}{1+x}$；　（4）$r=2\mathrm{e}^{\theta}$.

12. $\dfrac{\mathrm{d}v}{\mathrm{d}t}+\dfrac{k}{m}v=g$　（浮力 $F_0=-kv,k>0$）.　　　13. $Q(t)=15+\dfrac{10}{k}(1-\mathrm{e}^{-kt})$　（$k>0$）.

14.（1）$y=(x+C)\mathrm{e}^{-x}$；　（2）$y=C\cos x+\sin x$.

15.（1）$y=x^2(1-\mathrm{e}^{\frac{1}{x}-1})$；　（2）$y=3\mathrm{e}^x+2(x-1)\mathrm{e}^{2x}$.

16. $y=2(\mathrm{e}^x-x-1)$.

17.（1）线性无关；　（2）线性相关；　（3）线性无关；　（4）线性相关；　（5）线性无关；
　　（6）线性无关.

18.（1）$y=C_1\mathrm{e}^{-3x}+C_2\mathrm{e}^{3x}$；　（2）$y=C_1+C_2\mathrm{e}^{4x}$；　（3）$y=\mathrm{e}^{-2x}(A\cos 3x+B\sin 3x)$；

　　（4）$y=C_1\cos\sqrt{a}x+C_2\sin\sqrt{a}x$　（$a>0$ 时），$y=C_1x+C_2$　（$a=0$ 时），$y=C_1\mathrm{e}^{\sqrt{-a}x}+C_2\mathrm{e}^{-\sqrt{-a}x}$　（$a<0$ 时）；

　　（5）$y=C_1\cos x+C_2\sin x+C_3$；　（6）$y=C_1\mathrm{e}^{-\frac{x}{4}}+C_2x\mathrm{e}^{-\frac{x}{4}}$.

19.（1）$y=4\mathrm{e}^x+2\mathrm{e}^{3x}$；　（2）$y=2\mathrm{e}^{-\frac{x}{2}}+x\mathrm{e}^{-\frac{x}{2}}$.

20. $y=\cos 3x-\dfrac{1}{3}\sin 3x$.

21.（1）$y=C_1\mathrm{e}^{2x}+C_2\mathrm{e}^{-2x}-\dfrac{1}{2}\left(x+\dfrac{1}{2}\right)$；　（2）$y=C_1\mathrm{e}^{-x}+C_2\mathrm{e}^{-4x}-\dfrac{1}{2}x+\dfrac{11}{8}$；

　　（3）$y=C_1\mathrm{e}^{\frac{x}{2}}+C_2\mathrm{e}^{-x}+\mathrm{e}^x$；　（4）$y=C_1\cos 2x+C_2\sin 2x+\dfrac{1}{3}x\cos x+\dfrac{2}{9}\sin x$.

复习题 9 答案

1. $A(0,1,-2)$ 在 yOz 面上，$B(3,0,1)$ 在 xOz 面上，$C(1,0,0)$ 在 x 轴上，$D(0,0,-1)$ 在 z 轴上，$E(3,3,3)$ 在第一卦限.

2.（1）$\overrightarrow{M_1M_2}=\{-4,2,2\},\overrightarrow{M_2M_1}=\{4,-2,-2\},\overrightarrow{OM_1}=\{3,0,-1\}$；　（2）$|\overrightarrow{M_1M_2}|=2\sqrt{6}$.

3. $\boldsymbol{a}^{\circ}=\dfrac{\sqrt{3}}{3}(\boldsymbol{i}+\boldsymbol{j}+\boldsymbol{k}),\boldsymbol{b}^{\circ}=\dfrac{\sqrt{38}}{38}(2\boldsymbol{i}-3\boldsymbol{j}+5\boldsymbol{k}),\boldsymbol{a}=\sqrt{3}\boldsymbol{a}^{\circ},\boldsymbol{b}=\sqrt{38}\boldsymbol{b}^{\circ}$.

4.（1）$3\boldsymbol{a}-\boldsymbol{b}=\{5,-1,9\}$；　（2）$\pm\dfrac{1}{\sqrt{107}}\{5,-1,9\}$.

5. $m=15, n=-\dfrac{1}{5}$.　　　　6. $p=9, q=12$.　　　　7. $(-12,22,0)$.

8. （1）38；　（2）$\arccos\dfrac{19}{21}$；　（3）64.　　9. $\boldsymbol{x}=4\boldsymbol{i}+2\boldsymbol{j}+4\boldsymbol{k}$.

10. 3.　　　　11. $2x+2y+3z-7=0$.

12. （1）$8\boldsymbol{i}+16\boldsymbol{j}$；　（2）$\{8,16,0\}$.　　13. $\pm\dfrac{1}{\sqrt{6}}(2\boldsymbol{i}+\boldsymbol{j}-\boldsymbol{k})$.　　14. $\sqrt{17}$.

15. $4x-3y+z-6=0$.　　16. $x+4y-z-18=0$.　　17. 略.

18. （1）$-x+2y+z=0$；　（2）$2x+z-3=0$；　（3）$y=2$；　（4）$y+3z=0$.

19. $\dfrac{x-3}{1}=\dfrac{y-1}{3}=-\dfrac{z}{1}$.　　　20. （1）$x=2, y=-3$；　　（2）$\dfrac{x+1}{2}=\dfrac{y-2}{3}=\dfrac{z-6}{1}$.

21. $\dfrac{x}{1}=\dfrac{y-2}{0}=\dfrac{z}{-1}$，或$\begin{cases}x=-z,\\y=2,\end{cases}$或$\begin{cases}x=-t,\\y=2,\\z=t.\end{cases}$

22. $4x+3y-6z+18=0$.　　23. （1）平行；　（2）垂直.

24. （1）$\begin{cases}(x-1)^2+(y-2)^2+(z-1)^2=9,\\(x-2)^2+y^2+(z-1)^2=4;\end{cases}$　　　（2）$(x+4)^2+(y-3)^2=8(z-2)$；

（3）$15x^2+16y^2-z^2=0$.

25. （1）$y^2+z^2=5x$；　（2）$y^2=2x$.

26. （1）圆柱面；　（2）平面；　　（3）椭球面；　（4）单叶双曲面；

（5）抛物面；　（6）圆锥面；　（7）二平面；　（8）双叶双曲面.

27. 略.

28. （1）$\begin{cases}3x^2+2y^2=16,\\z=0;\end{cases}$　　（2）$\begin{cases}x^2+y^2-x-1=0,\\z=0;\end{cases}$　　（3）$\begin{cases}x^2+(y-1)^2=1,\\z=0;\end{cases}$　　（4）$\begin{cases}(x+1)^2+y^2=1,\\z=0.\end{cases}$

29. $\dfrac{x-1}{2}=-y=\dfrac{z-1}{3}, 2x-y+3z-5=0$.　　30. $\begin{cases}-\dfrac{x}{a}=\dfrac{z-\dfrac{\pi}{2}b}{b},\\y=a.\end{cases}$

复习题 10 答案

1. 1.　　　　2. $t^2\left(x^2+y^2-xy\tan\dfrac{x}{y}\right)$.

3. （1）$D=\{(x,y)\mid y^2>2x-1\}$；　（2）$D=\{(x,y)\mid x^2+y^2<1\}$.

4. （1）5；　（2）$-\dfrac{1}{4}$.

5. （1）$\dfrac{\partial z}{\partial x}=3x^2y-y^3, \dfrac{\partial z}{\partial y}=x^3-3y^2x$；　　（2）$\dfrac{\partial z}{\partial x}=\dfrac{y^2}{(x^2+y^2)^{\frac{3}{2}}}, \dfrac{\partial z}{\partial y}=\dfrac{-xy}{(x^2+y^2)^{\frac{3}{2}}}$；

（3）$\dfrac{\partial z}{\partial x}=\cot(x-2y), \dfrac{\partial z}{\partial y}=-2\cot(x-2y)$.

6. $\dfrac{2}{5},\dfrac{1}{5}.$

7. $f_{xx}(0,0,1)=2,f_{xz}(1,0,2)=2,f_{yz}(0,-1,0)=0,f_{zx}(2,0,1)=4.$

8—9. 略.

10. （1） $\dfrac{\partial z}{\partial x}=2+0.01(6x+y),\dfrac{\partial z}{\partial y}=3+0.01(x+6y)$；

（2）甲种产品边际利润$\dfrac{\partial L}{\partial x}=8-0.01(6x+y)$,乙种产品边际利润$\dfrac{\partial L}{\partial x}=6-0.01(x+6y).$

11. 略. 12. 略.

13. $\mathrm{d}z=0.027\,78,\Delta z=0.028\,25.$

14. （1） $\left(y+\dfrac{1}{y}\right)\mathrm{d}x+x\left(1-\dfrac{1}{y^2}\right)\mathrm{d}y$； （2） $\mathrm{d}z=\dfrac{1}{\sqrt{(x^2+y^2)^3}}(y^3\mathrm{d}x+x^3\mathrm{d}y).$

15. （1）0.502 34； （2）108.972. 16. 55.3 cm³. 17. 35 kg. 18. −94.248 cm³.

19. （1） $\dfrac{\partial z}{\partial x}=3x^2\sin y\cos y(\cos y-\sin y),\dfrac{\partial z}{\partial y}=-2x^3\sin y\cos y(\sin y+\cos y)+x^3(\sin^3 y+\cos^3 y)$；

（2） $\mathrm{e}^{\sin t-2t^3}(\cos t-6t^2).$

20. （1） $\dfrac{y^2-\mathrm{e}^x}{\cos y-2xy}$； （2） $\dfrac{\partial z}{\partial x}=\dfrac{z}{x+z},\dfrac{\partial z}{\partial y}=\dfrac{z^2}{y(x+z)}.$

21. （1）切平面方程 $x+2y-4=0$,法线方程 $\begin{cases}\dfrac{x-2}{1}=\dfrac{y-1}{2},\\z=0;\end{cases}$

（2） $x+2y-2z-3+4\ln 2=0,\dfrac{x-1}{1}=\dfrac{y-1}{2}=\dfrac{z-2\ln 2}{-2}.$

22. $x-y+2z=\pm\sqrt{\dfrac{11}{2}}.$ 23. $(-3,-1,3).$ 24. 极大值 $z(0,0)=0.$

25. 长度为 100 m,高为 75 m. 26. $\alpha=60°,x=8$ cm. 27. 28 188 元.

复习题 11 答案

1. $Q=\iint\limits_{D}\rho(x,y)\mathrm{d}\sigma.$

2. （1） $V=\iint\limits_{D}(x+y+1)\mathrm{d}\sigma$； （2） $V=\iint\limits_{D}\sqrt{R^2-x^2-y^2}\mathrm{d}\sigma.$

3. （1） $\dfrac{1}{\mathrm{e}}$； （2） $\dfrac{6}{55}$； （3） −2. 4. $13\dfrac{1}{3}.$ 5. （1） $\pi(\mathrm{e}^4-1)$； （2） $\dfrac{a^3}{3}.$

6. $\dfrac{\pi^5}{40}.$ 7. $I=\dfrac{8}{5}a^4\rho.$ 8. $\int_1^2\mathrm{d}y\int_{y-1}^y f(x,y)\mathrm{d}x.$

9. （1） $-\dfrac{9}{8}$； （2） $\dfrac{\pi^2}{16}-\dfrac{1}{2}.$ 10. （1） $\dfrac{8}{9}a^2$； （2） $\dfrac{16}{3}\pi.$ 11. （1） $\dfrac{4}{5}\pi$； （2） $\dfrac{7}{6}\pi a^4.$

12. $\dfrac{\sqrt2}{4}a^2b.$ 13. （1） $\dfrac{1}{3}$； （2） $\dfrac{8}{15}$； （3） $\dfrac{5}{6}.$ 14. $-\dfrac{8}{15}.$

15. （1） $\dfrac{1}{2}$ ；　（2） $-\dfrac{1}{5}(\mathrm{e}^{\pi}-1)$.　　16. （1） $\dfrac{5}{2}$ ；　（2）5.　　　17. $\dfrac{1}{8}\pi a^{2}m$.

18. 略.　　　　　　　　　　19. $\dfrac{1}{3}$.　　　　　　　　　　20. $3a^{4}$.

21. $-\dfrac{9}{2}\pi$.

复习题 12 答案

1. （1）收敛；　（2）发散.

2. （1）收敛；　（2）$a>1$ 时收敛,$a\leqslant1$ 时发散；　（3）发散；　（4）发散.

3. （1）收敛；　（2）收敛.

4. （1）收敛；　（2）发散.

5. （1）收敛,条件收敛；　（2）收敛,绝对收敛.

6. （1）收敛半径 $R=2$,收敛区间 $(-2,2)$ ；　（2）收敛半径 $R=\mathrm{e}$,收敛区间 $(-\mathrm{e},\mathrm{e})$.

7. （1） $y=\ln 5+\dfrac{x}{5}-\dfrac{x^{2}}{2\cdot5^{2}}+\dfrac{x^{3}}{3\cdot5^{3}}-\cdots+(-1)^{n}\dfrac{x^{n+1}}{(n+1)\cdot5^{n+1}}+\cdots,x\in(-5,5)$ ；

　　（2） $y=1+\dfrac{\ln 2}{1}x+\dfrac{(\ln 2)^{2}}{2!}x^{2}+\cdots+\dfrac{(\ln 2)^{n}}{n!}x^{n}+\cdots,x\in(-\infty,+\infty)$.

8. （1） $\dfrac{1}{2}\ln\dfrac{1+x}{1-x}$ ；　（2） $\dfrac{x(2-x)}{(1-x)^{2}}$ ；　（3） $\mathrm{e}^{\frac{x^{2}}{2}}$.

9. （1） $\displaystyle\sum_{n=0}^{\infty}\dfrac{(x-1)^{n}}{2^{n+1}}$ 　 $(-1<x<3)$ ；

　　（2） $\dfrac{\sqrt{2}}{2}\displaystyle\sum_{n=0}^{\infty}(-1)^{n}\left[\dfrac{\left(x-\dfrac{\pi}{4}\right)^{2n}}{(2n)!}-\dfrac{\left(x-\dfrac{\pi}{4}\right)^{2n+1}}{(2n+1)!}\right],x\in(-\infty,+\infty)$.

10. （a） $a>0,b<0,c>0$ ；　　　（b） $a>0,b>0,c>0$ ；

　　（c） $a<0,b>0,c<0$ ；　　　（d） $a<0,b<0,c<0$.

11. 120.　12. 3.141.

13. $f(x)=\dfrac{\pi^{2}}{3}+4\displaystyle\sum_{n=1}^{\infty}\dfrac{(-1)^{n}}{n^{2}}\cos nx(-\infty<x<+\infty)$ ； $\displaystyle\sum_{n=1}^{\infty}\dfrac{1}{n^{2}}=\dfrac{\pi^{2}}{6}$.

14. $\mathrm{e}^{x}=\dfrac{1}{\pi}\mathrm{sh}\,\pi+\dfrac{2}{\pi}\mathrm{sh}\,\pi\displaystyle\sum_{n=1}^{\infty}\dfrac{(-1)^{n}}{1+n^{2}}(\cos nx-n\sin nx)$ ，$-\pi<x<\pi$ ，当 $x=\pm\pi$ 时级数收敛于 $\mathrm{ch}\,\pi$.

15. $f(x)=\dfrac{1}{2}+\dfrac{2}{\pi}\left(\sin\dfrac{\pi x}{2}+\dfrac{1}{3}\sin\dfrac{3\pi x}{2}+\dfrac{1}{5}\sin\dfrac{5\pi x}{2}+\cdots\right)$ 　 $(-\infty<x<+\infty$ 且 $x\neq0,\pm2,\pm4,\cdots)$.

附录 D 预备知识（基本初等函数）

文档

预备知识
（基本初等
函数）

附录 E 不定积分表及其使用方法

文档

不定积分表
及其使用方
法

文档

专升本考试
高等数学模
拟试题及其
详解

参考文献

［1］ 侯风波. 高等数学［M］. 5 版. 北京:高等教育出版社,2018.

［2］ 休斯·哈雷特 D,克莱逊 A M,等. 微积分［M］. 胡乃囿,等,译. 北京:高等教育出版社,1997.

［3］ 同济大学数学系. 高等数学［M］. 7 版. 北京:高等教育出版社,2014.

［4］ 芬尼,韦尔,焦尔当诺. 托马斯微积分［M］. 10 版. 叶其孝,王翟东,唐兢,译. 北京:高等教育出版社,2003.

扫描如下二维码可优惠购得《高等数学辅导教程(第五版)》,助您更好地消化理解掌握有关知识点